系统理论及应用

高继华　狄增如　编著

科学出版社

北　京

内 容 简 介

本书梳理了系统科学的基本思想、原理与方法，目的是帮助读者建立系统科学的学科知识体系，同时还介绍了系统理论的几个前沿应用专题。

全书共分为16章。前两章简要介绍系统科学的产生发展及基本概念；第3～9章按照系统理论发展的过程，分别介绍一般系统论、控制论与信息论、运筹学与博弈论、耗散结构理论、协同学与突变论、混沌与分形、复杂网络与大数据；第10和11章介绍系统科学的研究方法，包括系统建模、系统仿真、系统评价、系统决策；第12章分类介绍不同领域的系统工程体系结构；第13～15章通过人工智能、基因工程、品牌管理等应用专题，介绍系统理论的几个前沿热点方向；最后一章是结束语。

本书适合作为自动控制相关专业本科生、研究生的系统理论入门教材，也可以作为科研人员、管理人员的系统理论参考书。

图书在版编目（CIP）数据

系统理论及应用 / 高继华，狄增如编著. —北京：科学出版社，2018.6

ISBN 978-7-03-057576-0

Ⅰ. ①系… Ⅱ. ①高… ②狄… Ⅲ. ①系统科学-研究 Ⅳ. ①N94

中国版本图书馆CIP数据核字（2018）第113268号

责任编辑：任 静 / 责任校对：王萌萌
责任印制：师艳茹 / 封面设计：迷底书装

科学出版社出版
北京东黄城根北街16号
邮政编码：100717
http://www.sciencep.com

北京凌奇印刷有限责任公司印刷

科学出版社发行 各地新华书店经销

*

2018年6月第 一 版 开本：720 × 1000 1/16
2018年6月第一次印刷 印张：22
字数：423 000

POD定价： 128.00元
（如有印装质量问题，我社负责调换）

前　言

系统科学是以自然和社会领域的复杂系统为研究对象，探讨其机理与一般规律的新兴学科，涉及生命、生态环境、人口、社会经济等各方面，具有横断科学的性质，是国际上科学研究的前沿与热点之一。我国的系统科学在钱学森先生及其他老一辈学者的推动下逐渐发展起来，致力于探求建立统一描述的一般性复杂系统理论框架。钱学森先生曾强调系统科学学科体系的基础是创建系统学，这是一个任重而道远的任务。

系统思想源于古代人类从对自然的整体探索与认识，体现在古代人类的社会实践活动与古代辩证唯物哲学思想中。而系统科学真正作为一门科学，其学科体系被构建起来，则要归功于当代社会各项科学技术发展的一系列新成就，提供了计算机等强大的工具，使得定性的系统思想方法得到定量化描述并实现可操作性。系统科学转变了传统的科学思维方式，它从整体的角度考察并研究客观世界，强调整体与局部、不同层次间的相互联系，关注事物的演化过程，运用综合、整体、集成的方法，将科学研究的焦点转移到重视非平衡、非线性与复杂性的问题。现代科学发展的一大特点是一方面学科不断地细化，另一方面不同学科之间相互交叉融合，尤其是自然科学与人文科学跨领域的综合。现代科学的诸多新理论都被系统科学在一定程度上兼容并蓄，并改造成为自身理论体系的一部分。例如，耗散结构理论、超循环论、分形等著名系统理论分别有着物理学、生物学、数学的学科背景。经济系统学则运用系统理论研究经济学问题。从传统的分支众多的地球科学发展而来的地球系统科学将大气圈、海洋圈、陆地圈和生物圈作为一个有机整体，以系统观、整体观的综合视角研究地球系统的整体行为。系统科学在现代科学技术的发展过程中逐渐壮大，其观点又大大推进了自然科学与社会科学的结合。所以，系统科学的发展史是与整个人类社会的发展历史紧密相连的，是一门交叉的新兴科学。

当今世界科学技术发展迅猛，如何借助系统科学的思想方法与工具观察世界，推进系统科学的发展，进一步认识世界、改造世界，是一个值得我们思考的重大问题。为了让更多人了解系统科学的发展现状、基础理论以及应用前景，我们编写了这本书，试图从系统科学发展的不同阶段所关注的基本问题入手，深入浅出、全面地梳理系统科学中的基本原理和应用领域。系统科学的发展历史久远，所涉及的具体学科众多，本书中所介绍的学科内容也包罗万象，从数学、物理学、化学等基础学科，到当前受到广泛关注的大数据、复杂网络、人工智能等应用领域。但是其中的系统科学思维方式是清晰的，即如何处理不同学科中的复杂性现象。从平衡、线性的简单系统到非平衡、非线性的复杂系统，其中展示了哪些值得人们注意的全新现象？从少体系统的动力学到“多则不同”的涌现现象，其中蕴含了哪些值得人们推敲的哲学内容？从力求简洁明了的解析研究方法到超大规模的并行数值实验，其中发展了哪些值得人们引以为豪的技术能力？相信读者在阅读本书后会受到启发。系统科学的发展过程中，不同时代的人做出了大量跨学科的贡献。李冰父子设计建造的都江堰工程至今仍然造福于当地经济；中国古典哲学中的整体思维方式，“天人合一”的系统论概念，是世界哲学体系中的重要组成成分；大自然中的分形几何，不但从美学的角度予人启迪，而且揭示了自然界的一个基本规律——宇宙中广泛存在自相似结构；人工智能发展的突飞猛进，不会仅仅停留在围棋 AI、自动驾驶、无人超市等方面的娱乐和便利，具有超前眼光的有识之士早已通过这些系统科学应用成果的启示，开始重新审视人类的地位和结局。可以说，当任何一门具体学科开始脱离初级阶段，从简单的解析计算、线性的思维方式发展到了无法避免复杂性、综合性问题的阶段，系统科学都会成为它的重要指导思想。系统科学是一门哲学之下，具体科学之上的综合性、复杂性、前瞻性学科，具有与数学学科相类似的性质与地位。

系统科学是从科学理论和应用实践中成长起来的学科，科学性是它的重要特征。以往当我们碰到难以解决的困难时，往往会以“这是一个复杂的系统问题”来作为回避问题的托词，缺少有效的研究工具曾经是系统科学发展的一个主要困难。数学上常见的“病态”方程、超越方程，如果仅从方程的解析求解角度来说，确实是很难完成的任务，然而从系统科学的角度来看，却成为分析混沌、分形现象的理想模型。对于复杂性现象和问题的研究，打开了科学发展的新窗口，令人振奋。事实上，在系统科学发展的初期，其主要工作也是解决传统学科所无法处理的问题，这使得各门具体科学中的复杂性问题研究成为系统科学的主要研究方向。在这个过程中，计算机技术的发展起到了重要的作用，从洛伦兹通过计算机模拟实验确认混沌现象到无处不在的计算机网络，计算机为系统科学的研究提供了重要的工具。由此，系统科学在解决具体问题上获得了更强的能力。然而，系统科学的研究内容远不止于此，对于涌现现象的研究，更多地让科学家思考自然界演化的过程，从量变到质变的本质特征，或许未来对于物质与精神的统一，就是以系统科学为突破口。20 世纪在三个领域出现了重要的自然科学进展：对于微观世界的理解产生了量子力学，对于超高速运动的思考产生了相对论，对于复杂性问题的研究则衍生出了系统科学。系统科学在科学界的地位崇高而重要。

本书从系统科学的萌芽、形成、发展过程展开，介绍了系统理论及应用的相关内容，包括自组织理论等基础理论，控制论、信息论、运筹学等技术科学，以及各个具体的系统工程技术。希望对读者了解这一学科的知识体系有所帮助，并将系统科学的方法论应用到具体工作与生活中。系统理论应用的范围广泛，关于系统工程的例子不胜枚举。有兴趣的读者可以结合自身需求，参考各领域系统工程的相关书籍针对性地深入了解，通过实践体会系统科学的指导思想。我们相信，随着各个具体科学在复杂性研究方面的进展，高科技对于科学的促进作用会更多地集中于系统科学的相关领域。系统科学从哲学思辨到前沿科技，已经成为人类不可或缺的思维和研究学科，在未来也必将为社会的发展作出更大的贡献。

本书梳理了系统科学的基本思想、原理与方法，并在此基础上依据近年的发展情况，对新的生长点进行分析与介绍，如复杂网络、大数据等前沿研究课题，有助于读者进一步了解把握系统科学与工程的研究体系。全书内容共分为16章。第1章主要概述系统思想与系统科学的产生、发展；第2章阐述系统及系统科学的基本概念；第3～5章按照系统科学发展途径分别介绍一般系统论、控制论与信息论、运筹学与博弈论；第6和7章围绕系统科学的耗散结构理论、协同学理论、突变论展开；第8章以混沌、分形为代表，介绍非线性系统在系统科学发展过程中渐进兴起；第9章介绍系统科学的新热点——复杂网络与大数据；第10和11章介绍系统科学的研究方法，包括系统建模、系统仿真、系统评价、系统决策这四个部分内容；第12章按照钱学森关于系统工程的体系结构介绍不同领域的系统工程；第13～15章结合人工智能、基因工程、品牌管理几个热点话题介绍系统理论的实际应用方向；最后一章是结束语。

本书的主旨在于梳理系统科学的基本思想、原理与方法，帮助读者建立系统科学这门学科的框架知识体系，同时了解系统科学前沿的可能生长点。谭璐编写本书第1、2、4～7章，谢玲玲编写第3、8～12章，张江执笔第13章专题一人工智能，朱艳霞撰写第14章专题二基因工程，周志民负责第15章专题三品牌管理的编写工作，最后由高继华、狄增如修订统稿。本书出版得到深圳大学高水平大学建设经费支持，在此一并感谢。

由于本领域研究发展较快，作者的水平所限，书中难免存在不足之处，敬请读者批评指正。

作　者

2017年12月

目　录

前言
第 1 章　系统科学研究简况 ······ 1
1.1　系统思想的萌芽与形成 ······ 1
1.2　系统科学发展过程 ······ 4
1.2.1　一般系统论 ······ 4
1.2.2　运筹学 ······ 5
1.2.3　控制论 ······ 5
1.2.4　信息论 ······ 5
1.2.5　自组织理论体系 ······ 6
1.2.6　复杂性研究 ······ 7
1.3　系统科学在中国的发展 ······ 7
第 2 章　系统科学的基本概念 ······ 9
2.1　什么是系统 ······ 9
2.2　系统与环境 ······ 9
2.3　系统的结构与功能 ······ 10
2.3.1　系统的结构 ······ 10
2.3.2　系统的功能 ······ 10
2.4　系统的状态与演化 ······ 11
2.4.1　系统的状态 ······ 11
2.4.2　系统的演化 ······ 12
2.5　系统的分类 ······ 13
第 3 章　一般系统论 ······ 16
3.1　一般系统论的产生 ······ 16
3.2　一般系统论理论概述 ······ 17
3.3　一般系统论的不足 ······ 19
第 4 章　控制论与信息论 ······ 20
4.1　控制论 ······ 20
4.1.1　什么是控制 ······ 20
4.1.2　控制论的产生与发展 ······ 21

4.1.3 控制论的基本概念……23
4.1.4 控制系统与控制论系统……27
4.1.5 控制论的主要研究方法……31
4.1.6 控制论的应用……33
4.2 信息论……35
4.2.1 信息的基本概念……36
4.2.2 信息论的产生和发展……39
4.2.3 信息论的基础知识……42
4.2.4 信息方法、信息科学与信息技术……46
4.2.5 信息论的应用……49
第 5 章 运筹学与博弈论……53
5.1 运筹学……53
5.1.1 运筹学简史……53
5.1.2 运筹学概论……55
5.1.3 运筹学的主要内容……56
5.1.4 运筹学的应用……62
5.2 博弈论……64
5.2.1 博弈论的产生与发展……64
5.2.2 博弈论的基本概念……66
5.2.3 纳什均衡……67
5.2.4 囚徒困境……68
5.2.5 博弈论应用领域……69
第 6 章 耗散结构理论……72
6.1 热力学的基本规律……72
6.1.1 什么是熵……73
6.1.2 非平衡系统的局域平衡假定：熵产生率……75
6.1.3 昂萨格倒易关系……77
6.1.4 最小熵产生原理……78
6.2 耗散结构理论的创立……80
6.2.1 创始人普利高津……80
6.2.2 非平衡系统在远离平衡区的发展判据……80
6.2.3 自组织现象……82
6.3 稳定性……85
6.3.1 稳定性和李雅普诺夫函数……85

6.3.2 定态解的线性稳定性分析……88
6.3.3 Lotka-Volterra 模型……92
6.4 分岔理论……94
6.4.1 从热力学分支到耗散结构分支……94
6.4.2 分岔现象……95
6.4.3 热力学分支的失稳……97
6.5 耗散结构形成的条件及特点……100
6.5.1 耗散结构形成的条件……100
6.5.2 耗散结构现象的特点……102
第 7 章 协同学与突变论……104
7.1 协同学……104
7.1.1 哈肯和协同学的创立……104
7.1.2 序、对称性、序参量……106
7.1.3 支配原理……112
7.1.4 随机层次上讨论系统的演化……117
7.2 突变论……120
7.2.1 突变现象……121
7.2.2 基本突变类型……121
7.2.3 突变论的基本内容及应用……122
第 8 章 混沌与分形……124
8.1 混沌……124
8.1.1 混沌研究的发展史……124
8.1.2 混沌的特征……126
8.1.3 混沌控制……127
8.1.4 混沌同步……130
8.1.5 混沌的应用……130
8.2 分形……131
8.2.1 分形几何图形……132
8.2.2 分形几何图形的特征……135
8.2.3 分形的定义……137
8.2.4 分形维数……138
8.2.5 分形理论及应用……139
第 9 章 复杂网络与大数据……142
9.1 复杂网络……142

9.1.1 复杂网络发展简史……142
9.1.2 基本概念……143
9.1.3 复杂网络的类型与性质……145
9.2 大数据……149
9.2.1 什么是大数据……149
9.2.2 大数据引发的变革……151
9.2.3 数据安全……153
第 10 章 系统建模与仿真……155
10.1 系统建模……155
10.1.1 模型的定义及分类……156
10.1.2 建模的原则……157
10.1.3 建模的一般步骤……158
10.1.4 建模方法……160
10.1.5 建模技术的新进展……162
10.2 系统仿真……163
10.2.1 仿真的概念与分类……163
10.2.2 系统仿真的相似理论……164
10.2.3 仿真技术的发展进程……165
10.2.4 仿真技术的优点与缺点……166
10.2.5 仿真的一般步骤……166
10.2.6 仿真的应用……167
第 11 章 系统评价与决策……171
11.1 系统评价……171
11.1.1 评价的类别……171
11.1.2 评价的基本要素……172
11.1.3 评价的步骤……172
11.1.4 系统评价的指标体系……173
11.1.5 评价方法……174
11.2 系统决策……176
11.2.1 决策的概念及发展阶段……176
11.2.2 决策的基本要素……177
11.2.3 决策的类型及其主要特征……179
11.2.4 决策方法……180
11.2.5 决策的一般步骤……181
11.2.6 决策支持系统……182

第 12 章　系统工程概述 …… 184
12.1　系统工程 …… 185
12.1.1　系统工程的相关概念 …… 185
12.1.2　系统工程学的产生和发展 …… 186
12.2　系统工程应用领域 …… 188
第 13 章　专题一　人工智能 …… 198
13.1　前人工智能时期（1900～1956 年） …… 199
13.2　人工智能的诞生（1956～1980 年） …… 202
13.3　人工智能的发展（1980～2010 年） …… 204
13.3.1　符号学派 …… 205
13.3.2　连接学派 …… 207
13.3.3　行为学派 …… 210
13.3.4　三大学派 …… 212
13.3.5　分裂与统一 …… 213
13.4　人工智能的现状（2010 年至今） …… 214
13.5　人工智能社会学 …… 218
第 14 章　专题二　基因工程 …… 224
14.1　基因工程概述 …… 224
14.1.1　基因工程发展简史 …… 224
14.1.2　基因工程研究内容 …… 226
14.1.3　基因工程技术的应用与发展趋势 …… 227
14.2　基因工程常用工具酶 …… 230
14.2.1　限制性内切核酸酶 …… 230
14.2.2　DNA 连接酶 …… 232
14.2.3　DNA 聚合酶 …… 234
14.2.4　其他 DNA 修饰酶 …… 237
14.3　基因工程常用克隆载体 …… 239
14.3.1　质粒载体 …… 239
14.3.2　λ 噬菌体载体 …… 243
14.3.3　大分子 DNA 克隆载体 …… 245
14.4　DNA 的体外重组 …… 246
14.4.1　目的基因的分离与克隆 …… 246
14.4.2　目的基因与克隆载体的体外连接 …… 250
14.4.3　重组 DNA 导入细胞 …… 251

14.4.4　重组子的筛选和鉴定 ······ 254

14.4.5　克隆基因的表达及其产物的检测 ······ 256

14.5　转基因动物技术 ······ 261

14.5.1　转基因动物技术的研究现状 ······ 261

14.5.2　转基因动物技术的主要用途 ······ 264

14.5.3　存在问题和发展前景 ······ 267

14.6　转基因植物 ······ 268

14.6.1　植物基因工程研究内容 ······ 268

14.6.2　转基因技术在植物中的应用 ······ 269

14.6.3　植物基因工程的发展现状 ······ 272

14.7　基因工程药物 ······ 273

14.7.1　基因工程药物发展概况 ······ 274

14.7.2　基因工程药物种类 ······ 275

14.8　基因芯片 ······ 277

14.8.1　基因芯片的分类、工作原理和流程 ······ 277

14.8.2　基因芯片应用 ······ 278

14.9　基因工程安全与规范 ······ 280

14.9.1　转基因技术的成就与风险 ······ 280

14.9.2　转基因生物与食品安全 ······ 282

14.9.3　转基因生物与环境安全 ······ 282

14.9.4　转基因生物技术存在的争议 ······ 283

14.9.5　基因工程的安全管理 ······ 285

第 15 章　专题三　品牌管理 ······ 287

15.1　品牌的概念 ······ 288

15.1.1　品牌的定义 ······ 288

15.1.2　品牌的作用 ······ 290

15.2　品牌管理流程 ······ 291

15.2.1　切纳托尼的八步品牌管理流程 ······ 291

15.2.2　戴维斯的十一步品牌资产管理框架 ······ 292

15.2.3　凯勒的战略品牌管理流程 ······ 294

15.2.4　本书的观点 ······ 294

15.3　品牌识别 ······ 297

15.4　品牌定位 ······ 300

15.5　品牌体验 ······ 304

15.5.1　体验类型……304
15.5.2　体验媒介……306
15.5.3　体验矩阵……311
15.5.4　创建品牌体验的步骤……312
15.6　品牌延伸……314
15.7　品牌组合……320
15.8　品牌更新……324
15.9　品牌国际化……326
第 16 章　结束语……329
参考文献……332
附录：科学家中外译名对照表……335

第1章　系统科学研究简况

系统科学是20世纪40年代后发展形成的一门综合性横断科学，它从系统的角度考察并研究客观世界。系统科学以自然和社会领域的复杂系统为研究对象，运用综合、整体、集成的方法，特别强调定性分析与定量计算的结合，提出了层次、涌现、适应等概念，并大量使用计算机工具对系统状态加以描述，对系统演化过程进行分析，它的发展大大推进了自然科学与社会科学的结合。21世纪，人类社会的发展迈向新的目标，系统科学也面临着新的机遇和挑战。

系统科学作为一门新兴科学，自然也有其孕育、产生、发展和成熟的过程。系统思想的产生最早可以追溯到原始社会，古代人类认识周围的世界就是从对自然的整体认识开始的，这种整体性的观念可以看作系统思想的某种体现。而系统科学真正作为一门科学，其学科体系被构建起来，则要归功于当代社会各项科学技术发展的一系列新成就，现代科学的诸多新理论都被系统科学在一定程度上兼容并蓄，并改造成为自身理论体系的一部分。系统科学是一门交叉科学，它的内容不仅涵盖了自然科学（包括数学、物理、化学等）的多个领域，而且涉及工程技术的多个部门，还与社会科学和哲学的不少学科存在联系，因此，系统科学的发展史是与整个人类社会的发展历史紧密相连的。

系统科学改变了人类的思维方式，从传统的单个对象转变为以系统整体为着眼点，把握系统之间的相互联系，进一步推进科学技术的发展。系统科学在工程技术、社会生产以及管理领域等方面取得了十分显著的成就。例如，美国阿波罗登月舱的研制、我国农村流动人口社会融合问题的研究、企业品牌管理等。

系统科学形成与发展有几个重要阶段：系统思想的萌芽、经典系统科学理论、现代科学发展对系统科学发展的贡献、系统科学的体系结构。

1.1　系统思想的萌芽与形成

系统的概念不是人类生来就有，它来源于古代人类长期的生产、生活等社会实践经验。古人在进行农事活动时，将农耕作业与种子、土壤环境、气候环境等多个因素相互联系构成一个整体行为。《管子》地员篇、《诗经》中的农事诗《七月》、秦汉时期《氾胜之书》等均有辩证的叙述。传统中医理论从“望闻问切”到针灸、按摩、熨帖等治疗方法，无不体现将人体作为一个与外界有联系的开放性整体。

《黄帝内经》强调了人体各器官之间的有机联系、生理与心理以及自然环境的联系。战国时期的李冰设计建造的都江堰就是系统科学思想的一次伟大实践，主体工程与附属工程相辅相成，形成一个协调运作的统一整体。我国古天文学家通过天体运行与季节变化的联系，编制出历法与二十四节气。这些古代农事、医药、工程和天文知识，在一定程度上反映了朴素的系统概念在古代人类活动中的自发应用。这样的系统概念同时表现在古代中国和古希腊的哲学思想中。古代唯物主义哲学思想家把自然界当作一个统一体，从承认统一的物质本原出发。赫拉克利特（Heracleitus）是古希腊辩证法奠基人之一，他在《论自然》一书中提到“世界是包括一切的整体，它不是由任何神或人创造的，它的过去、现在和将来都是按规律燃烧着、按规律熄灭着的永恒的活火”。中国春秋末期思想家老子提出自然界的统一性思想。中国老庄哲学的“天人合一”的世界观、“天下万物生于有，有生于无”、“道生一，一生二，二生三，三生万物”也是系统思想的一种体现。北宋的王安石提出，天一生水，地二生火，天三生木，地四生金，天五生土，五行，天所以命万物者也。认为世界的演化顺序是：先由天地生出五行——水火木金土，再由五行生出万物。南宋学者陈亮则试图用“理一分殊”的思想，从整体角度来解释整体与部分的关系，称“理一”是天地万物的理的整体，“分殊”为这个整体中每一事物的功能。这些可以看成整体观点、运动变化观点及综合观点等系统思想的具体表现。这些哲学思想包含了系统思想的萌芽。但是存在着一定的缺陷，对整体中的各个细节未能深入了解，因而缺乏对整体性和统一性的深刻认识，只有笼统直观的结果。

随着生产力的发展，15 世纪下半叶近代科学兴起，人们开始着重于了解自然界事物具体细节，通过实验、解剖观察等独特的分析方法研究各个部分和要素。物理学、化学、天文学、生物学等学科逐一从自然哲学中分离出来，分门别类地进行研究，各学科由此获得了迅速的发展，确立了机械论与科学方法论。18 世纪，英国技术革命与法国大革命进一步解放生产力，促进近代科学的发展。这期间出现了形而上学的哲学思维，只关注个体，忽略了总体的联系。

到了 19 世纪上半叶，自然科学取得了巨大进步，尤其能量守恒、细胞学说与进化论这三大发现使得人类对自然过程的相互联系有了更高的认识。这使得孤立看待事物发展的形而上学思维方式不再适用，人们需要将不同个体细节辩证地联系起来作为一个整体考虑，因此系统思想重新受到重视并进一步发展。19 世纪的自然科学“本质上是整理材料的科学，关于过程、关于这些事物的发生和发展以及关于把这些自然过程结合为一个伟大整体的联系的科学”。马克思和恩格斯的辩证唯物主义认为：物质世界是由无数相互联系、相互依赖、相互制约、相互作用的事物和过程所形成的统一整体。辩证唯物主义蕴含的物质世界普遍联系、运动变化以及整体性的思想，就是系统思想。

20 世纪初，以相对论、量子论和微观物理学的创立为标志，开创了人类历史上一次最伟大的科学革命。全新科学知识的建立，奠定了现代科学技术飞跃发展的基础，人们对自然界所持有的许多固有观念也得到改变。生产力的迅速发展推动着人类社会的进步。社会实践活动趋于大型化和复杂化，这就要求系统思想方法在整体上能够定量地协调处理多个体、多层次的系统行为，用以解决种种更为复杂的实际问题。

20 世纪中期，科学技术在计算机、航天航空、生物、信息等领域的辉煌成就使系统科学从一种定性的哲学思维发展成为专门的科学。一方面，科学技术使系统思想方法定量化，成为一套具有数学表达形式、能够定量处理系统中各要素联系与演化发展的科学方法；另一方面，电子计算机的出现，为定量化系统方法的实际应用提供了强大的计算工具。

第二次世界大战前后是定量化系统科学迅速发展的时期。为了取得全局上的优势，进行更为精确的定量分析，满足新式装备研究、作战技术改进等实际工作的要求，许多定量的系统科学方法与技术成功地运用于战争分析，其中不乏出现一些新的概念与方法。战后，科学工作者回到和平环境，将定量化的系统方法应用到政治、经济、工程等领域大型复杂的系统问题，进一步在理论上将其提高升华，从而一时间涌现出了横跨自然科学、社会科学和工程技术的“学科群”。于 20 世纪 40 年代出现的系统论、运筹学、控制论、信息论都是早期的系统科学理论。

20 世纪 70 年代，创立了耗散结构理论、协同学、突变论、混沌与分形等理论。它们都是以探索大自然的复杂性为研究目标，跨越学科从不同角度揭示复杂现象的规律性，将这些学科统称为非线性科学。几乎涉及自然科学与社会科学的各个领域，改变了人们对客观世界的思维方式和方法，不仅具有重大的科学意义，而且有着广泛的应用前景。非线性科学推动了 20 世纪 80 年代后期系统科学研究的进展，被誉为 20 世纪的第三次科学革命。

20 世纪 80 年代中期，复杂性的研究热潮在国际上兴起。非线性科学与复杂性研究在系统科学的发展中占据了重要地位。耗散结构理论与协同学理论通过吸收非线性科学的成果，在 20 世纪 80 年代又有了新的突破。1984 年，圣塔菲研究所（Santa Fe Institute，SFI）的成立标志着复杂性科学开启科学研究的新篇章。这是一个以物理学家默里·盖尔曼（Murray Gell-Mann）、菲利普·安德森（Philip Anderson）以及经济学家肯尼斯·阿罗（Kenneth Arrow）三位诺贝尔奖获得者为首的一批不同学科领域的著名科学家组织和建立的研究中心，位于美国新墨西哥州。其宗旨是开展跨学科、跨领域的复杂系统、复杂性研究。他们认为事物的复杂性源自简单性，是在适应环境的过程中产生的，称为“复杂适应性”。科学家运用自组织、混沌、涌现以及复杂适应系统理论来解释现实生活中经济系统、生态系统、社会系统、免疫系统、神经系统等领域非线性复杂性现象。

1.2 系统科学发展过程

系统科学的发展经历了几个阶段，从20世纪30～40年代形成的一般概念到40～60年代形成的运筹学、控制论、信息论、博弈论以及管理科学这些实用方法的研究，再到60～80年代基础学科发展的新理论，如耗散结构理论、协同学理论、突变论、混沌与分形，80年代后进入复杂性研究，探索系统科学的基本原理与方法论。

贝塔朗菲（L. von Bertalanffy）提出“一般系统论”（general system theory）的概念，标志着明确地将系统作为直接的研究对象。

运筹学、控制论、信息论是早期的系统科学理论，按照我国著名科学家钱学森的观点，它们属于技术基础层次上的科学理论。同期出现的系统工程、系统分析和管理科学则可以看成是系统科学的工程运用。

从20世纪70年代开始，系统自组织理论体系逐步建立，包括耗散结构理论（1969年）、协同学（1969年）、超循环理论（1979年），非线性科学与复杂性研究开始（80年代末）。混沌理论、系统演化、系统学习、复杂适应性系统开始备受关注。自组织理论体系的诞生推动了系统科学的发展。之后的发展朝向复杂系统的研究，其中就包括了开放的复杂巨系统这个新领域。

1.2.1 一般系统论

1937年，在芝加哥大学的哲学讨论会上，美籍奥地利理论生物学家贝塔朗菲第一次提出了“一般系统论”的概念。早在1924～1928年，他多次发表文章表达一般系统论的思想，提出生物学中有机体的概念，强调把有机体作为一个整体或系统来研究。随后在发表的《理论生物学》(1932年）和《现代发展理论》(1934年）中提出用数学模型来研究生物学的方法和机体系统论的概念，把协调、有序、目的性等概念用于研究有机体，形成研究生命体的三个基本观点，即系统观点、动态观点和层次观点。1945年，贝塔朗菲在《德国哲学周刊》上发表了《关于一般系统论》一文，对系统的共性作了一定的概括，由于正值战争时期，没有引起人们的注意。之后，贝塔朗菲在美国讲学和参加专题讨论会时进一步阐明了一般系统论的思想，指出不论系统的具体种类、组成部分的性质和它们之间的关系如何，存在着适用于综合系统或子系统的一般模式、原则和规律，并于1954年发起成立一般系统论学会（后改名为一般系统论研究会)，促进一般系统论的发展，出版《行为科学》杂志和《一般系统年鉴》。其代表作是1968年出版的《一般系统论：基础、发展与应用》一书，总结了一般系统论的概念、方法和应用。虽然一般系统论几乎是与控制论、信息论同时出现的，但直到 20 世纪 60～70 年代才受到人们的重视。一般系统论对系统科学的形成和发展做出了重要贡献，但是，其中关于建立系统共同规律的探索，仍是定性的概念性描述居多，缺少定量的理论方法。

1.2.2　运筹学

20 世纪 30 年代末，由于战争的需要，雷达系统有效运行并对武器系统进行检测和评价，带给人们一系列问题，为了分析其制约因素（约束条件）与实现预定的目标，运筹学应运而生。第二次世界大战后，运筹学从军事应用转移到经济和管理等诸多领域的研究之中。无论是分析武器系统，还是完成某项特定任务，均可以统一套用运筹方法中一种规范的数学模式：在一定约束条件下对目标函数求极值。在此框架下，人们建立了更多类型的具体模型，形成了一套专门的理论和方法。1969 年，哈维・瓦格纳（Harvey Wagner）的《运筹学原理和对管理决策的应用》出版，标志着运筹学作为一门相对独立的学科走向成熟。

1.2.3　控制论

控制论（cybernetics）思想虽有着漫长的孕育过程，但它的正式诞生，仍是以美国数学家诺伯特・维纳（Norbert Wiener）于 1948 年出版发行的《控制论》一书为标志。cybernetics 一词源于希腊语的“掌舵人”。维纳在第二次世界大战中参与了火炮自动控制的研究工作，他将火炮自动瞄准飞机的功能与人类的狩猎行为作了类比，引入反馈的概念，阐明了功能系统通过反馈进行调节和控制的基本思想。控制论的诞生和发展对于系统科学有着重大意义，因为控制论提炼出包括生物系统和人工系统在内的极为广泛的系统共性和规律，这一大类系统正是系统科学所要研究的主要对象。1954 年，我国科学家钱学森院士在美国出版《工程控制论》一书，对控制论的传播和推广起到了重要作用。

1.2.4　信息论

系统科学的另一分支是信息论（informatics/information science），由美国数学家克劳德・香农（Claude Shannon）创立。1948 年，他发表的《通信的数学理论》以及次年发表的《噪声中的通信》两篇论文，奠定了现代信息论的基础。文中，他用数理统计方法研究了于通信和控制系统中普遍存在的信息传递和处理问题，目的是提高系统传输和控制信息的有效性和可靠性。香农及其合作者后来所著的《信息论》一书，从信息的语法方面出发，撇开了所谓的信息的语义，建立起传递信息的通信系统模型，对信息论的思想作了广泛的拓展。现在提及的信息学往往还包括电子计算机编码的相关理论，电子计算机作为一种处理信息的“物理符号系统”，是人类智能物化的卓越起点。

综上所述，不难发现思想酝酿又发生了一次巧合，三种基本文献几乎同时出现：维纳的《控制论》（1948 年）、香农和韦弗（W. Weaver）的《信息论》（1948 年）以及冯 • 诺依曼（John von Neumann）与奥斯卡 • 莫根施特恩（Oskar Morgenstern）的《博弈论》（1947 年）。运筹学、控制论、信息论，都是从研究人工技术系统出发，将定量的系统科学的适用范围，从自然物扩充到人工物，使系统科学成为横跨自然科学、社会科学和工程技术的一门交叉学科。

1.2.5 自组织理论体系

诺贝尔奖获得者、比利时物理化学家普利高津（I. Prigogine）于 1969 年提出了“耗散结构理论”（dissipative structure theory）。他认为开放系统（与外界有能量与物质交换的系统）在远离平衡态时，可以通过能量或物质的耗散而形成某种有序结构，称为“耗散结构”，从而回答了开放系统自发地从无序走向有序的问题。不仅是生物系统，在自然界的物理、化学系统中也存在着与生物学中一样的进化现象，可以用耗散结构理论统一进行讨论。

德国物理学家哈肯（H. Haken）在 1977 年出版的专著《协同学导论》一书中系统地论述了“协同学”（synergetics）的理论。在研究激光器发光原理的过程中，他发现激光是一种典型的在远离平衡态时由无序转化为有序的现象，但即使在平衡态时也会有类似现象发生，如超导和铁磁现象的形成。于是，哈肯从统计力学和动力学两方面揭示了一系列多元物理系统乃至生物系统、经济系统中协同现象的内在机制，认为复杂系统的相变是各子系统之间关联、协同作用的结果。进一步，他提出了解决某些系统向有序方向演化问题的有效方法：以支配原理（slaving principle）为基础的快变量绝热消去法。

耗散结构理论和协同学都从宏观和微观，以及两者之间的联系上尝试回答系统从无序向有序方向演化的问题，两者在系统科学中被合称为“自组织理论”（self-organization theory）。

在讨论自然系统如何向有序方向演化的问题时，其他学者也有一些引人注目的工作。例如，艾根（M. Eigen）在进化论的基础上把生命起源解释为自组织现象，发表了“超循环理论”（hypercycle theory）；托姆（R. Thom）运用数学上的函数理论，对突变现象作了系统性的阐述。

1.2.6　复杂性研究

20 世纪 80 年代以后，非线性科学（nonlinear science）和复杂性研究（complexity study）在系统科学理论的发展中占据了重要地位。

国际科学界从 20 世纪 80 年代开始一度掀起了研究非线性现象的热潮。线性、非线性本来是数学上的概念，过去，自然科学在研究客观实际时，出于简化模型的目的，一般将客观对象之间的联系用线性关系来表示。但是近来人们发现，对于由多个体组成的系统，由于存在内部的相互作用，系统整体不再是其部分的总和，而会涌现出原来各个个体单独存在时所没有的、新的性质。这就意味着线性叠加原理的失效，很多传统的研究方法此时不再适用，某些已有的结论也不再成立。由此需要对此类系统进行新的探索，这就是非线性科学产生的原因。现实世界中的事物，实际上绝大多数属于非线性系统，需要用非线性的研究方法、非线性的理论，去讨论其行为特点与演化方向。在研究过程中，人们又提出了混沌、分岔、分形等新概念，并发展了相应的理论。通过吸收非线性科学的成果，耗散结构理论和协同学在 20 世纪 80 年代又有了新突破，可以说，非线性科学推动了 20 世纪 80 年代后期系统科学研究的进展。

复杂性研究在国际上兴起于 20 世纪 80 年代中期，以 1984 年在美国新墨西哥州成立的圣塔菲研究所为标志。现实生活中的诸多系统，如经济系统、生态系统、计算机网络、动物的免疫系统、神经系统等，都可以归结为“复杂适应性系统”（complex adaptive system），其行为会受到某些一般规律的控制。复杂性研究涉及传统科学中的很多领域，体现了现代科学技术发展的总趋势，反映了不同学科领域的交叉点和共识，在某些研究方向和具体内容方面，系统科学与复杂性研究相当一致。

1.3　系统科学在中国的发展

贝塔朗菲在 20 世纪 70 年代提出一种系统科学体系的建构，分为三个主要领域，即系统理论、系统技术与系统哲学。三者之间内容上不可分割，意向上有所不同。1977 年，市川惇信提出一种塔式结构的系统科学体系，从高到低分别为系统概念、一般系统理论、系统理论各分论、系统方法论、面向对象的系统处理方法这 5 个层次。

到了 20 世纪 80 年代，钱学森重新探讨现代科学的体系结构。分为工程技术、技术科学、基础科学和哲学四个层次①。工程技术是实际应用、直接改造客观世界的技术；技术科学是为工程技术服务的理论科学；基础科学是自然科学的基础理论；自然科学通过自然辩证法与哲学联系起来。

---

① 详细资料可参考《智慧的钥匙：钱学森论系统科学》，123 页，上海交通大学钱学森研究中心编. 上海：上海交通大学出版社，2015.

钱学森提出，系统科学是并列于自然科学与社会科学的，是基础学科。结合其他基础学科，组成一系列研究系统共性问题的技术科学，也许可以统称为系统学。但系统科学发展探索至今，系统学尚未真正建立起来。

系统科学及其相关理论在我国的发展和应用是从推广运筹学开始的。1956 年，中国科学院建立了我国第一个运筹学研究组，1960 年年底，中国科学院力学研究所和数学研究所的两个运筹学研究组合并为运筹学研究室。著名数学家华罗庚从 20 世纪 60 年代初期起便在我国大力推广“统筹法”，并取得显著成效。1978 年，钱学森、许国志、王寿云发表了《组织管理的技术——系统工程》，论文提出利用系统的思想将运筹学与管理科学统一起来的见解，在社会上引起强烈的反响，系统工程在我国的推广应用由此出现了新局面。1979 年 10 月，中国科学院、中国社会科学院、教育部等单位的 150 名专家和学者在北京举行了系统工程学术讨论会，钱学森在这次大会上作了“大力发展系统工程，尽早建立系统科学的体系”的重要报告，这个报告提出了我国发展系统科学和系统工程的基本途径。1980 年 11 月在北京召开了中国系统工程学会的成立大会，建立了中国系统科学工作者的联合研究组织，从此中国在系统科学的研究和应用上开始了一个新阶段。此后，中国系统工程学会每两年召开一次全国性的学术年会，每次年会都成为我国系统科学和系统工程工作者交流经验、总结成果的学术盛会。

20 世纪 80 年代中期，在钱学森的指导和参与下，我国的系统科学家开展了对系统科学的基本理论——“系统学”的开创性研究。1990 年年初，钱学森等对社会经济系统等复杂系统进行了研究，提炼出开放的复杂巨系统概念，以及处理这类系统的从定性到定量的综合集成方法，并且正式发表了论文《一个科学新领域——开放的复杂巨系统及其方法论》。从 20 世纪 80 年代中期开始取得的这些研究成果，是我国开展系统科学与系统工程理论研究和实际应用的里程碑，在国际上也是具有前瞻性的成果，这表明我国在系统科学的研究前沿已经能够提出自己独创性的理论。

协同学的创始人哈肯曾说:“系统科学的概念是由中国学者较早提出的，我认为这是很有意义的概括，并在理解和解释现代科学，推动其发展方面是十分重要的。”并赞扬“中国是充分认识到了系统科学巨大重要性的国家之一”。表明了国际系统科学界对我国系统科学发展状况的高度评价。

钱学森认为系统学的创建是发展整个系统科学体系的基础，积极推动系统学的创建工作，提出建立系统学的基础与途径要从各相关学科（不仅包括系统科学体系内的学科，还包括自然科学等学科）中去提炼。北京师范大学是较早进入系统科学建设的队伍之一。1979 年成立的非平衡系统研究所在非线性动力学与自组织理论方面颇有建树。1985 年全国首个系统理论专业便诞生在北京师范大学，且于 2002 年被评为国家重点学科。而 2004 年复杂性研究中心的成立推动系统科学在复杂性研究方面有了更深入的发展。

第 2 章　系统科学的基本概念

2.1　什么是系统

贝塔朗菲的定义：系统是相互联系、相互作用的诸元素的综合体。

钱学森的定义：系统就是由相互作用和相互依赖的若干组成部分结合成的具有特定功能的有机整体。

根据以上定义，系统具有三个基本属性。

（1）多元性。系统由两个或两个以上元素组成。系统是多样性与差异性的统一。

（2）相关性。系统中的不同元素或组分存在一定的联系，相互作用。不存在与其他任一元素或组分毫无关系的组分。

（3）整体性。系统的整体具有不同于各个组成元素的结构和功能。元素的简单堆积或重叠则不认为构成了系统。

系统是系统科学研究的对象。

2.2　系统与环境

一个系统以外的所有与它相关联并产生影响的部分构成的集合，称为系统的环境。在观察系统过程中需要考虑到环境与系统之间的相互作用。系统在环境中存在、发展、演化，环境对系统的结构、状态发展又有一定程度的作用。相互作用的结果有可能使系统的性质和功能发生变化。一些系统具有能适应环境变化、保持或恢复其原有状态的性质和功能，这就是系统的环境适应性。

环境与系统之间的分界称为系统的边界。有些系统的边界有模糊性，甚至可能有分形特征。

系统与环境的划分具有相对性。根据系统的构成关系以及实际需要来确定系统的环境。环境会因为系统整体的演化而变化，但也有相对不变的一面。

系统与环境之间通过物质、能量和信息的交换相互联系、相互作用。按照系统与环境有无交换，将系统分为开放系统和封闭系统。开放系统具有与环境进行交换的特性，而封闭系统则没有任何交换。实际上，现实系统或多或少受到环境的影响，但影响程度有差异。从这个角度看，所有系统都是开放系统。封闭系统可以看作系统开放程度极其微弱到可忽略的一种情形。

2.3 系统的结构与功能

2.3.1 系统的结构

系统的最小组成部分称为系统的基本元素，简称基元；系统的组成部分也可以是一个系统，称为系统的子系统。子系统和基元都是系统的组成部分，简称组分。

组分与组分之间相互联系，形成具有系统整体的功能，组分之间的联系方式的总和称为系统的结构。同一系统内不同组分间可能存在不同的联系，那么构成了系统的不同结构，从而影响系统的功能。系统的结构也可以是千差万别的。

组分在时间上有关联的，称为时间结构；在空间上有关联的，称为空间结构。有些系统的结构与时间、空间均有关联，则称具有时空结构。按照系统不同状态时的相互关联方式，有静态结构与动态结构。有些系统的结构是有序的，组分之间的联系有规则，如晶体点阵；有些系统结构是无序的，组分之间的联系无规则，如分子布朗运动。

在一些复杂系统中，系统的元素或组分较多时，将相似的组分通过一定的方式组织构成一个子系统，子系统再整合成高一级子系统，在此基础上，又形成更高一级，乃至整个系统。整合在同一级别上的系统就构成系统的一个层次。所以，系统具有层次性，这是系统结构的重要特征。同一层次上的子系统往往具有相同或相似的结构。

系统的层次在很大程度上反映了系统的复杂程度，而不取决于组分数量的多寡。一个系统包含的层次越多，这个系统就越复杂。简单系统没有中间层次整合，组分间直接体现出系统整体功能。复杂系统从低层次到高层次逐级整合最终形成一个系统整体的层次。高层次具有低层次没有的性质，这个特性在系统科学里被称为涌现性（emergence）。涌现现象在诸多学科领域中都有体现，关于它的性质和特点，是近年来复杂性科学研究中的一个热点。一个复杂系统的各个层次通常会表现出不同性质的涌现，不同性质的涌现构成了不同的层次。

2.3.2 系统的功能

系统的行为是指系统对所处的环境表现出系统自身特性的变化响应。同一系统在不同环境下有不同的行为，不同的系统在同一环境下也有不同的行为。所以说系统的行为一方面反映了系统自身的变化特点，另一方面表明了环境对系统的影响。

系统的功能是由系统行为引起的。系统行为会对环境产生影响。这种影响对环境中某些事物利于发展且有存续作用，称为系统的功能。

系统功能与性能两者是不同的，需要区分开。系统性能是指系统内部组分间相互联系以及与外界环境联系过程中表现出的特性与能力。例如，风有流动的性能，利用风流动这一性能进行风力发电则是实现其功能。可见，性能是功能的基础，功能是性能的外在表现。性能提供了实现功能的可能性。功能在特定的环境下将某种性能体现于特定的过程之中。另外，性能是对系统的整体客观描述，而功能仅指其对环境有利的那一部分。

系统的功能由系统结构与环境共同决定。系统内部各要素之间相互联系形成结构，不同的结构可能产生性质不同的功能。当系统与外部有物质、信息、能量的交换时，外部环境的改变将引起系统功能的变化，可能是有利也有可能是不利的影响。但结构可无须发生改变。

功能是客观事物的一种整体特性，一般来说，整体应具有个体所没有的新功能，这便是整体的涌现性。整体的功能不等于部分之和，也正是层次之间不能简单叠加汇总的体现。

2.4　系统的状态与演化

2.4.1　系统的状态

通常将系统可以观察和识别的状况、特征等称为系统的状态。系统状态可用状态量这样的一组参量来表征。例如，经典力学运动状态中用质量、动量等参量来表征系统状态。经济系统中用国民生产总值、人均收入等参量来表征社会经济的运行状况。状态量的数值可以在一定范围内变化，取不同的数值，称为状态变量。状态变量是指一组随时间变化的量，用以描述系统具体情况。状态变量可以取不同的数值，给定一组数值，就是给定了系统的一个状态。如在直角坐标系中，给定一组坐标位置（x，y，z）就确定了三维空间中一个质点的位置。可以说，状态变量是刻画研究对象基本特征的量，可随系统的不同而不同，具有一定的物理意义。一般，同一个系统对象可以采用不同的状态变量组来描述，而选择的状态变量组都必须具有独立性和完备性。独立性是任一指定的状态变量都不能表示为其他状态变量的函数，完备性要求一组状态变量能够完全、唯一地刻画系统的状态。系统中所有可能状态的集合，称为系统的状态空间。

状态变量一般是时间的函数，不同时刻状态变量通常取不同的值。原则上说，一切系统都是动态的，只要系统的时间尺度足够大，总可以观察到状态变量随时间的变化。状态变量随时间变化的系统称为动态系统；状态变量不随时间变化的系统，即状态变量与时间无关，则称为定态系统或者静态系统。动态系统中系统从一个状态到另一个状态的转变需要一定的时间，在这段时间内不同的状态变量特征呈现出多样性。所以动态系统理论的内容更加丰富与复杂。另外，状态变量通常也是与空间有关的函数。

系统的状态变量除了与系统内部各元素之间的相互作用有关，与外界环境也密切相关。两者的影响常常决定着系统的演化特点和规律。一般用环境参量反映环境对系统的作用，环境参量的变化反映了系统外界环境的变化引起的系统内部的改变。通常，这类参量与状态参量相比，变化缓慢，故可看作常量。但它们对系统特性有重要影响甚至可以改变系统的性质，且在一定范围内可以调整控制，也称为控制参量。将在系统演化过程中不变的状态变量，或变化规律已知的状态变量也称为参数。一般地，可以控制参数的改变，研究在不同参数条件下系统演化的特点；也可以给定一组参数，然后研究在给定参数条件下系统状态的改变。

2.4.2 系统的演化

系统的行为、结构、功能、状态、特性等随时间的推移而发生的变化，称为系统的演化（evolution）。演化具有普遍性，只要观测的时间尺度足够大，世界上的任何系统都处于演化之中。研究系统科学的基本内容就是研究不同系统的演化规律和特点。不仅包括系统从一个状态到另一个状态的转变，还包括从无到有的形成，从小到大再到老化甚至消亡的过程。

系统演化的原因来自两个方面：一是内因，系统内部组分之间的相互作用与制约（如竞争、合作），导致系统结构、功能与状态等发生改变；二是外因，外部环境的变化以及系统与环境之间联系方式的变化，使得系统内部在一定程度上发生变化。所以说，系统是在内部动力与外部动力的双重推动下演化发展的。

系统演化的方向有两种：一种是由简单到复杂、从低级到高级的进化方向；另一种是反向的从复杂到简单、从高级到低级的退化方向。这两种演化方式在一定条件下有可能互相转换。例如，许多生物种群的演化过程是一种进化，而生物个体的老化过程则是一种退化。系统演化是在一定时间内发生，演化是一个过程，演化的方向就是时间指向的方向。

在系统科学中，研究系统的演化主要就是研究系统状态变量随时间演化的规律及特点。根据状态变量随时间变化的特点，可以将系统的状态分为非稳定、不可逆的暂态与稳定的终态。系统在足够长时间演化之后所呈现的一种稳定的、有确定规律的状态是我们研究的对象。演化过程中不稳定的暂态一般不作讨论。

根据系统终态的特点通常存在以下四种情况。

（1）定态解：这是最常见的一类终态。这种状态下，只取固定值，系统即使受到扰动，发生改变，也会回到原来的状态。可用系统状态变量所满足的微分方程组来分析系统的演化机制。若方程存在定态解，则系统终态可为不动点，进一步分析可知，只有稳定的定态解才表示为不动点。

（2）周期解：系统终态的状态变量是具有一定变化频率的周期变量，即状态变量的变化是依从周期变化规律的。状态变量从某一定值出发，恢复到该定值的最短时间称为系统的振动周期。

（3）准周期：该系统的多个状态变量具有不同的振动周期，并且周期之比是无理数（不可约、非循环分数）。因为各状态变量的变化周期不可约化，所以整个系统的变化不是周期的，只能近似为周期运动。

（4）混沌解：系统终态呈现出混沌的特点，系统的终极状态将局限在一个范围之内，在这个局域范围内系统是不稳定的。关于混沌的概念，在本书后续章节中有专门的论述。

2.5　系统的分类

面对世界上千差万别的具体系统，有必要对系统进行分类，以方便采用相应的理论进行研究。按照不同的标准，系统可以有多种分类方法。

（1）按照系统与环境的关系，系统可分为三类。

①孤立系统——与外界没有任何物质、能量、信息的交流，即与周围环境没有任何相互作用的系统。系统的演化与发展主要由内部相互作用引起，自发进行。严格来说，自然界并不存在这样的系统，它是一种为研究问题的需要而提出来的理想模型。当系统与外界的相互作用小到可以忽略时，可以近似看成是孤立系统，如一箱密闭得非常好的恒温气体。

②开放系统——与外界既有物质交换，又有能量交换的系统。现实的事物之间总会存在千丝万缕的联系，所以客观世界中大多是这类系统。系统与环境进行物质、能量交换的最简单的情况是，外界环境不因与系统的作用而发生改变，经过一段时间，系统与环境具有相同的浓度（通过交换物质）和相同的温度（通过交换能量），从而达到平衡态。这种情况系统科学将其归为孤立系统，注意这与物理学的分类存在差异。系统科学所研究的开放系统是，起码与两个源（两个热源或两个物质源）相接触，通过交换而形成的一种活的系统，如热机系统。

③封闭系统——与外界没有物质交换但有能量交换的系统。封闭系统是统计物理学与热力学中的概念，系统科学中不讨论封闭系统。如上所述，在系统科学

中，如果系统只与一个热源接触，最终必定实现平衡态，仍将其归入孤立系统；如果系统与外界多个热源交换热量，将其划归为开放系统。

（2）按照组成系统的实际内容进行分类，系统可分为物质系统、生物系统、人类系统。

①物质系统——组成物质系统的基本元素是原子、分子等无机物质。物理学、化学等自然科学的研究对象都属于此类系统，如力学系统。

②生物系统——组成系统的基本元素是“活”的生物组织。系统对环境有能动的适应性，使自身在自然界中得以生存和发展，如捕食者-被捕食者系统。

③人类系统——组成系统的基本元素是人。人对于环境不仅有适应性，而且能够主动控制和改造环境，使系统更适应人类的需要，如各种工程控制系统。

（3）按照系统内各子系统之间的相互关系，系统可分为线性系统与非线性系统两类。

①线性系统——系统中某部分的变化引起其余部分的变化是线性的，或者说系统的输入线性叠加时，系统的输出也线性叠加，就称该系统是线性系统。对于线性系统，我们有比较成熟的理论来分析，它的演化可用线性微分方程进行描述，如经典的控制系统。

②非线性系统——与线性系统相对，系统内部各组元之间的影响不是线性的，或者说系统的输入、输出不满足叠加原理。对于非线性系统，由于非线性微分方程至今仍没有规范的解法，处理起来要困难得多。所以，对大部分的非线性系统模型，当它的变量保持在一定范围内时，往往被近似表达为线性系统。有关非线性系统的更多内容，在本书第 6 章中有专门的介绍。

（4）按照系统状态与时间的关系，系统分为静态系统与动态系统。

①静态系统——其状态不随时间改变的系统。这类系统没有记忆，即某时刻的输出与其他时刻的输入无关。研究静态系统相当于分析系统某一定态的性质。

②动态系统——系统状态随时间变化的系统。动态系统在某时刻的输出与其他时刻的输入有关。研究动态系统，就要研究系统的时间行为，找出系统状态随时间变化的表达式或图像。

（5）按照系统的演化特点，系统可分为确定性系统与随机系统。

①确定性系统——外界影响确定、系统的演化规律及子系统之间的相互关系也确定不变的系统。此类系统用确定性方程即可描述。

②随机系统——系统内部存在某种不确定的因素，或者外界对系统施加了随机扰动，这样的系统称为随机系统。此类系统的状态变量是随机变量，常采用概率的方法来描述它的演化行为。第 5 章中对系统的随机过程有专门的讨论。

（6）按照系统结构的复杂程度，系统可分为简单系统与巨系统。

①简单系统——包含的子系统数目少，且子系统之间相互作用简单的系统。

按规模，简单系统又可分为小系统和大系统，它们的演化通常可采用已有的规范理论（如经典力学理论）来处理。

②巨系统——包含的子系统数目多，不能用简单系统方法进行处理的系统。按其复杂程度又可将巨系统分为简单巨系统和复杂巨系统。其中，后者还可细分为一般的复杂巨系统（也称复杂适应性系统，如人体系统、生物系统等）和特殊的复杂巨系统（也称开放的复杂巨系统，如教育系统、经济系统等）。

可以看出，从不同的角度出发，一个实际系统可以有多种划分方法，同时属于不同的系统类型。系统科学主要研究的是开放系统、生物和人类系统、非线性系统、动态系统、随机系统以及各类不能用传统方法处理的巨系统。

第3章　一般系统论

一般系统论是20世纪40年代与控制论、信息论同时诞生的一门新兴科学，研究各系统之间的共同特点与本质。采用逻辑与数学方法综合考察整体与各个部分的属性、功能，并在变动中调节整体和部分的关系，选取各个部分的最佳结合方式，借以达到整体上的最佳目标，如最佳的经济效果、最佳的工作效率等。系统工程就是应用系统方法论解决现代组织管理问题的科学，它对各种复杂的系统进行规划、设计、制造、控制和管理，研究和选取最佳方案。例如，经济系统工程，研究现代企业的最佳管理方法问题；教育系统工程，研究教育系统的最佳管理体制问题；等等。随着科学的发展，现代系统论包含了更广泛的内容。

3.1　一般系统论的产生

自然科学初期（实验科学时代）主要任务是将事物与外界环境相隔离，孤立地研究分析事物内部细节。客观上要求人们分门别类地进行研究，因而科学的主要趋势是分化。与之相适应的是分析解剖法。

还原论在科学发展过程中起了非常有效的作用，早期占有统治地位。把研究对象从高层次一层层地不断还原到低层次甚至基本单元，研究其基本单元因素，再把对各部分的了解进行累加。这样的方法论和观点在古典自然科学中曾取得了很大成功，从而对其他科学研究产生了巨大影响。如力学的分解隔离法研究、化学的周期律、原子结构研究等。但这种方法对内部存在各种相互作用的复杂系统而言，没有涵盖整体大于部分之和的系统思想，可能导致无从下手。

生物学发展过程中存在着机械论与活力论之争。机械论认为一种原因导致一种结果，因果关系清楚了，研究对象也就清楚了。机械论用分析方法把生物问题转化为物理或化学问题来研究。通过对生物进行分解（生物—系统—器官—组织—细胞）研究，最终产生了分子生物学，将遗传密码破译，取得了显著的成就。但对更高层次的问题却仍然知之不多，如生命现象、生命组织。分析方法的应用有两个前提条件：一是各部分之间的相互作用不存在，或作用微弱到可以忽略的程度；二是描述部分行为的关系式是线性的。因而机械论的分析方法在处理各部分间有紧密联系的复杂系统及非线性系统问题上有局限性。

活力论认为生物体中存在一种有目的的超物质的“活力”。有机界与无机界之间存在一道不可逾越的鸿沟。活力论的生命观虽然正确地指出了生命现象不能归结为机械、物理、化学的过程，但在解释生命现象的复杂性时，除了从外部加进一种超自然的活力外，什么问题也没解决。

20 世纪 20 年代，出现主张机体论代替机械论与活力论的生物学家与哲学家，如英国的怀特海（Whitehead）、美国的洛特卡（Lotka）、德国的克勒（Konler），他们强调把生命有机体作为一个整体来考察。美籍奥地利生物学家贝塔朗菲在对生物学的研究中发现，把生物分解得越来越多，反而会失去全貌，对生命的理解和认识会越来越少，因此开始了理论生物学研究。1937 年在芝加哥大学的哲学讨论会上，他在机体论的基础上第一次提出了“一般系统论”的概念。1945 年《关于一般系统论》的发表，成为系统论形成的标志。

1954 年，贝塔朗菲与其他学者成立一般系统论学会（后改为一般系统研究会），目的是促进可应用于不止一种传统知识部门的理论系统的发展。其主要职能为：①研究各个领域中概念、规律和模型的同型性并促进各领域之间有益的转移；②鼓励欠缺理论模型的领域发展适当的理论模型；③尽量减少不同领域中重复性的理论工作；④通过加强各专家之间的交流来促进科学的统一。学会的年鉴《一般系统年鉴》在拉波波特（A. Rapoport）卓有成效的编辑下，已被看作它的机关刊物。《一般系统年鉴》有意不拘泥于刻板的编选方针，而是为不同意向的论文提供园地，只要那些论文对于一个需要思想和探索的领域是适当的。大量的研究和出版物具体体现了各个领域中的这一趋势；其中《数学系统理论》杂志脱颖而出。

1968 年 3 月，贝塔朗菲在书籍《一般系统论：基础、发展与应用》中总结了近 40 年的工作内容，全面阐释了系统论的基本概念、基本原理、范畴与体系等。1972 年，贝塔朗菲发表了《普通系统论的历史和现状》一书，对一般系统论重新加以定义。

3.2　一般系统论理论概述

一般系统论为人类的思维开拓新路，使人类的思维方式发生了深刻的变化，它为人类在研究处理复杂问题时提供了有力武器。以往研究问题，一般是把事物分解成若干部分，抽象出最简单的因素来，然后以部分的性质去说明复杂事物。它只适于认识较为简单的事物，而不胜任于对复杂问题的研究。在现代科学的整体化和高度综合化发展的趋势下，在人类面临许多规模巨大、关系复杂、参数众多的复杂问题面前，就显得无能为力了。正当传统分析方法束手无策时，系统分析方法却能综观全局，别开生面地为现代复杂问题提供有效的思维方式。

系统论的核心思想是系统的整体观念。任何系统都是一个有机的整体，它不是各个部分的机械组合或简单相加，系统的整体功能是各要素在孤立状态下所没有的性质。系统的整体性体现在，系统中各要素不是孤立地存在着，每个要素在系统中都处于一定的位置，起着特定的作用。要素之间相互关联，构成了一个不可分割的整体。世界上任何事物都可以看成一个系统，系统是普遍存在的。大至渺茫的宇宙，小至微观的原子，一个工厂、一个团体、一个国家等都是系统，整个世界就是系统的集合。人们研究系统的目的在于调整系统结构，协调各要素关系，使系统达到优化目标。

一般系统论阐述了以下基本观点。

（1）系统的整体性。整体性是系统最本质的属性，这也是系统论的核心观点。贝塔朗菲指出“一般系统论是对整体和完整性的科学探索”。系统的整体性，根源于系统中有机性和系统的组合效应。系统整体性原理的基本内容，可以概括为以下几个方面：①要素和系统不可分割。凡系统的组成要素都不是杂乱无章的偶然堆积，而是按照一定的秩序和结构形成的有机整体。系统与要素、整体与部分，这种“合则两存，分则两亡”的性质，就是系统的有机性。②系统整体的功能不等于各组成部分的功能之和。在系统论中，1 + 1 不等于 2。这是贝塔朗菲著名的“非加和定律”。系统的非加和定律又可以分为两种情况：一是“整体大于部分之和”，这种现象称为系统整体功能放大效应；二是“整体小于部分之和”，这种现象称为系统整体功能缩小效应。③系统整体具有不同于各组成部分的新功能。这是从质的关系方面看，系统的整体效应表现为系统整体的性质或功能。具有构成该整体的各个部分自身所没有的新的性质功能，也就是说，系统整体的质不同于部分的质。

（2）系统的开放性。生物系统本质上是开放系统，不同于封闭的物理系统，有其特殊性。贝塔朗菲认为，一切有机体之所以有组织地处于活动状态并保持其活的生命运动，是由于系统与环境处于相互作用之中，系统与环境不断进行物质、能量和信息的交换。正是由于生命系统的开放性，才使这种系统能够在环境中保持自身高序的、有组织的稳定状态。他提出等结果性原理，用一组联立微分方程对开放系统进行数学描述，从数学上证明了开放系统的稳态，并不以初始条件为转移，指出了开放系统可以显示出异因同果规律。

系统的目的性（有效性、适应性、寻的性）是存在的，不是完全由因果规律决定的。开放系统可以保持自身的稳定结构和有机状态，增加其有序性。这正是系统目的性的表现。把系统的开放性、有序性、结构稳定性和目的性联系起来，这正是贝塔朗菲一般系统论的核心和重要成果。

（3）系统的动态相关性。任何系统都处在不断发展变化之中，系统状态是时间的函数，这就是系统的动态性。系统的动态性，取决于系统的相关性。系统的相关性是指系统的要素与要素之间、要素与系统整体之间、系统与环境之间的有机关联性。它们之间相互制约、相互影响、相互作用，存在着不可分割的有机联系。系统论的相关性原则与唯物辩证法普遍联系的原则是一致的。动态相关性的实质是揭示要素、系统和环境三者之间的关系及其对系统状态的影响。

（4）系统的层次等级性。系统是有结构的，而结构是有层次、等级之分的。系统由于系统构成，低一级层次是高一级层次的基础，层次越高越复杂，组织越有序。并且系统本身也是另一系统的一个组成要素。系统中的不同层次及不同层次等级的系统之间相互制约、相互关联。自然系统、社会系统都有层次结构。等级层次结构存在于一切物质系统，因而人们对事物的认识也只是对其某一层面的认识。

（5）系统的有序性。系统的有序性可从两方面来理解：其一，系统结构的有序性。若结构合理，系统的有序程度高，有利于子系统整体功效的发挥。其二，系统发展的有序性。系统在变化发展中从低级结构向高级结构的转变，正体现系统发展的有序性。这是系统不断改造自身、适应环境的结果。系统结构的有序性体现的是系统的空间有序性，系统发展的有序性体现的是系统的时间有序性，两者共同决定了系统的时空有序性。

3.3 一般系统论的不足

贝塔朗菲的一般系统论基本上属于概念的定性研究，理论的定量研究很少，且对系统的有序性与目的性未能作出合乎逻辑的理论说明。半个多世纪以来，许多优秀的科学家采用不同的研究方法，希望把一般系统论发展到具有理论内容并且能够有效解决实际系统问题的高度。然而，一般系统论的基本概念研究并没有取得突破，缺乏概念基础，难以建立一个有效的基本概念体系，仅从经验上探索若干基本问题，如一般系统的环境、结构、状态和行为之间的关系及规律问题，系统基本组成部分及其特性问题，系统结构层次问题，系统复杂性的根源问题，以及是否存在从简单到复杂的自然法则的问题等，这些问题极大地阻碍了一般系统论研究的发展。在研究思想和方法上未建立一个有效的一般系统模型，缺乏模型基础。

第4章　控制论与信息论

4.1　控　制　论

控制论是第二次世界大战后发展起来的一门新兴横断科学。短短几十年的发展，已经活跃于人类活动的诸多领域，涉及自然科学、工程技术和社会科学等科学技术的几乎所有部门。什么是控制论？按照创始人维纳的解释，控制论是关于动物与机器中控制与通信的理论。根据钱学森对系统科学划分的学科层次，控制论是利用有限条件通过人为调控实现系统整体优化运行的一门技术学科。一般来说，控制论是研究生命体、自然界与技术设备的控制过程中一般规律的学科。控制论与其他学科相结合，出现了以控制论为研究手段的新兴技术，如工程控制、生物控制、经济控制、社会控制、信息控制等，对科学的发展产生巨大的影响。越来越多的人开始利用控制论的科学方式来指导自己的实践活动。

4.1.1　什么是控制

“控制”这个概念是很普遍的。人类使用生产工具进行劳动，那么人类与生产工具之间产生了控制关系，人是控制者，工具是控制对象，使用工具的过程便是控制活动。在现实生活中，这样的控制活动与控制关系随处可见。对汽车等各种交通工具的驾驶是一种控制，生产中的校正调节是一种控制，企业的管理经营也是一种控制，人体自身的神经活动也是控制的过程。这些是我们对“控制”这个概念一般意义上的理解。那么，控制论中的“控制”有何区别？

控制是控制系统获取信息、处理信息并利用信息来调整自己的行为以实现系统所追求目的的行为；控制是施控主体对受控客体的一种能动作用，这种作用能够使得受控客体根据施控主体的预定目标而动作，并最终实现这一目标。由此可以看出，控制是一种有目的的行为活动。一个系统中可能存在不确定性，使得系统处于不稳定状态。为了保持合乎目的的状态，根据环境信息的变化，对系统施加作用，所施加的作用就是控制。所以，控制可以理解为是控制者选择适当的控制手段作用于控制对象，从而引起控制对象朝某种目标变化的行为。

此外，控制是一个反复的行为过程，且与信息不可分。控制过程是一个不断获取处理再传递信息的过程。一般系统经过一次输入并不能达到完全预期的输出目标，输出行为与预先设定的目标之间会有些偏差，这就要求系统多次反馈，对输入作出相应的调整，使系统的输出按照所期望的方式变化，控制是一个持续的行为过程。维纳指出，控制工程的问题和通信工程的问题是不能区分开来的，而且这些问题的关键并不是环绕着电工技术，而是环绕着更为基本的消息概念，不论这消息是由电的、机械的还是神经的方式传递的。

综合以上观点，控制可理解为：根据系统对信息采集选择适当目的并实现的行为过程。这种施控者与控制对象按一定方式组织的整体称为控制系统。

控制的实现需要具备以下三个条件。

（1）控制对象存在多种发展变化的可能性空间。可能性空间是指事物在发展与变化中出现的各种可能性的集合。如果事物发展变化的可能性只有一种，无法改变事物的状态，那就无所谓控制了。控制是建立在可能性空间之上的，可能性空间是控制论的出发点。控制的目标是改变事物的状态，所以事物必须是可以改变的，即要存在多种发展的可能性，否则无法进行控制。

（2）目标状态是可选择的。没有选择就没有控制。如果确定的目标状态在事物发展变化的可能性空间中是无法选择的或没有选择的余地，那就谈不上控制了。另外，为了达到预期的控制目的，所确定的目标状态必须包括在可能性空间之中，否则也无法实现控制的目的。归根到底，控制是一个在系统可能性空间中有方向选择的过程。

（3）系统须具备一定的控制能力。控制能力是指实行控制前后的可能性空间之比。事物能否向既定的目标发展变化，实现对系统的有效控制，主要取决于系统的控制能力。如果不具备一定的控制能力，即使事物朝目标状态演化，由于缺乏必要的推动力，也不可能实现有效控制。对于绝大多数控制过程而言，可能性空间在目标值附近一定的范围内就认为达到控制的目的，并不需要精确到某个唯一的状态。

4.1.2　控制论的产生与发展

控制论创始人诺伯特·维纳先后在英法留学，后在美国大学讲授逻辑与数学，早期研究函数论与概率论。在麻省理工学院工作期间，对机器运算产生了兴趣，提出用数字计算机代替模拟计算机的想法。1935 年，维纳在清华大学任教，从事电话理论研究和滤波器改善设计工作，拟用电视扫描方法来解决偏微分方程中的多变量问题。维纳曾说，1935 年的中国之行使他从数学家转向了控制论专家。第二次世界大战期间，维纳参与了火炮控制系统的研究工作。这也是控制论产生的社会背景。

第二次世界大战期间，德国法西斯利用空军作战能力的优势进行空袭。如何组织起一个有效的防空和反击网、怎样提高火炮射击的准确度来应对敌方的空袭等问题，成为当时急需解决的难题，也成为推动控制论研究的客观需要。为此，作战双方都投入了大量资源，吸引一批优秀的科学家致力于这些问题的实践和理论研究，涉及很多控制理论方面的问题。维纳当时就是在美国军事部门的要求下从事防空系统有关控制论这一课题研究，研究过程中发现“反馈”的作用，他们归纳为“当我们希望按照一个给定的式样来运动的时候，给定的式样和实际完成的运动之间的差异，被用作新的输入来调节这个运动，使之更接近于给定的式样”。除了防空系统与防空武器高炮系统的控制问题，维纳还与罗森勃吕特一起研究神经系统。战后维纳将这些工作总结提炼并接受赫曼书店的邀请出版了《控制论》，成为经典之作。维纳在《控制论》中阐述了控制论建立的思想基础，论述信息、反馈、通信、控制等重要概念，并提出一系列问题：信息的本质是什么？机器会不会使人退化？机器是否可以控制人？《控制论》的出版对科学与哲学产生很大的影响。

控制论除了产生在第二次世界大战这个特殊的社会历史条件下，也是建立在很多其他学科研究成果的基础上的。主要体现在三个方面。

（1）数学和物理学。数学和物理学从数量和动力学机制上研究客观对象的演化和运动，对必然性和偶然性及其相互关系进行了讨论和研究，并形成了具体的内容体系，如数学中的概率论，物理学中的统计力学、量子力学等。数学和物理学中研究必然性和偶然性关系的内容，为控制论的产生提供了数量计算和演化机制分析的基础。控制论是建立在可能性空间的基础上的，很多系统的运动或状态带有偶然性，不能够精确预见。系统运动在给定条件下便具有某种概率分布，服从一定的统计规律，控制论研究这类系统就必然要用到统计知识，包括概率论和随机过程理论。同时，控制论研究的系统也是一种动力学系统，系统的运动在一定的外界条件下受到外界环境的种种约束，所以控制论还要用到物理学中的统计力学。

（2）生命科学。生命科学为控制论的产生提供了可供类比的对象。巴普洛夫反射论中把生命看成一个自我组织、自我调解与自我完善的系统，对它的研究实际上形成了控制论中的反馈观点。从《控制论》一书的副标题——“关于在动物和机器中控制和通信的科学”可以看出控制论与生命科学之间的关系。传统的牛顿理论很难说明动物很多行为的物理机制，逐渐形成了黑箱理论，涉及输入、输出等重要概念。控制论中不少概念、理论、技术来源于生命科学中对于刺激与响应、抑制与兴奋等现象的研究。

（3）计算机科学和逻辑学。计算机科学和逻辑学的发展与控制论的产生和发展互为因果、相互促进。计算机采用数理逻辑的设计，使得计算机可以模拟人的思维方式，以及随着计算速度的不断加快、存储能力的不断加大，使得人们借助计算机模拟人的智能行为成为可能。控制论发展的需要对计算机在性能上、结构上提出了更高的要求，同时，控制论的思想、理论和技术给计算机的软件设计提供了不少新的思路，加快了计算机的发展。而逻辑学作为人类思维过程的理论总结，也是控制理论的研究基础之一，如黑箱理论实际就是以逻辑学等学科为依据建立起来的。同时，以模拟大脑控制为基础的控制论发展也为逻辑学的发展提供了新的需求，并提供了新的思路和材料。

最后，概括地说，控制论是一门横断科学，跨越多个领域，它的产生是现代科学研究成果相互作用的产物，是人类控制活动技术发展的总结与升华。1948 年之后控制论进入发展阶段。

第一代控制理论也称经典控制论，主要研究对象是单因素控制系统，只适用于单输入和单输出的系统，重点是反馈控制，基本分析方法是微分方程、拉普拉斯变换、传递函数与频域法等，着重应用于单机自动化。钱学森于 1954 年在美国运用控制论的思想方法创立了工程控制论。

第二代控制理论是现代控制论，主要研究对象是多因素控制系统，在古典控制系统的输入和输出之间加入了一个状态空间，使得控制可以在多输入与多输出的系统中实现。重点是最优化控制，着重应用于机组自动化、生物系统。

第三代控制理论是大系统控制理论，主要研究对象是规模庞大、结构复杂的系统，核心装置是计算机群组，着重应用于综合自动化、社会与经济系统、生态与环境系统。出现了工程控制论、生物控制论、经济控制论等新兴技术。

工程控制论是研究有关具体工程技术的控制理论，在复杂系统的最优控制规律的基础上，结合电子计算机的使用，可以建立现代化的工程管理系统。生物控制论是研究生物系统的控制过程和信息运动规律的理论，涉及生物的神经系统、生理调节系统等。社会控制论是将控制论应用于社会大系统而产生的控制理论，研究发现，运用于非线性系统的控制理论通常也适用于社会系统，控制的模型化方法可以广泛地应用在生产管理、环境保护、能源交通、通信网络、法律政策、城市规划等各个社会领域。智能控制论是近年来控制论应用研究的新的突破和焦点，它运用“黑箱”控制方法，从功能上来模拟人的大脑，使自动控制发展成为人工智能控制。

4.1.3　控制论的基本概念

维纳曾经给出了控制论的经典定义：控制论是关于动物和机器中控制和通信的科学理论。早期的控制论对控制系统的信息及反馈等问题进行研究，目的是找出机器模拟动物的行为或功能的机制。随着科学的发展，控制论讨论的对象远不限于此，还包括植物界、微生物界，甚至无生命的自然界。从维纳给出的定义出发，现在人们对控制论的公认说法是：控制论是以研究各种系统共同存在的控制规律为对象的一门科学。

控制论研究的对象范围非常广泛，已经拓展到了客观现实的各个领域。它研究各种系统的共同控制规律，既不限于自然科学，也不限于社会科学。它横跨各个学科，超出了各个学科的研究范围，为各个学科找到了一个统一的东西。所以，控制论的规律是普遍的规律，控制论不应该单纯地属于自然科学、社会科学或其他科学，而是一门横断科学。

控制论不研究具体的物质结构、运动形式和能量过程，而研究普遍的结构和行为方式，着重从控制方面来研究系统的功能；不着重研究系统此时此地的行为，而研究所有可能的行为方式、状态及其变动趋势。可以说，控制论是一门研究复杂系统控制规律的科学。钱学森对控制论的研究对象曾有过如下阐述："理论控制论的对象是不是物质的运动呢？因为世界是由运动着的物质构成的，控制论的对象自然还是客观世界，所以控制论的研究对象最终还得联系到物质；只不过物质运动本身是代表物质运动的事物因素之间的关系。有些关系是直接的，有些关系是间接的……" 控制论通过对物质运动的模式或机制的探讨，可以预见整个系统的行为方式，理论控制论的任务就是根据这些事物之间的定量关系，建立起有效的控制，进而掌握整个系统的变动趋势。

1. 选择与控制

通过前面对控制的定义可知，实施一个控制有三个条件：首先，必须了解事物状态发展的可能性空间；其次，必须确切清楚自己的目的，选择事物朝着可能性空间中的哪个或哪些状态演化为目标；最后，必须能够改变和创造条件，使事物朝着所选的目标转化发展。其中第二个条件就是现在要说的选择。

在事物的可能性空间里，事物发展到哪种状态，与条件和选择相关。当事物发展变化到可能性空间中某一种确定的状态后，又面临新的可能性空间。也就是说，事物发展具有不确定性。往往控制现象就是人们根据自己确定的目的，不断选择条件，使事物沿着自己希望的方向发展。

2. 控制能力

在解释控制的定义时提到，控制能力是指实行控制前后的可能性空间之比。

除了少数情况外，事物的目标状态一般不是绝对精确或唯一的，仍然是一个可能性空间，只不过比原来的可能性空间缩小了。所以我们所说的控制，也可以理解为改变或创造条件，使事物的可能性空间缩小到误差允许的一定范围之内。而实施控制前后的可能性空间之比，就可作为控制能力的一种度量。控制能力是在一切控制过程中都具有的一个普遍意义的量。假设 F 表示控制能力，M 表示实施控制前事物的可能性空间，m 表示事物在控制后的可能性空间，那么控制能力可以用下式表示：

$$F=\frac{M}{m} \tag{4.1}$$

例如，射击打靶就是一个控制过程。即使再优秀的射手，也不可能每次都正好射中靶心，但是一个优秀的射手与普通人相比，他能够将弹着点控制在一个更小的范围之内，如每次射击八环以上。根据上面公式的定义，他对于射击过程的控制能力较普通人高。在控制论的概念里面，优秀射击运动员在控制（射击）的实施中，能够使事物（弹着点）在控制之后的可能性空间更小（八环以上），在这里，环数体现了控制能力的大小。

3. 输入与输出

一个系统由特定要素与结构组成，和外界环境之间存在相对稳定的边界，使系统能够区别于外界环境。但是，任何系统都不是绝对封闭的，孤立系统在实际中并不存在，而是开放的，与环境有着千丝万缕的联系、作用和影响。系统的开放性就体现在系统与环境之间这种相互作用和相互影响上。系统与环境的相互作用和相互影响是通过系统的输入与输出来实现的。把环境对系统的作用和影响称为系统的输入，而把系统对环境的作用和影响称为系统的输出。

系统的输入可以分为两种类型，即可控输入和不可控输入。可控输入的量在控制过程中是可以调节改变的，以实现控制目的。对控制系统实施控制就是希望通过控制能够使系统朝着特定的状态演化，而具体主要是通过改变对系统的输入来实现的。但并不是所有对系统的输入都可以调节。在控制论中，一般把可控输入称为输入，而把不可控输入称为干扰或者条件。干扰有可能来自系统内部，也有可能来自系统的外部环境。系统的输出是系统对输入进行反应并加工的结果，是输入的函数，输出的集合反映了系统的行为效应。无论是输入还是干扰都会影响系统的输出，影响的结果不同而已。干扰常常会使系统的输出偏离目标，使控制结果与控制目标之间产生偏差。因此可控输入的作用体现在两个方面，一方面是使系统产生预定的输出；另一方面是使系统尽量克服干扰所带来的偏差，排除那些不符合系统目标的输出。

系统输入和输出之间的关系可以用下面的式子来表达：

$$T=\psi(I) \tag{4.2}$$

其中，T 表示输出；I 表示输入；ψ 表示系统的传递函数，表示输入和输出之间的关系，即输入信号从系统的输入端变化到系统输出端时的变化方式。传递函数的形式是由系统的结构来决定的，也就是说，系统对输入有所反应并进行加工的方式取决于系统的结构。引入传递函数这一概念可使控制论具有数学定量化的性质，就有可能通过数学表达式来研究系统的动态行为特性。

系统的输入对系统产生一定的影响，经系统加工后表现为输出，从输入到输出的这段时间称为系统的反应时间，有时也称为时滞。输入与输出是相对的概念，两者相互联系转化又相互区别。输入与输出的内容都是物质、信息与能量，输入的内容经过系统的处理和变换，输出时在数量或者形式上发生了变化。在不同层次系统之间或者系统各层次之间相互作用中，既可以看作彼系统的输出，又可以看作此系统的输入。同时，作为结果的输出反过来作用于输入，这就是反馈。

4. 反馈与稳定性

反馈（feedback），就是系统输出的全部或部分通过一定的通道回到输入端，对系统的输入和再输出所产生的影响。反馈概念是控制论的核心概念。系统对于环境的适应性，主要靠反馈来实现。把系统输出转向输入的通道称为反馈通道，而把系统输入转向输出的变换通道称为输入-输出通道。反馈通道和输入-输出通道构成了一个循环回路，这个回路称为反馈环。

根据反馈后果不同，可以将反馈分为负反馈和正反馈。哈罗德·布莱克认为反馈减弱输入信号就是负反馈，反馈加强输入信号就是正反馈，他是从通信的角度来定义。一般来说，如果反馈使系统沿着削弱与目标之间偏差的方向运动，使总输出减小，那么这个反馈就是负反馈。相反，如果反馈是使后输出信息与原输出信息相同作用，增大总的输出，则这个反馈称为正反馈。例如，生产的发展可以加速教育事业普及，而教育事业的发展又促进生产水平的提高，这种彼此加强的作用正是正反馈在国民经济建设中的表现。使用导航设备过程中，不断排除干扰，减小目标差，最终抵达目的地，这是负反馈在实践上的应用。与正反馈相比，负反馈在控制活动中意义更大。负反馈倾向于阻止系统偏离目标，使系统沿着减小与目标之间偏差的方向运动，最终使系统趋于稳定状态，实现动态平衡。相反，正反馈是促进系统偏离目标，使系统越来越不稳定，最终导致系统解体或崩溃。换句话说，当系统的稳定性受到干扰时，负反馈的作用是维持或重新建立起这个系统的稳定性；而正反馈将使系统出现一个比干扰单独引起的偏差更大的偏差，加剧系统的不稳定程度。简单而言，负反馈起削弱原因的作用，使系统行为收敛；正反馈起强化原因的作用，使系统行为发散。这是正反馈、负反馈与系统稳定性的关系。但要指出的一点是，系统的稳定性不是绝对的。在任意干扰、任何环境影响、任何时候都保持稳定性的系统是不存在的。

控制论提出的反馈机制，对人类生产活动和其他社会活动有着重要的意义。例如，一个生产企业根据市场反馈的需求变化，调整生产；通过分析模拟生物反馈机制，研发出声呐系统、雷达装置等。

4.1.4 控制系统与控制论系统

1. 控制系统

一个控制系统由两个最基本的部分组成——作用者与被作用者。作用者即控制系统中的施控主体系统；被作用者则是受控客体系统。施控主体也称施控装置，受控客体也称被控装置。施控装置内部再细分有感受器和控制器，通过感受器接收信息，由控制器在对各种信息进行加工的基础上产生控制信号，控制信号再经过某一中介元件转化成为受控装置的控制作用。这种中介元件称为执行元件。受控对象接受控制之后，通过效应器对外产生输出。

控制系统不但有如上的由感受器、控制器、执行元件、效应器、反馈器等组成的结构，往往还有其他某些辅助结构，但总体上仍可以分为施控主体系统和受控客体系统。前者具有导向作用，具有产生目的的功能，后者的目的性是在前者的控制下实现的。

对于控制系统中的施控主体和受控客体，有必要作以下几点说明。

第一，我们说某一系统是控制系统，只是针对这个系统的某一控制过程而言的，如果从其他角度分析，它也可以不是一个控制系统。

第二，控制系统中的施控主体和受控客体的区分是相对的，某个事物对于某个控制系统是施控主体，但是对于另外一个控制系统而言，它又可能是受控客体。同一事物对于不同的控制系统可以有不同的作用，它也可处于控制系统的不同部分。

第三，控制系统都不是孤立存在的，它们与环境之间以及彼此之间，都存在相互作用，因而由简单的控制系统可以构成复杂的控制系统。在复杂控制系统中，简单的控制系统成为它的一个部分或一个等级。因而，一个复杂控制系统往往是由多个（或多层）简单控制系统复合嵌套而成的。

第四，控制系统具有目的性与动态性。控制过程是一个不断变化发展的动态过程。

2. 控制系统的分类

由于控制的内容纷繁复杂，因此对控制系统的分类方法也很多。从不同的角度，可以对控制系统进行不同的分类。从控制目的角度，控制系统有稳定控制系统、程序控制系统、随动控制系统、最优控制系统。按照目标值的不同，可以将控制系统分为定值控制、追值控制、最大值与最小值控制。按照被控量，可以分为过程控制、伺服机构、自动调节、最优控制。现代控制理论根据控制系统的控制方式不同，将控制系统分为三类，即开环控制系统、闭环控制系统和组合控制系统。

1）开环控制系统

控制系统的输入不受输出状况的影响，即控制系统是没有反馈回路的，这样的系统结构就是开环控制系统。在这样一个系统中，被控量的值的信息没有被用来在控制过程中构成控制作用。开环控制系统可以用图 4.1 表示。

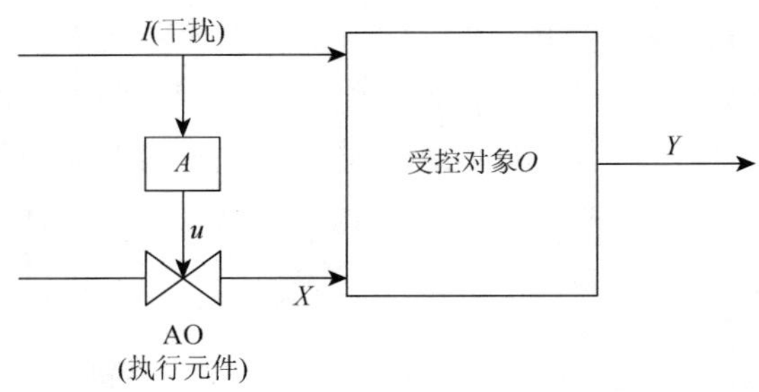

图 4.1　开环控制系统

图 4.1 中，O 为受控对象，A 为控制装置，AO 是执行元件，X 为执行元件发出的执行信号，是一种可变输入，Y 为受控量，此处即为输出，I 为干扰，u 为控制装置产生的控制信号。由于开环控制系统没有反馈回路，不能够依靠反馈信息实施控制作用，所以，必须事先对干扰进行估计和预处理，克服干扰带来的偏差。

2）闭环控制系统

和开环控制系统相反，所谓闭环控制系统，就是控制系统的输出可以通过反馈通路重新构成控制系统的输入，或对输入产生一定的影响，从而对控制系统产生控制力。闭环控制系统可以通过图 4.2 表示。

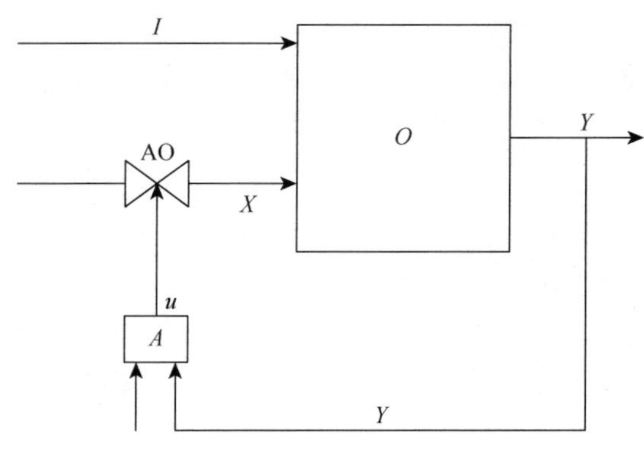

图 4.2　闭环控制系统

从图 4.2 中系统结构可以看出，系统的控制力传输路线存在一个闭环。从闭环线路上的任一点出发，沿控制力方向移动，又回到出发点。组成闭环控制系统的各元件及传递信号的意义基本上和开环系统相同。差别就是闭环控制系统中存在反馈回路，输入和输出之间靠反馈联系起来，使得系统的输入受到输出状况的影响。闭环控制系统通过反馈信息来形成控制作用，能够克服干扰带来的偏差，所以闭环控制系统不用事先对干扰进行估计和预处理。

3）组合控制系统

顾名思义，组合控制系统是由开环控制系统和闭环控制系统组合起来形成的控制系统，故该系统具有开环控制系统和闭环控制系统分别具有的对于偏差的处理方式。一方面，它能够和开环控制系统一样对干扰进行事先估计和预处理，依据干扰信息选定输入值，减少控制系统和控制目标之间的偏差；另一方面，通过反馈回路，以信息反馈的形式改进控制作用，调节目标的输出结果来修正系统受干扰产生的偏离情况。组合控制系统如图 4.3 所示。所以，组合控制系统运用一种综合处理干扰的方法。

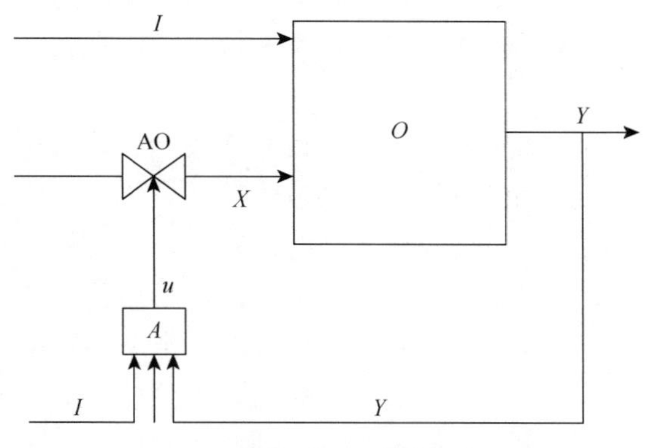

图 4.3　组合控制系统

3. 控制论系统

引入控制论系统这个概念，一方面定义了一类系统，它是控制论的研究对象之一；另一方面它提出了特定的控制规律，可形成专门的研究方法和途径。那么什么是控制论系统呢？控制论系统专指带有反馈的控制系统，即它是一种闭环控制系统。显然，控制论系统和控制系统是不同的，控制论系统涵盖的范围不及控制系统广。这样定义控制论系统，是根据前面对控制理论的分析，反馈概念在控制论中居于核心地位。控制论系统的特征客体就是信息的获得、处理，以及利用信息实现控制目的的过程，这一过程的实现必定要求控制系统的结构是闭环的，即整个控制系统中必须有反馈回路。然而，控制论系统这一概念主要目的在于强调关于反馈调节的方法和途径。

控制论系统是根据研究目的而确定的一种抽象系统，只讨论与控制有关的相互作用，而不讨论构成控制系统的材料及具体形状。企业的物质流、人员流、信息流在控制通路和各个反馈回路中流动循环，使得原材料和能源等不断输入，产品和服务等不断输出，有效地实现着一个企业的运行流程。在现实企业中，反馈环节不一定拥有相应的实体机构，但它们确实存在并发挥着效用。

在控制论系统中，系统输出与目标之间的偏差作为信息被反馈回来，偏差要经过系统控制器再传递给受控对象，也就是说，控制器进行对反馈信息进行加工处理的工作，所以控制器是整个控制论系统的心脏。控制器对偏差信号进行转换或处理的规律，就是控制论系统的控制规律。

控制论系统，特别是对于工程控制系统而言，施行控制过程中人们经常利用的一些基本控制规律有以下几种。

（1）位式控制规律。位式控制规律就是控制器的开关控制规律，对应于不同的偏差，控制器为二值输出，要么开启，要么关闭。位式控制是最为简单的一种控制，易于使用，在日常生活中广泛存在。如室温控制，开启控制器时升温，关闭控制器时降温，故温度只在期望值附近不断波动，达不到稳态值，所以位式控制的精度不高。

（2）比例控制规律。比例控制规律，就是在控制器输出与偏差之间增设一个比例关系，它是对位式控制中受控量无稳态值的一种改进。比例控制系统发生的是一系列的自控过程，例如，受控量下降时，其与期望值的偏差上升，则控制器输出按比例增大，使受控量增大并趋近于期望值；之后偏差减小，输出减小，从而抑制了受控量的继续增大，最后可使之稳定在一个动态平衡点上。现实中的炉温控制系统，便可以采用比例控制规律，炉温作为受控量，正比于偏差的是电路的输出电流，人们通过控制燃油的进油量，进而控制炉温。比例控制规律虽然能够获得系统受控量的稳态值，但这个值只是接近于期望值，而无法与之相等，有些场合我们需要进一步提升系统控制的精度。

（3）比例积分控制规律。比例积分控制规律，除了设定控制器的输出与偏差成正比外，系统还对偏差进行时间积分。对于定值系统而言，比例积分控制规律的受控量在理论上可以达到期望值。只要偏差不为 0，积分作用就将促使输出不断加大，控制作用不断增强，直至受控量与期望值吻合。领导决策控制就是实际中运用比例积分控制规律的一个简化例子。领导者下达某项指令，如果发现系统的运行结果与预想有所偏差，便会增加一条条补充规定来纠正偏差，陆续增强控制作用，直到决策获得预期效果，这些不断增加的补充规定就相当于模型中积分的效用。

（4）比例积分微分控制规律。外界环境会对控制系统施加干扰，从而使受控量偏离期望值，出现偏差。若干扰比较剧烈，就会造成受控量与期望值之间的偏差很大。而积分的控制作用是累积的，依靠积分来消除这些偏差需要很长时间，系统若耗费过长的控制等待时间，往往会造成不必要的损失。为此，在比例积分控制的基础上再加入微分项。微分项可以起到抗干扰的作用，其大小与偏差的变化率成正比。当控制系统出现较大的干扰时，受控量就会偏离期望值较远而产生大偏差，仅依靠比例和积分的作用减小偏差耗时太多。增加微分项后，大扰动引起了受控量较大的变化，对应的偏差变化率也就很大，从而立刻反映在微分项里，通过微分作用使控制得以加强，阻止受控量继续大幅度波动，避免了可能出现的大偏差。这种动态调节的控制规律，控制论中称为超调作用。目前的常规控制系统中，比例积分微分控制规律作为一种较为理想的控制规律，已经得到广泛的运用。

4.1.5　控制论的主要研究方法

在研究控制系统的过程中，人们逐步形成、发展和完善了许多科学方法，最主要的有黑箱方法、功能模拟方法、反馈方法等。这里，简要地对这几种方法作出解释。

1. 黑箱方法

所谓“黑箱”，是指那些既不能打开又不能从外部直接观察其状态的系统。如人的大脑，直到现在我们仍不能通过生理解剖来了解它的思维功能机理，如果把大脑打开解剖分析，获得的也只是对失去思维功能的大脑物质的认知，也不能直接从外部了解它的内部构造细节。现实生活中有很多这样的系统。我们就好像面对一个不能打开的箱子，里边的一切对于我们而言都是一无所知的。很多时候，由于技术或时间等条件的约束，没有办法直接观测到系统的内部结构。为了更好地利用这种内部结构没有认识清楚的系统，借助这个系统的外在表现去分析它，采用的方法就是黑箱方法。

严格地定义，在控制论中，黑箱是指我们一时无法直接观测其内部结构，或为完成某一特定的认识任务而不必去直接观测其内部结构，只从外部的输入和输出去认识的现实系统。黑箱方法就是为了研究这一类系统而发展起来的一种科学方法。所谓黑箱方法，就是当系统内部结构不详时，运用相对独立的原则确认黑箱，通过分析系统的输入、输出及其动态过程，来定量或定性地认识系统的功能特性、行为方式，以及探索其内部结构和机理的一种控制论认识方法。

黑箱方法是经典控制理论的重要方法，因为它只考虑系统的输入和输出，所以是一种行为方法。黑箱方法并不神秘，在我们日常生活中也会不自觉地运用黑箱方法。如今，手机、计算机等电子产品已成为我们生活必不可少的一部分。虽然不懂这些电子产品的内部结构或工作原理，但都知道如何开关、调节哪些按键可以实现我们所需要的效果。这正是运用黑箱的方法。现在，黑箱方法已经发展成为一种系统辨识手段，通过外部观察所得的数据，辨识系统结构和参数，从而得到定量描述系统输入/输出关系及状态的数学模型。我们不用打开黑箱，就能考察它的功能和特征。例如，通过输入图像或声音等信号，观测脑电波的输出，分析研究人脑对视觉和听觉信息的传递、交换和处理功能，便是一种运用黑箱进行系统辨识的方法。随着人类整体认识水平、认识手段和认识能力的提高，原来未知的黑箱，很可能变成其内部结构可以部分观测的灰箱，然后进一步变化为内部结构可以完全观测的白箱。控制论对灰箱和白箱也都提出了相应的认识和研究理论，以便对其进行预测和控制。黑箱方法的基本步骤：选定作为黑箱的研究对象；观察测量和主动考察黑箱；收集整理数据，建立模型，阐明黑箱。

2. 功能模拟方法

模拟方法是一种传统的科学方法。所谓模拟，是指采用间接实验的方法，先设计与自然现象或过程相似的模型，然后通过模型来间接地研究原型的规律性的实验方法。传说鲁班发明锯子是从草叶边缘小齿受到的启发。人类的发展史上存在大量模拟自然界生物而创造出的工具。随着近代科学实验的产生发展，模拟技术进入一个新阶段，实现物理模拟和数学模拟，也就是对系统的结构和机制进行模拟，对已经可以写出系统演化方程的数学模型进行模拟，如大型工程。但这种传统模拟技术具有局限性，需要认识了解原型的结构及其运动过程。而控制论将模拟方法推广到对系统的功能以及系统响应外界的行为方式进行模拟，研究的对象不是物体，而是分析动作与行为方式。在控制论中，以功能和行为相似为基础，模拟一切具有控制和通信功能的系统的目标行为，把自然界动物的目的性行为赋予机器等一切控制系统，也就是进行功能上的模拟。控制论把它研究的对象看作系统，着重研究系统的功能，所以控制论中强调功能模拟。通过模拟可将大型复杂系统的描述简化，使人们能够通过对控制模型的研究来认识系统本身，进一步预测系统的未知行为和功能。

3. 反馈方法

在介绍控制论的基本概念时，已经对反馈作了比较详细的描述。反馈方法是指用系统活动的结果来调整系统活动的方法。反馈方法的特点就是根据过去的操作情况来调整未来的行动，接近预期目的。反馈方法同样可以分为正反馈方法和负反馈方法。

反馈是大部分系统的一个显著特征，一个系统要对抗自然界的自动增熵过程，要应付变化着的世界的各种偶然性，必须具有某种稳定机制，使系统得以处于稳定状态，由前面的分析可知，负反馈就提供了这样一种机制。根据维纳的理论，对信息流通的系统，应该建立一个双向通信流，不仅具有从上级向下级的命令通道，还应该增加从下级往上级的反馈通道，实际上就是要建立一个系统的负反馈机制。

另外，反馈概念和反馈方法也被引入了哲学，在因果关系上为扫清机械唯物论和唯心论的迷雾作出了贡献。反馈概念在机械设计中萌芽，在电子技术中形成，在控制论中得到充分的发展。如今，反馈概念已经被应用到各个领域，使人们对于客观世界的认识有了新的飞跃。反馈方法突破了其技术层面上的意义，被认为是对非生命物质、生命机体和人类社会普遍适用的一种科学方法。运用反馈方法我们已经解决了过去的经典理论所无法解决的许多难题，并开拓了一系列新的应用领域。

4.1.6　控制论的应用

控制论是一门跨学科的横断科学。从控制论产生到今天，控制论的发展，尤其是控制论研究方法的发展，给诸多领域提供了新的研究思路和方法，极大地促进了多个学科的发展，甚至促使了一些新学科的产生。工程控制论与生物控制论是最早出现的两个分支学科。控制论自它诞生之日起，就与生物学结下了不解之缘。从维纳的奠基性著作《控制论》一书中即可看出，世界上的生物种类成千上万、生活在不同的环境里，在生物长期的进化过程中，生物体内形成了复杂的、精巧的调节控制结构，使得它们能在千变万化的环境中生存和发展。利用控制论对这些问题进行研究，一方面可以使人们更清楚地认识人类生命的本质，另一方面可以通过对各种生物体独特精巧的控制系统的学习，进而为人类改造物种、治疗疾病、制造高度灵活的信息处理和控制机器等活动开辟广阔的道路，促进人类健康和文明的发展。如今，生物控制论已经是一门发展非常迅速、有着广阔前景的新兴学科。

控制论向社会、经济等领域渗透，形成了社会控制论和经济控制论。控制论研究社会、经济的一个基本方法，就是用数学公式来描述社会经济现象，也就是建立所谓的社会经济系统模型。然后，用控制理论的方法按最优反馈控制来求解，由此得出计划、管理过程的最优策略，为社会、经济的领导者提供科学的决策依据。控制论对社会系统的应用，除了经济方面，还涉及政治、军事、教育、科技、伦理、道德、法律等各个领域，应用范围十分广阔。控制论还在向更多的社会领域渗透，并形成了很多分支学科，除了经济控制论外，还有教育控制论、技术控制论等。

1. 大系统控制论

大系统控制论是现代控制论最新发展的一个重要领域，它是系统工程中解决大系统整体与部分、整体与外界环境之间的相互关系，以达到最优控制的理论和研究方法。大系统指的是一个由共同目标联合起来的、有若干内在联系的子系统的集合体。大系统控制论的研究对象就是各种规模庞大、结构复杂的大系统的自动化问题；研究的具体内容是关于工程技术、社会经济、生物生态等领域大系统的分析、综合及模型化。

由于实际中大系统的影响因素繁多、关系层次复杂，所以很难直接确定系统整体的运动规律，通常采取的是“分解-综合”的办法，即把大系统根据可分析条件分解为若干子系统，建立子系统与整体及各子系统之间的关系，对各子系统进行局部最优化的控制，再通过综合各子系统的规律，使子系统之间相互协调配合，以实现大系统控制的全局最优化。例如，现在出现的一种控制方法称为滑模控制，就是将一个系统整体模型分解为很多部分，对各个子模型分别施加控制，再将各部分通过滑动模型边界的方式衔接起来，最后完成对系统整体的全局控制。

2. 模糊控制理论

模糊控制理论建立在模糊数学的基础上，主要用于解决一些不确定性系统的控制问题。模糊数学将传统集合推广为模糊集合，用于描述一些不够明确的信息和概念，并创立了模糊现象的数学模型，从而探索出一套分析和处理事物的模糊方法。模糊数学的模型和方法应用于工程管理和控制中，便形成了模糊控制理论。模糊控制采用的数学推理逻辑，实际上更接近于人脑的功能逻辑，通过较少的模糊信息，能够得到足够精确的近似结论。

在工程系统领域，除了模糊控制之外，模糊理论还应用于系统的结构分析、图像识别、功能诊断和故障预报等方面。

3. 最优控制理论

这是现代控制论的核心内容，主要应用于工程控制系统和社会控制系统。对于多输入和多输出的现代化控制系统，最优控制理论强调采用动态的控制方式，通过各种数学模型方法，力图有效地解决大型复杂系统的设计和控制问题，以实现系统整体和过程的最优化。也就是说，它不仅要优化系统的总体效果，还要兼顾多项专门的效益指标，如系统的稳定性、动态误差值、弛豫时间等。

4. 自适应、自学习控制理论

自适应控制系统是一种前馈控制系统，就是在环境条件还没有影响到控制对象之前，就通过预测而去进行控制的一种方式。它能按照外界条件的变化，自动调整自身的结构和行为，在系统功能的保持上较一般的控制系统更具适应性。

随着现代计算技术的发展，自适应控制进一步完善和深化，形成了自学习的控制理论。所谓自学习控制系统，就是系统具有自我学习的机制，能够按照自己在运行过程中的经验（如试探、统计、模式识别等），逐步改进机器的控制算法，使之趋于理想状态。自适应与自学习控制，均属于能与其他控制并用的更高水平的控制方式，现在经常提及的人工智能系统，便综合了自适应和自学习的控制特点。

5. 人工智能

人工智能（智能控制论）是控制论的一个崭新的应用领域，也是实现智能控制的主要途径。作为一门新兴的学科，人工智能的目标是研究如何使机器具有认识问题与解决问题的能力，从而实现人类劳动的第二次解放，即脑力劳动的解放（第一次是机器的发明，使得人类的体力劳动获得解放）。人工智能的研究范围包括：如何建立神经系统的模型，以及如何模拟人的智能，如记忆、学习、对弈概念的形成到转变为思维的过程等，而研究这类问题的主要方法就是控制论。人工智能是在这个基础上发展起来的控制论的重要理论分支。

最后，总结控制论的一些重要特点：①建立在统计理论的基础上，摆脱了牛顿、拉普拉斯的机械决定论；②着眼于信息观点来研究系统的功能，不受研究对象物质与能量的形态观影响；③关注所有可能的行为方式和状态，重视变化的趋势；④结合了系统观点、信息观点、反馈观点，形成一门新的科学技术。

4.2 信　息　论

“信息”这个词在日常生活中被广泛地使用着，如“商品信息”“市场信息”“房产信息”“科技信息”等词语，而以信息为主要管理和经营对象的公司、报纸、部门、网站也比比皆是，如“某信息咨询公司”、“信息日报”、“中国信息报”、中华人民共和国工业和信息化部、黑龙江信息港、中国经济信息网等。人们甚至用“信息时代”来描述21世纪，现代社会沉浸在一个信息的海洋中。毫无疑问，“信息”已经成为现代人生活中不可或缺的一部分，并逐渐引起人们的重视。

信息论是关于信息的本质与传递规律的一门科学，研究信息的度量、传输、交换、存储，已经渗透到社会科学与自然科学的各分支领域中。

4.2.1 信息的基本概念

1. 什么是信息

说到信息，我们马上能联想到消息、指令、情报、密码、数据、资料等。其实像消息、指令等都有一个共同的特性，就是人们得到它们的目的并不是在于消息、指令等本身，而是通过它们知道一些自己原来不知道的东西，消除自己对某方面的不确定性。信息自古以来就有，但在社会文明程度低的古代，信息传递手段落后，获取信息较为困难。按通俗的说法，信息可以对应于英文里的“information”一词，被理解为知识、情报、数据、资料等。但实际上，信息、消息以及信号之间有联系，但它们是不能等同的。例如，紧急情况下使用的警报装置，用声信号或光信号来传递信息。一种信息可以用多种不同的信号来表示。简单来说，指令、密码、数据、资料等本身并不是信息，而是携带信息的载体，其中可以包含信息，人们通过它们来传递信息。这种关系类似于信息和消息：信息是消息的内核，消息是信息的外壳；信息是消息所包含的内容，消息是信息的载体。我们通常所说的“这则消息包含了丰富的信息”，或者说“这则消息没有多少信息含量”，就是站在信息接收者的立场，来看待信息与消息的区别。

那么究竟什么是信息呢？随着人们对信息认识的深入，信息的概念不断地演变，现在它已成为一个含义非常深刻、内容相当丰富的概念，以至于人们很难给它下一个确切的定义。到目前为止，关于信息的概念，学术界尚无公认一致的定义，说法不下百种。例如，“信息就是数据”“信息是事物联系的普遍形式”“信息是负熵”“信息是通信传输的内容”“信息是收信者事先所不知道的报道”“信息是加工知识的原材料”……下面介绍两种比较具有代表性、影响力较大的定义。

（1）香农的定义。美国数学家香农在《通信的数学理论》这篇著名论文中，阐述了对信息的看法，认为“信息就是事物运动状态或存在方式的不确定性的描述”。香农在论文中借用概率论这一工具，将通信工程的一系列基本理论问题进行深刻讨论，给出信源信息量、信道容量的计算方法和一般公式，总结出一套编码定理来表征信息传递的重要关系。不确定性是人们对客观事物缺乏了解和认识的表现，当人们通过某种途径对客观事物有所了解和认识时，这种不确定性就会减少或消除，通常可以认为这时得到了信息。从通信的角度看，信息就是通信的内容，通信的目的是使收信者了解事物存在的某种状态或方式，从而减少或消除收信者原来的不确定性，而当收信者的这种不确定性减少或消除时，我们就说他获得了关于那个事物的信息。从概率论的角度看，所谓不确定性意味着某件事是否发生具有各种可能性，即不确定性是随机性的表现。按照香农关于信息的定义，一条消息可以消除甲的不确定性，对于甲来讲存在信息，对于已经了解此信息内容的乙来讲，不存在消除不确定性的问题，就没有信息，客观上究竟有没有信息，有多少信息，我们不得而知。所以，香农的信息定义虽然在一定程度上解释了信息的特征，然而，它完全依赖于人的认识，带有强烈的主观性，不利于对信息作更加深入、普适的研究。

（2）维纳的定义。1950 年，维纳在《人有人的用处》中提出："信息就是人和外界互相作用的过程中互相交换的内容的名称。"人类在认识世界和改造世界的过程中，不断地从外界获得信息，并通过语言、文字和图像等各种通信手段相互交换信息，调节人类社会的活动，使人类社会不断发展。但是维纳的定义也有不确切的地方。一是把信息仅仅定义为与外界相互交换的联系显然过窄。因为信息并不是只与交换活动有关，在没有交换的场合也存在着信息。例如，不管是否参与交换，宇宙中都存在着大量的携带了天体运动信息的宇宙射线等信号；二是把与外界交换的内容统统看作信息，这样定义又显得过宽。在自然界的各种运动过程中，相互作用、相互交换的东西不仅有信息，还包含能量和物质。

在系统科学中，我们通常是将研究对象的质量、能量、信息作为三位一体的概念体系来认识，因为从本体论层次上说，质量、能量和信息都是描述客观世界存在物质的属性。我们知道，质量是系统包含物质的多少；能量是系统运动能力大小的量度，或者说是系统做功本领的大小；而信息，也是系统的属性之一。系统的很多属性都可以归结为信息，系统的组分性质和它们之间的比例、相互位置关系、连接方式，以及系统的形状、结构、功能等，都可以看成是信息。甚至有人说"系统的状态变量就是信息"，考虑到对系统实际的认识过程，我们强调，在传递过程中不变的那些状态变量可以当作信息，而在传递过程中改变的那些状态变量由于无法进行复制，无法让我们认识该系统，不应该属于信息的范畴。

2. 信息的特征

第一，信息具有知识的秉性。信息可以消除或减少人们对某个客观事物的不确定性，这是信息的本质特征。人们对某个客观事物不确定，是因为人们缺少对这个客观事物的必要的知识，当人们获得了关于这个客观事物的相关信息，这种不知道、不确定性就会减少或消除，同时也就是获得了知识。

第二，信息是客观性和主观性的统一。信息反映的是客观存在的事实，是某一客观事物的现实属性，它的真实性是其一切效用的基础；同时，信息的作用对于不同的主体而言往往是不同的，对它的接收与评价带有很强的主观性，这是信息和数据的主要区别之一。

第三，信息能够成为一种资源。这是由信息的知识秉性决定的。当人们掌握了信息，并有效地利用信息，就能高瞻远瞩、运筹帷幄，提高生产效率和科研效率，也就是将信息成功地转化成为一种资源。

第四，信息具有抽象性、无限性和共享性，是一种特殊的资源。信息的抽象性，恰如维纳在表述信息是存在于客观世界的第三要素时所说："信息既不是物质，也不是能量，信息就是信息。"信息的无限性表现在两个方面：一方面，只要这个世界还存在，任何事物的任何活动都会不断地产生大量的信息；另一方面，信息可以不断地被扩充，一个信息，对于某个目的或过程的作用也许会过时，但是对于另一个目的或过程而言，或许依旧是有用的。信息的共享性体现在，信息不会随着信息携带主体相互之间的交流而失效。同样的一个信息可以被复制多次，供多个人了解、掌握，信息并不会因为被更多的人使用而减少，相反有时会因与不同人的固有知识相互作用而有所增加。

第五，信息可以被识别、提取、加工、传输、扩充、存储。每种信息都有自己的传输方式和条件，以及与之相应的接收方式。信息可以存储在磁盘、书籍及各种电子设备中，并在使用过程中提取。信息还可以从一种形式加工转换为另一种形式，如图像信息转换为文字信息。

3. 信息的分类

信息按照不同的角度可以有不同的分类。

按照信息所包含的内容，可以将信息分为语法信息、语义信息和语用信息。语法信息是不考虑信息的实际内容，而只是从形式上、逻辑上去描述信息及其联系；语义信息是指信息所包含内容的意义或含义；语用信息则是强调信息所包含内容的价值。

按照信息产生的条件，可以将信息分为自然信息和人工信息。所谓自然信息，是描述和揭示自然界的事物与事物之间相互作用和内在联系的信息。而人工信息是人们依据客观事物运动的规律，利用一定的物质手段来表征特定的含义，以达到一定目的的信息。

从自然界的发展过程来看，可以将信息分为非生物信息、生物信息和社会信息；按照得到信息的途径，可以将信息分为直接信息和间接信息；从哲学的角度出发，可以将信息分为客观信息和主观信息；从系统与环境的关系来看，可以将信息分为系统外部信息和系统内部信息；从客观事物运动的不同方式划分，可以将信息分为确定性信息、概率信息和模糊信息。

4. 信息载体的特性

在实际操作过程中，信息本身不能直接作为对象，关于信息的所有操作——采集、传递、处理、存取等，都是针对携带信息的载体进行的，下面介绍关于信息载体特性的内容。

从技术角度分析，信息载体大致有下面几个方面的特性。

第一，信息载体具备物质性，可以通过人体器官感知或接收它，或者利用工具、手段来测量和描述它。借助信息载体，信息才由抽象的东西转化为实际的内容。

第二，信息载体具有固定、表达或记录信息的可能。信息作用于信息载体时应能够引起载体的变化，信息就记录在信息载体的变化之中；载体变化越丰富，其载荷的信息就越多，信息载体的性能就越优良。实际中，人们往往选择那些容易固定、表达或记录信息的物质作为信息载体。

第三，信息载体具备一定的保存信息的能力。也就是说，信息引起的信息载体的变化要能够保存，这种变化才有意义，信息才有利用的价值。

第四，信息载体具有易传输性。信息是靠信息载体的传递和运输实现其扩散和传播的功能，不易移动的载体将大大限制信息的效用，一般不作为信息载体。

第五，信息载体具有传输不变性。信息是借助载体的物理性质来固定、表达或记录的，如果载体的物理性质在传送过程中发生了变化，将会导致信息的缺失和变化，这就要求信息载体的物理性质在传送过程中要保持稳定。

现在，适宜人类作为信息载体的主要有三类：一为物质实体，如生物化石、考古遗迹、石刻碑刻等，它们向我们传递着古代文明的信息，这类信息载体虽然不易损坏，但是可移动性差；二是物质波动信号，如声波、光波、电磁波等，利用其波频的传输不变性来表征信息，可以高效地实现信息的传送和交流；三为符号载体，如各种自然语言和人工语言（文字、数字、音符等），它们将人脑内的意识信息通过符号载体而编码表达，使得人类的智慧得以积累和存续，人们还可以进一步将其加载于声波、光波、电磁波等波动信号而供传送交流。

4.2.2　信息论的产生和发展

1. 准备阶段

19 世纪～20 世纪 40 年代，可以看作为信息论的产生准备理论基础和技术条件的时期。信息论是从通信科学中产生的，人类的通信历史可以追溯到石刻象形文字的时代或者更早。在通信的进程中，随着人类改造世界的能力不断加强，人类先后创造了语言、文字，发明了纸张、印刷术，逐渐提高了传输信息和存储信息的能力，以增强自己改造自然、发展文明的能力，提高生产和生活的组织化程度。但是，给人类通信带来根本性变化的还是电在通信上的应用。1832 年塞缪尔·莫尔斯（Samuel Morse）发明了电报，1876 年亚历山大·贝尔（Alexander G. Bell）发明了电话，从此出现了有线通信。19 世纪末 20 世纪初，由于二极管、三极管相继问世，人类进入了无线通信的时代。卫星通信、信息网络等更加先进的通信技术先后出现，开始了无线通信全面发展的时期。近代通信技术的进步为信息论的产生打下了坚实的基础。信息论正是人们在通信领域中对信号特征研究中产生的一门新学科。

实际上，对信息论的产生影响最大的是 20 世纪 20 年代奈奎斯特（H. Nyquist）的概括性工作和哈特莱（R. V. L. Hartley）的启发性研究。他们最早研究通信系统传输信息的能力和可靠性。1924 年，奈奎斯特发表了《影响电报速度的某些因素》一文，文中指出电信号的传输速率与信道带宽具有比例关系。四年之后，哈特莱发表了《信息传输》一文，第一次指出消息与信息的区别。信息是包含在消息中的抽象量，消息是信息的载体。信息量的概念也是首次提出。这些研究工作加深了人们对于信息概念的认识，对之后香农信息论的创立有很大的启发。

2. 创立阶段

20 世纪 40 年代，由于生产和战争的需要，必须调动大量的人力、财力、物力，掌握信息、利用信息的要求更加迫切。这就促使许多科技工作者在各自的岗位上对信息问题投入了大量的研究，客观上从不同的角度揭示了信息论中某些重要概念的相同本质。同时，在这个时期，通信技术得到了飞速的发展，相继出现雷达、无线电、电子计算机等通信工具。同时还出现了自动预测、自动跟踪、自动控制等技术装置。所以，就某种程度而言，信息论在这个时期的产生具有必然性。香农、维纳、费希尔（R. A. Fisher）这三位数学家几乎同时提出了关于信息论的基本思想。

信息论的创始人和奠基人是美国贝尔电话研究所的数学家香农。1948 年，香农在《贝尔系统技术杂志》上发表了《通信的数学理论》，这篇开创性文章给出了信息度量的数学公式。1949 年发表《噪声中的通信》，确立了信息研究的数学方法和基本原理。这两篇关于信源和信道特性的权威性论文奠定了现代信息理论的基础。香农以通信系统模型为对象，以概率论和数理统计为工具，从量的方面来深刻阐释信息的传输和提取方面的问题，提出了通信系统模型、度量信息量的数学计算公式以及编码定理。香农的信息理论初步解决了如何从信息接收端（信宿）提取由信源发出来的信息；如何充分利用信道的信息容量，在有限的信道中以最大的速率传递最大的信息量；如何编码、译码使信源的信息充分表达等问题。

与信息论的建立关系密切的另一位科学家维纳，从控制和通信的角度研究了信息问题，以自动控制的观点来研究信号被噪声干扰时应该如何处理，从而建立了“维纳的滤波理论”。同时，维纳还提出了关于信息的实质问题（认为信息的实质是负熵），以及信息量的测量方法和计算的数学公式。维纳的这些研究成果对信息论的产生作出了独特的贡献。此外，费希尔从古典统计理论的角度研究信息，也丰富了信息理论的成果。

虽然香农、维纳和费希尔等通过不同的角度来研究信息，但取得了共同的认识：通信和控制系统中接收的信息带有某种随机性质，必须用统计平均信息的概念加以定量描述；各种信息的本质在于消除通信中的不确定性，信息量就等于所消除的不确定性的数量。这些成果具有重大的意义，使人们可以对信息进行定量的研究，将信息的传递过程抽象概括为某种数学模型，从而使通信科学由定性研究阶段进入到定量研究阶段，信息论从此成为一门独立的科学。

3. 发展阶段

信息论创立初期，很多学科利用信息论的尝试收到了显著的成效，于是人们更加主动地将信息论运用到各个领域，在应用的过程中，信息论与各个学科之间相互渗透，这又极大地促进了信息论的发展。研究与应用过程中发现，信息不仅是通信过程所要研究的对象，而且可以作为控制机器、控制生物和控制社会的手段进行研究。随着信息概念的广泛应用，香农的信息论也逐渐暴露出其局限性。任何信息都包含三个方面的内容：语法信息（或统计信息）、语义信息和语用信息（或价值信息）。在香农的信息论中，它抛弃了信息的具体内容，单纯研究信息的数量，使丰富的信息概念简化到了只包含统计信息这一层含义，这是香农信息论的一大局限。另外，同样的信息对于不同的接收者、使用者而言，其价值是不同的；同样的信息对于同一个对象，在不同的时间其价值也是不同的；内容相同或信息量相等的信息，对不同的人也会有不相等的信息价值等，对这些方面的含义，香农的信息论都没有进行研究，这是香农信息论的第二个局限。香农信息论的第三个局限是不能对大量存在的不确定信息作出定量的描述。

现在，人们已经克服或正在努力克服香农信息论的这些局限性，对语义信息、价值信息和不确定信息等分别进行了研究，并产生了相应的信息理论。同时，人们还从不同学科的角度对信息产生与传递过程进行了多方面的研究，运用信息处理的方法解决了许多学科的实际问题，使信息论不再局限于通信过程的技术和理论，向生物神经系统、人类工程系统、社会综合系统等诸多领域渗透，逐渐形成一门崭新的边缘学科——信息科学，或称广义信息论。

总而言之，几十年来，信息论在基础理论和实际应用方面都取得了巨大的进展。经历了狭义信息论、一般信息论和广义信息论的不同阶段。狭义信息论主要研究消息的信息量、信道容量以及消息的编码问题。一般信息论主要研究通信问题，但还包括噪声理论、信号滤波与预测、调制等信息处理问题。广义信息论不仅包括狭义信息论和一般信息论研究的内容，而且涵盖了所有与信息有关的领域。

随着现代科学技术的进展，信息论必将继续发展和丰富，并且在人类认识和改造客观世界的实践中发挥更大的作用。

特别需要指出的是，复杂性科学、系统科学、管理科学等对于社会系统的研究，使人们越来越认识到信息概念的重要性，不少专家希望从更本质的方面来关注信息的概念，在客观世界三大要素——物质、能量、信息的基本层次上来分析、认识信息。不同学科的专家集中在一起对信息进行交叉学科的探讨，现已取得了一定的进展，我们正期待着新的、开创性的研究成果问世。

4.2.3 信息论的基础知识

信息论最早是研究通信理论而出现的，它的主要任务是解决两个方面的问题：提高通信的可靠性和提高通信的效率。信息论的基础理论是通信理论。作为信息论的创始人，香农首先提出了通信系统模型。

1. 香农的通信系统模型

香农将整个通信过程抽象成信息在系统中传输、变换、存储、处理、显示和识别的过程。在此基础上，香农认为整个通信过程的模型结构可以分为信源与信宿、信道与噪声、编码与译码等几个重要的组成部分，下面分别介绍。

信源：信息的来源。只要是发出信息的客体都是信源，所以信源是多方面的，不仅我们人类可以作为信源，而且自然界的一切物体，包括生物、机器、社会组织等都能够作为信源，发出信息。信源发送信息，多数是通过发出包含有信息的信息载体（如消息、指令）来实现的，它们一般以语言、文字、声音、图像等具体的载体形式出现。

信宿：信息的接收者。信源发出信息，最终被信宿接收、采纳，这才实现了通信的最终目的。信宿与信源一样，是多种多样的，可以是人，也可以是机器、动物等其他一些事物。研究信宿方面的问题，主要是研究信宿在通信终端能够接收到或提取到多少有效信息。按照不同的信源和信宿组合，可将通信系统划分为人-人通信、人-机通信、人-生物通信等；按信宿的接收者数目，通信分为单用户通信（如电话）和多用户通信（如广播）；按信息传送方向来划分，通信有单向通信（如电视）和双向通信（如讨论）。

信道：传输信息的通道和媒介，是一般信息流通系统的重要组成部分。信道是连接信源与信宿的主要中介环节。一般我们传播的是加载着信息的信号，不同物理性质的信号，需要用不同物理性质的信道来传播，如光信道、声信道、电信道等。研究信道的关键物理量是信道的容量，即一个信道单位时间内最多能传送多少信息。信道容量限制了信道最大可能的通信速度，表明了信道传播信息的能力，它是衡量信道性能优劣的主要指标。除了传播信息，从广义上说，信道有时还承担了存储信息的任务。例如，我们通过电子邮件进行交流，一方面交流了信息，另一方面信息也通过电子邮件的形式被存储起来。

噪声：指通信系统中除了预定传送的信号之外的其他一切信号。通俗地说，噪声就是使信息在传播过程中出现失真的干扰。例如，电视屏幕上出现的“雪花”、收音机里发出的“滋滋”声响等。在通信系统中，可以将噪声分为两类：系统外噪声和系统内噪声。信息在信道中传播时，常常会受到系统内、外噪声的不良影响，使信息的接收方——信宿，接收到的信息和信源发出的信息之间出现差别。所以，在噪声的干扰下，信宿接收到的是信源发出的信息和噪声的合成体，这样就会影响通信的效果，进而导致通信错误或失效。因此，应当尽量减少不良噪声的干扰。通过提高信噪比、信号检测和滤波技术等技术降低噪声。当然，噪声在特定情况下也能够发挥功用，例如，可以利用噪声来掩埋系统畸变信息、干扰敌方通信等。

编码：把信息编译成信道可识别的代码。信源发出的信号或消息不能直接在信道中传送，需要经过编码器进行适当的变换和处理。换句话说，编码就是把信息转换成可交流、可传输、可存储的信号的过程。在香农的通信系统模型中，编码过程一般可以分为两个部分：一是信源编码，就是把信源输出的信息转换成某个给定的字母表中的字母构成的最佳序列；二是信道编码，就是把信源编码后的字母序列变换成适于在信道中传输的最佳序列。编码设备输入端连接信源，按照编码规则将信源发出的消息编成信号系列从输出端输出。通信系统中，信息往往要经过几次编码才能转变成适合于信道传输的信号。

译码：与编码过程相反，把信道传出的代码转换为原来信息的过程。信号序列经过信道输出端，须由译码器还原成原来的信息，因为只有经过译码过程，传输的信息内容才能被通信过程中信息的归宿——信息接收者有效地接受和理解。

信源、信道和信宿是通信系统的基本组成部分，编码和译码是实现通信过程必须遵循的程序，而噪声是对信道中传输信息不可避免的干扰。以上几个部分普遍存在于所有的通信系统中。

香农的通信系统模型反映出通信传输的规律性，将信息的传输过程抽象为一种信息运动模型。同时又具有普遍适用性，不仅一般的通信系统适用，而且可推广到其他非通信领域。非通信系统与通信系统虽然目的不同，但是往往具有相似的功能。这是因为，信息是系统的“灵魂”，任何一个系统中都要根据信息来调解、控制系统内物质和能量的流动，因而都有一个输入和输出信息的过程，也就必定有类似的信源、信道和信宿等几个部分。系统从外界获取信息，通过对信息的分析处理，实行对系统中执行部分的控制，执行的情况再转化为一种信息流反馈到输入信息中，进而调节控制系统的工作。例如，物流公司自动化分拣过程，也是一个信息流通过程。去往不同地点的物品是信源，分拣程序是编码原信号，传送带流水线是信道，到达目的地是信宿。在企业管理中，基层员工是信源，企业决策者是信宿，各部门是信道，各类报表、数据是信息。企业决策者通过收集、处理信息，作出决策，反之亦然。

2. 香农信息的度量

大多数学科在其发展过程中都会经历定性研究和定量分析过程这两个阶段。定性研究因缺乏对某学科全方位的认识，只能从主观上给出一个大致性的描述，是定量化的前提和基础。定量分析过程是对研究对象作出的相对精准的描述，它是定性的具体化和精确化。香农用概率论的观点把信息加以定量化来研究，从而使信息论成为一门严谨、精确的科学。

那么如何定量描述信息呢？前面已经提过，香农将信息看作人们对事物了解的不确定性的减少或消除，可以认为信息的多少即人们通过这个信息而消除的不确定性的多少。消除的不确定性大，所获得的信息就多；消除的不确定性小，所获得的信息就少。信息的多少即信息量。信息量是一种抽象量，不同于一般的物理量，不能像长度、速度等可以用物理方法直接去测量。从通信理论来看，信息是消除不确定性的手段，信息量是在通信中消除了的不确定性。而事物的不确定性其实就是事物的多种可能性，因此，可以通过概率对其进行表述。也就是说，信息量的大小可以通过概率的手段来测量。

首先大致回顾一下概率论的知识。所谓概率，简单理解，就是事件发生可能程度的度量。我们将自然界与社会中存在的现象分为三类：在一定条件下某一事件绝对不可能发生，称为不可能事件，它的概率为 0，如长生不老的人；反之，在一定条件下某一事件必然会发生，称为必然事件，其概率为 1，如自然界中水往低处流。不可能事件与必然事件都是确定性的。概率论中，一定条件下，可能出现，也可能不出现的事件称为随机事件，其概率为 0～1。若两个事件的发生相互之间没有关系，称为相互独立事件。如果一个事件的出现会影响另一个事件的出现，则称为相关事件。

对于一个随机事件来说，在某一次具体的实验或观测中，它可能出现，也可能不出现，这是具有偶然性的。但是实践告诉我们，事件出现的可能性的大小则是事件本身所具有的一种确定的属性。随机事件的出现虽具有偶然性，但其出现的可能性的大小是确定的。

例如，抛掷一枚硬币，会出现两种可能：正面朝上或者反面朝上，而且事前无法知道，其结果具有偶然性。但是，如果将这枚硬币抛掷足够多次，把每次的结果记录下来，就会发现这两种结果的次数几乎相等。这就说明，尽管一次抛掷一枚硬币的结果是偶然的，但其出现正面朝上和反面朝上的可能性是相同的，概率都是 1/2。这样，在抛掷事件发生前我们认识上的不确定性用概率来表示，就是 1/2。知道了抛掷一次硬币的结果（正面朝上或反面朝上）后，这个 1/2 的不确定性被消除了，即我们从中获得了信息。信息论里把获得的这么多信息规定为信息量的单位，称为 1 比特。因为包含两种相等的可能性是不确定性最为简单的情形。

从抛硬币的例子我们知道信息量的大小和事物出现的概率密切相关，直观上可以理解，概率较小的事物如果出现，所带来的信息量相对较大。在实际运用中，信息量一般用概率的负对数来表示。表达公式为

$$I = -\log_a P \tag{4.3}$$

其中，I 表示信息量；P 表示某事件出现的概率。前面已经提到，当 $P=\dfrac{1}{2}$ 时，信息量是 1 比特，对应的 a 等于 2。所以，以 2 为底的对数，单位称为比特（bit），这是信息量最常用的单位。除此之外，以 e 为底的自然对数，单位称为奈特（nat）；以 10 为底的对数，单位称为笛特（det）。

从信息量的定义公式可以看出，如果一个事件出现的概率等于 1，它的信息量是 0，即此事件不包含任何信息。信息量的大小与事件发生的概率呈负相关。对于一般的事件，它出现的概率越大，它能够提供的信息量反而越少。这与人们在实际中的认识也是一致的，因为必然事件的出现预先已经知道，它的出现不会为人们提供多余的信息量。一个事件出现的概率等于 0，那它的出现给人们提供的信息量是无限大的，因为它的出现是人们预先丝毫没有预料到的。因此，小概率事件发生时，获得的信息比大概率事件发生时获得的信息要多。

一个事件有几种可能的结果，每个结果对应的概率不同，则提供的信息量自然也不同。平均信息量就是具有不同结果的事件能够提供的平均意义上的信息量，也就是该事件所包含的总的不确定性是多少。与数学期望的公式类似，它应该是对所有结果提供的信息量与出现的概率之积求和，其具体表达式如下：

$$I(P) = -\sum_{i=1}^{n} P_i \log_a P_i \tag{4.4}$$

其中，$I(P)$ 表示这个事件的平均信息量；n 表示整个事件包含的各种可能性的数目；P_i 表示出现第 i 种可能性对应概率的大小，显然有 $\sum_{i=1}^{n} P_i = 1$ 。

某一事件平均信息量的式（4.4）和物理学里面熵的公式基本上一样。所以，平均信息量有时也被称为信息源的信息熵。熵这个概念最早出现在热力学中，是描述物质系统状态的一个函数，表示微观粒子间无规则排列的无序程度，系统混乱度越大，其熵值就越大。信息源的信息熵也是一样，信息源越混乱，可能出现的结果越多，它能给我们提供的信息量就越大，信息源的信息熵也越大。

实际上，数学家冯·诺依曼曾建议将信息量称为熵，理由是不确定性函数在

统计力学中是使用熵的概念。维纳也曾说：“信息量的概念非常自然地从属于统计学的一个古典概念——熵。正如一个系统中的信息量是它的组织化程度的度量，一个系统中的熵就是它的无组织程度的度量，这一个正好是那一个的负数。”于是后来很多书中认为“信息是负熵”。

但是信息和熵是两个完全不同的概念。从物理学可以得知，熵是系统状态的函数，是系统无序化的量度，系统越混乱，其熵值越大。热力学第二定律告诉我们：一个封闭的、不可逆的系统，会自发地从有序状态向无序状态演化，即熵总是自发地增加的。然而，信息量并不是信源状态的函数，是与信道、信宿都有关系的、过程的函数。“信息是负熵”的提出产生于对信息作用的认识。一些信宿在未接收到信息时，存在不确定性，有多种变化的可能，从这个角度来看，信宿混乱，其熵值较大；在接收到控制信息之后，信宿演化的方向确定下来，演化的混乱程度降低，熵也减少了。所以，从收到信息可使信宿熵值减少这一点来看，把信息看成负熵，认为系统得到信息等同于得到负熵，是可以理解的。但是，如果笼统地说：一个系统获得了信息，必然导致系统的混乱程度降低，有序程度提高，这并不准确。例如，体育课上，学生接收到自由活动的指令，从整齐列队变为随机发散的状态，此时系统接收到信息，系统状态却是由有序变为了无序，系统的熵值增大。由此，我们不同意将信息与刻画系统状态的熵联系等同起来，不同意简单地说“信息是负熵”。

4.2.4 信息方法、信息科学与信息技术

1. 信息方法

信息方法是运用信息论的观点，把系统的过程抽象为信息的获取、传递、加工、处理和输出的过程，通过对信息流程的分析和处理，实现对复杂系统运动过程规律性的认识。信息方法不同于传统的解析或综合方法，它既不是人为地割断系统内的因果联系，去分析系统的各个部分，也不是机械地进行物质综合，而是直接从整体出发，以联系的、转化的观点，抓住在复杂系统演化过程中起决定作用的关键信息，整合系统过程。

信息方法大致分为五个步骤。

第一步：抽象信息。信息方法用信息的概念作为分析问题的基础。在运用信息方法时，必须脱离对象的物质和能量的具体形态。所以在运用信息方法处理任何实际系统时，首先研究对象与它所发出的信息之间的某种确定的对应关系，以便能够将实际系统抽象成一个只关于信息及其变换的过程，这是信息方法区别于其他科学方法的第一个突出特点。

第二步：对信息进行定性和定量分析。将研究对象抽象成信息过程之后，接下来就必须对抽象出来的信息过程中的信息进行定性和定量研究。从质和量两方面对信息进行分析，是信息方法的第二个突出特点。通过定性和定量的分析，能够帮助我们加深对信息过程本质的认识。

第三步：建立信息模型。这是信息方法最关键的一步，也是最棘手的一步。因为我们所建立的模型需要脱离对象的物质和能量形式，从一般意义上将研究对象完全抽象化为信息模型。同时，这个模型还必须能够说明原型本身能够说明的问题，只有这样，才能通过对模型的研究寻求解决问题的办法。建立一个好的模型必须掌握充分的材料，运用各种知识和手段。根据运用知识和手段的不同，针对同一个实际系统，建立起来的信息模型可以是不一样的。综合分析材料，运用各种手段，建立有特色的信息模型是信息方法的第三个特点。

第四步：依据模型阐明原型。通过对模型的研究，阐明原型的机理，提出解决实际系统问题的办法。在这之前，需要通过所建立的模型对原型有一个比较完整的描述，从而评价原型的功能、阐明原型的机理，并最终达到对原型未来的运动变化和行为方式作出预测，指出改善原型功能的信息方法和途径。运用信息模型来模拟现实的信息过程，探讨其内在规律是信息方法的第四个特点。

第五步：通过反复的实践，检验模型研究过程中得到的结论，并以检验结果为依据，修改、完善模型，使之能够更加符合实际的信息过程。由于建立的信息模型是对实际系统的一个抽象，所以在建立的模型和实际系统之间，不管是结构上还是功能上，都不可避免地会存在某些差距，同时我们通过对信息模型进行研究提出来的、对实际系统未来运动变化和行为方式的预测，也会与实际存在偏差。为了达到对实际系统最准确的描述，就要求我们将研究信息模型得出的结论付诸实践、寻找差距，并根据差距不断地完善模型，使之更加符合客观实际。

随着信息方法的不断完善，信息方法作为一般方法论，有着越来越重要的用途和现实意义。它开辟了一个揭示不同复杂系统共同属性的崭新途径，加快了科学技术整体化发展的研究，实现了更科学有效的管理，促进了信息经济学、信息生物学等诸多交叉学科的产生。信息方法在认识客观世界的过程中已经得到了越来越广泛的运用，其作用和效果也越来越显著，如基因遗传密码的破译、遗传信息的传递规律等。

2. 信息科学

所谓信息科学是以信息理论为基础，研究信息的获取、传送、转换、处理和存储等，实现对信息的利用与控制的一般规律的科学。信息科学从信息论发展而来，但更偏重于信息技术方面的研究，结合控制论、电子自动化、计算机、数学等技术，是一门综合性学科。冯秉铨曾指出“信息科学这个领域大体包含着信息论、控制论、电子与自动化技术、计算机、仿生学、人工智能等各方面。信息论与控制论是信息科学的理论基础，电子技术、自动技术、计算机技术则提供了信息科学的主要手段，而仿生学、人工智能是今后信息科学发展的新天地”。

信息科学通过电子技术将各种信号转换为电信号，并进行加工处理，已经应用到各领域中。例如，现代化生产的自动化控制，数控机床与工业机器人的配合使用，构成“无人工厂”的生产系统。通过银行的自动取款机（automated teller machine，ATM）、手机甚至面部或者虹膜特征识别就可以方便、快捷地进行转账、支付等手续。这些都是信息科学与信息技术显示出的巨大作用。

3. 信息技术

信息技术是信息科学的原理和方法运用到实际时的条件和保障，也可以说是信息科学原理物化的成果，现在主要有四类信息技术。

（1）信息获取技术。信息获取技术就是借助物质手段，扩大信息获取的范围、数量、精度等的技术。例如，古代发明的秤、量尺、指南针、地动仪等，近代发明的望远镜、显微镜、听诊器等仪器，都属于获取信息的硬技术。而人们依靠阅读、打探等了解周围环境的情况，中医通过望、闻、问、切的手段来获知患者的病情等，则是获取信息的软技术。到了现代社会，为适应现代化生产和生活的需要，人们创造了各种类型的、更为精确、更有效率的信息感测和显示技术，如传感器技术，它能够灵敏地接收和显示人体器官不能直接感受到的信号。与此同时，各种信息采集的软技术也越来越丰富。

（2）信息传送技术。简单地说，信息传送技术就是狭义上的通信技术，用人体之外的物质手段进行通信的技术。如烽火通信就是古人发明的光通信技术。现代通信技术是信息的发送技术、编码技术、抗噪声技术、信道技术、译码技术等的总称，包含的技术种类和方法非常多，这里不一一介绍。

（3）信息处理技术。对原始信息进行加工，去粗取精、去伪存真，过滤出能反映事物本质特征且便于利用的那些信息的过程，称为信息处理过程，其中用于加工信息的工具设备、所采用的方法技能等，就是信息处理技术。例如，算盘是我国古代处理数据信息的技术。现代的信息处理技术主要借助于电子计算机，不仅包括信息的识别、筛选、分类、变换、整理等程序化的内容，还涉及抽象、证明、分析、演绎、综合等更高层次的信息处理形式。

（4）信息存储技术。信息存储技术就是把暂时不用或需要反复使用的信息存储起来，以备不时之需。结绳记事就是一种很古老的信息存储技术，文字的发明则使得信息的存储能力向前迈进一大步。不过，真正高效的信息存储技术还是到了电子通信时代才出现。现代信息存储技术主要有：信息记载技术，如录音、录像等；信息载体的缩微技术，如光盘、计算机芯片等；数据库技术，如建立通用的综合数据仓库，统一收集并保存各种数据资料，以供不同用户共享的技术等。这些信息存储技术的实现，同样需要大量地运用电子计算机。

现代信息技术是上述各种技术及相关技术的全面综合与利用，其核心是计算机技术，如卫星技术、多媒体技术、信息高速公路等。现代信息技术的目标是实现更加高效、更多功能、更为便捷的操作，以及更新的、创造性的设计理念和模式。在高科技的物质条件和信息时代的氛围中，信息技术的发展前景不可限量。

4.2.5　信息论的应用

信息是与物质、能量并提的客观世界的三大组成要素之一。系统的各要素之间、各局部之间、局部与整体之间、系统与环境之间的相互联系和相互作用，都要通过信息的交换、加工和利用来实现，所以，研究任何系统几乎都离不开研究信息。信息论是关于信息的理论，也是系统工程的理论基础之一，它除了应用于传统上的通信领域外，其应用已涉及科学研究、社会生产和日常生活的方方面面。如今，包括信息系统工程在内的信息产业，已经成为当代社会最富有生机和潜力的一项支柱产业。

下面通过介绍信息论在技术（分析和预测）和管理两方面的应用概况，以使读者对信息论的应用有一个粗略的了解。

1. 信息分析与预测

信息分析与预测是对已知信息的内容进行整序和科学抽象的一种信息深加工活动，目的是获取增值的、具有决策支持作用的信息分析与预测产品，以便能够更好地开发和利用信息资源。它既可以作为信息论的一个应用层面，又可以看作一门实用性很强的学科，研究内容包括了对科学技术信息、技术经济信息、市场信息、竞争情报、社会科学信息等各类信息的分析与预测，它对现代科学决策、研究与开发、市场开拓活动等具有信息支持作用。

信息分析与预测的方法主要有定量化的方法，以及定性与定量相结合的方法。定量化的方法有回归分析、时间序列分析、文献计量学方法等，定性与定量相结合的方法有常规逻辑方法（如比较、推理、分析与综合）、专家调查法（如德尔菲法、头脑风暴法、交叉影响分析法）、层次分析法等。其中一些重要的方法，将在后续章节中进行介绍。

具体来说，信息分析与预测的过程大致包括：针对实际中特定的信息需求，制定专门的研究课题；以各种调查方式（如文献调查、社会调查、网络调查）广泛地搜集相关信息，经过定量化或半定量化的加工整理、分析研究及价值评价等，使已知信息的内容得以系统化、有序化，从而揭示客观事物的运动规律；运用科学的理论、方法和技术手段，对客观事物的未知或未来发展状况作出合理的预测；将分析与预测的信息产品推送给信息需求端，以满足实际问题的需要。

信息分析与预测以大量的已知信息为研究对象，从整个活动过程来看，它对其所研究的对象一般具有整理、评价、预测和反馈四项基本功能。不同信息产品形式的活动突出的是不同的功能，例如，以综述型研究报告为产品的信息分析与预测突出的是整理和反馈功能，评估型报告突出的是评价和预测功能。

信息分析与预测的基本功能，决定了它在国民经济活动和社会发展进程中扮演着重要的角色，主要体现在以下三个方面。

（1）信息分析与预测为国家和政府部门的各项决策提供服务。在宏观决策方面，信息分析与预测机构（如中国科学技术信息研究所）通过调查国内外国民经济和社会发展的历史和现状，研究国民经济各部门的内在联系和相互作用，对比分析国内外的资源、技术、资金和环境条件等，可以为国民经济和社会发展远景规划的决策制定提供参考依据。在微观问题的决策方面，信息分析与预测的手段也可以为国家和政府部门的各级各类管理者提供科学的决策依据。

（2）信息分析与预测为现代科学技术活动的研究与开发提供背景知识。现代科学技术活动是以基础研究、应用研究和开发研究为核心的，信息分析与预测机构在其中的主要作用就是提供有关该研究领域的历史概况、相关研究进展、当前的水平和动向，以及存在的问题和解决的办法等。

（3）信息分析与预测为市场开拓活动提供充分的市场信息保障。市场开拓需要了解大量的市场信息，通常有市场内部和外部两方面的信息。内部信息如供求状况、价格水平、消费者偏好等；外部信息包括政治、法律、文化、科技、竞争等影响经济活动的信息。信息分析与预测在市场开拓中的作用主要体现为，提供上述两类信息，以帮助决策者选择市场开拓的突破口，寻找和把握市场机会。

随着市场经济和国际交流与合作的加强，信息分析与预测正在经历着综合化、社会化、产业化和国际化的变动趋势，国际上信息咨询服务的市场规模逐步扩大，信息分析与预测已成为 21 世纪知识经济时代的标志性产业技术活动之一。而且，以电子计算机技术、数据库技术、网络技术和远程通信技术为代表的现代信息技术的迅速发展和广泛运用，也使得信息分析与预测的技术手段日益现代化，信息的搜集、处理和传递方式发生了很大变化，表现为智能化信息分析与预测软件系统的开发、信息分析与预测专用数据库的建立、互联网资源的挖掘利用等。

信息分析与预测活动在国外开展得较早，运用也十分普遍，从事这一活动的多为一些专业化的机构与团体，包括政府和科研机构、工商管理部门、信息服务单位、行业协会和社会团体，如美国的兰德公司和斯坦福国际咨询研究所、日本的野村综合研究所、英国的伦敦国际战略研究所等，现在我们惯常使用的一些系统分析与预测方法大多是这些机构率先提出的。

我国的信息分析与预测工作是从科技领域开端的，与国家科技信息的工作有着紧密联系。中华人民共和国成立初期，科技信息被称为科技情报，1956年，在中国科学院成立了我国第一个科技情报机构——中国科学院科学情报研究所，负责全面、及时地搜集、研究和传播国外先进的科技发展情况和最新成果。改革开放以后，科技情报工作突破了原来科技领域的狭窄范围，渐渐进入了广泛的社会领域，成为管理决策、开发研究和市场活动的重要依据。此段时期，大量的社会化信息机构陆续出现，科技情报机构也更名为科技信息机构，并且多数科技信息机构开始由社会公益型向服务经营型转变，基本上按照市场和用户的需求来开展信息分析与预测的服务。1993年，我国第一家数据库专业开发制作公司——万方数据公司在北京成立。该公司隶属于中国科学技术信息研究所，目前，面向用户提供竞争商情分析和文献资源检索的有偿服务已经成为其经营的主要业务之一。

2. 信息与管理

信息与管理有着密不可分的关系，管理的过程，实际上就是信息处理和流动的过程。管理信息是从管理中产生，并为管理服务的一种信息类型。对于一个具体的管理机构来说，管理信息就是对经过处理的、有用的数据和资料的总称，如生产计划图纸、相关工艺设计、各种定量标准、领导决策指令等。这些信息的流通是管理过程的客观反映。

进行有效的管理，需要对管理信息本身提出一定的要求，一般有准确性、及时性、适用性和经济性。首先信息必须准确无误，才能对系统运行作出正确的指导和决策；及时性包括信息的及时记录与快速传递，以充分实现其应有价值；适用性是指信息要有针对性，详简适度，不同特性的信息适用于不同的管理阶层；最后在满足准确、及时、适用的前提下，还应尽可能地减少信息获取、处理和发送的支出，这就是经济性的要求。

管理需要信息，信息也需要管理，两者的相互结合产生了管理信息系统。它是一个以人为主导，利用计算机硬件、软件、网络通信设备及其他办公设备，在管理中用于信息搜集、支配、处理、存储和更新的一种集成化人机系统，主要目的是向各级管理者提供及时有效的系统信息支持，以便其作出合理的决策。

由此可知，管理信息系统是一个人机结合的系统。人员包含高层决策人员、中层职能人员和基层业务人员；机器包括各种办公和通信设备等硬件，以及业务信息系统、知识工作系统、决策支持系统等计算机软件。所以，管理信息系统也是一个社会和技术综合的系统。

信息管理是一个从总体出发、全面考虑人员与信息交流的集成系统。其中，中央数据库是沟通下层业务系统与中上层管理系统的一座桥梁，它通常行使数据的组织、统计、处理、存取、更新、报告等功能。数据库要使数据信息具有兼容性和一致性，成为一种整合资源，为各级部门所共享，具备集中统一规划的中央数据库是管理信息系统成熟的标志。

现在，管理信息系统，尤其是其中的决策支持子系统，正在朝着智能化的方向发展，主要是在原来的数据库中加入知识库和逻辑推理能力，进一步还可具备学习能力，基于对已有案例的学习，使之能够更好地服务于系统的各级管理部门。总之，作为一种实行现代化管理模式的应用系统，管理信息系统已经引起人们越来越多的关注，逐渐在很多企事业单位以及政府部门中得到了重视和应用。

第5章　运筹学与博弈论

5.1　运　筹　学

按照现代科学技术体系的划分，运筹学属于为工程技术直接提供理论基础的技术科学，而运筹学目前是其中涉及数学理论最多的一门学科。所谓运筹就是在一定的条件下提出达到预定目标的策略或方案。运筹学的主要内容包括规划论（主要包括线性规划、非线性规划、动态规划、随机规划等）、决策论、排队论、对策论、库存论、搜索论、可靠性理论和网络分析等不同的分支学科。

5.1.1　运筹学简史

“运筹”一词早在《史记·高祖本纪》的文字记载中就已出现，所谓“夫运筹策帷幄之中，决胜于千里之外”。而以“运筹学”作为其汉语译名的学科——operations research，普遍认为是在第二次世界大战期间由英国最早提出的。运筹学的活动则是从第二次世界大战初期的军事任务开始的，当时迫切需要把各种稀少的资源，以有效的方式分配给不同的军事部门来经营，为了能协调好每一部门内的各项经营活动，英国及随后美国的军事管理当局都号召大批的科学家，运用科学技术的手段来处理战略与战术问题，实际上便是要求他们对种种（军事）经营进行研究，这些科学家小组正是最早的运筹学小组。

确切地说，运筹学形成于20世纪40年代前期，它的出现和发展主要来自于两个方面的推动力量：一是第二次世界大战中军事作战系统研究的需要；二是战后经济与管理系统工程的开发和应用。虽然在我国古代的管理决策中，朴素的运筹思想已有所体现，并有一些自发的、零星的应用，但那时人们对其思想还未能形成一套系统的运筹理论。运筹学作为一个专门的应用学科和解决系统问题的科学方法，是在第二次世界大战期间才真正产生和形成的。

在第二次世界大战中，英美对付德国的空袭，采用雷达作为防空系统的一部分，这从技术上是可行的，但实际运用时效果并不理想。为此一些科学家就如何合理运用雷达、使用雷达，开始进行一类新问题的研究。因为它与研究技术问题不同，就称为“运用研究”（operational research）（我国在1956年曾采用过“运用学”的称谓，到1957年才正式定名为“运筹学”，后者更凸显了这门学科的特点）。

为了方便运筹学的应用，在英、美的军队中成立了一些专门的小组，他们开展了对战争中一系列实际问题的研究，例如，护航舰队怎样编队能最有效地保护商船，当船队遭受德国潜艇攻击时如何使船队损失减小到最少等问题。那段时期，对运筹学的研究产生了明显的效用，在研究了反潜深水炸弹的合理爆炸深度后，德国潜艇被炸毁数有了大幅度的增加；在研究船只受到敌机攻击时如何进行躲避的问题上，运筹学小组提出了大船应紧急转向和小船应缓慢转向的逃避办法，结果使英美船只在遭受敌机攻击时，中弹数由原先的47%降到29%；等等。总之，第二次世界大战期间，运筹学成功地解决了许多重要的作战问题，显示了科学技术的巨大威力，为运筹学后来的发展铺平了道路。

但是，第二次世界大战中研究和解决问题的需要都是短期的、战术性的，当战后工业生产逐步恢复繁荣以后，运筹学是否会淡出人们的视野呢？答案是否定的。由于各部门组织内与日俱增的复杂性和专门化生产带来的一系列新的问题，人们开始认识到这些问题基本上与战争中曾面临的大量问题类似，只是具有不同的现实环境而已，于是运筹学就这样进入了工商企业和其他部门，并在 20 世纪 50 年代以后得到了广泛的应用。与此同时，运筹数学有了飞速的发展，并形成了运筹学的许多分支。对于系统配置、聚散、竞争机理的研究和运用，形成了比较完备的一套理论，如数学规划（线性规划、非线性规划、整数规划、目标规划、动态规划、随机规划等）、图论与网络、排队论、对策论、决策论、搜索论、存储论等。运筹学在理论上的成熟，加上电子计算机的问世，这些条件都大大促进了运筹学的发展，并形成了涉及数学、决策学、管理学等多个学科的理论研究与实际应用的庞大队伍。世界上不少国家成立了致力于该领域及相关活动的专门学会，最早建立运筹学会的国家是英国（1948 年），美国的运筹学会于 1952 年成立，并出版期刊《运筹学》，世界其他国家也先后创办了运筹学会与期刊，我国的运筹学会是在 1980 年成立的。1959 年，英、美、法三国运筹学的研究工作者发起成立了国际运筹学会联合会（International Federation of Operational Research Societies，IFORS）。以后各国的运筹学会纷纷加入其中，我国于 1982 年也加入了该联合会。此外，还建立有一些地区性的运筹学组织，如 1976 年成立的欧洲运筹学协会（Association of European Operational Research Societies，EURO），1985 年成立的亚太运筹学会联合会（Association of Asian-Pacific Operational Research Societies，APORS）等。

20 世纪 50 年代中期，钱学森、许国志等一批院士将运筹学由国外引入，并结合我国的特点在国内推广应用。我国在运筹学的经济数学方面，特别是投入产出表的研究和应用上开展较早，质量控制（后改为质量管理）的应用也有特色。在此期间，以华罗庚为首的一大批数学家加入到运筹学的研究队伍中来，使运筹数学的很多分支很快赶上了当时的国际水平。

5.1.2 运筹学概论

运筹学是一门相对独立的学科，它和自然科学、技术科学及社会科学都有密切的联系，其理论和方法涉及科学管理、工程技术、社会经济、军事决策等各个方面。虽然运筹学运用了大量的数学模型和定量分析，但它不等同于数学，它是一门应用性极强的学科。1941 年，英国曼彻斯特大学的帕特里克·布莱克特（Patrick Blackett）教授将运筹学解释为“运作的科学分析”，这是关于运筹学概念的最早描述。1951 年，美国的运筹学先驱莫尔斯（P. M. Morse）在其所著的《运筹学方法》中给运筹学作了如下定义：“运筹学是一种向行政领导提供定量材料，使得他们能对所负责的行动作出最好决策的科学方法。”而后来的发展趋势放松了对定量的要求，于是人们又提出了新的定义：运筹学是一种适用于系统运行的方法和工具，它是一种科学方法，它能对运行管理人员的问题提供最合适的解答。近年来，由于计算机工具渗透到了日常工作和科学决策的方方面面，所以美国运筹学会强调的是：运筹学所研究的，通常是在必须分配稀少资源的条件下，科学地决定如何最佳设计和运营人-机系统。从上述讨论可以看出，运筹学的对象是社会，方法是科学，目标是最优化。有的学者形象地说：运筹学是一门经营管理的科学、作战指挥的科学、规划计划的科学、治理国家的科学。

实际上，运筹学面对的问题和数学方法是分不开的。例如，某家航空公司在安排航行时间表、组织上岗人员、处理设备维修等问题时，既要考虑到公司本身条件（如物质、人员、经费）的约束，又要考虑不同用户的具体要求，还要考虑由排队、天气等不确定因素所造成的影响，这就是一个运筹学的实际问题。在解决此类问题时，我们需要利用数学工具，将具体问题规范、抽象成理论问题，使之转化为排队、非线性规划等运筹学的问题，再利用运筹学方法来解决。

运筹学其实可以理解为，对系统工程应用技术中的数学方法进行总结和规范后，形成的一个应用数学分支。在系统科学发展初期，面临的多是一些简单的问题，比较容易分析清楚事件之间的关系，并列出所讨论问题的数学模型，我们的主要任务就是求解这些数学模型。那时，作为研究事物过程的系统工程方法，与强调数学分析方法的运筹学没有多大区别，或者说系统工程的问题主要依赖于运筹学来解决。近年来，人们面对得更多的是一些大型复杂系统的优化问题，这时很难用一种运筹学的方法加以讨论。并且，多数情况下我们面临的困难在于如何分析系统、如何根据系统的实际及对问题的要求建立求解的方法，在具体计算中还要运用各种理论和技术，特别需要配合电子计算机的使用，这些都应该属于系统工程的内容。而通常运筹学所讨论的方法，只是利用系统工程分析问题的一系列工作中的部分内容；而且系统工程中用到的方法既然是从问题出发，不少方法是未规范、未系统的，这些方法并未归入运筹学的范畴。由此可见，系统工程涉及的方法范围更广，运筹学包含的一般仅指其中那些规范的、系统的方法，我们在系统工程方法中讨论的内容很多也是运筹学的内容。显然，随着客观实际问题的不断提出，新的系统工程方法的不断总结和完善，运筹学的内容也将不断增加、丰富。

运筹学作为一门应用学科，它的主要特点是合理的筹划和最佳的运用，具体表现在：①它以整体最优为目标，对所研究的问题求出最优解，寻求最佳的行动方案，从系统的观点出发，力图以整个系统最佳的方式来解决该系统各部门之间的利害冲突，所以运筹学也可看成是一门优化技术，提供的是解决各类问题的优化方法；②它是在不增加新的人员、物质、设备或资金的情况下，对现有的人力、物力、财力进行分析研究，作出最合理的筹划和有效的运用，以达到支出最少费用而取得最大效果的目的；③运筹学已被广泛应用于工商企业、军事部门、民政事业等研究组织内的统筹协调问题，故其应用不受行业、部门的限制；④运筹学既对各种经营方式进行创造性的科学研究，又涉及组织中实际的管理问题，它具有很强的实践性，最终应能向决策者提供建设性的意见，并收到实效。

运筹学的研究过程通常是：首先提出运筹问题，从现实生活场合中抽取出一些问题的本质要素，描述其特殊结构和运动特性，以构造数学模型，因而可寻求一个和决策者目标有关的解；然后建立模型，探索求解的结构，并导出系统的求解过程；最后通过解的检验、控制和实施，从可行方案中采取实现系统目标的最优解法。

5.1.3 运筹学的主要内容

1. 规划论

规划论又称“分配理论”，它是运筹学的一个重要分支。规划论是研究对有限资源进行合理分配、全面安排、统筹规划，以取得最佳效果的一种数学理论。早在1939 年，苏联的康托洛维奇（Kantorovich）和美国的希契科克（Hitchcock）等就在生产的组织管理和制定交通运输方案等方面首先研究和应用了线性规划方法。1947 年，服务于美军的丹齐格（G. B. Dantzig）等正式给出线性规划的数学模型，并提出了求解线性规划问题的单纯形法，为线性规划的理论与计算奠定了基础。特别是电子计算机的出现和日益完善，使规划论得到了迅速的发展，用计算机可以处理包含成千上万约束条件和变量的大规模的线性规划问题，使规划论从只是解决技术问题的最优化，扩展到能够在工业、农业、商业、交通运输业等各行业的决策分析部门都发挥作用。1951 年，库恩（H. W. Kuhn）和塔克（A. W. Tucker）等又完成了非线性规划的基础性工作，到了 20 世纪 70 年代，无论是在理论和方法上，还是在实际应用的广度和深度上，规划论都得到了进一步的发展。规划论具有适应性强、应用面广、计算技术比较简便的特点。如今，从它的使用范围来看，小到一个车间班组的计划安排，大到整个部门的运营和管理，以至国民经济计划的最优化方案分析，都有它的用武之地。

规划论研究的问题一般可分为两类：①对一定数量的资源进行合理安排，以完成可能实现的最大任务；②用尽可能少的资源，来完成既定目标。规划论的作用是，在满足给定的条件（或要求）下，按照某一衡量指标，从各种可行的方案中寻求某种最优方案，为科学决策提供可靠的依据。规划论通常把问题必须满足的条件或给定条件，称为“约束条件”；把衡量指标称为“目标函数”，因为它反映了需要达到的目标。因此，一般规划问题的数学表达模型，就表现为在一定约束条件下求目标函数的极值（最大值或最小值）问题。规划论的方法，主要包括线性规划、非线性规划和动态规划，其中最简单，也最能体现运筹学思想的是线性规划。

2. 排队论

排队论又称“等候线理论”或“随机服务系统理论”。1909 年丹麦的电话工程师埃尔朗（Erlang）首先提出了电话服务系统的排队问题，1930 年以后，人们开始了关于排队问题一般情况的研究，并取得一些重要成果，1949 年前后，研究范围扩展到机器管理及陆空交通等方面，1951 年以后，排队问题的理论工作有了新的进展，逐步奠定了现代随机服务系统理论的基础。排队论主要研究各种系统的排队队长、排队的等待时间，以及提供的服务等各种参数之间的关系，以便利用更少的资源，实现更好的服务。

在一个由服务机构和服务对象构成的服务系统中，服务对象的到来时刻与对它进行服务的时间（即占用服务系统的时间）长短，都是随机的，表现为一种随机聚散现象。排队论即一种用于研究随机聚散现象和随机服务系统工作过程的理论和方法。在日常生活和工作中经常会遇到排队现象，如理发、就医、机器设备加工、机床维修等，它们都是可利用排队论来处理的实际问题。由于服务机构的能力有限，服务对象太多时会出现拥挤排队，无服务对象时又会产生服务机构设备和人员的闲置，因此服务机构的收益和服务对象的需求之间需要均衡和协调，使双方利益得以兼顾，这便是排队论所要解决的问题。

由随机聚散现象制约的服务系统的工作过程，可以被划分为服务的输入、排队等待和实施服务三个子过程，输入、排队和服务就构成了排队系统的三个要素。输入过程是随机过程，不同类型的输入要采用不同的方式来描述；排队的规则多种多样，可以是一次排队或分段多次排队，等待线可以是单线或多线，可以允许或限制服务对象中途离开等；服务也有不同的规则，如先到先服务、先到后服务、随机服务、优先服务等。随机服务系统的这些特性，决定了我们在研究时所应该选取的具体模型。

排队论研究的主要内容，包括随机服务系统中排队现象的等待时间、排队长度的概率分布和能够达到的服务质量的好坏，它的基本运算工具是概率论和数理统计。排队论通过对随机服务系统内个别服务现象的统计研究，找出这些随机现象的规律和平均特性，从而合理地设计和控制随机服务系统，使它能在排队长度和服务机构的费用支出之间取得平衡，最终在满足服务对象要求的同时，尽可能提高服务系统的工作效率。

3. 决策论

决策论又称为“判决理论”，它是研究决策问题的基本理论和方法。所谓决策就是根据客观可能性，借助一定的理论、方法和工具，科学地选择最优方案的过程。因此，决策论的主要内容是通过对系统状态信息的处理，设计针对这些信息可能选取的策略，并估算采取这些策略对系统状态所产生的后果，对其进行综合研究，以便按照某种衡量准则，选择出一个最优的策略。

决策问题是由决策者和决策域构成的，而决策域由决策空间、状态空间和结果函数构成。研究决策理论与方法的科学就是决策科学。决策理论大致可分为传统决策理论和现代决策理论两类。传统决策理论中将决策者作为整个决策过程的核心，认为他们在决策时具有绝对理性，将会自然地遵循最优化原则，从而选择合适的实施方案。现代决策理论因为认识到了一个人思维的局限性及现实问题的复杂性，而强调决策者应该采用一种客观的、全面的决策方法去处理决策问题，其核心是令人满意的决策原则。

一般地，进行一项规范化决策的基本过程可以分成以下几步：①确定问题，提出决策的具体目标；②发现、探索和拟定多种可行方案；③预测未来可能的自然状态，并估计各状态出现的概率；④依据各种行动方案在不同状态下的行为，从中选出一个最满意的方案；⑤通过决策的执行与反馈，以寻求决策的动态最优过程。

关于系统决策的技术方法将在本书第 11 章中详细介绍。

4. 库存论

库存论又称为“存储论”，它是研究库存系统最优储存量的理论和方法。在经营管理工作中，时时可能出现某种物品的供应与需求、生产与销售不一致的情况，为了保证生产和销售系统的正常运转，往往需要对原材料、零配件、器材、设备等各类物资进行存储，以使目前需求与将来需求都能得到满足。存储过程中存在缺货损失和存储损失这对重要的矛盾：一方面，库存不足会导致缺货现象，从而减少企业的可得收益；另一方面，存货需要支付保管费，并要承担一定的物资积压风险。所以有必要探讨存储问题的规律性，确定一个最优的储备量。具体来讲，在生产管理中，要根据规划的生产批量，确定原材料、中间品和成品的最优储存量；在物资管理中，要根据设备、经费、人员等限制条件，确定最高和最低的储存量、经济订购量、仓容量等。

库存系统的两个要素是输入和输出，输入对应供给，使库存量增加；输出对应需求，使库存量减少。从上面的分析中可以看出，库存论实质上就是研究何时输入、输入多少、从何种供应源输入等问题，以保证在获得适量输出的前提下使库存系统的总费用最少。而每次的输入时间和输入量一般是不同的，决定何时输入、输入量为多少的方案就是库存策略，这是库存系统内部的可控因素。常见的库存策略有三种：①定期定量策略，即每隔固定时间 t_0 向系统供应相同的货物量，故又称为 t_0 循环策略；②标准量策略，又称为 (s,S) 策略，即当存储量多于某一定值标准 s 时不供应，当存储量低于 s 时，立即供应以达到存储量 S；③混合策略，又称为 (t,s,S) 策略，即每隔一定时间 t 检查一次库存量，当发现库存量大于 s 时不供应，当库存量小于 s 时供应以达到 S。

制定库存策略的过程是：先构建库存系统的数学模型，然后求模型解，并结合库存问题的实际，检验和修正模型，最终选取适当的库存策略。库存系统的数学模型一般分为两大类：确定型模型和随机型模型。确定型是物品的库存量和存期均为确定的模型，简单的库存问题可采用确定型模型；随机型是指库存量和存期至少有一个为随机变量的库存模型。在处理整个系统的最优储存量问题时，这两种模型一般要结合起来使用，才能取得良好的经济收益。

5. 搜索论

搜索论是一种研究在寻找某个目标的过程中，如何合理地使用一定的搜索手段，以取得最好的搜索效果的理论和方法。搜索系统主要包含搜索者、目标和环境这三个要素。搜索者是动作行为的主体；目标通常是需要处理的系统对象，如某种矿物、隐藏的潜水艇、机器故障、事件的关键环节等；环境则是搜索进行时的外部条件。搜索论研究的主要内容，就是在考虑这三个因素的基础上，使搜索的成本（即所需耗费的人力、物力、资金和时间等资源）最小而获得的信息量最大。一般来讲，搜索面越广泛，搜索越精确，获得的信息量就会越多，但需要耗费的各项成本资源也就越大；相反，搜索面越窄，搜索越宽泛，获得的信息量就会越少，同时成本资源的耗费量也随之降低。另外，还必须看到，由于信息不足，如果引致某种错误的观察结论，一旦导致决策性的失误，这种损失可能会远远超过因为扩大搜索范围和增加搜索精度而产生的费用。因此，在搜索过程中始终有一个手段与效果的最佳平衡问题。

实际运用中，搜索论通过对目标的特点、隐藏性质与存在状态等问题的定性讨论，对周围复杂环境条件的研究，对搜索距离、方位、目标大小、移动方向和速度等的定量分析，再运用适当的理论进行一系列的极值计算、综合试验等，设计出一套最为有利的搜索战术，以使获得信息的效率最高且取得信息的数量最大，使搜索手段与搜索效果能够达到最佳统一。在现代化的企业生产管理中，寻找自动化生产系统的故障，寻找大型整机的错装部件，寻找铸件中的砂眼、气孔、裂缝等问题，都可以运用搜索论的方法来进行分析和解决，从而促使生产的不断优化和发展。

6. 可靠性理论

在给定的时间区间和规定的运行条件下，一个实体系统（设备、部件或元件等）能有效地执行其任务的概率，称为系统装置的可靠性。任何正常工作的系统，尤其是在自动化控制生产条件下的系统，必须具备相当的可靠性。可靠性理论就是研究如何减少系统出现故障的概率，以提高系统可靠性的理论。

可靠性理论研究的系统一般分为两类：①不可修复系统，如导弹等，这种系统的可靠性参数是系统的寿命、运行可靠度等；②可修复系统，如一般的机电设备等，度量这种系统的可靠性有一个重要的参数——有效度，其值为系统的正常工作时间与正常工作时间加上事故修理时间之和的比值。

系统整体的可靠性会受到各单元可靠性的影响。一般来讲，实体系统越庞大，所用的零件或元器件越多，其可靠性就越差。因此，对于庞大、复杂和价格昂贵的系统，如通信系统、精密机床自动加工系统、电子计算机系统等，必须把可靠性作为系统技术评价的重要内容。

可靠性理论在其发展进程中，产生了三个重要分支：可靠性工程学、可靠性分析学和可靠性基础数学。可靠性工程学研究的主要内容包括系统故障的原因，系统的可靠性设计，系统设计的可靠性技术参数，系统效率、可靠度和可维修性的提高等。可靠性分析学的主要内容是，关于可靠性与系统技术性能、成本、资金等技术经济指标及其相互关系的分析研究，并对系统的可靠性水平给予综合评价。可靠性基础数学的主要内容是，对可靠性各方面的特性量（如可靠度、失效率、平均失效间隔时间、维修度、有效度等），从数学的角度进行定量的分析研究。

7. 网络分析

网络分析是利用网络图，把复杂的系统工程项目的各个具体环节合理地衔接起来，使之相互协调，以实现系统项目整体在资源使用上达到最优目标的一种理论和方法。

在日常生活中，我们常用图来表示事件之间的两两联系。图包含了两个要素：

点和线。点代表事件，线代表事件之间的关联。研究图的数学分支称为图论，图论中的点称为节点，线称为边。一个系统也可以用图论的方式来描述，图中的节点代表了子系统或者系统单元，边代表了系统内部各要素之间的联系，而图的整体连接模式则反映了系统的组织结构。由于图的表述方式便捷直观，所以被广泛地运用于探索系统的结构与功能，例如，近年来兴起的复杂网络研究热潮，便是利用网络图的理论与方法，去分析现实世界中存在的各种经济和生物复杂系统。

运筹学中的网络模型是一种特殊类型的图——无闭合回路的有向图。一般而言，运筹工作将沿着图的方向展开。图中的节点表示事件，每个事件标志着它之前步骤的结束和下一步骤的开始；边则表示某一单独的步骤，可以是一项需要耗费时间和人力、物力的具体活动，也可以只是一个耗时的等待，甚至可以是一项虚拟的工作，用于指明开始某一步骤前的条件。由此，可以建立关于人流、物流、时间流和信息流等传统运筹问题的网络模型。对应于实际中最优化配置各项资源的目标，在网络模型中建立了通路、流量、耗时和费用等指标，于是运筹问题划归为寻找网络中的最短通路、最大流量、最少耗时和最小费用等问题。针对这些问题都可以运用图论的方法在网络模型中进行分析和计算，关于这些方法的具体运用这里不作介绍，感兴趣的读者可参考有关书籍。

除了解决上述系统资源配置的问题外，还可以运用网络图的形式来组织项目和进行计划管理，称为网络计划技术。其基本原理是，从需要管理的任务总进度着手，利用网络图表示计划任务的进度安排，可直观反映出任务中活动之间的先后顺序和相互关系，以实现管理过程的模型化。在此基础上进行网络分析，计算时间参数，确定各项关键变量，充分利用时间差值，使原计划不断得到改善。

网络计划技术在国外的研究工作开展得很早。20 世纪 50 年代，美国杜邦公司研究设计了一种运用网络图制定计划的网络模型方法——“关键线路法”（CPM）。不久，美国海军特种计划局又提出了一种以数理统计为基础、网络分析为主要内容，结合电子计算机手段的新型管理方法——计划评审方法（PERT）。之后，我国也引入了这项技术并加以推广应用。过去，网络分析主要应用于大型的、复杂的工程系统，但它的应用范围正在日益扩大。目前，网络计划技术的方法正被世界各国广泛地应用于工业、农业、国防和科研等各项目的计划管理中，在人们节省资源、优化生产、提高效益等方面发挥着作用。多数情况下，应用网络分析来处理大型的工程系统时，必须以电子计算机作为运算的辅助工具和手段。

总之，网络分析的研究着眼于系统整体，通过将整体工程中各环节的相互联系与时间关系组织成统一的网络形式，可以清晰地反映出整个工程的主要矛盾、关键环节和各项工作顺序。而网络图的绘制和网络时间的计算，可以预计影响工程进度和资源利用的各项因素，做到统筹规划、合理安排和使用资源，从而保证顺利完成系统工程项目整体的预定目标。

5.1.4 运筹学的应用

运筹学是软科学中“硬度”较大的一门学科，兼有逻辑的数学和数学的逻辑双重性质，是系统工程学和现代管理科学中的一门基础理论，也是不可或缺的技术手段和方法工具。运筹学已被应用到各种管理工程实践中，并发挥着越来越重要的作用。

在前面的介绍中，其实我们已经提到了运筹学在很多方面的应用，下面再对现代运筹学的一些重要的应用领域作一个基本的归纳和概述。

1. 市场销售

运筹学在广告预算和媒介的选择、竞争性定价、新产品开发、销售计划的制定等方面有着非常广泛的应用。如美国杜邦公司自 20 世纪 50 年代起就非常重视将运筹学用于研究如何做好广告工作、产品定价和新产品的引入等方面；而通用电气公司对某些市场进行模拟研究采取的也是运筹学的方法。

2. 生产计划

在总体计划方面，运筹学主要用于从全局上确定生产、存储和劳动力的配合等计划，以适应波动的实际需求。如巴基斯坦某重型制造厂用线性规划安排生产计划，比预计节省了 10%的生产费用。在具体计划方面，运筹学可用于生产作业计划、日程表的编排、项目投资计划等。此外，在合理下料、配料问题、物料管理等方面也有应用。

3. 库存管理

运筹学主要应用于对多种物资库存量进行管理，以及确定某些设备的能力和容量。如停车场的大小、新增发电设备的容量大小、电子计算机的内存量、合理的水库容量等。美国某机器制造公司应用存储论进行管理后，比过去节省了 18%的费用。目前发展的新动向是：将库存理论与计算机的物资管理信息系统相结合，设计符合自己公司管理规范和管理程序的软件系统，进行计算机的智能管理。如美国西电公司用 5 年时间建立了“西电物资管理系统”，利用其进行物资管理，使公司节省了大量的物资存储费用和运输费用，同时减少了管理人员的开支。

4. 运输问题

运筹学中的运输问题，涉及空运、水运、公路运输、铁路运输、管道运输、厂内运输等，针对每一种运输方式，又有运输调度、人员组织、服务时间安排等很多具体问题，关于这些问题的讨论和研究都已经成为专门的课题。例如，航空业是一项涉及多个领域、数万人组成的、要求非常严格的运输行业，在国际运筹学会联合会中专门设有航空组，以研究空运中的运筹学问题；在水路运输方面，需要讨论的问题有船舶航运计划、港口装卸设备的配置和船到港后的运行安排等；在公路运输方面，要同时研究汽车的调度和停车场的设立等；至于在铁路运输方面，应用历史要长得多，应用面更广，研究的成果就更多了。

5. 财政和会计

运筹学在这方面的应用包括供求关系研究、成本分析、产品定价、投资决策、证券管理、现金管理等。其中统计分析、数学规划、决策分析等方法应用得较多，而盈亏点分析法、价值分析法等也先后被采用。

6. 人事管理

人事管理通常包含六个方面的工作：第一是人员的获得和需求估计；第二是人才的开发，即进行教育和训练；第三是人员的分配，主要是各种指派问题；第四是各类人员的合理利用问题；第五是对人才的评价，例如，测定一个人对组织、社会的贡献等；第六是工资和津贴的确定。这些工作都可以采用运筹学的理论和方法进行处理，为人事管理工作提供合理、可行的方案。

7. 其他应用

运筹学在其他方面的应用重点有：

（1）设备维护。关于设备的维修更新和可靠性分析，以及设备的选择和使用评价等，利用运筹学理论可以得到科学的、有价值的结果。

（2）工程的优化设计。这是在建筑、电子、光学、机械和化工等领域的重要工作，进行这些工作时普遍都要采用运筹学的方法。

（3）计算机存储系统。可将运筹学用于计算机的内存分配，研究不同排队规则对磁盘和磁鼓工作性能的影响等。例如，有人曾利用整数规划建立满足一组需求文件的寻找次序，还有人利用图论、数学规划等方法研究计算机信息系统的自动设计。

（4）城市管理。这里涉及各种紧急服务系统的设计和运用，如消防站、救护车、警车等分布点的设立。例如，美国曾用排队论的方法来确定纽约市紧急电话站的值班人数，加拿大曾用规划论的方法来研究一个城市的警车配置和负责范围，以及事故发生后警车应走的路线等。此外，还有城市垃圾的清扫、搬运和处理，城市供水系统和污水处理系统的规划等一系列相关问题。

除了上述内容，运筹学还有着其他方面的应用。现今，各学科的研究越来越深入、各领域的交叉点也越来越多，相信随着经济全球化、信息全球化的进程，运筹学这门学科将会有更加广阔的发展前景。

5.2 博 弈 论

博弈论又称为“对策论”，它是研究竞争局势对抗模型和探索最优对抗策略的一种数学方法。早期的博弈论是运筹学中的一个分支。但随着博弈论在现代科学中的日益发展，已成为一门独立分支学科。博弈论的研究对象主要是，有利害关系冲突的双方在竞争性活动中的各种对策现象。运用对策论的方法，在各方具有一定行为规则可循的情况下，可以根据对方可能采用的策略和手段来决定对付对方的办法，以使自己在对抗竞争中处于有利的地位。

5.2.1 博弈论的产生与发展

作为一切的伊始，先用叙事的方式介绍一次基本的博弈行为，故事源自卢梭的《论人类不平等的起源和基础》(*Discourse on the Origin and Basis of Inequality among Men*)。

千百年前，一群猎人出发猎鹿，为了成功，所有的猎人意识到必须具有严格的组织纪律性，恪守岗位；然而如果一只野兔从其中任何一位猎人的眼前掠过，他则会毫不犹豫地出击，捕获猎物而丝毫不顾集体利益，导致了整个猎鹿的失败。

此刻我们作为一个猎鹿的参与者（恰好观察到兔子的那位幸运儿）来描述本次博弈的情形，并且考虑一个猎鹿的参与者——我们称其为幸运儿所需要解决的决策问题——他必须为他所身处的情形作出选择。在决定选择的过程中幸运儿必须考虑其他猎人的情况，毕竟野兔也可能从其他猎人眼前掠过，同时猎鹿的完成需要其他所有猎人的齐心协力。幸运儿必须基于他对其他猎人的了解以及预测来决定自己的策略——是否放弃猎鹿去捕捉野兔。那么此时幸运儿的思想斗争过程就是利用博弈论知识建立起每一位其他潜在竞争者行为的模型，并找到这个模型的一个均衡行为，并以此来决定自身行为。这便是所展现的一次博弈论应用。

博弈论作为一门学科被正式提出始于 20 世纪 40 年代，但博弈的思想有着悠久的历史，例如，早在两千多年前“齐威王与田忌赛马”出色地运用了博弈论思想。对策方是齐威王和田忌，比赛三局，马也分为上、中、下三等，每局选取某等级的一匹马出战，等级不能重复，则双方的策略集中均包含了如下六种策略（小括号内的排列代表了马的出场顺序）：

{(上马，中马，下马)，(上马，下马，中马)，
(中马，上马，下马)，(中马，下马，上马)，
(下马，中马，上马)，(下马，上马，中马)}

假如现在规定每胜一局得 1 分，负一局得–1 分，最后得分高者为胜。我们可用一个赢得得分表来描述当对策双方分别采取这六种策略时某一方的得失情况，这实际上是一个双人零和对策模型，知道一方得失，另一方的得失也就明了（恰与之相反）。由于认为同样等级的马比赛时，齐王的马要优于田忌的马而总是获胜，可以列出齐威王的赢得得分表，如表 5.1 所示。

表 5.1　齐威王得分表

齐威王策略 / 齐威王得分 / 田忌策略	策略一	策略二	策略三	策略四	策略五	策略六
策略一	3	1	1	1	1	–1
策略二	1	3	1	1	–1	1
策略三	1	–1	3	1	1	1
策略四	–1	1	1	3	1	1
策略五	1	1	–1	1	3	1
策略六	1	1	1	–1	1	3

若将表中的数字方块用一个矩阵来表示，即为齐威王的赢得矩阵。从表中可以看出，存在六种策略组合使得田忌可能获胜（即表中齐威王得分为负时双方的策略组合）。

$$\boldsymbol{A}=\begin{bmatrix} 3 & 1 & 1 & 1 & 1 & -1 \\ 1 & 3 & 1 & 1 & -1 & 1 \\ 1 & -1 & 3 & 1 & 1 & 1 \\ -1 & 1 & 1 & 3 & 1 & 1 \\ 1 & 1 & -1 & 1 & 3 & 1 \\ 1 & 1 & 1 & -1 & 1 & 3 \end{bmatrix} \tag{5.1}$$

20 世纪 40 年代冯·诺依曼和莫根施特恩联合出版了《博弈论与经济行为》（*The Theory of Games and Economic Behaviour*）一书，其标志着博弈理论的正式提出。这部著作中，他们引入了博弈的标准型、扩展型及合作型三种博弈模型，并定义了二人零和博弈的极小化极大解和稳定集解两种解概念，从而建立了博弈

论的研究方法和体系。到 20 世纪 50 年代，博弈论得到了空前的发展与进步，塔克于 1950 年提出了“囚徒困境”。约翰·纳什（John Nash）在 1950 年和 1951 年发表了两篇关于非合作博弈的重要文章，提出了“纳什均衡”的概念以及证明了纳什均衡存在的纳什定理，奠定了现代博弈论学科理论体系的基础，这个时期的博弈论研究主要集中在对静态博弈模型的研究。20 世纪 50 年代中后期至 70 年代是博弈论产生重要成果的阶段。莱因哈德·泽尔腾（Reinhard Selten）将纳什均衡的概念引入了动态分析，提出了“多步对策”“子博弈完美纳什均衡”和“颤抖均衡”的概念，并发展了倒推归纳法等分析方法。约翰·海萨尼（John Harsanyi）开创了不完全信息对策研究的新领地，提出了“贝叶斯纳什均衡”的概念和分析不完全信息博弈问题的标准方法，并运用随机分析的方法解决了信息不完全和不对称问题，将博弈论的研究框架进一步完善，从而构建了现代经济学和博弈论中具有重要地位的信息经济学基础。80 年代以后，博弈论开始逐步走向成熟，理论框架逐渐完整和清晰，和其他学科之间的关系也逐渐深入，并开始受到经济学家真正的重视，特别是 90 年代以来博弈论领域的经济学家已经四次取得经济学诺贝尔奖，该理论已经对经济学产生重大的影响。

5.2.2 博弈论的基本概念

1. 博弈的要素

一次完整的博弈需要包含以下几个要素。

（1）博弈的参加者（player）。也称局中人或博弈方。是指博弈中能独立决策、独立行动并承担决策结果的个人或组织。小到一个人，大到一个跨国公司乃至一个国家，只要能独立决策和行动都可视作一个博弈方。例如，柯达与富士公司的竞争就可看作一个有两个博弈方的博弈。一般来说，博弈的参加者越多，情况就越复杂，结果越难预料。

（2）策略空间（strategy space）。是指各博弈方可选择策略的集合。“strategy”直译应为战略，不过战略一词对大多数博弈来讲显然过于抽象和宽泛了。每一个策略都对应一个相应的结果。因此每个博弈方可选的策略数量越多，博弈就越复杂。

（3）进行博弈的次序（order of play）。博弈中各博弈方行动的顺序对于博弈的结果是非常重要的。同样的博弈方、同样的策略空间，先后决策并行动和同时决策行动，其结果是大相径庭的。

（4）博弈的信息。知己知彼、百战不殆，可见信息对博弈的重要性古人早已知之。博弈中最重要的信息是有关对手策略以及各博弈方得益的信息。例如，在各博弈方同时决策的博弈中，必须保证不能让对手知道自己采取何种策略，否则自己将永远是博弈的输家。得益（payoff）也称支付，是指博弈方策略实施后的结果。有关得益的信息是促使某博弈方选择某种策略的关键参考值。理性的博弈方总是选择能使自己获得最大得益的策略。

一旦确定了以上四个要素，一个博弈也就随之确定了。值得注意的是，博弈论特别强调“理性人”的前提假定，即参加博弈的各博弈方始终以自身利益最大化为唯一目标。除非为了实现自身最大利益的需要，否则不会考虑其他博弈方或社会利益。

2. 博弈的分类

博弈模型有多种分类。按照赢得函数划分，有常和博弈、变和博弈与零和博弈；按照策略是否与时间有关，可划分为静态博弈与动态博弈；按照参与者人数划分，有两人博弈与多人博弈；按照参与者相互关系可划分为合作博弈与非合作博弈。接下来简单介绍几种博弈类型。

1）常和博弈、变和博弈、零和博弈

常和博弈：指博弈双方的得益总和为非零的常数。

变和博弈：指在不同的策略组合或者结果下，所有博弈方的得益总和一般是不相同的。

零和博弈：指在博弈中，一方的得益就是另一方的损失，所有博弈方的得益总和为零。

2）静态博弈、动态博弈

静态博弈：指所有博弈方同时或可看作同时选择策略、采取行动的博弈。

动态博弈：指博弈方的选择、行动有先有后，而且后选择、后行动的博弈方在自己进行选择、行动之前可以看到在他之前选择、行动的博弈方的选择、行动的博弈。

3）完全信息博弈、不完全信息博弈

完全信息博弈：指每一参与者都拥有所有其他参与者的特征、策略集及得益函数等方面的准确信息的博弈。

不完全信息博弈：指参与者只了解上述信息中的一部分的博弈。

5.2.3　纳什均衡

纳什均衡是一种策略组合，使得同一时间内每个参与人的策略是对其他参与人策略的最优反应。也是具有自动实现可能性的策略组合，不存在纳什均衡的博弈不可能达成协议。

假设有 n 个局中人参与博弈，如果某情况下无一参与者可以独自行动而增加收益（即为了自身利益的最大化，没有任何单独的一方愿意改变其策略的），则此策略组合称为纳什均衡。所有局中人策略构成一个策略组合（strategy profile）。纳什均衡从实质上说是一种非合作博弈状态。

纳什均衡达成时，并不意味着博弈双方都处于不动的状态，在顺序博弈中这个均衡是在博弈者连续的动作与反应中达成的。纳什均衡也不意味着博弈双方达到了一个整体的最优状态，需要注意的是，只有最优策略才可以达成纳什均衡，严格劣势策略不可能成为最佳对策，而弱优势和弱劣势策略是有可能达成纳什均衡的。在一个博弈中可能有一个以上的纳什均衡，而囚徒困境中有且只有一个纳什均衡。

以“智猪博弈”为例，这是纳什均衡的一个经典模型。

猪圈里有两头猪，一大一小。猪圈的一边有一个饲料槽，装有控制饲料供应的踏板在猪圈很远的另一边，每踩一下踏板就有 10 份饲料进槽，大猪小猪都可以踩，但踩完踏板跑到食槽需要消耗 2 份饲料。如果一只猪去踩踏板，另一只猪会抢先吃到另一边的食物。博弈的具体情况如下：如果两只猪同时踩踏板，同时跑向食槽，小猪吃进 3 份，实得 1 份，大猪吃进 7 份，得益 5 份；如果大猪踩踏板，小猪抢先，小猪吃进 4 份，实得 4 份，大猪吃进 6 份，得益 4 份；如果小猪踩踏板，大猪先吃，小猪吃进 1 份，但是付出了 2 份，实得–1 份，大猪吃进 9 份，得益 9 份；如果双方都不动，所得都是 0。

从这个例子可以发现，无论大猪是否踩踏板，对小猪而言最佳策略是等待。大猪踩，小猪等待可以得到 4 份收益，否则只有 1 份。无论如何小猪只会选择等待这个优势策略，那么大猪的最佳选择是踩踏板，不踩 1 份也得不到，踩了还有 4 份收益。所以纳什均衡是（大猪踩，小猪等待）。

5.2.4 囚徒困境

囚徒困境是博弈论中最为经典的博弈模型之一，反映了个人行为的最优解带来了集体利益的最劣结果，下面进行简单的介绍。

以一个警察与两位小偷之间进行博弈为例。假设有两个罪犯 A 和 B 私入民宅被警察抓住。警方将两人分别置于不同的两个房间内进行审讯，对每一个犯罪嫌疑人，警方给出的政策是：如果两个犯罪嫌疑人都坦白了罪行，交出了赃物，于是证据确凿，两人都被判有罪，各被判刑 6 年；如果只有一个犯罪嫌疑人坦白，另一个人没有坦白而是抵赖，则以妨碍公务罪（因已有证据表明其有罪）再加刑 2 年，而坦白者有功被减刑 6 年，立即释放。如果两人都抵赖，则警方因证据不足不能判两人的盗窃罪，但可以私入民宅的罪名将两人各判入狱 1 年。表 5.2 给出了这个博弈的支付矩阵。

表 5.2　囚徒博弈

A/B	抵赖	坦白
抵赖	–1，–1	0，–8
坦白	–8，0	–6，–6

对 A 来说，尽管他不知道 B 作何选择，但他知道无论 B 选择什么，他选择“坦白”总是最优的。显然，根据对称性，B 也会选择“坦白”，结果是两人都被判刑 6 年。但是，倘若他们都选择“抵赖”，每人只被判刑 1 年。在表 5.2 中的四种行动选择组合中，（抵赖、抵赖）是帕累托最优，因为偏离这个行动选择组合的任何其他行动选择组合都至少会使一个人的境况变差。但是，“坦白”是任一犯罪嫌疑人的占优战略，而（坦白，坦白）是一个占优战略均衡，即纳什均衡。不难看出，此处纳什均衡与帕累托最优选择存在冲突。

单从数学角度讲，这个理论是合理的，也就是选择都坦白。但在这样多维信息共同作用的社会学领域显然是不合适的。正如中国古代将官员之间的行贿受贿称为“陋规”而不是想方设法清查，这是因为社会体系给人行为的束缚作用迫使人的决策发生改变。例如，从心理学角度讲，选择坦白的成本会更大，一方坦白导致另一方加罪，那么事后的报复行为以及从而不会轻易在周围知情人当中的“出卖”角色将会使他损失更多，等等。我们正处于大数据时代，要更接近事实地处理一件事就要尽可能多地掌握相关资料并合理加权分析，人的活动影响动因复杂，所以囚徒困境只能作为简化模型参考，具体决策还得具体分析。

5.2.5　博弈论应用领域

博弈论本身是一种思维工具，主要研究主体之间相互的交互行为及其影响，可以应用到任何涉及互动性决策的领域，不只是经济学，也包括其他社会科学、自然科学领域、管理学、信息科学、人工智能、数值计算等很多领域。

例如，在经济学领域，经典的博弈论案例“囚徒困境模型”在现代经济生活中有着广泛而深刻的应用。例如，我们经常会遇到各种各样的价格大战，家用电器大战、服装大战、机票打折大战等。按照囚徒困境模型，各个厂家都将选择降价作为自己的优势策略。因为别的厂家如果不降价，我选择降价将会获得更多的市场份额；别的厂家如果降价，我只有跟着降价才能维持本来的市场份额。最后，博弈的结果是各个厂家谁都没有多少钱赚。再如，在遗失钱物时，遗失人和拾得人的心态其实也就像这两个囚徒，前者希望不给任何报酬能失而复得，后者怕得不到报答干脆占为己有，博弈的结果通常是遗失物被拾得人侵占。“囚徒困境博弈”

准确地抓住了人性的真实一面——相互防范背叛与彼此的不信任，以及这种心理对合作的破坏作用。

但是，在现实生活中，我们巴不得囚徒之间以及各个厂家之间不能合作。因为我们不愿意看到危险的罪犯通过合作逃脱了法律的制裁或者是几个大企业联合起来形成对行业的垄断，导致我们不能享受合理的价格。在现实生活中，我们也期待遗失人和拾得人能更多地为对方的利益着想，从而提升整个社会的道德水准。当我们试图阻挠或者促进“囚徒”之间的合谋，希望通过法律或者道德维系良好的社会秩序时，我们必须了解什么样的途径可以破解“囚徒困境”，并且正视人们正当的逐利心态在博弈过程中的影响。例如，很多发达国家往往利用法律的形式对垄断行为进行严格的限制。反垄断法的实施阻挠了企业之间的价格合谋，并且激励企业改善管理，开发技术，努力以较低的成本生产质量较好的产品，提高企业的市场竞争力。

智猪博弈模型揭示了市场竞争中大企业与小企业之间的关系。研究开发，为新产品做广告，对大企业是值得的，对小企业则得不偿失。小企业应把精力花在模仿上，或等待大企业用广告打开市场后出售廉价产品，而大企业应当以主动的态度来开拓市场。一个理性的企业，就应该像“智猪”一样，选择自己的优势策略。在欧佩克中，各个成员的生产能力各不相同。同属一个同盟的大成员和小成员，他们应该选择遵守协议还是选择作弊多生产石油呢？假设以沙特阿拉伯和科威特为例。沙特阿拉伯选择遵守协议也是出于纯粹的自利心理。假如它有一个较低的生产数量，则市场价格攀升，欧佩克全体成员的边际利润上扬。如果它的产量只占欧佩克总产量一个很小的份额，它自然很难发现价格上扬对自己的好处。如果它占的份额很大，它将占有上扬的边际利润的大部分好处，因此牺牲一些产量也是值得的。

智猪博弈模型给了竞争中的弱者（小猪）最佳策略的启发。但是对于社会而言，由于小猪未能参加竞争，小猪搭便车式的社会资源配置并不是最佳状态。为使资源有效配置，避免“小猪躺着大猪跑”的现象，游戏规则的设计就非常关键了。规则的核心是：每次落下的食物数量、踏板与投食口之间的距离。如果改变游戏规则，会出现什么样的现象呢？改变方案一：减量方案。投食仅是原来的一半分量。结果是大猪和小猪都不去踩踏板了。因为无论谁去踩，对方都会把食物吃完，所以谁都不会有踩踏板的动力了。这个游戏规则的设计抑制了竞争，显然是失败的。改变方案二：增量方案。投食量增加一倍。结果是小猪大猪都会去踩踏板，反正对方不会一次性把食物吃完，双方的收益比原来的模型都增加了，一定程度上激发了积极性。这个规则的成本相当高（每次提供双份食物），而且竞争也不强烈，效果也不好。改变方案三：减量加移位方案。投食仅为原来的一半分量，但同时将投食口移到踏板附近。结果大猪和小猪都拼命抢着踩踏板，多劳多得，每次的收获刚好消费完。这个游戏的规则是最好的，成本不高，但收获最大。在现实生活中，公司的激励制度设计就必须充分利用智猪博弈的策略。如果公司的奖励力度太大，又是持股，又是期权，公司职员各个都成了百万富翁，成本高不说，员工的积极性并不一定很高；如果奖励力度不大，而且见者有份（即便不劳动的小猪），一度十分努力的大猪也不会有动力了；最好的激励机制——奖励并非人人有份，而是直接针对个人（如业务按比例提成），这样既节约了公司的成本，又消除了“搭便车”现象，能够实现有效的激励。

计算机之父，也是博弈论的鼻祖冯·诺依曼在 1946 年出版的《博弈论与经济行为》一书中提出了合作性对策的现象。该对策的特点是参与竞争的局中人能够达成一个具有约束力的协议，分享彼此合作带来的好处。之后的几十年，以纳什构造的“囚徒的困境”为代表的博弈格局为起点，非合作性博弈开始成为科学家关注的重点。在这种对抗局面中，博弈各方按照使自己利益最大化的原则来选择策略，任一方都不愿意单独更改其策略，从而非合作博弈最终也会形成一个相对稳定的策略组合，此时便达到了著名的“纳什均衡”状态。除此之外，日常生活中我们通常遇到的一种情况是，两方参与对抗，一方之所得即另一方之所失，称为二人零和博弈。在经济活动的市场竞争中，如某企业可采用降低售价、增加推销员、增加广告费用、提高产品质量、改善服务态度等策略进行市场竞争，这种竞争局势中，企业面临的往往不止一个竞争对手，而是会涉及多个有关企业，一般需要采用多方对策的方法。

因为社会资源是有限的，而不同的群体有着不同的立场和利益出发点，人们在争取自身利益最大化的同时，在所难免地会触及他人的利益，相互对策的行为也就应运而生。博弈的理论和方法很有实用价值，过去主要应用于军事系统工程，而今在经营管理系统中的应用日趋广泛。对于整个社会而言，更多的是希望构建一种和谐、平等的竞争氛围，共赢的对策结局当是我们追求的目标。

第 6 章　耗散结构理论

本章介绍由比利时科学家普利高津团队提出的耗散结构理论。耗散结构理论作为现代系统科学基础理论层次的重要内容，是把耗散结构作为对系统有序结构的一种描述方式，在一系列典型实验的基础之上，总结归纳出的一套研究这类系统的数学分析方法，它从热力学、光学、反应动力学等不同方面具体讨论了系统向有序方向演化的特点及规律。

6.1　热力学的基本规律

热力学第一定律即能量守恒定律：自然界一切物质都具有能量，能量有各种不同的形式，可以从一种形式转化为另一种形式，从一个物体传递到另一个物体，在传递与转化中能量的数量不变。另一种表述形式：热量可以从一个物体传递到另一个物体，也可以与机械能或其他能量互相转换，但是在转换过程中，能量的总值保持不变。表达式为 $\Delta U = Q + W$。热力学第一定律指出各种形式的能量在相互转化的过程中必须满足能量守恒定律，但没有指明转化进行的方向。

热力学第二定律有以下几种表述方式。

克劳修斯表述：热量可以自发地从温度高的物体传递到较冷的物体，但不可能自发地从温度低的物体传递到温度高的物体。

开尔文-普朗克表述：不可能从单一热源吸取热量，并将这热量完全变为功，而不产生其他影响。

热力学第二定律的这两种表述是等效的，可由其中一个推导出另一个。热力学第二定律的实质在于指出一切与热现象有关的实际过程都有其自发进行的方向，且不可逆。每一种表述，揭示了大量分子参与的宏观过程的方向性，使人们认识到自然界中进行的涉及热现象的宏观过程都具有方向性。

对于孤立系统，热力学第二定律的数学表述可利用熵函数给出，即 $\mathrm{d}S \geqslant 0$（当且仅当系统处于平衡态时等号成立）。$\mathrm{d}S$ 描述的是熵的变化，它不会小于 0，随时间进行，一个孤立体系中的熵不会减小，故热力学第二定律又称为熵增加定律。

熵增加原理的一个重要应用是对孤立系统中所发生的过程进行分析。孤立系统的熵永远不会减少，其所发生的不可逆过程总是朝着熵增加的方向进行的。

6.1.1　什么是熵

熵的概念最初是克劳修斯（Clausius）从热力学第二定律出发引进的一个态函数，故也称为克劳修斯熵或热力学熵。全微分的形式为 $dS=\frac{dQ}{T}$，系统的熵变 dS 等于可逆过程中系统吸收的热量与其温度 T 之比。热力学熵适用于热力学平衡态，每一个平衡态对应一个熵值，它对系统的描述仅停留在宏观层次。

对于处在非平衡态的系统，将系统看成多个小部分，每个部分都是含有大量微观粒子的宏观系统，且每一部分的初态和终态都可以看作局域的平衡状态，则根据熵的广延性质将整个系统的熵定义为处在局域平衡的各部分的熵之和。

我们知道，自然界中存在大量的不可逆过程，如化学反应过程、热传导、扩散运输过程等。对开放系统而言，由于系统和外界有了物质与能量的交换，孤立系统的热力学第二定律 $dS\geqslant 0$ 在开放系统中未必成立。对于开放系统，除了要考虑系统内部的熵产生之外，还要考虑外界对系统输入的熵，这样，开放系统的熵变分成两个部分：

$$dS=d_eS+d_iS \tag{6.1}$$

其中，d_eS 表示系统与外界交换能量和物质引起的熵变，或者称为外界输入系统的熵流，这部分符号不定，可正可负，也可能为 0；d_iS 表示系统内部变化过程引起的熵产生，也就是原来孤立系统中的 dS，这部分一定非负，即 $d_iS\geqslant 0$。

所以，开放系统熵变（类比地可称为开放系统的热力学第二定律）的数学表述是

$$d_iS\geqslant 0 \text{或} dS\geqslant d_eS \tag{6.2}$$

对于孤立系统，由于 $d_eS=0$，式（6.2）又回到了孤立系统的热力学第二定律的数学表达式。

特别地，当外界输入的负熵流等于系统内部的熵产生，即 $d_eS=-d_iS$ 时，系统总的熵的变化 $dS=0$，表示系统的熵处于定值，此时开放系统可以维持在一个非平衡的定态。

以上是从热力学的角度解释熵的含义。从统计物理学的观点看，熵是系统中微观粒子无规则运动的混乱程度的量度。熵增加原理的统计意义是孤立系统中发生的不可逆过程，总是朝着混乱度增加的方向进行。统计物理学建立了熵与系统可存在的微观态数之间的关系。在统计物理熵的基础上，香农将其推广为信息熵，一些数学家又将其进一步规范，使得熵可以用来描述一般系统。经研究发现，熵可以描述系统内部各子系统分布的均匀性，它是我们讨论复杂系统状态的重要变量。下面从概率意义出发，对熵作一个简单的介绍。

把一个盒子分为左右两部分，将若干个没有相互作用的相同粒子等概率地放置在盒子里。假定只考虑粒子是在盒子的左半部分，还是右半部分，而不区分它们在左右两边的具体位置，则每个粒子落在左、右两边的可能性均为$\frac{1}{2}$。

如果只有一个粒子，它处于盒子左边的概率为$\frac{1}{2}$，处于右边的概率也是$\frac{1}{2}$，在两边均匀分布的概率为0。如果有甲、乙两个粒子，它们在盒子内的分布可以有四种情形：甲在左、乙在右；甲在右、乙在左；两个都在左；两个都在右。这四种分布的可能性均为$\frac{1}{2}\times\frac{1}{2}=\frac{1}{4}$，所以，粒子在左右两边均匀分布（两边各有一个粒子）的概率为$\frac{1}{4}+\frac{1}{4}=\frac{1}{2}$，而不均匀分布（两个粒子全处于盒子某一边）的概率也为$\frac{1}{2}$。当粒子数增加至 10 个，它们的每种微观排列（1 至 10 个粒子在左或在右的某一确定排列）的概率为$\left(\frac{1}{2}\right)^{10}=\frac{1}{1024}$。此时，两边各为 5 个粒子的均匀分布（又被称为一种宏观分布）的排列数为$\mathrm{C}_{10}^{5}=252$。所以，10 个粒子均匀分布于盒子左右两边的概率为$P=\frac{252}{1024}\approx 0.25$。若 10 个粒子全处于盒子左边或右边（极不均匀分布）的排列数为$2\times\mathrm{C}_{10}^{10}=2$，则概率为$P=2\times\frac{1}{1024}\approx 0.002$。

从以上的列举可看出，当粒子数为 2 时，均匀分布的概率与分布于某一边的概率相等；当粒子数为 10 时，均匀分布的概率已远大于极不均匀分布的概率。进一步可以说明，这时相对均匀的分布，其排列总数也要远远大于任一种相对不均匀的分布。系统中粒子数越多，对称的均匀分布出现的概率就越大。当系统处于热力学平衡态时，均匀分布在排列总数中所占的比例趋于最大，由于热力学系统中的粒子数为6.023×10^{23}量级，此时每一种相对不均匀的分布则可以忽略。

统计物理中，将热力学系统的每一宏观分布的排列数称为热力学概率，根据热力学概率，可以证明，热力学定义的状态函数——熵具有如下的表达形式：

$$S=k\ln W \tag{6.3}$$

其中，k为玻尔兹曼（Boltzmann）常数，等于1.381×10^{-13} J/K，有时记为k_{B}；W为每一宏观分布的排列数，称为热力学概率，某宏观态的热力学概率是由该宏观态所对应的微观态的数目确定的。熵的定义式表明，一个宏观状态所对应的微观态的数目越多，热力学概率就越大，熵的值也越大。在上面的例子中，不同的分布具有不同的热力学概率，而系统处于热平衡态时的均匀分布对应于最大的热力学概率，称为最概然分布W_M，显然它具有最大的熵$S_M=k\ln W_M$。

由以上分析可知，与一个宏观态对应的微观态的数目越多，熵值越大，这个宏观态就越无序。因此，可以用熵作为系统宏观状态有序程度的一种定量量度：系统熵值越大，所处的状态越无序。当孤立系统处于平衡态时，粒子在系统环境内总是呈现出均匀、对称的分布，即平衡态的分布具有最大的热力学概率，此时对应的熵最大。

这样，系统的演化方向可以用熵的变化来描述。处于平衡态的系统具有最大的热力学概率和熵值，而一个系统的状态偏离平衡态越远，这个状态所对应的热力学概率和熵值就越小。所以，系统从非平衡态向平衡态转变的过程，就是一个熵逐渐增大的过程，如果没有与外界环境的相互作用，系统可自发地转变到平衡态，即熵最大的状态。

6.1.2　非平衡系统的局域平衡假定：熵产生率

在平衡态热力学中，多元系的热力学基本方程有如下形式：

$$T\mathrm{d}S = \mathrm{d}U + p\mathrm{d}V - \sum_i \mu_i \mathrm{d}N_i \tag{6.4}$$

其中，T 是温度；p 为压强；V 是体积；S 表示熵；U 表示内能；μ_i 是 i 分子的化学势；N_i 是 i 组元的分子数。这个公式给出了系统在相邻的两个平衡态之间关于熵、内能、体积以及分子数的关系。对于偏离平衡态不是很多的情况，可采用局域平衡的假定：把系统划分成若干个小的部分，每一部分从宏观来看很小，各小部分上的状态相互之间可以存在区别，宏观上可认为整个系统的状态是非平衡的；从微观来看，每一部分依旧包含足够多的粒子，且每一小部分的弛豫时间远小于整个系统的弛豫时间，又可近似地把每个部分都当作处于平衡之中，这就是局域平衡假定。上述式（6.4）对局域热力学量仍满足。在此假定之下，对于可加量如熵，在每一局域都有定义。

在不牵涉流体力学问题下，将式（6.4）作一些变换；舍去 $p\mathrm{d}V$ 项，公式两边同时除以局域体积，得到关于局域熵密度 s、内能密度 u 和粒子数密度 n 的方程：

$$T\mathrm{d}s = \mathrm{d}u - \sum_i \mu_i \mathrm{d}n_i \tag{6.5}$$

整个系统的熵为各局域熵的总和。这样便定义了非平衡态的熵：$S = \int s\mathrm{d}V$，其中局域熵密度 s 表示空间某体元的局域熵，与空间位置和时间有关。

开放系统处于定态时，虽然整个系统是非平衡状态，但在局域平衡的假定下，对于系统的每一局域而言，仍然可以看作是平衡的。由开放系统的熵平衡方程：$\mathrm{d}S = \mathrm{d}_e S + \mathrm{d}_i S$，非平衡系统的局域熵平衡方程可以写成如下形式：

$$\frac{\partial s}{\partial t}=-\nabla\cdot\boldsymbol{J}_S+\sigma \tag{6.6}$$

其中，$\boldsymbol{J}_S$ 为熵流密度矢量，简称熵流密度，表示单位时间内流过单位截面的熵；σ 为局域熵产生率，表示单位时间内单位体积中产生的熵，其表达式为

$$\sigma=\sum\boldsymbol{J}_K\cdot\boldsymbol{X}_K \tag{6.7}$$

其中，$\boldsymbol{J}_K$ 为系统内不可逆过程的流密度矢量（单位截面所输运的物理量，如动量、电量等）；$\boldsymbol{X}_K$ 为相应流的热力学“动力”（物体中引起物理量输运的某种性质梯度统称为动力，如温度梯度、浓度梯度、电势梯度等）。热力学第二定律告诉我们 $\mathrm{d}_iS\geqslant 0$，即任何宏观区域中不可逆过程的熵产生都是非负的，所以熵产生率 $\sigma\geqslant 0$：对于不可逆过程 $\sigma>0$，对于可逆过程或平衡态 $\sigma=0$。

上述两式［式（6.6）和式（6.7）］只是形式上的表达，针对具体的不可逆过程，熵流密度与局域熵产生率具体表达式不同。下面可以通过金属棒热传导的例子对它们加以验证。

以金属棒热传导为例，当金属棒各处的温度不均匀时，热会自发地从棒内温度高的部分流向温度低的部分。这种流动是不可逆的，只有当金属棒受到某种外界条件约束时（如两端分别与不同温度的热源相接触），系统的非平衡态才可以稳定下来，形成不均匀的温度分布。也就是说，开放系统定态的维持是需要外界输入负熵流的。在这里为热流。用 $\boldsymbol{J}_q$ 表示单位时间内流过单位截面的热量，即热流密度。那么由能量守恒定律可知，局域的小体元中内能的增加是热量流入的结果，故应有连续性方程 $\frac{\partial u}{\partial t}=-\nabla\cdot\boldsymbol{J}_q$，为内能密度的增加率。金属棒系统是一个均匀的各向同性的固体，只有热传导，没有物质的迁移且不对外做功，这样方程（6.5）简化为 $T\mathrm{d}s=\mathrm{d}u$，可以得到

$$T\frac{\partial s}{\partial t}=\frac{\partial u}{\partial t} \tag{6.8}$$

得局域熵密度的增加率为

$$\frac{\partial s}{\partial t}=\left(\frac{1}{T}\right)\frac{\partial u}{\partial t}=-\left(\frac{1}{T}\right)\nabla\cdot\boldsymbol{J}_q \tag{6.9}$$

利用散度的矢量计算公式 $p\cdot\mathrm{div}\boldsymbol{Q}=\mathrm{div}(p\boldsymbol{Q})-\boldsymbol{Q}\cdot\mathrm{grad}(p)$，则上式可以写成

$$\frac{\partial s}{\partial t}=-\nabla\cdot\left(\frac{\boldsymbol{J}_q}{T}\right)+\boldsymbol{J}_q\cdot\nabla\left(\frac{1}{T}\right) \tag{6.10}$$

将此式与式（6.6）比较，可以看出，此时的熵流密度为 $\boldsymbol{J}_S=\frac{\boldsymbol{J}_q}{T}$，局域熵产生率为

$$\sigma = \boldsymbol{J}_q \cdot \nabla\left(\frac{1}{T}\right) = \boldsymbol{J}_K \cdot \boldsymbol{X}_K \tag{6.11}$$

由式（6.7）可见，对于热传导过程来说，流密度与热流动力分别为热流密度和温度倒数的梯度：$\boldsymbol{J}_K = \boldsymbol{J}_q$，$\boldsymbol{X}_K = \nabla\left(\frac{1}{T}\right)$。

实际上，在自然界中有许多的不可逆过程，可以表现为各种各样的流密度与动力。例如，当气体分子密度不均匀时，会导致气体由稠密处向稀疏处扩散，在这个不可逆过程中，流密度就是扩散的物质流密度，而动力则正比于产生这种扩散的密度梯度。

6.1.3 昂萨格倒易关系

当非平衡系统偏离平衡态不太远时，也就是在近平衡区，引起不可逆流的“动力”（如温度梯度、浓度梯度等）比较弱的情况下，不可逆过程中的流与动力之间遵从线性关系，此时称为线性不可逆过程。例如，在热传导过程中，对各向同性的介质，可以认为热流密度与温度梯度（动力）之间呈现线性关系，即

$$\boldsymbol{J}_q = -\kappa \nabla T \tag{6.12}$$

其中，κ 称为热传导系数。在扩散过程中，根据菲克定律，我们可知粒子流密度与浓度梯度成比例关系。

$$\boldsymbol{J}_n = -D \nabla n \tag{6.13}$$

其中，D 为扩散系数。这些经验规律在各向同性物体中，可按流量与动力的关系表述为如下公式：

$$\boldsymbol{J} = L\boldsymbol{X} \tag{6.14}$$

在一般的线性不可逆过程中，可能同时存在不同流或力。某一种流可以由多种动力引起，某一种力也可以引起多种流。这样，对于一般线性不可逆过程的“流”和“动力”之间的关系，可以统一表达为

$$\boldsymbol{J}_k = \sum_l L_{kl} \boldsymbol{X}_l \tag{6.15}$$

这个公式称为线性唯象律，系数 L_{kl} 称为唯象系数或者动理系数，通常它们构成一个系数矩阵，矩阵对角元称为自唯象系数，如 L_{11}、L_{22}；非对角元 L_{12}、L_{21} 等称为交叉唯象系数，反映了不可逆过程中各种现象之间的相干或交叉效应。1931 年，昂萨格（Onsager）在研究交叉输运过程中发现线性不可逆过程的互唯象系数满足如下的对称条件：

$$L_{kl} = L_{lk} \tag{6.16}$$

上式被称为昂萨格倒易关系。这说明唯象系数矩阵是一个对称矩阵，即交叉现象

之间存在对称性，即第 l 种力对第 k 种流与第 k 种力对第 l 种流产生的影响能力相同，且这种对称性与流和力的类型无关。昂萨格倒易关系根源于微观世界物理过程的时间反演对称性，是线性非平衡热力学中的一条基本定理，可以用统计物理学严格证明。昂萨格因为这条定理的发现而获得了 1968 年的诺贝尔奖。

6.1.4 最小熵产生原理

普利高津在昂萨格倒易关系的基础上，进一步推导出近平衡区的最小熵产生原理。

当流与力呈线性关系时，在一定条件下，处于线性区的非平衡态可以是稳定的，称为非平衡定态。例如，在一根导热金属棒的两端维持恒定温差时，棒沿温度增加的方向可建立起一个确定的温度梯度，此时棒中存在稳定的热流，而棒的宏观状态不再随时间改变。可以证明：线性区的非平衡定态是熵产生率最小的状态。

下面以单纯的热传导为例来证明非平衡定态是熵产生率最小的状态。

设所研究的系统为一各向同性的固体，与外界接触的界面上保持温度不变，除热传导以外没有其他的不可逆过程发生，由式（6.7）可得局域熵产生率为

$$\sigma = \boldsymbol{J}_q \cdot \nabla\left(\frac{1}{T}\right) \tag{6.17}$$

又因为在线性区，热流密度与热流动力成正比：

$$\boldsymbol{J}_q = -\kappa \nabla T = L_{qq} \nabla\left(\frac{1}{T}\right) \tag{6.18}$$

其中，L_{qq} 是热传导系数。则系统的局域熵产生率为

$$\sigma = L_{qq} \nabla\left(\frac{1}{T}\right) \cdot \nabla\left(\frac{1}{T}\right) = L_{qq}\left[\nabla\left(\frac{1}{T}\right)\right]^2 \tag{6.19}$$

故系统的总熵产生率为

$$P = \int \sigma \mathrm{d}V = \int L_{qq}\left[\nabla\left(\frac{1}{T}\right)\right]^2 \mathrm{d}V \tag{6.20}$$

将上式对时间求导数，可得

$$\begin{aligned}
\frac{\mathrm{d}P}{\mathrm{d}t} &= 2\int L_{qq} \nabla\left(\frac{1}{T}\right) \cdot \nabla\left[\frac{\partial}{\partial t}\left(\frac{1}{T}\right)\right] \mathrm{d}V \\
&= 2\int \boldsymbol{J}_q \cdot \nabla\left[\frac{\partial}{\partial t}\left(\frac{1}{T}\right)\right] \mathrm{d}V \qquad (6.21) \\
&= 2\int \nabla \cdot \left[\boldsymbol{J}_q \frac{\partial}{\partial t}\left(\frac{1}{T}\right)\right] \mathrm{d}V - 2\int \frac{\partial}{\partial t}\left(\frac{1}{T}\right) \nabla \cdot \boldsymbol{J}_q \mathrm{d}V
\end{aligned}$$

利用高斯定理将上式右端第一项换成面积分 $2\oint\frac{\partial}{\partial t}\left(\frac{1}{T}\right)\boldsymbol{J}_q\cdot\mathrm{d}\boldsymbol{\tau}$，由于包围系统的界面上温度不随时间变化，即 $\frac{\partial T}{\partial t}=0$，故此项面积分结果为 0，因此有

$$\frac{\mathrm{d}P}{\mathrm{d}t}=-2\int\frac{\partial}{\partial t}\left(\frac{1}{T}\right)\nabla\cdot\boldsymbol{J}_q\mathrm{d}V \tag{6.22}$$

在体积变化可忽略的情形下，由能量守恒的连续性方程，对于单纯的热传导过程有

$$\rho\frac{\mathrm{d}u}{\mathrm{d}t}=\rho C_V\frac{\partial T}{\partial t}=-\nabla\cdot\boldsymbol{J}_q \tag{6.23}$$

其中，ρ 为密度；u 为单位质量的物质具有的内能；C_V 是单位体积的定容热容量，代入 $\frac{\mathrm{d}P}{\mathrm{d}t}$ 中，有

$$\begin{aligned}\frac{\mathrm{d}P}{\mathrm{d}t}&=-2\int\frac{\partial}{\partial t}\left(\frac{1}{T}\right)\nabla\cdot\boldsymbol{J}_q\mathrm{d}V=2\int\frac{\partial T}{\partial t}\left(-\frac{1}{T^2}\right)\rho C_V\frac{\partial T}{\partial t}\mathrm{d}V\\&=-2\int\left(\frac{\partial T}{\partial t}\right)^2\frac{\rho C_V}{T^2}\mathrm{d}V\end{aligned} \tag{6.24}$$

由于被积函数恒为非负值，故有

$$\frac{\mathrm{d}P}{\mathrm{d}t}\leqslant 0\text{ 或 }\frac{\mathrm{d}\sigma}{\mathrm{d}t}\leqslant 0 \tag{6.25}$$

当 $\frac{\mathrm{d}\sigma}{\mathrm{d}t}=0$ 时，必有 $\frac{\partial T}{\partial t}=0$，此时虽然系统内部存在一个温度梯度，但各处的温度值不随时间而改变，也就是说，这个温度分布是稳定的，系统处于稳定状态。关系式（6.25）称为最小熵产生原理，具体表述为：在任何线性不可逆过程中，熵产生率 σ 恒大于 0，但其随时间的变化不断减小，直到 σ 取最小值，即非平衡系统达到一个稳定的状态为止。

根据最小熵产生定理，当系统处于非平衡定态时，只要将非平衡条件维持在线性区，无论是外界加于系统的扰动，还是系统内部涨落引起的扰动，只要这种扰动不大，不足以破坏流与动力之间的线性关系，则系统总能回到稳定状态——熵产生率最小的状态。以上结论虽然由假设条件下的热传导过程推出，但是这个结论具有普遍意义。

由以上可知，最小熵产生定理适用于非线性系统近平衡态的线性区。当远离平衡态时，流与力之间关系更复杂，此定理此时不再适用。普利高津进一步探索远离热力学平衡态系统，建立了耗散结构理论。

6.2 耗散结构理论的创立

6.2.1 创始人普利高津

物理化学家普利高津出生于莫斯科，1921 年随家移居国外，1929 年定居比利时。他于 1941 年获得比利时布鲁塞尔自由大学博士学位，1951 年开始担任该校理学院教授，1959 年任国际索尔维物理和化学研究所所长，1967 年兼任美国得克萨斯大学统计力学中心部主任。1977 年，普利高津获得诺贝尔化学奖。他曾先后任比利时皇家科学院院长、美国全国科学院外籍院士。1979 年以来，普利高津多次到中国交流访问，被北京师范大学等多所大学聘为名誉教授。

在热力学形成的早期，非平衡、不可逆的现象一直被人们看作事物发展的不利方面。例如，晶体生长中的非平衡因素会破坏晶体完美的规则晶格，热机中的不可逆过程大大妨碍了热机效率的提高等。所以，人们往往只注意维护平衡，而忽视了对不可逆性的研究。当然，不可逆过程本身复杂的演化机制，也是导致对于不可逆问题的探讨近乎停滞的原因之一。但普利高津及其带领的布鲁塞尔学派坚信，自然界的许多现象明显地表现出时间的单向性，对于不可逆过程的研究不仅必要，而且可能会带来科学理论和技术实践的重大突破。他们致力于不可逆问题的研究，以动态的、发展的眼光，而非传统的“准静态”的角度来看待事物的演化，这种方向和态度的转变成为促使耗散结构理论创立的起点。

普利高津及其合作者首先将注意力从平衡态转移到近平衡态，在近平衡的线性区得到了最小熵产生原理；继而他们把系统从近平衡态拓展到远离平衡态的非线性区，通过近 20 年的努力，最终建立起“耗散结构”的概念：在昂萨格倒易关系之外、宏观描述的范围之内，非平衡系统在远离平衡态时出现的一种有序结构。在此基础上，布鲁塞尔学派逐渐形成了一套研究系统向有序方向演化的耗散结构理论，这是系统科学理论的重要内容之一。

6.2.2 非平衡系统在远离平衡区的发展判据

先回顾一下前面阐述过的内容：一个孤立系统必然朝着熵增加的方向演化，直至达到熵最大的平衡态，此时熵产生为 0；一个开放系统，当与外界存在物质或能量的交换时，系统内的熵产生大于 0，由最小熵产生原理可知，熵产生率会随时间不断减小，直至达到熵产生率取得极小值的非平衡定态。由此可以得出结论：对于孤立系统或处于线性区的开放系统而言，它们的演化总是朝着平衡态或尽可能接近平衡态的方向发展，也就是演化指向均匀、无序、低级和简单的方向。而代表着进化的从无序到有序、从低级到高级的演化，显然不会在这个区域内发生，这种演化的出现需要提供给系统新的条件。我们自然地联想到，当开放系统在远离平衡态的非线性区时，系统是否就会产生出新的性质和行为？它的发展和演化又会如何呢？为了回答这些问题，下面先给出非平衡系统在远离平衡区的发展判据。

假设整个系统有固定的边界条件，且没有宏观的运动速度，那么系统的熵产生率随时间的变化可以分解为两项：

$$\frac{\mathrm{d}P}{\mathrm{d}t}=\frac{\mathrm{d}_X P}{\mathrm{d}t}+\frac{\mathrm{d}_J P}{\mathrm{d}t} \tag{6.26}$$

等式右边的两项分别是动力和流随时间变化所引起的总熵产生率的变化。由于 $\frac{\mathrm{d}_J P}{\mathrm{d}t}$ 的符号不定，所以 $\frac{\mathrm{d}P}{\mathrm{d}t}$ 的符号也不能确定，我们只能讨论 $\frac{\mathrm{d}_X P}{\mathrm{d}t}$。由热力学统计物理可以证明，动力随时间变化而引起系统总熵产生率随时间的变化是非正的，即

$$\frac{\mathrm{d}_X P}{\mathrm{d}t}\leqslant 0 \tag{6.27}$$

式（6.27）便是非平衡系统在远离平衡区的发展判据，根据此公式可知非平衡系统的发展趋势以及判断系统是否达到了定态，但不可知此定态是否稳定。非平衡系统的稳定与否需要用到稳定性及分岔理论，并要针对具体问题具体分析。

实际上，$\frac{\mathrm{d}_X P}{\mathrm{d}t}\leqslant 0$ 可作为系统的普适发展判据，不仅适用于非线性区，也适用于线性区。当系统处于线性区时，由此式及昂萨格倒易关系，容易推出 $\frac{\mathrm{d}_J P}{\mathrm{d}t}=\frac{\mathrm{d}_X P}{\mathrm{d}t}$，则 $\frac{\mathrm{d}P}{\mathrm{d}t}=2\frac{\mathrm{d}_X P}{\mathrm{d}t}\leqslant 0$，即回到了前面的最小熵产生原理的表达式。不过与非线性区的差别在于，在线性区，系统熵产生率的变化方向是确定的，随时间只能变小，直至达到熵产生率为极小值的定态。应用最小熵产生原理，不仅能够判断系统是否处于定态，而且说明了该定态对外界的扰动或内部涨落是稳定的。

但是，在非平衡系统处于远离平衡的非线性区时，流和动力之间已经不满足一种简单的线性联系，而反映线性系数之间对称结构的昂萨格倒易关系，以及最小熵产生原理也都不再适用，热力学系统将处于一个全新的广阔的发展空间。非平衡系统在非线性区的演化行为正是下面即将讨论的重要问题，也是普利高津所建立的耗散结构理论的主要内容。

6.2.3 自组织现象

处在线性区（近平衡区）的非平衡系统与处在非线性区（远离平衡区）的非平衡系统，二者有着本质的区别。前者随时间的变化而趋向一个定态，这个定态接近于平衡和无序，就是熵产生率最小的状态。而后者的状态随时间变化有可能建立起一个有序结构。

我们看到，在生物界和社会系统中往往能够显示出更多减熵、增序的进化现象。而对大部分物理、化学系统而言，由于遵循热力学第二定律，一般具有从非平衡趋向平衡，即增熵、减序的退化倾向。不过，科学家发现，在热力学第二定律的范围内，同样可以在物理、化学系统中实现由低级运动形式向高级运动形式的演化。下面介绍几个典型的能够形成耗散结构的例子。

1. 化学振荡（BZ 化学反应）

别洛乌索夫-扎博京斯基（Belousov-Zhabotinski，BZ）反应是化学反应扩散系统中最为经典的例子。1951 年苏联生物学家别洛乌索夫（Belousov）在研究溴酸盐与柠檬酸在铈离子催化下的化学反应过程中观察到了振荡现象，系统在黄色态与无色态之间有规律地周期振荡。这种现象在当时被认为与热力学第二定律相违背，因此别洛乌索夫的研究成果不被认可，论文投稿被拒。七年后他在一位朋友的帮助下才在一个医学会议论文集中发表了论文摘要。1960 年，另一位苏联的生物学家扎博京斯基(Zhabotinski)对别洛乌索夫的实验进行了改进，以丙二酸代替柠檬酸，用一系列严谨的实验结果说明溶液中颜色的振荡是由于黄色的四价铈离子浓度的变化，验证了化学反应振荡现象的客观存在。此后，为方便起见，将出现周期振荡现象的这一大类化学反应统称为化学振荡反应或别洛乌索夫-扎博京斯基反应，简称 BZ 反应。1968 年，维夫瑞一次会议上了解到 BZ 反应与化学振荡现象并将其介绍到西方，引起了化学及物理界的注意。普利高津所在的比利时布鲁塞尔物理化学组建立了耗散结构理论，为振荡反应提供了理论基础。菲尔德（R. J. Field）、科罗什（E. Körös）、诺伊斯（R. M. Noyes）三位科学家经过多年的努力，研究 BZ 反应的机制，称为 FKN 机制，并在此机制的基础上提出俄勒冈（Oregonator）数学模型，用来解释并描述 BZ 振荡反应的很多性质。该模型后续不断被简化及修正，能模拟 BZ 反应中的振荡与波行为。法国波尔多研究小组研发出一个全混釜开放反应器从实验上来观察研究 BZ 反应的化学波。从此，振荡反应受到了重视，被系统性地研究，得到了迅速发展。随后人们发现了一大批可呈现化学振荡反应系统。目前，已有至少 200 多种不同的化学振荡系统被发现。

化学振荡反应出现的时空有序现象依赖于外界环境对系统的某种作用，如控制反应物的平均浓度。当系统反应物的平均浓度较小时，系统未远离平衡态，参加化学反应的分子呈现出无规则热运动的均匀分布状态。但是，当反应物的浓度增加而达到某一阈值时，化学反应系统的微观粒子之间自发产生了协作现象，使物质浓度在某些特定的时间和空间一致地增多或减少，也就是说，时间或空间的对称性发生了破缺，系统便呈现为一种宏观的有序状态。

2. 贝纳德对流

1900 年，法国物理学家贝纳德（E. Benard）利用流体完成的一个著名实验，称为贝纳德对流。

取一层流体，上、下各与一片很大的恒温热源板接触，温度分别恒定在 T_1 、T_0 ，要求板的宽度与长度远大于两板之间的距离，如图 6.1 所示。

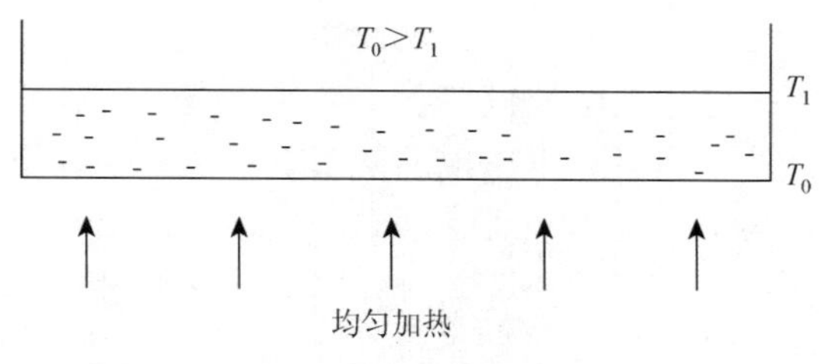

图 6.1　贝纳德对流示意图

实验中发现：

（1）当两板温度相等，即 $T_1 = T_0$ 时，流体处于热力学平衡态。

（2）当加热下板，使得 $T_1 < T_0$ ，流体内分子间通过无规则碰撞传递能量，形成由下而上的温度梯度，热量不断地从下板通过流体传向上板，流体处于非平衡热传导态。如果两板温度差异不大，$\Delta T = T_0 - T_1 < \Delta T_C$ 在某一临界值内，经过一段时间后，整个流体宏观上仍保持静止。

（3）当温差超过这一阈值，即 $\Delta T = T_0 - T_1 > \Delta T_C$ 时，流体内分子形成对流传热的形式，大量的分子被组织起来，协同参加了统一的运动，此时流体出现宏观花样，如图 6.2（a）侧面观察到的贝纳德对流。从上往下俯视观察，显示的是像蜂巢的正六边形格子，如图 6.2（b）所示。在正六边形格子中，中心液体往上流，边缘液体往下流。在对流状态下，流体在空间各个方向的对称性被打破，系统内部自发产生了对称性破缺，使系统原本无序的热运动产生了如图 6.2（b）所示的规则图样，而且按照图 6.2（a）所示的箭头方向，通过宏观上的对流，将下板的能量传递给了上板。另外，贝纳德对流的图样依据流体厚度、宏观边界条件等方面的差异，也可以是其他形状，如正方形。

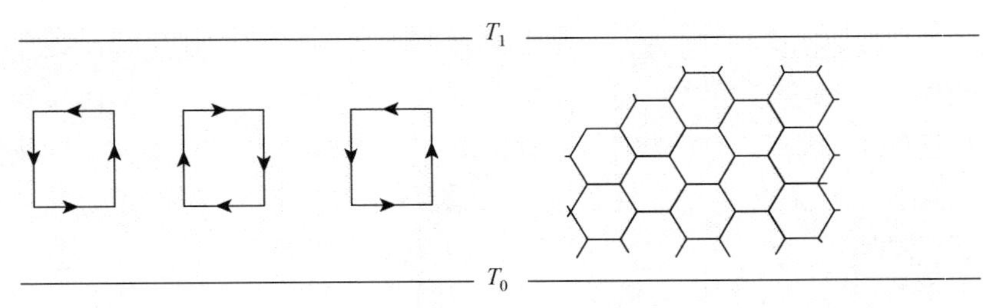

(a) 侧面示意图（$\Delta T = T_0 - T_1 > \Delta T_C$ 时对流发生，对流方向为箭头所指方向）　(b) 俯视示意图

图 6.2　贝纳德对流

3. 激光现象

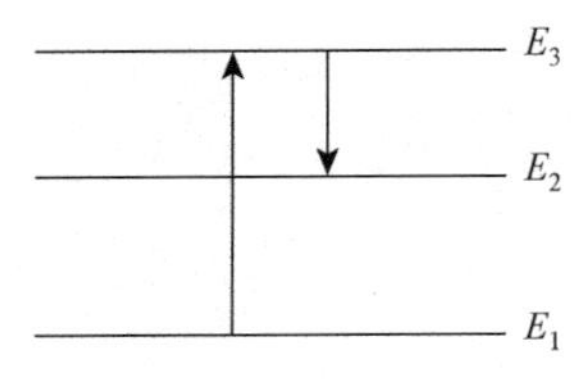

图 6.3　物质的三能级示意图

激光是 20 世纪 60 年代发展起来的一门新的光学技术，由于其功率高、单色性和方向性好、相干性强等特点，出现后便广泛地应用于通信、医疗、测量、科学研究等各个领域。它的实质是光子在远离平衡态条件下出现的宏观有序结构。用图 6.3 的原子能级图来说明激光产生的过程。

产生激光的物质一般需要具有两个以上的能级，图 6.3 给出的是最简单的三层原子能级示意图：E_1 表示基态——分布电子数最多的能级，E_2、E_3 表示两个激发态——不稳定的能级状态，其中，E_2 是亚稳态。

在正常状态下，物质原子中的大多数电子分布在基态 E_1 上，当受到外界的某种激发作用，如加热时，低能级 E_1 上的电子就会被激发跃迁到高能级上；跃迁到不稳定的高能级上的电子，可随机地跳回到低能级，从而发出光波，称为自然光，这是一般物质的发光原理。由于各个电子彼此独立地发光，光的频率、相位和方向都是无规则的，而且这些光子之间没有联系，有时还互相抵消，以致发出的光强度不大。产生自然光时，光子的运动，就好比贝纳德对流中两板温差较小时流体分子的杂乱无章运动。

然而，有时会出现另一种情况。三能级物质处在 E_1 上的电子在能量的激发下，不断地跃迁到 E_3 能级上，由于 E_3 不稳定，所以电子要回落到 E_2 或 E_1 能级上，而落到 E_1 上的电子会被重新激发到 E_3 上去，落到亚稳能级 E_2 上的电子则可以保持较长时间。这样不断地激发和回落，E_2 上的电子会越来越多，最后超过基态 E_1 上的电子数，形成粒子数反转。当反转的粒子数积累到某一个临界值时，通过系统内部的涨落或者施以外界的作用，一个电子将从 E_2 能级跳回到 E_1 能级，发出特定频率的一个光子；这个光子又会再激发 E_2 能级上的另一个电子跳

回到 E_1 能级，同时发出另一光子；两个光子会进一步激发两个电子从 E_2 能级跳回 E_1 能级，这样有了四个光子，如此下去，由一个光子激发引起的光子数目迅速增加，形成具有相同振动方向的、统一频率和相位的强大的光波，这就是激光。

自然光中的光子频率不同、相位不同、偏振方向不同，呈无序分布；而激光中的光子频率、相位和振动方向保持一致，呈有序分布。光子系统从自然光状态转变为激光状态，与流体系统从杂乱无章的分子排列转变为贝纳德对流的规则图样排列类似，都可以看作系统在一定的临界条件下，通过系统内部的对称性破缺，实现的从无序向有序的转变。

上述几个例子中，系统的行为本质上有着共同的一点：系统在远离平衡态时，其内部的分子可以自行重新组织而出现某种有序结构，外部的特定环境只是提供了触发系统产生这种秩序的条件，这种有序组织实际上是系统内部自发形成的，所以称为“自组织”。化学振荡反应、贝纳德对流和激光分别是化学、流体力学和量子物理学中最简单的自组织现象。

类似地，在一定的非平衡条件下，系统从无序自发地演化到有序的自组织现象还有很多，如地质学中观察到的各类岩石上的规则图案、生物体代谢过程中的配位和调节机制、非线性电子线路中的分频现象等。不管是什么系统，欲维持这种有序结构，都必须不断地对系统做某种形式的功（即输入“负熵流”），系统需要不断地“耗散”能量，故人们将系统通过自组织“进化”而产生的有序结构又称为“耗散结构”。以普利高津为首的布鲁塞尔学派深入分析了这类自组织现象，说明了耗散结构的特点及其形成条件，据此创立了耗散结构理论。

6.3　稳　定　性

6.3.1　稳定性和李雅普诺夫函数

系统的稳定性是指系统在扰动作用下，偏离了原来的平衡状态，当扰动消失后，系统以足够的准确度恢复到原来的平衡状态，则系统是稳定的，否则，系统不稳定。稳定性是系统理论中的一个基本概念，是讨论系统演化状态性质的重要内容。日常生活中，我们观察到的事物多是稳定的，不稳定的状态会很快消失，而且一般情况下我们关注的是那些具有稳定性的事物。例如，一个由杆连接的固定了一端支点的摆，当摆处于竖直向上或竖直向下的状态时，系统都是平衡的。但是，这两个平衡位置的性质完全不同：当摆竖直向上时，外界只要对它施加一个小的扰动使杆稍微偏离，摆就会离开这个顶点，再不会回到原平衡位置；而当摆竖直向下时，即使受到一定大小的外力使摆偏离了平衡点，它也将在回复力的作用下在原平衡位置附近振动，再考虑到空气阻力和摩擦力，摆最终将返回到原来最低点的位置。对这个摆系统的两个平衡状态加以区分，称前者为不稳定平衡，后者为稳定平衡。通常我们观察到的只有稳定平衡。

考察动力系统稳定性问题就是研究系统对微扰的抗干扰能力。稳定的系统是一个抗干扰的系统。系统理论中，有三种稳定性：一是结构稳定性——对系统自身参数的微扰具有抗干扰能力，分岔理论讨论的是结构稳定性问题；二是状态稳定性（解的稳定性）——对系统变量的微扰是抗干扰的，若系统某个初值（方程的解）有一个很小的改变，之后系统演化的结果改变很大，那么这个状态下系统是不稳定的（方程的解不稳定），若对初值的微扰不影响系统状态的改变，则系统是状态稳定的；三是轨道稳定性，又称为庞加莱稳定性，它描述了系统在解空间中的轨道对初始条件依赖的敏感程度，也就是说，如果初始条件的改变不会使新轨道偏离原轨道太远，则称系统是轨道稳定的。关于轨道稳定性本书未多作介绍。

结构稳定性是指系统对参数依赖的敏感程度。相对于状态稳定性关注系统局部的性质，结构稳定性是对系统整体结构变化的讨论。系统存在多个定态解时，有的定态解稳定，有的不稳定，系统的结构便是由这些稳定和不稳定的定态解的集合所决定。当参数改变时，系统定态解的个数及其稳定性会发生变化，系统的结构也就有了相应的改变。所以考虑系统的结构稳定性，就是要考查当参数变动时，系统定态解稳定性的变化，或者说是系统状态稳定性的变化。而引起状态稳定性发生变化的参数点，就是我们通常所说的临界点。以后对于结构稳定性的问题，我们都转化为分析在不同参数条件下系统定态解的稳定性问题。利用状态稳定性来讨论结构稳定性、利用系统的局部性质来分析系统的整体性质，体现了系统科学从局部到整体的思想，也是系统科学研究问题的方法和特点之一。

状态稳定性，又称为李雅普诺夫（Lyapunov）稳定性，是指系统在演化过程中，系统的状态对初值扰动依赖的敏感程度。一般来讲，初始条件改变时，系统的状态也会随之改变：若初始条件改变很小，而系统以后演化的状态改变很大，则系统是状态不稳定的；若初始条件的变动对系统以后的演化情况影响不大，即系统状态的抗干扰能力较强，则系统就是状态稳定的。显然，满足状态稳定性的系统也满足轨道稳定性。

一个系统的演化过程通常可以用一个微分方程来描述，系统的演化状态就是该微分方程的解，所以，系统某一状态的稳定性可以由相应的微分方程解的稳定性来定义和讨论。

微分方程 $\frac{\mathrm{d}x_i}{\mathrm{d}t}=f_i(\{x_j\},A,t)$ 对于初始条件 $x_i(0)$ 的解 $x_i(t)$ 是稳定的，是指对于任意给定的小量 $\varepsilon>0$，总能找到 $\delta=\delta(\varepsilon)>0$，当 $\left|x_i'(0)-x_i(0)\right|<\delta$ 时，对以 $x_i'(0)$ 为

初始条件的解 $x_i'(t)$ 有 $\forall t^*>0$，当 $t>t^*$ 时，$|x_i'(t)-x_i(t)|<\varepsilon$ 成立。如果 $t\to\infty$，有 $\lim|x_i'(t)-x_i(t)|=0$，则称 $x_i(t)$ 是渐近稳定的。

通过上述微分方程解的稳定性定义来判断系统的状态稳定性，是一种最基本的方法。但是，定义判断一般不易操作，需要对于任意的 ε 都能找到 δ，使之满足这两个不等式。而且如果对于给定的 ε，没有找到相应的 δ，并不能证明相应的 δ 不存在，也不能据此说明系统现在所处的状态就是不稳定的。

下面介绍一种直接分析系统状态稳定性的常用方法——李雅普诺夫函数方法。首先给出李雅普诺夫函数的定义，且不作证明地给出李雅普诺夫定理。

设 $\boldsymbol{x}$ 是 N 维欧氏空间中的矢量，已知非线性微分方程 $\frac{\mathrm{d}x_i}{\mathrm{d}t}=f_i(\{x_j\})$，如果能在 N 维欧氏空间中找到一个函数 $V(x)$（$\mathbf{R}^N\to\mathbf{R}^N$）满足：$V(x)<\max$（max 为常数，说明 V 有上界）且 $\frac{\mathrm{d}V(x)}{\mathrm{d}t}=\nabla V\times\frac{\mathrm{d}x}{\mathrm{d}t}\geqslant 0$；或者 $V(x)>\min$（min 为常数，说明 V 有下界）且 $\frac{\mathrm{d}V(x)}{\mathrm{d}t}=\nabla V\times\frac{\mathrm{d}x}{\mathrm{d}t}\leqslant 0$。那么系统总要趋于一个确定的状态，并且这个状态是稳定的，这便是李雅普诺夫定理。在上述两种情况下，若第二个不等式中的等号对于此函数以外的函数均不存在，则称此函数为该系统的李雅普诺夫函数。

李雅普诺夫函数最简单的例子是熵与熵产生。孤立系统的熵 S 是一个宏观的有限量，并且系统总是朝着熵增大的方向演化，即 $S<\max$，且 $\frac{\mathrm{d}S}{\mathrm{d}t}\geqslant 0$，而当熵增大到极大值时，系统就处于稳定的热力学平衡态，此时 $\frac{\mathrm{d}S}{\mathrm{d}t}=0$。可推断，孤立系统的熵 S 就是系统的李雅普诺夫函数。在系统的非平衡线性区，熵产生 $P\geqslant 0$，又由最小熵产生原理有 $\frac{\mathrm{d}P}{\mathrm{d}t}\leqslant 0$，所以此时熵产生 P 可看作系统的李雅普诺夫函数。事实上，系统平衡态和线性非平衡定态的稳定性问题都可以由熵产生来统一说明：在未达到定态时，熵产生会不断减小，直至达到最小值时系统到达定态。如果最小值为正值，定态为非平衡态，这种非平衡态的维持依赖于外界不断输入的负熵流；如果最小值为 0，定态为平衡态，处于这个平衡态的可以是孤立系统，也可以是开放系统。

李雅普诺夫定理可以对所研究的系统同时进行全局和局域的讨论，只要在李雅普诺夫函数定义域的范围内，都可以应用它来讨论系统的稳定性，这是它的优点。但是，定理并未给出李雅普诺夫函数的一般求法，如果找不到系统相应的李雅普诺夫函数，也就无法应用此定理，故这种方法在具体使用时有很大的限制。一般情况下，要寻找李雅普诺夫函数的解析表达式是很困难的，对于某些系统我们可以靠经验推断李雅普诺夫函数，但在实际计算中我们并不常用此方法。李雅普诺夫函数方法多在进行理论分析时使用。

6.3.2 定态解的线性稳定性分析

本小节介绍一种讨论系统状态稳定性时常用到的方法——线性稳定性分析（linear stability analysis）。通过对均匀定态的线性稳定性分析，可以有效判定方程定态解的稳定性。其基本思路是假定系统存在一定态解，在定态解附近施加微扰后代入系统的非线性方程中展开，因为微扰足够小，可以舍去高阶项得到关于微扰的线性方程组，从而进行稳定性分析。

在讨论演化系统的状态稳定性时，线性稳定性分析是一种有效地判定方程的定态解（数学上又称为不动点或奇点）稳定性的方法，但是，它只限于局域的范围，对一般解的稳定性无从判断。

在描述系统演化行为的微分方程中，一阶线性方程是最简单的情况，也是我们进行线性稳定性分析的基础，下面先从一个自治系统（即变量表达式不显含时间的系统）的稳定性分析入手。

给定矩阵形式的一阶线性微分方程组：

$$\frac{\mathrm{d}\boldsymbol{X}}{\mathrm{d}t}=\boldsymbol{AX} \tag{6.28}$$

其中，$\boldsymbol{X}=\begin{pmatrix}x_1\\x_2\\\vdots\\x_n\end{pmatrix}$；$\boldsymbol{A}=\begin{bmatrix}a_{11}&a_{12}&\cdots&a_{1n}\\a_{21}&a_{22}&\cdots&a_{2n}\\\vdots&\vdots&&\vdots\\a_{n1}&a_{n2}&\cdots&a_{nn}\end{bmatrix}$。由线性代数的知识，可以将系数矩阵 $\boldsymbol{A}$ 通过线性变换化为对角阵，此时矩阵的对角元 λ_i（$i=1,2,\cdots,n$）即系数矩阵 $\boldsymbol{A}$ 的本征值。根据线性微分方程组求解的理论易知，方程特解的形式为 $\mathrm{e}^{\lambda_i t}$，方程组的通解为各种特解的线性组合：$x_i=C_{1i}\mathrm{e}^{\lambda_1 t}+C_{2i}\mathrm{e}^{\lambda_2 t}+\cdots+C_{ni}\mathrm{e}^{\lambda_n t}$。其中 C_{ij} 为由初始条件决定的常量。分析一维形式的解 $C\mathrm{e}^{\lambda t}$ 可知，当本征值 $\lambda<0$ 时，解趋于 0 并稳定。所以不难推广到多维的情况：当 λ_i（$i=1,2,\cdots,n$）均小于 0 时，解 $\boldsymbol{X}$ 是稳定的；只要 $\lambda_1,\lambda_2,\cdots,\lambda_n$ 中有一个为正，则方程解发散。如果系数矩阵 $\boldsymbol{A}$ 的本征值为复数，决定方程组解的稳定性的是本征值的实部，而与虚部无关。那么，判断一阶线性微分方程组解的稳定性条件可综述如下：当系数矩阵 $\boldsymbol{A}$ 的本征值实部均为负时，方程解稳定；只要有一个本征值的实部为正，方程解就不稳定。

现在，考虑常见的非线性系统（下式中 $f_i(\{x_j\})$ 为非线性函数）：

$$\frac{\mathrm{d}x_i}{\mathrm{d}t}=f_i(\{x_j\}) \quad (i,j=1,2,\cdots,n) \tag{6.29}$$

设 x_{j0} 为方程的定态解，即 $f(\{x_{j0}\})=0$。下面分析定态解 x_{j0} 的稳定性。令 $x_j=x_{j0}+u_j$（u_j 为小量，$j=1,2,\cdots,n$），代回原方程有

$$\frac{\mathrm{d}u_i}{\mathrm{d}t}=f_i(\{x_{j0}+u_j\}) \tag{6.30}$$

由于 u_j 为小量，将非线性函数 $f_i(\{x_j\})$ 在点 x_{j0} 附近进行 Taylor 展开：

$$\begin{aligned}&f_i(\{x_{j0}+u_j\})\\&=f_i(\{x_{j0}\})+\sum_{j=1}^{n}\left.\frac{\partial f_i}{\partial x_j}\right|_{x_j=x_{j0}}u_j+\frac{1}{2!}\sum_{j=1}^{n}\sum_{m=1}^{n}\left.\frac{\partial^2 f_i}{\partial x_j\partial x_m}\right|_{\substack{x_j=x_{j0}\\x_m=x_{m0}}}u_ju_m+\cdots\end{aligned} \tag{6.31}$$

考察系统在定态解附近的行为，可略去二次和二次以上的高阶项，并将定态解条件 $f(\{x_{j0}\})=0$ 代入，从而非线性函数 $f_i(x_j)(i,j=1,2,\cdots,n)$ 转变为线性函数，方程也转变为刚才讨论的一阶形式：

$$\frac{\mathrm{d}u_i}{\mathrm{d}t}=\sum_{j=1}^{n}\left.\frac{\partial f_i}{\partial x_j}\right|_{x_j=x_{j0}}u_j=\sum_{j=1}^{n}a_{ij}u_j \tag{6.32}$$

其中，$a_{ij}=\left.\dfrac{\partial f_i(\{x_j\})}{\partial x_j}\right|_{x_j=x_{j0}}$。实际上 a_{ij} 便构成了方程（6.28）中的系数矩阵 $\boldsymbol{A}$，即

$$\boldsymbol{A}=\begin{bmatrix}a_{11}&a_{12}&\cdots&a_{1n}\\a_{21}&a_{22}&\cdots&a_{2n}\\\vdots&\vdots&&\vdots\\a_{n1}&a_{n2}&\cdots&a_{nn}\end{bmatrix}=\left.\begin{bmatrix}\frac{\partial f_1}{\partial x_1}&\frac{\partial f_1}{\partial x_2}&\cdots&\frac{\partial f_1}{\partial x_n}\\\frac{\partial f_2}{\partial x_1}&\frac{\partial f_2}{\partial x_2}&\cdots&\frac{\partial f_2}{\partial x_n}\\\vdots&\vdots&&\vdots\\\frac{\partial f_n}{\partial x_1}&\frac{\partial f_n}{\partial x_2}&\cdots&\frac{\partial f_n}{\partial x_n}\end{bmatrix}\right|_{x_j=x_{j0}} \tag{6.33}$$

接着可以按照一阶线性微分方程组 $\dfrac{\mathrm{d}\boldsymbol{X}}{\mathrm{d}t}=\boldsymbol{AX}$ 的稳定性判别方法对线性化后的方程

$$\frac{\mathrm{d}}{\mathrm{d}t}\begin{pmatrix}u_1\\u_2\\\vdots\\u_n\end{pmatrix}=\begin{bmatrix}a_{11}&a_{12}&\cdots&a_{1n}\\a_{21}&a_{22}&\cdots&a_{2n}\\\vdots&\vdots&&\vdots\\a_{n1}&a_{n2}&\cdots&a_{nn}\end{bmatrix}\begin{pmatrix}u_1\\u_2\\\vdots\\u_n\end{pmatrix} \tag{6.34}$$

进行稳定性分析。通过求系数矩阵 $\boldsymbol{A}$ 的本征值，观察其实部的正负，判断 $u_i=0$ 解的稳定性，从而推导出原非线性微分方程组定态解 $\{x_{j0}\}$ 的稳定性。

接下来以双变量系统为例，通过线性稳定性分析，讨论定态解的性质与特点。双变量系统的非线性方程一般表达式如下：

$$\begin{cases} \dfrac{\mathrm{d}x}{\mathrm{d}t} = f(x,y) \\ \dfrac{\mathrm{d}y}{\mathrm{d}t} = g(x,y) \end{cases} \tag{6.35}$$

设其定态解$\begin{pmatrix} x_0 \\ y_0 \end{pmatrix}$加入微扰后为$\begin{pmatrix} x_0 + p \\ y_0 + h \end{pmatrix}$，$p$与$h$为小量，代入原方程，保留到$p$与$h$的线性项，得

$$\begin{cases} \dfrac{\mathrm{d}p}{\mathrm{d}t} = a_{11}p + a_{12}h \\ \dfrac{\mathrm{d}h}{\mathrm{d}t} = a_{21}p + a_{22}h \end{cases} \tag{6.36}$$

其中，$a_{11}=\dfrac{\partial f}{\partial x}\Big|_{x_0,y_0}$，$a_{12}=\dfrac{\partial f}{\partial y}\Big|_{x_0,y_0}$，$a_{21}=\dfrac{\partial g}{\partial x}\Big|_{x_0,y_0}$，$a_{22}=\dfrac{\partial g}{\partial y}\Big|_{x_0,y_0}$。即$\dfrac{\mathrm{d}}{\mathrm{d}t}\begin{pmatrix} p \\ h \end{pmatrix}=\begin{pmatrix} a_{11} & a_{12} \\ a_{21} & a_{22} \end{pmatrix}\begin{pmatrix} p \\ h \end{pmatrix}$。

假定$\begin{pmatrix} p \\ h \end{pmatrix}$为本征值$\lambda$的本征函数，根据矩阵本征值求解方程，可得$\begin{vmatrix} a_{11}-\lambda & a_{12} \\ a_{21} & a_{22}-\lambda \end{vmatrix}=0$，得到本征值$\lambda$满足的二次方程$\lambda^2 - T\lambda + \Delta = 0$，其中$T = a_{11} + a_{22}$，$\Delta = a_{11}a_{22} - a_{12}a_{21}$，得到$\lambda_{1,2}=\dfrac{T \pm \sqrt{T^2 - 4\Delta}}{2}$。根据本征值解的性质，来讨论定态解的稳定性。

若$T^2 - 4\Delta > 0$，且$\lambda_{1,2} < 0$，即本征值为两个负实数，定态解(x_0, y_0)是稳定结点（stable node），如图 6.4（a）所示。

若$T^2 - 4\Delta > 0$，且$\lambda_{1,2} > 0$，即本征值为两个正实数，定态解(x_0, y_0)是不稳定结点（unstable node），如图 6.4（b）所示，部分朝向相反方向发展。

若$T^2 - 4\Delta > 0$，且$\lambda_1 < 0 < \lambda_2$，即本征值为符号相反的两个实数，定态解$(x_0, y_0)$是鞍点（saddle），如图 6.4（c）所示，向一个方向靠近定态解，从另一个方向远离定态解。

若$T^2 - 4\Delta = 0$，$\lambda_{1,2}=\dfrac{1}{2}T$，$T > 0$，定态解$(x_0, y_0)$是不稳定结点；$T < 0$定态解$(x_0, y_0)$是稳定结点。

若$T^2 - 4\Delta < 0$，本征值λ是一对共轭复数。若T=0，λ为纯虚数，那么定态解(x_0, y_0)是中心点，系统的运动轨迹在相空间呈现闭环的形式，围绕中心点

（center）旋转，如图 6.4（f）所示。虚部的符号决定了同心圆旋转的方向：大于 0 时逆时针旋转，小于 0 时顺时针旋转。转动点与中心既不靠近，也不远离；定态解稳定，但不渐近稳定。在耗散系统中，由于能量不断衰减，所以中心不可能存在。

若$T^2-4\Delta<0$，且$T<0$，本征值λ是实部为负数的共轭复数，则定态解(x_0,y_0)是稳定焦点（stable focus），系统绕着这个点转动的同时趋于这个点，如图 6.4（d）所示；本征值的实部决定了衰减的快慢，虚部决定了旋转的周期和方向。虚部小于 0 时顺时针旋转，大于 0 时逆时针旋转。

若$T^2-4\Delta<0$，且$T>0$，本征值λ是实部为正数的共轭复数，则定态解(x_0,y_0)是不稳定焦点（unstable focus），系统绕着这个点转动的同时远离这个点，如图 6.4（e）所示。与稳定焦点情况类似，复数的实部决定了扩张的快慢，虚部决定了旋转的周期和方向。

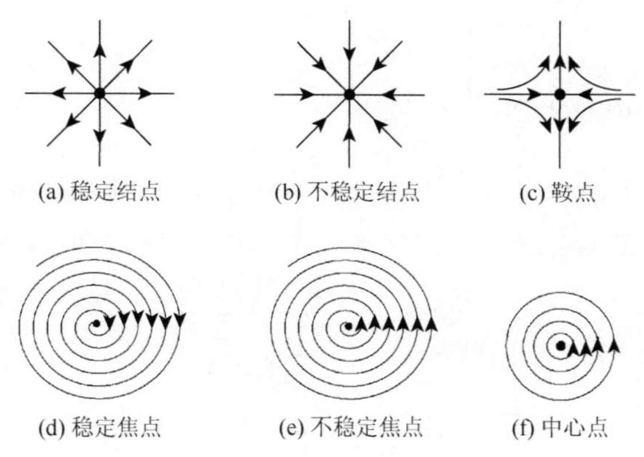

图 6.4　双变量系统中定态解的线性稳定性

综上所述，双变量系统中定态解的线性稳定性为稳定结点、不稳定结点、鞍点、中心点、稳定焦点以及不稳定焦点这六种情况。

非线性系统的定态解为结点、焦点与鞍点的情况，与线性系统的定态解为结点、焦点与鞍点的情况类似，可以采用线性稳定性的方法判断出动点在定态解附近的演化行为。但是，定态解为中心时，非线性系统与线性系统的定性性质有较大差别，不能用线性近似的方法来处理，而另有一些专门的手段判断其稳定性，这里不加阐述。

将上述各种情况总结起来，可以得到二维一阶方程组定态解的稳定性随参数T、Δ变化的参数平面图（图 6.5）。在不同的参数区间内，系统的定态解具有不同的性质和特点。其中的边界情况为：右半横轴为不稳定结点，左半横轴为稳定结点；上半纵轴为中心，下半纵轴为鞍点；抛物线$T^2-4\Delta=0$在$T>0$的区域内为不稳定结点，在$T<0$的区域内为稳定结点。

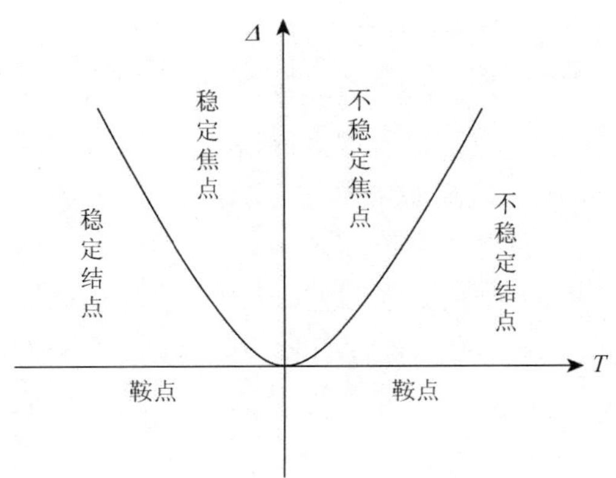

图 6.5　二维一阶方程组定态解的参数平面图

6.3.3　Lotka-Volterra 模型

线性稳定性分析常用于模拟生态学、人口动力学等领域的演化行为。下面介绍一个著名的捕食者与被捕食者数量演化的动力学模型，即 Lotka-Volterra 模型。

设湖中生存着N_A条 A 类小鱼，食草；同时有N_B条 B 类大鱼，食鱼 A。假如没有 B 类鱼，A 类鱼将按指数繁殖：$\frac{dN_A}{dt}=\varepsilon_A N_A$。没有 A 类鱼，B 类鱼将按指数衰减：$\frac{dN_B}{dt}=-\varepsilon_B N_B$。

现在把两类鱼作为一个系统，而外界环境始终固定为常数，考虑系统内部两个物种的相互作用：A 类鱼由于被捕食而数量减少；相反，B 类鱼由于捕食了 A 类鱼，其数量将增多。设两类鱼的数量都足够多，则N_A和N_B可视为连续变量，这样可以列出如下的动力学方程：

$$\begin{cases}\dfrac{dN_A}{dt}=\varepsilon_A N_A-r_A N_A N_B\\ \dfrac{dN_B}{dt}=-\varepsilon_B N_B+r_B N_A N_B\end{cases}\tag{6.37}$$

这个方程组体现了两个物种彼此依存又相互制约的关系。A 类鱼靠环境提供的资源自我繁殖，但如果繁殖过多，相应地就会提供给 B 类鱼更多的食物，于是 A 类鱼的数量不会无休止地增长；B 类鱼通过捕食 A 类鱼来发展自己，吃得越多，自身繁殖得越快，但如果它无止境地滥吃，而导致 A 类鱼急剧减少甚至衰亡，则

B 类鱼也会因为没有食物而趋于终结。正是这种既相互竞争又相互依存的关系，使得两个物种能够在湖中共存，而处于自然界中一种奇妙的均衡状态。

现在令 $\frac{\mathrm{d}N_A}{\mathrm{d}t}=\frac{\mathrm{d}N_B}{\mathrm{d}t}=0$，容易求出演化方程的两组定态解：

$$\begin{cases}\overline{N}_A=0\\ \overline{N}_B=0\end{cases} \text{和} \begin{cases}\overline{N}_A=\dfrac{\varepsilon_B}{r_B}\\ \overline{N}_B=\dfrac{\varepsilon_A}{r_A}\end{cases} \tag{6.38}$$

对这两组定态解进行线性稳定性分析。首先，对 $\overline{N}_A$ 和 $\overline{N}_B$ 加以小的扰动，代回原方程组中，将非线性方程线性化，得到其本征值矩阵为

$$\begin{bmatrix}\varepsilon_A-r_A\overline{N}_B & -r_A\overline{N}_A\\ r_B\overline{N}_B & -\varepsilon_B+r_B\overline{N}_A\end{bmatrix} \tag{6.39}$$

将定态解（0，0）代入，矩阵变为 $\begin{bmatrix}\varepsilon_A & 0\\ 0 & -\varepsilon_B\end{bmatrix}$。可得：在定态解（0，0）附近，系统在相平面的一个方向上趋于稳定，在另一个方向上则趋于发散，不稳定，故定态解（0，0）是一个鞍点。

再看定态解 $\left(\frac{\varepsilon_B}{r_B},\frac{\varepsilon_A}{r_A}\right)$，将其代入本征值矩阵后得 $\begin{bmatrix}0 & -r_A\dfrac{\varepsilon_B}{r_B}\\ r_B\dfrac{\varepsilon_A}{r_A} & 0\end{bmatrix}$。由本征值方程 $\lambda^2-T\lambda+\varDelta=0$（此时矩阵的迹 $T=0$，行列式 $\varDelta=\varepsilon_A\varepsilon_B$），可得本征值 $\lambda_{1,2}=\pm\mathrm{i}\sqrt{\varepsilon_A\varepsilon_B}$，故定态解 $\left(\frac{\varepsilon_B}{r_B},\frac{\varepsilon_A}{r_A}\right)$ 是一个中心，系统的相轨迹在相平面上呈现围绕定态解旋转，既不靠近也不远离。

由上述的线性稳定性分析可以判定，定态解（0，0）作为鞍点是不稳定的，而中心 $\left(\frac{\varepsilon_B}{r_B},\frac{\varepsilon_A}{r_A}\right)$ 是两类鱼 A、B 可能存在的状态。在这个定态上，A 类鱼的自我繁殖正好可以抵偿被 B 类鱼捕杀而损耗的数量，同时，B 类鱼通过捕食 A 类鱼而产生的数量增量恰好抵消了 B 类鱼的正常死亡。

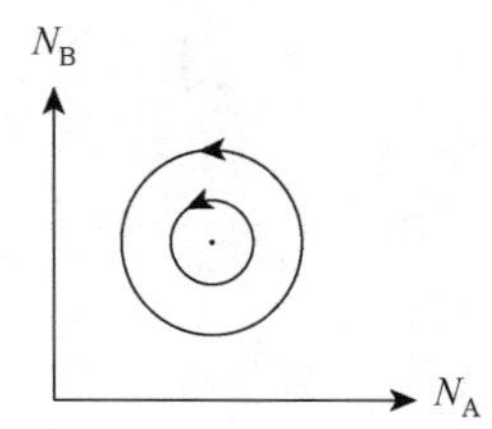

图 6.6　Lotka-Volterra 模型在相平面上定态解附近的相轨迹

至此，可以作出 Lotka-Volterra 模型在相平面上定态解附近的相轨迹图（图 6.6）。

上面的线性稳定性分析只是针对一个最简单的两物种的生物系统模型，实际

面临的情况当然要复杂得多。不过，这个模型仍然具有相当的普遍性，它不仅可以反映鱼类之间的竞争和平衡，另外在处理诸如羊吃草、狼吃羊等生态问题时，也可以直接采用 Lotka-Volterra 模型加以讨论，或在对其进行一定修正的基础上来模拟。

6.4 分岔理论

6.4.1 从热力学分支到耗散结构分支

借助于前面的介绍，我们已经知道，孤立系统和线性区的开放系统，最终都会演化到一个稳定的平衡态或者与平衡态可以连续转变的非平衡定态。适当地控制外界条件，系统可以从平衡态连续地过渡到稳定的非平衡定态，或者相反，两种状态之间在宏观上没有本质的区别。所以通常将平衡态和这类非平衡定态统一起来，称为系统的热力学分支。显然，系统在其热力学分支上，总是朝着无序和均衡的方向演化，绝不会产生自组织现象。

现在来看 6.2 节中列举的几个自组织现象：化学振荡反应、贝纳德对流和激光现象。它们都存在某个阈值，在控制量尚未达到这个阈值之前，系统内部的分子宏观上都呈现出某种无规则的平衡，即使外界施加一定的扰动，一段时间以后，系统仍旧可以恢复到原有的无序状态，此时的系统正是处于热力学分支上。

然而，当控制量超过这个阈值时，情况将发生根本性的变化：热力学分支开始变得很不稳定，即使一个微小的扰动，也会使系统偏离原来的热力学平衡态；而一旦系统稍有偏离，这个偏离将被系统内部的涨落放大，系统偏离平衡态便会越来越远，以致最终再也不能回来。所以，热力学分支失去稳定之后，在远离平衡态的系统中，一定条件下可能出现自组织现象，或称耗散结构，而这种新的稳定状态所在的分支，就称为耗散结构分支。如在贝纳德对流中，当 $T_0 - T_1 > \Delta T_C$ 时，系统出现的宏观对流态即位于耗散结构分支之上；而激光系统中产生的激光现象和化学振荡反应中呈现的时空结构，同样处于热力学分支失稳后取而代之的稳定的耗散结构分支上。从热力学分支到耗散结构分支的转变过程可以用图 6.7 来简单地描述。

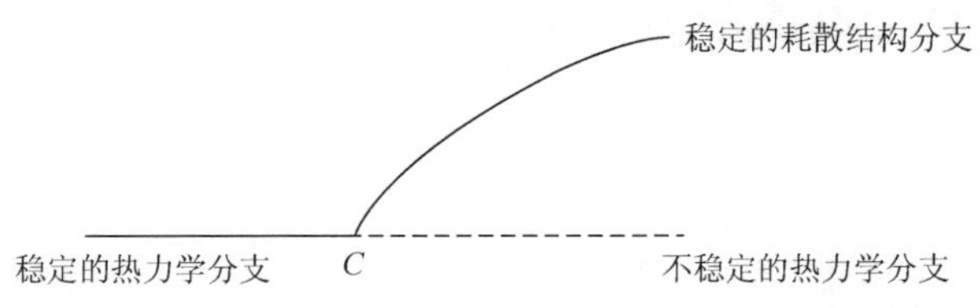

图 6.7 过临界点 C，热力学分支失稳，系统可能进入稳定的耗散结构分支

这种在远离平衡的系统中，一定条件下由热力学分支失稳而出现的耗散结构或称自组织现象，可看成是系统实现的由无序向有序的转变，也就是发生了所谓的“进化”，在物理学中这种过程则称为“非平衡相变”。系统发生非平衡相变或者出现耗散结构是需要一定条件的，这将在 6.5 节中加以论述。需要明确的是，热力学分支和耗散结构分支均是对应了系统的解的某种结构，所以系统从一个分支向另一个分支转变，实际上表明系统的解的结构发生了某种变化。

6.4.2　分岔现象

分岔（bifurcation），也称分叉、分歧，是研究非平衡系统演化形式的主要内容之一。前面的稳定性理论中，对于非线性方程，采取了线性稳定性分析的方法，可以较为有效地讨论方程定态解的状态稳定性，也就是解的稳定性。那么，当解的结构发生变化时，系统的结构稳定性又如何呢？下面通过引入分岔的概念，探讨当系统的参数变动时，其结构产生的变化。

用带参数的非线性方程来表示动力系统，如果参数变化时系统定态解的个数随之发生变化，这样的现象就是分岔现象。定态解个数发生变化时所对应的参数值称为分岔点。我们知道，分岔是非线性系统才具有的特点。一个线性微分方程仅有一个定态解，方程的解随着参数的变动而变动，或趋于无穷或趋于定态解，不会出现分岔现象。而对于非线性微分方程，由于其具有多个定态解（包括不同的热力学分支解和耗散结构分支解），会产生解的个数的改变、稳定性的变化等，即在非线性方程中，分岔的出现是一种普遍现象。不仅要分析当参数变动时，非线性方程解的个数将如何改变，更要关注系统处于不同的解分支上时的稳定性。下面以单变量单参数的一阶非线性微分方程的性质为例，来讨论几种简单的分岔现象。按照分岔前后定态解的形式和稳定性的变化情况，将此时的分岔分为以下三种类型，逐一进行考虑。

（1）鞍-结点分岔（saddle-node bifurcation）。

先来看一种最简单的分岔情形。以下是最简单的非线性微分方程形式：

$$\frac{\mathrm{d}x}{\mathrm{d}t}=\lambda-x^2 \tag{6.40}$$

显然，当 $\lambda<0$ 时方程无定态解，当 $\lambda>0$ 时方程有两个定态解：$x_0=\pm\sqrt{\lambda}$ 。下面按照前面介绍的线性稳定性方法，对 $x_0=\pm\sqrt{\lambda}$ 进行稳定性分析。首先，将 $x=\sqrt{\lambda}+u$ 代回原方程并只取线性项，有 $\frac{\mathrm{d}u}{\mathrm{d}t}=-2\sqrt{\lambda}u$ ，可见，定态解 $x_0=\sqrt{\lambda}$ 是

稳定的；同样将 $x=-\sqrt{\lambda}+u$ 代回原方程取线性项后得 $\frac{\mathrm{d}u}{\mathrm{d}t}=2\sqrt{\lambda}u$，即定态解 $x_0=-\sqrt{\lambda}$ 是不稳定的。

（2）跨临界分岔（transcritical bifurcation）。非线性微分方程为

$$\frac{\mathrm{d}x}{\mathrm{d}t}=\lambda x-x^2 \tag{6.41}$$

无论 λ 取何值，方程都存在两个定态解：$x_1=0,x_2=\lambda$。下面分别对这两个定态解作线性稳定性分析。首先，令 $x=x_1+u$ 代入原方程取线性项可求出 $\frac{\mathrm{d}u}{\mathrm{d}t}=\lambda u$，当参数 $\lambda<0$ 时，定态解 $x_1=0$ 稳定；当 $\lambda>0$ 时，$x_1=0$ 不稳定。再对 $x_2=\lambda$ 作稳定性分析，令 $x=x_2+u$，同理可得 $\frac{\mathrm{d}u}{\mathrm{d}t}=-\lambda u$，此时的结果与刚才恰恰相反：当参数 $\lambda<0$ 时，定态解 $x_2=\lambda$ 不稳定；当 $\lambda>0$ 时，$x_2=\lambda$ 稳定。直观上可得出，$\lambda=0$ 是定态解稳定性转变的一个临界值，即分岔点，λ 由负到正经过分岔点的前后，系统的两个定态解交换了稳定性，原来稳定的 $x_1=0$ 变得不稳定，而原来不稳定的 $x_2=\lambda$ 变得稳定。在分岔点前后系统定态解的稳定性相互转变，这正是跨临界分岔的特点。

（3）超临界分岔（supercritical bifurcation），又称为叉式分岔（pitchfork bifurcation）。非线性微分方程为

$$\frac{\mathrm{d}x}{\mathrm{d}t}=\lambda x-x^3 \tag{6.42}$$

对此系统而言，$\lambda=0$ 同样是定态解个数和稳定性的分岔点。在 $\lambda<0$ 时，仅存在一个定态解 $x_1=0$，由线性稳定性方法易知，它是稳定的。在 $\lambda>0$ 时，系统存在三个定态解：$x_1=0$，$x_{2,3}=\pm\sqrt{\lambda}$。按照同样的方法可判断：在 $\lambda>0$ 时 $x_1=0$ 变得不稳定，而 $x_{2,3}=\pm\sqrt{\lambda}$ 稳定。

数学上可以证明，对于单参数单变量的一阶微分系统，其分岔点类型只有上述三种情况。当方程出现两个参数时，系统定态解的稳定性随参数变化的图像要在三维空间中才能画出，情况也复杂得多，这里不再赘述。通过一阶单参数的分岔现象已经可以看出非线性系统演化的一些特点。当给定参数 λ 时，对于任意的初始条件，系统必然存在一个确定的演化方向，并且最终将演化到一个稳定的定态解上。这个朝着稳态的演化由方程的定态解-参数平面上的箭头来表示。同时观察到，在定态解-参数平面上的任何一条垂线不可能连续通过两条稳定或是不稳定的定态解曲线，都是要依次通过稳定、不稳定的定态解曲线；也就是说，在某一条定态解曲线上下两侧的箭头方向必然相反。这个性质说明，在定态解-参数平面上作出定态解随参数变化的曲线后，只要知道一条定态解曲线的稳定性情况，就

可以根据同一参数值定态解的稳定性相间出现的原则，判断出其他定态解曲线的稳定性，这有助于我们分析一些较为复杂的系统的定态解稳定性。用定态解-参数平面来讨论非线性系统的演化情况，是系统理论研究分岔现象的重要手段。

这里只讨论了非线性微分方程系统演化到定态解时的情况，当方程的阶数增多时，方程的终态解会出现多种图像，如周期解、准周期解和混沌解等，而仅是周期解就包括了时间振荡周期解（极限环）、空间振荡周期解（斑图）和时空振荡周期解（波）。对这些解的演化描述及稳定性分析，感兴趣的读者可参阅有关系统理论或者非线性动力系统方面的专业书籍。

6.4.3　热力学分支的失稳

从前面的论述和例子中，我们已经体会到，线性稳定性分析方法在研究非线性方程定态解的稳定性时，是一个十分有效的工具。但是不能忽略，非线性方程和线性方程实际上有着本质的差别。线性系统的演化方向是唯一的，而非线性系统可以存在多个不同的终态，非线性微分方程定态解稳定性的变化则反映了系统的非平衡相变。将非线性方程线性化后加以分析的方法，仅适用于当系统偏离定态不太远时的情况，即要求扰动 u 为一个小量。如果外界施加的扰动或者系统内部的涨落足够大，此时非线性项不能略去，它将发挥重要的作用，使非线性系统在原定态失稳后演化到一个新的稳态上去。

在稳定性分析的基础上，我们已经能够描述从热力学分支到耗散结构分支的非平衡相变过程。下面以一个关于化学反应的典型例子加以说明。这个反应称为施律格（Schlogl）模型，化学反应方程式为

$$B \underset{k_2}{\overset{k_1}{\rightleftarrows}} x, \quad A+2x \underset{k_4}{\overset{k_3}{\rightleftarrows}} 3x \tag{6.43}$$

其中，$k_i(i=1,2,3,4)$ 代表化学反应速率，A、B、x 表示三种化学组分的浓度。设平衡态时的浓度为 A_e、B_e、x_e，那么当化学反应处于平衡态时，根据正反应和逆反应中 x 的变化率相等，有等式 $k_1B_e=k_2x_e$ 和 $k_3A_ex_e^2=k_4x_e^3$ 成立，此时，总反应速度为 0，A、B 满足平衡条件：$k_1k_4B_e=k_2k_3A_e$。这个平衡条件的实现要求进行实验控制，A、B 是系统的控制参数，通过以一定速率注入或取走对应组分的部分分子而控制其浓度。x 为中间产物，不与外界发生交换，随反应进程而变化，平衡态时 x 是一常量，由平衡条件来决定。当上述平衡条件不成立，如固定 A、B，x 随 t 变化时，系统也可以到达定态，但此时是非平衡定态。我们着重分析的就是这种非平衡定态的情况。

为简单起见，假设物质浓度分布均匀，并且不考虑反应扩散的影响，施律格模型的动力学方程为

$$\frac{\mathrm{d}x}{\mathrm{d}t}=k_1B-k_2x+k_3Ax^2-k_4x^3 \tag{6.44}$$

此方程是根据质量守恒定律，由化学反应方程式直接给出的。将化学反应方程式改写为关于变量 x 的微分方程，其具体做法是：把各个反应前后的反应组分浓度分别相乘，再乘上各自的化学反应速率，之后按照生成 x 为正、消耗 x 为负，用正负号将各量连接，所得多项式即等于 x 总的变化速率。需要注意的是，原来在化学反应方程式中反应物的系数，在微分方程中变为了相应量的指数形式。为了便于讨论，进行无量纲化的变换，令

$$y=\frac{3k_4}{k_3A}x-1,\quad \delta_1=\frac{9k_2k_4}{k_3^2A^2}-3,\quad \delta_2=\frac{27k_4^2k_1}{k_3^2A^3}B-1 \tag{6.45}$$

其中，化学组分和反应速率为正，要求 $\delta_1>-3,\delta_2>-1$。原微分方程变为

$$\frac{\mathrm{d}y}{\mathrm{d}t}=-[y^3+\delta_1y-(\delta_2-\delta_1)] \tag{6.46}$$

下面通过改变参数来观察系统定态解性质的变化。

（1）固定 $\delta_1\in(-3,0)$，改变 δ_2，平衡态时有：$\delta_2-\delta_1=2\delta_1+8$。因为涉及两个参数，直接计算此方程的解较为困难，我们研究的是其定性性质，可以在定态解-参数平面上画出图像来分析（图 6.8）。

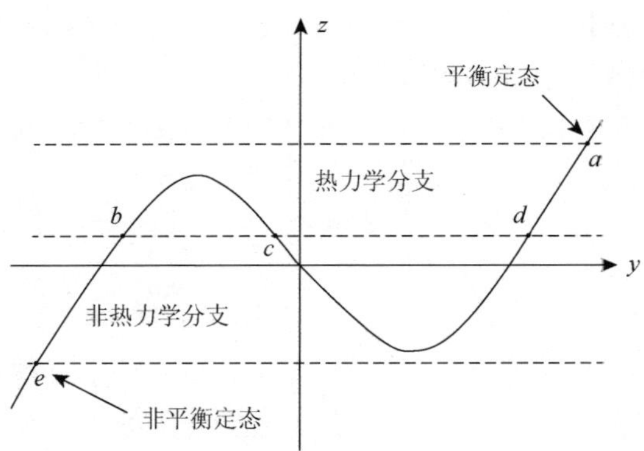

图 6.8 施律格模型定态解性质的变化

令 $z=y^3+\delta_1y$，为图 6.8 中所示曲线。当 $\delta_2-\delta_1>\frac{2}{3}\delta_1\sqrt{-\delta_1/3}$ 时，非线性方程只有一个解（图中点 a），此时系统处于稳定的热力学分支上，对应于平衡态时的情况：$z=\delta_2-\delta_1$；当 $-\frac{2}{3}\delta_1\sqrt{-\delta_1/3}<\delta_2-\delta_1<\frac{2}{3}\delta_1\sqrt{-\delta_1/3}$ 时，非线性方程有三个解（图中点 b、c、d），此时热力学分支和非热力学分支共存，系统对应于一个双稳态；当 $\delta_2-\delta_1<-\frac{2}{3}\delta_1\sqrt{-\delta_1/3}$ 时，非线性方程又恢复为一个解（图 6.8 中点 e），此时系统

处在一个新的结构分支（即耗散结构分支）上，系统对应于非平衡定态时的情形。从热力学分支到耗散结构分支的转变，可以用图 6.9 简单地加以描述。

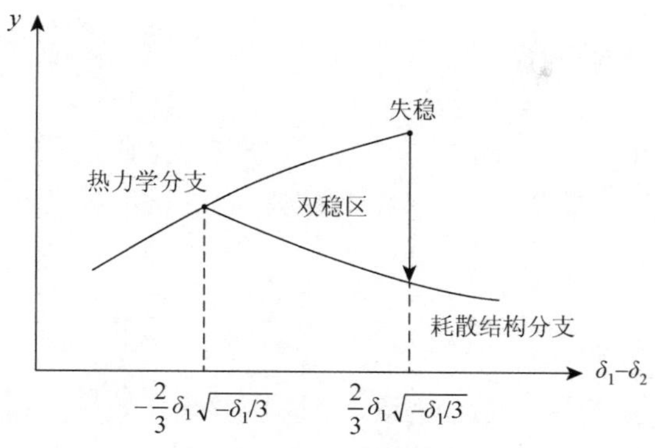

图 6.9　热力学分支的双稳态

（2）固定 $\delta_1>0$，改变 δ_2，平衡态时 $y=0,\delta_2=\delta_1$，此时对应于热力学分支解的情况。下面可以对单参数的一阶微分方程 $\frac{\mathrm{d}y}{\mathrm{d}t}=-(y^3+\delta_1 y)$ 作线性稳定性分析。易知，在 $\delta_1>0$ 时，定态解 $y=0$ 稳定；而 $\delta_1<0$ 时，$y=0$ 失稳。当 $\delta_1<0$ 时，方程还存在非热力学分支的定态解：$y_0=\pm\sqrt{-\delta_1}$。新解的稳定性也容易判断：由于定态解 $y=0$ 在 $\delta_1<0$ 是不稳定的，所以根据同一参数下稳定、不稳定的定态解相间出现的原则，$y_0=\pm\sqrt{-\delta_1}$ 是稳定的。由上述分析，可作出系统的分岔图（图 6.10）。由于它的分岔方向和超临界分岔正好相反，所以称为亚临界分岔（subcritical bifurcation）。直观地，这种分岔的命名是根据分岔发生于临界点的前后而定的，在临界点之前发生的分岔称为亚临界分岔，在临界点之后发生的分岔称为超临界分岔。

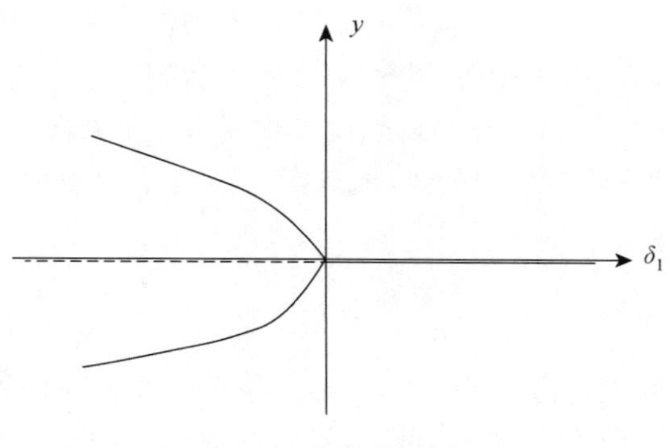

图 6.10　亚临界分岔

6.5 耗散结构形成的条件及特点

6.5.1 耗散结构形成的条件

系统从无序的热力学分支进入耗散结构分支，是通过系统内部自发的对称性破缺来实现的，耗散结构理论认为，这种对称性的破缺只有具备了以下条件才能够实现。

1. 开放系统

热力学第二定律告诉我们：对于一个孤立系统（如密闭在容器中的气体系统等），熵一定会随着时间增大，并最终演化到熵为极大值的最无序的平衡态，因此孤立系统绝对不会出现耗散结构。要使系统朝着有序的方向发展，开放是必要条件。即使原来的系统存在耗散结构，一旦将系统与外界隔绝，这个有序的结构也会逐步瓦解，而恢复到无序的平衡态。

开放系统的条件可以从熵的变化上更具体地来理解。前面介绍过，开放系统的总熵变化 $\mathrm{d}S$ 由外界输入系统的熵流 d_eS 和系统内部的熵产生 d_iS 两部分组成：$\mathrm{d}S=\mathrm{d}_eS+\mathrm{d}_iS$。热力学第二定律只要求熵产生 d_iS 非负，对于外界不断输入系统的熵流 d_eS 则没有明确的限制，d_eS 可正、可负，也可等于 0。一个系统孤立时，与外界的熵交换 d_eS 等于 0，所以总熵 $\mathrm{d}S>0$，系统不可能向有序状态转化。在开放系统中，只有当熵流为负值（即 $\mathrm{d}_eS<0$，外界给系统不断注入负熵流），并且其绝对量大于系统内部的熵产生时，系统整体的总熵才会减少（$\mathrm{d}S<0$），使系统能够进入相对有序的状态，从而出现耗散结构。开放系统可以通过自发的对称性破缺，从无序的热力学平衡态进入有序的耗散结构状态，这并不与热力学第二定律相矛盾，它实际依赖于外界不断地对系统做某种形式的功，系统不断地“耗散”能量。对生物体而言，生命的持续需要食物和水提供能量，这好比从外界引入负熵流来抵消身体内部产生的正熵，也就是进行“新陈代谢”的过程，一旦某天停止从外界吸取负熵，生物体内部的熵就会越积越多，最终身体将趋于一种无序的平衡结构，此时也就意味着生命的终结。这便是薛定谔（Schodinger）所说“生命在于负熵”一语的含义。

2. 远离平衡态

开放只是系统形成耗散结构的一个必要条件，我们平时接触到的实际系统几乎都是开放系统，但是在物理、化学界中耗散现象的出现并不普遍，很多开放的物理、化学系统都处于平衡态或者平衡态附近。最小熵产生原理指出，在非平衡线性区即近平衡区，系统演化的最终结果是到达与平衡态类似的、熵产生为最小的非平衡定态，而且当系统接近于孤立系统时，非平衡定态可以平滑地转变到平衡态，所以，在耗散结构理论中，此条件下的系统不能产生有序结构。只有当系统越出非平衡线性区，处于远离平衡态的区域时，系统才能演化为耗散结构。

这一条件在前面几个自组织现象的例子中，表现得十分明显。贝纳德流体的宏观对流图样，在两板温差较小时（处于近平衡态）不会产生，只有当两板温差超过一定的阈值、流体内部处于强烈的非平衡时，对流的规则图案才会出现。同样，激光系统要求光泵强度足够大，光原子间才能形成协作运动而产生激光。化学振荡反应需要某些反应物和生成物的浓度增大到一定值之后，周期变化的时空结构才能够出现。

3. 非线性相互作用

处在非平衡条件下的系统，各种流与力的相互作用如果是线性的，只能使系统演化到熵产生最小的非平衡定态。线性的正反馈虽然有可能使热力学分支失稳，但仍旧无法建立起一个新的稳态。只有在非线性的相互作用下，系统在离开平衡态、热力学分支失稳后才可能重新稳定到一个新的耗散结构分支上去。

系统内部的相互作用机制，是我们在建立演化模型时需要重点分析的一个方面。非线性的相互作用是系统形成有序结构的内在原因，在系统演化中体现为描述演化所采用的非线性微分方程。若一个系统出现了耗散结构，即使不清楚它内在具体的作用机制，也可以肯定其内部必然存在着某种非线性的相互作用，应该用非线性微分方程去描述此系统的行为。

4. 涨落

涨落是日常生活中常见的现象，在用平均值表示系统的整体行为时，每一个个体的取值与均值的差额就称为涨落。对一个物理或化学系统而言，通常测得的那些宏观量，如温度、压强、熵等，都是基于多个微观粒子的统计平均效应，而现实中，系统在每一时刻的物理量并不会精确地处于这些均值，而是或多或少有所偏离，这些偏差就是涨落。涨落是偶然的、杂乱无章的，没有确定的方向，也没有准确的发生时间。

在平衡态时，系统存在涨落可能使其偏离平衡态。但是，对于含有大量粒子的热力学系统，一般情况下这种涨落相对平均值是很小的，它的影响可以忽略不计。而且，即便系统由于某种原因暂时偏离了平衡，涨落也会使系统很快地回到原来的均衡状态附近。所以，涨落的作用具有两面性，它既是对处在平衡态上系统的破坏，也是维持系统处在平衡态上的动力。

然而，对于处在临界点附近的系统，涨落起着重大的作用。当系统发生相变时，原来的定态解失稳，但系统不会自动地离开定态解，只有涨落才能使系统偏离定态解。热力学分支失稳时涨落可以被放大，导致系统偏离原来不稳定的状态，而进入到新的宏观状态。涨落是使系统由原来不稳定的均匀定态解向耗散结构演化的最初驱动力，当系统存在多种发展前途时，初始的涨落将对其发展方向产生决定性的影响。普利高津提出“涨落导致有序”的论断，就说明在非平衡系统具有了形成有序结构的各项客观条件之后，涨落对实现耗散结构所起到的关键的推动作用。

涨落可以由系统本身引起，称为内涨落，通常来自于确定的宏观状态下系统内部子系统的随机运动。涨落也可以由外界环境的随机变化而引起，称为外涨落。由于耗散结构理论关注的是由大量子系统构成的简单巨系统的性质，故内涨落总是存在，不构成系统出现耗散结构的限制条件，所以，实际应用中并不重点讨论涨落的因素。

通常的涨落往往很弱，且随机生灭，在某一时刻、某一空间位置上的随机变量的涨落，与其他时刻、其他位置上的涨落相互之间完全没有关联。但是，临界点附近的涨落则完全不同，这种涨落不仅强度大，而且具有时间和空间上的协同。事实上最后实现的耗散有序结构，正是由增长最慢的那个涨落的时间和空间的序来决定的，这正是第 7 章将要说明的主要内容。

6.5.2　耗散结构现象的特点

（1）耗散结构的形成过程伴随着对称性的破缺。某种耗散结构的形成总是会出现某类对称性破缺，即在某种对称操作下，系统状态保持不变的性质被破坏。例如，贝纳德流体在上下板的温度梯度尚未到达规定的阈值之前，具有水平方向上平移任何距离的对称性，而在温度梯度到达一定的阈值、出现了耗散结构之后，仅对平移一个对流花样的距离具有对称性。在此过程中，系统的对称性降低了，也就是说，发生了对称性的破缺，使得系统的有序程度提高了。在耗散结构的形成过程中发生对称性破缺，这是可以用对称性来描述有序程度的系统所具有的一个共同特征。对称性的概念将在第 7 章详细介绍。

（2）耗散结构是一种有序结构。我们已经知道，对称性破缺描写了系统状态有序程度的增加，所以不难理解，耗散结构是一种有序结构。例如，贝纳德流体中的六角形对流花样、激光中的高度有序的光子流、化学振荡反应中的时空结构的化学波等。需要强调的是，耗散结构的有序不同于一般平衡结构的有序。首先，在结构的形式上，平衡结构是由微观粒子的规则排列构成的，是宏观不变的“死”的结构；而耗散结构是由微观子系统的不停运动而构成的，是宏观上稳定的“活”

的结构。其次，平衡结构一般没有空间尺度上的限制，耗散结构在改变空间的尺度或者观察的尺度后，其形式就会有所改变。另外，平衡结构只存在空间的有序结构，耗散结构的形式除了空间的有序外，还存在时间的有序结构（周期振荡）、时空的有序结构（波）等。

（3）耗散结构的出现依赖于系统的自催化作用。自催化作用原本是一个化学上的术语，意指在化学反应中参加反应的某物质，其生成物就是反应物，并且反应后物质的数量有所增加，以使反应能够持续进行。如施律格模型，它的第二个化学反应方程式就是一个简单的自催化反应。系统只有具备了自催化的机制，才能在一定条件下使微小的涨落不断被放大，从而成为引起系统发生非平衡相变的巨涨落。如果没有自催化作用，系统只能停留在一个稳定的状态上，而不能从无序转变为有序。自催化作用不仅是系统原来的无序状态失稳的原因，也是有序状态重新形成的关键因素。

（4）耗散结构现象存在分岔。前面已经讨论过分岔现象，它是非线性系统具有的特点。当系统的控制参数变动达到一定的阈值之后，系统将由无序的热力学平衡态向有序的非平衡定态进行转变，原来的状态变为不稳定的，而新的状态成为稳定的，临界点前后系统的状态产生了突变，这就分岔现象。在状态的转变过程中，控制系统转变的临界点即分岔点。数学上，用微分方程定态解的稳定性变化来分析分岔点前后系统状态的变化情况，同时，用分岔可以形象地描述系统发生非平衡相变时的物理图像。

第 7 章　协同学与突变论

7.1　协　同　学

和耗散结构理论的背景一样，对于“活”的结构的研究导致了又一门新兴学科——“协同学”的出现。由德国科学家哈肯创立的协同学，是自组织理论的重要组成部分。

协同学一方面研究多子系统的联合作用如何产生宏观尺度上的结构和功能，另一方面从许多不同学科的合作角度提出了支配自组织系统的一般原理。本章的最后，在随机的层次上讨论系统运动，并简略地介绍描述系统演化的几类随机微分方程。

7.1.1　哈肯和协同学的创立

哈肯于 1927 年出生在德国的莱比锡，1951 年取得博士学位，自 1960 年始，他便长期担任德国斯图加特大学的物理学教授和理论物理研究所所长。哈肯曾经是德国量子光学专业委员会主任，还是巴伐利亚科学院的通讯院士。另外，哈肯在美国贝尔实验室、康奈尔大学、英国利物浦大学、巴黎电信实验室等诸多世界知名大学和科研机构里担任过客座教授和科学顾问。由于在激光领域和非平衡系统理论等方面作出的突出贡献，哈肯赢得了世界性的声誉。1976 年，英国物理研究院和德国物理协会授予他玻恩奖。1981 年，美国富兰克林研究院鉴于他在协同学方面开创性的科研成果，授予他迈克耳孙奖章。直至现在，哈肯主编的协同学丛书仍为自组织理论研究的必读书目，其不少专著以英文原著和中文译文同时出版发行，他的多数经典著作已有了中文译本，如《协同学导论》《高等协同学》《信息与自组织》等。哈肯领导的德国斯图加特理论物理研究所，作为世界上研究协同学的中心，包括美国、日本、英国和我国等许多国家都先后派学者和进修生到那里共同参与协同学方面的研究。哈肯曾经多次来华访问，并对中国人把握全局、注重整体的传统思维方式以及系统科学和系统工程在中国的蓬勃发展给予了高度评价。

协同学的英文 synergetics 是从希腊文来的，意思是“一门关于协作的科学”或者是“一个系统的各个部分协同工作”。协同学就是研究一类由许多子系统构成的系统如何协作而形成宏观尺度上的空间结构、时间结构或功能结构，特别关注这种有序结构是如何通过自组织的方式形成的。正因为耗散结构理论和协同学都是关于描述和解释开放系统演化和自组织现象的理论，所以通常将耗散结构理论和协同学统称为自组织理论。

哈肯在研究激光现象时，通过总结大量的实验现象，提出：在一个开放系统的演化过程中，存在着子系统独立运动和各子系统协同运动两种形式，而且在一定条件下，一个表面上看起来各子系统相互竞争的系统可以呈现出一种协调一致的运动状态。哈肯于 1971 年第一次提出“协同”的概念，1973 年提出协同学理论的基本观点。1975 年，他在《现代物理评论》上发表了论文《远离平衡系统和非物理学系统中的合作现象》。1977 年，德国 Springer-Verlag 出版社发行了《协同学导论》一书，至此初步形成了协同学的基本框架。1983 年出版的《高等协同学》，充实了原来论述的内容，使他的协同学理论更加成熟和完善。

第 6 章介绍的耗散结构理论认为，一个开放系统由无序状态变为有序状态，远离平衡是它变化的必要条件。但是，哈肯发现，不仅处于非平衡状态的系统可以从无序变为有序，处在热平衡状态的系统同样可以从无序变为有序。例如，一个装满水蒸气的箱子，它里面的温度是均匀的，因而这个系统处在热平衡状态，此时水分子能够自由运动，整个系统状态呈现为无序。当水箱内的温度降低以后，水蒸气凝结成小水滴，虽然箱内温度保持着均匀分布，系统仍旧处于热平衡状态，可是箱内的分子状态相对于气态水时而言，有序程度无疑有所增加。若继续降低水箱里的温度，液态水凝结成了冰，这时候，箱内温度仍然均匀，系统仍旧处于平衡状态，而此时的水分子完全按照固定的秩序排列了起来，系统的有序程度进一步增加了。这个例子说明，处于平衡状态的系统，同样可以实现从无序到有序的转化。也就是说，系统从无序转化为有序，并非只局限在非平衡状态下才能实现。哈肯针对大量处于平衡态和非平衡态的系统，在研究了它们从无序转化为有序的现象之后，得出结论：一个开放系统能否从无序转变为有序，关键并不在于它是不是处在平衡态，也不在于系统距离平衡态有多远，而在于系统内部是否存在着大量子系统的协同作用（即子系统彼此之间通过物质、能量或信息交换等方式相互作用），在此作用下最终能否形成一种整体效应或者一种新型结构。在系统这个层次，这种整体效应或新型结构可能具有某种全新的性质，而这种性质通常在微观子系统层次是不具备的。从这一点来看，协同学对于耗散结构理论是一个修正和补充。

在说明具体的自组织现象时，我们曾给出了激光的例子，激光是一种典型的远离平衡态由无序演化到有序的现象。实际上，哈肯就是通过对激光的研究而提出协同学理论的，激光在协同学的产生和发展过程中起到了关键性的作用，是说明协同怎样导致有序的一个范例。可以从协同学的角度再来分析激光的产生。

一个典型的激光器（图 7.1）是由一根晶棒或充满气体的玻璃管构成的，其两端镶有可以反射光子的两面镜子。当用光泵对其中的激光原子或激光材料进行激发时，激光器中的原子受到激发，围绕原子核旋转的电子会从内轨道跃迁到外轨道；此外，处于外轨道高能态的电子并不稳定，它将从外轨道重新跃迁到内轨道，此时就发射出光波。当外界泵功率比较小时，不同原子中的电子从内轨道向外轨道跃迁的数量较少，因此从外轨道重新跃迁到内轨道发射出的光波其强度较弱，同时，从外轨道向内轨道的跃迁也不是同步进行的。这时激光器形成的光子场处于杂乱无章的状态，发出的光称为自然光，与普通光一样。但是，当泵功率增大到一定的阈值之后，几乎所有原子中的电子都能跃迁到外轨道，形成粒子数反转，通过一个光子的激发，这些电子将能够以一种相当规则的方式从外轨道跃迁回内轨道，并发射出相同方向和相位的光子。这些光子由激光器中一面镜子反射后从一端的小孔辐射出来，形成强度极强、振动频率一致的光束——激光，此时激光器的光场便呈现为我们所关注的一种有序状态。而系统从无序状态向有序状态的转化，关键正是在于激光器内各个原子中电子的协同作用。

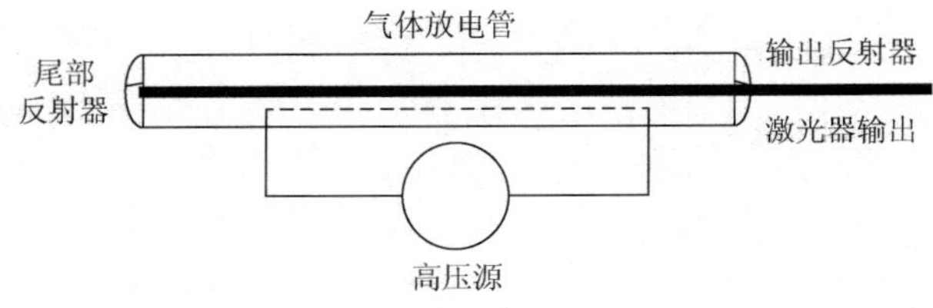

图 7.1　气体激光器示意图

协同学在描述系统由无序向有序方向演化的时候，把注意力放在了系统内部子系统相互作用的具体机制上，进而证明了物质自身运动的基本原则。由于协同学揭示的是不同系统中产生新结构和自组织的某些共同规律，所以它的原理在许多领域内得到了广泛的应用。

7.1.2　序、对称性、序参量

1. 序

序是一个极为普通的概念。在日常生活中，事物之间按照一定标准可以进行比较，排出先后、高低、大小，就称为排序。《辞海》中给出，序是“按次第区分、排列”，排序即“第次其先后大小”。数学上，把具有传递性、反对称性和自反性的二元关系定义为序。而系统科学中的序，则是指系统内部元素与元素、系统与元素、系统与系统之间相互联系和相互作用的规则。

在子系统之间可以比较其有序程度的系统称为有序关系。后来人们进一步发展用有序、无序来刻画客观事物的状态。所谓有序，是指事物之间和事物内部的诸要素之间有规则的联系或有规律地转化；无序描述了相反的情况，指事物之间和事物内部的诸要素之间混乱无规则的组合，其转化也无规律。举个简单的例子，学校里学生做广播操时，操场上的学生按年级、班级、身高排列整齐，此时操场上的学生就处于一种有序状态；而散操之后，学生散开、随意活动，操场上的学生则处于无序状态。由经验可知，有序的状态或运动通常容易控制和管理，无序的状态或运动一般难以描述和区别。例如，对于两个晶体，由于晶体原子（或离子）具有空间点阵上的规则排列，区别它们只需确定它们的晶格常数；而对于两块玻璃，由于它们的分子排列没有秩序，需要对每块玻璃的所有分子作描述之后，才能确定它们之间的区别。

学习系统科学里"序"的概念时，有以下几个要点需要注意。

（1）有序、无序是状态描述的相对量，是相对而言的。序是指多个事物的一个排列，单独的一个事物或某事物只包含一个元素，在相应的层次上无法谈论其有序还是无序。某个状态的有序与否，也一定是相对另一个状态而言的，绝对的有序或无序并不存在。当然如果相比较的事物或元素是显而易见或约定俗成的，在不引起误会的情况下，可以省去被比较的事物或元素，直接说它是有序还是无序的。如刚才说到晶体的有序和玻璃的无序，就没有强调它们是相对彼此而言的。

（2）系统的有序性是在某一层次上讨论的。有些系统在某一层次上体现为有序，而在另外的层次上可能是无序的。如橡胶，相对于晶体它是无序的，这是因为在由分子组成橡胶这一层次上，橡胶分子的排列往往会很不规则，但是，如果考虑的是聚合成橡胶的分子异戊二烯的内部结构，其原子在组成分子的这个层次上却是有序的。

（3）谈论有序和无序需要以某种规则为根据。规则确定以后，才能对事物进行排序，判断其有序性。依据的规则不同，事物的有序程度也会不同。如一队士兵，依据个头高矮是一种排序，依据入伍时间先后又是一种排序，其结果可能截然不同。所以，比较两个事物的有序程度时要按照某一确定的标准进行。

系统科学里，人们通常对系统考虑两种序：结构排列上的结构序和在实现不同功能时有一定先后的功能序。在结构序上，人们经常分析的是空间序（如晶体的点阵排列）、时间序（如地球绕太阳的旋转周期）和时空序（如各种波的现象）。对于复杂系统，不仅关心它的演化轨迹，还关心它所具有的功能以及发挥功能时的先后顺序。例如，人体的大脑通过接受各种感官提供的信息，来判断外界事物以支配躯体的活动，在这个过程中，大脑响应不同感官的信号继而对身体发出各种指令就体现了一种功能序。

（4）有序、无序在一定的条件下可以相互转化，而这种转化相当于系统出现了质变。过去，通常研究的是系统在有序程度不变的条件下呈现出的演化行为，这是系统状态的一种渐变行为，反映了事物量的变化。有序和无序的转化可以看作系统更高级的演化行为。系统的有序程度改变时，实际上伴随了结构和功能的变化，这是一种质变。例如，不少晶体物质的分子和原子在常温下是有序的，可是当把这种物质加热到一定温度之后，物质中分子和原子的运动开始变得混乱，并逐渐丧失了有序性。当然，对于某些物质，从较高温度恢复到正常温度以后，无规则运动的分子和原子可以恢复到原来的有序状态，而对于另一些物质则未必。

有序和无序可以是系统在自然界中的两个演化方向。宇宙中的一切系统都会经历产生、发展、成熟、衰亡的历程。一般地，当一个系统在其形成和发展的时期，它的有序性会逐渐增强；而在系统衰老和趋于消亡的过程中，它的无序性将加剧。所以说，任何一个系统都不会永远有序或者无序。宇宙在演化的过程中，其中的各类系统也始终存在着这两种倾向：一种是新系统的产生和发展，表现为系统从无序向有序、从低级向高级演化的趋势，如物质从无机物到有机物、从有机物到生命、生物从低等到高等的进化过程；另一种倾向是旧系统的瓦解和衰亡，表现为系统从有序向无序方向退化的趋势，这种趋势会降低宇宙的有序程度。

系统科学的研究表明，系统从无序向有序的进化，对于人类的存在和发展往往是有利的，所以我们的研究大多围绕着怎样提高系统的有序程度、使之更易于为人类服务而进行。

2. 对称性和有序

系统科学在研究系统的演化行为时，尤其在对无生命系统的有序、无序进行讨论时，是以对称性这个概念来描述状态的有序程度，通过对称性破缺来认识有序和无序的转化。

对称性是指某事物在给定操作下保持不变的性质，对于不同的操作可以讨论不同的对称性。下面以最简单的关于图形的几何对称为例，来比较几个图形的对称性。一个长方形，绕一条过中心、垂直长方形所在平面的轴旋转 180°后，新的长方形将与原来的图形重合，我们就说长方形具有旋转 180°的对称性；而旋转 90°后，新长方形与原来图形不重合，即长方形没有旋转 90°的对称性。对于一个正方形，显然它同时具有旋转 180°和旋转 90°的对称性，它的对称性就比长方形要高。再看一个圆，它绕过中心且垂直于圆所在平面的轴，旋转任意角度后，图形都能与原来的重合，则圆具有旋转任意角度的对称性。在这三者之中，相比之下圆的对称性最高。除了形象的空间结构对称性以外，事物还可具有标度变换对称性、时间平移对称性、时间反演对称性等。

从系统科学的角度出发，能够更为深入地理解对称性的概念。对称性既是我们对系统状态性质的描述，又是一种研究系统的方法。讨论系统状态和状态变化时，常常要分析其对称性。一般来说，具有对称性的状态更易于描述：空间的对称可使系统元素的位置更加明确，时间的对称可使系统的演化轨道变得简单。引起我们关注的是，在系统演化的过程中，具有一种对称性，实际上对应着系统满足一种守恒律。就一个物理系统而言，我们知道，若它具有时间平移不变性（时间平移对称性），则它满足能量守恒；若它具有空间平移不变性（空间平移对称性），则它满足动量守恒；如果具有空间旋转不变性（空间旋转对称性），那么这个系统满足的是动量矩守恒；等等。由此可见，通过对系统对称性的分析，可以更直观地了解系统的演化机制，更深刻地把握系统的性质。

更为重要的是，在系统理论中，可以采用对称性作为复杂事物有序程度的比较标准。实际上，在日常生活中对于对称性和有序的关系，我们已经有了一定的先验认识。例如，茫茫的一片黄沙和一块开垦后的土地相比，在黄沙面前，你不管往哪个方向上看，都是相似的景致，没有任何秩序可言；开垦后的土地被划分成了种植不同庄稼的区域，你很容易区别出不同的方向。也就是说，一片黄沙的对称性要高过一块开垦后的土地，同时一片黄沙较之一块开垦后的土地显然更为无序。所以，系统科学给出定义：两个事物比较，对称性高的事物更无序，对称性低的事物更有序。换句话说，对称性高的状态，其有序程度低；对称性低的状态，其有序程度高。按此定义，前面列举的几何图形对称的例子中，在长方形、正方形和圆三者之间，长方形的对称性最低，也最为有序；圆的对称性最高，也最为无序。

对于不同系统的两个相关状态，或是在某一系统演化过程中的状态发生变化时，如果一个状态具有某种对称性，而另一个状态不具有这种对称性，物理学上称此种对称性降低的情况出现了对称性破缺，或者说，对称性破缺描写了系统状态有序程度的增加。这样，可以根据两个系统状态对称性的高低来表示系统有序程度的多少，或根据是否出现了对称性破缺来判断系统状态有序程度的改变。有了统一的标准，就能比较表面上看来联系不大，甚至毫无关联的两个状态之间的有序程度，分析其彼此间“进化”或是“退化”的关系。例如，原子和分子究竟哪个更为有序？显然不易直接作出判断。可以从比较它们的对称性入手。原子是由质子、中子和电子构成的，质子和中子在原子核内部，核外电子沿着特定的轨道绕核旋转。在常温下，原子内部的这种结构和运动秩序是不变的，呈现出一定的对称性，并且处于稳定状态。进一步，由于各个原子之间电子的相互作用，几个原子可以结合在一起形成化学键，组合成分子。分子的结构要复杂得多，仍然从电子的运动来看，跟原子相比，分子中电子的运动对称性下降了，分子的稳定性也不如原子。所以，分子的有序性比原子表现得更加明显。再看人类社会的演变进程，政治上，从原始社会的平等均一到社会阶级的逐渐分化；经济上，从个人从事多种劳作、自给自足，到出现劳动分工、各司其职进行商品生产；文化上，从某一方面的思想统领到多元文化的绽放；等等。总之，随着社会组织从小到大、从简单到复杂，人类社会的“对称性”在逐渐降低，有序程度在提高，社会也从初级形态慢慢地“进化”到了高级形态。

当然，比较两个状态之间的对称性（有序程度）高低，必须要说明是在什么样的对称操作下它们的对称性发生了变化。而且，系统科学的理论仅能根据对称性的变化，或对称性破缺来比较事物或状态的有序程度，所以，对于无法比较对称性的那些事物，或者不能通过对称性破缺从一个状态变为另一个状态的情况，我们无法这样分析其有序程度。

运用有序、无序来讨论系统的演化方向，这在第 6 章的耗散结构理论中已经有所涉及，并且给出了描述系统向有序方向演化的一些典型例子。在对本章的协同学理论进行介绍之前，了解与系统有序程度密切相关的序参量是学习这项理论的基础。

3. 序参量——自组织的状态描述

一个复杂系统由许多子系统组成，由于其内部子系统数目多，描述系统整体的状态变量必然很多，致使无法逐一加以讨论。对于自组织系统，各子系统的变量之间有着密切的关联，在形成有序结构时各子系统之间也存在相互影响，并最终统一地作用于系统，而使系统发生质的飞跃，表现出某种宏观的序和规律性。根据这一特点，哈肯提出了序参量（order parameter）的概念，从总体上研究系统的演化，为描述自组织过程提供了一种简便的方法。

哈肯发现，在描述系统状态的诸多变量中，有某一个或少数几个变量，在系统处于无序状态时，其值为 0；随着系统由无序向有序方向演化，这类变量也从 0 变为了正的有限值，并由小向大变动。显然，可以用这类变量来描述系统的有序程度，或者对称性的破缺程度，并形象地将之称为序参量。序参量与描写系统状态的其他变量相比，随时间变化较慢，所以也称其为慢变量，相应地将系统内其他随时间变化较快的状态变量称为快变量。

序参量的个数较少，系统中绝大多数的变量都是快变量。在系统发生非平衡相变时，序参量的变化不仅决定了系统相变的形式和特点，同时还决定了其他快变量的变化情况——序参量起着支配众多快变量变化的作用。就这一点而言，序参量又可被称作命令参量。在英文中，“有序”和“命令”这两种意义正好统一地由一个单词“order”来表示。

由前面的内容知道，系统在远离平衡态时，热力学分支可能失稳，并产生更有序的耗散结构分支，序参量可以描述系统如何从失稳的热力学分支跃迁到稳定的耗散结构分支。例如，在激光现象中，单独各原子发射的光子不能产生很大的光强，激光的产生需要各个原子的发射在相位、方向等方面取得一致，而平均光场强度就反映了各单个原子发射光子行为的协同和有序程度，可以被选定为序参量。进一步，通过考查平均光场强度如何变动，可以了解激光系统相变行为发生的状况。

序参量本身一般是由系统的几个变量形成的，同时它又支配、命令、役使着系统状态的其他众多变量。所以，系统的相变过程实际上可以看作，一个由系统的状态变量形成系统的序参量，再由序参量支配系统其他快变量的过程。

系统的复杂程度不同，序参量的产生和形成也就不同。一些较为简单的系统，在其各类变量中，直接就可以找出一个明显比其他变量变化得慢的变量，这就是序参量。例如，选择平均光子数（光场强度）作为激光系统的序参量，正是因为它随时间的变化要慢于其他变量，只需列出此序参量随时间变化的方程，就可以讨论激光系统的性质了。

对另一些较为复杂的系统，在描写状态的变量中，无法直接区分出它们随时间变化的快慢程度，但通过一定的变量变换之后，在新的状态变量集合中，可以容易地找出系统的序参量。例如，我们熟悉的范德波尔（van der Pol）振子系统，它有两个状态变量，分别满足如下的演化方程：

$$\begin{cases} \dfrac{\mathrm{d}x}{\mathrm{d}t} = y \\ \dfrac{\mathrm{d}y}{\mathrm{d}t} = -x - \lambda(x^2-1)y \end{cases} \tag{7.1}$$

可以看出，x、y 两个变量随时间变化的速度在同一量级之上，所以我们无法直接确定快、慢变量。下面对 x、y 进行变量变换。

令 $x = A\cos\phi$，$y = -A\sin\phi$，则原微分方程变为

$$\begin{cases} \dfrac{\mathrm{d}A}{\mathrm{d}t} = \lambda A\sin^2\phi(1-A^2\cos^2\phi) \\ \dfrac{\mathrm{d}\phi}{\mathrm{d}t} = 1 + \lambda\sin\phi(1-A^2\cos^2\phi)\cos\phi \end{cases} \tag{7.2}$$

当 λ 为 0 时，方程简化为 $\begin{cases} \dfrac{\mathrm{d}A}{\mathrm{d}t} = 0 \\ \dfrac{\mathrm{d}\phi}{\mathrm{d}t} = 1 \end{cases}$，并得到解 $\begin{cases} A = A_0 \\ \phi = t + \alpha \end{cases}$。其中，$A$ 为振幅，没有变化，取为定值 A_0（$A_0 > 0$）；ϕ 为相位，随时间线性改变，初值为 α。综合起来可以认为，此简化情况表示了一个振幅可取任意值的周期振动。

当 $\lambda \ll 1$ 时，方程（7.2）可近似为

$$\begin{cases}\left|\dfrac{\mathrm{d}A}{\mathrm{d}t}\right| \ll 1\\ \left|\dfrac{\mathrm{d}\varphi}{\mathrm{d}t}-1\right| \ll 1\end{cases} \tag{7.3}$$

显然，A随时间变化较慢，ϕ随时间变化较快。所以A为慢变量（序参量），而ϕ为快变量，受A的支配。进一步的数学分析可以得到，在此系统的定态解——振幅为定值的状态失稳之后，振幅A（序参量）缓慢变化，逐渐到达新的稳定值A_0'，而相位解ϕ则变化很快，整个系统的运动是一种振幅逐步变化的振动，最终达到一个确定振幅的稳定的振动状态。

通过进行变量变换，实现了快慢变量的分离。如在前面的例子中，对原变量x、y，无法确定地指出系统状态改变时它们的变化速度。但是变换为变量A、ϕ之后，一个变量描述系统的振动振幅，它缓慢地变化，决定了系统的演化行为；另一个变量描述系统的振动相位，其变化迅速，是快变量，在讨论相变问题时可以被忽略。这样，对该系统的运动就有了更为清楚的认识。

对另一些更为复杂的系统，不仅无法直接看出各个状态变量之间的变化快慢，而且经过变量变换也不能将它们的快慢程度加以区分，这时需要选择另外层次的变量，从中找出系统的序参量，来研究系统向有序结构演化时的情况。例如，一个理想气体的热力学系统，每个分子的位置坐标（$\boldsymbol{r}$）、动量（$m\boldsymbol{v}$），以及由它们变换得到的能量$\left(\dfrac{1}{2}mv^2\right)$、角动量（$m\boldsymbol{v}\times\boldsymbol{r}$）等均无法作为序参量，此时应选择宏观层次上的变量，如温度T、压强p等，来作为这个热力学系统的序参量。通过研究温度和压强等序参量的变化，可以进一步讨论理想气体系统的演化情况。

序参量确定之后，整个系统的信息可以由序参量来集中概括，研究系统的演化就可以只讨论序参量所满足的微分方程，这无疑为认识系统、简化分析提供了重要的条件。但是，序参量的确定并不是一件轻而易举的事情，由前面的例子看出，选定序参量往往要求我们对系统的性质有深入的了解，并且不同的系统，确定序参量的具体方法也不同，确定序参量只有基本的原则，而没有一个规范的方法。可以说，选择序参量的过程，也就是加深对系统的认识、增强对系统的把握的过程。

7.1.3 支配原理

1. 支配原理的概念

在序参量确定的过程中，我们已经看到，不少系统的序参量是在自组织的过程中形成的。可以说，在系统自发地向有序结构演化的过程中，少数变量形成了某些序参量，它们的变化显然要慢于系统的其他变量。同时，为数不多的慢变量在系统接近发生显著质变的临界点时，支配、役使着其他众多的状态变量。正是这少数的序参量确定了系统的宏观行为，表征了系统的有序化程度。所以，完全可以用序参量的演化方程，来讨论系统非平衡相变的情况，以及某个定态的稳定性。

哈肯将系统在相变过程中，为数众多的变化快的状态变量由序参量所支配、主宰的现象称为支配原理，很多书上又称为役使原则，即认为慢变量在相变过程中役使所有快变量，并决定了相变的形式和速度。

下面通过一个二维非线性系统的分析来说明支配原理，同时介绍一种具体处理系统相变行为的方法。

假设一个系统，它由两个变量 u 、s 描述其状态，遵从非线性微分方程：

$$\begin{cases} \dfrac{\mathrm{d}u}{\mathrm{d}t} = \alpha u - us \\ \dfrac{\mathrm{d}s}{\mathrm{d}t} = -\beta s + u^2 \end{cases} \tag{7.4}$$

首先通过观察方程组，可以直接对其参数和定态解作一个初步分析。当参数 $\alpha < 0$ 、$\beta > 0$ 时，变量 u 与 s 的变化规律都是一个衰减的变化，随时间推移而趋于 0。这样，有一个稳定的定态解：$u = 0, s = 0$ 。

现在假定 α 取值可正可负，一旦 α 由负变正，则 u 发散，解便不再稳定。此时称 s 为稳定模，因为 β 仍取正值，s 将趋于稳定；u 为不稳定模，它的稳定性依赖于 α 的取值。假定 u 与 t 的关系已知，对方程 $\dfrac{\mathrm{d}s}{\mathrm{d}t} = -\beta s + u^2$ ，利用常数变易法可解出：

$$s(t) = \int_{-\infty}^{t} \mathrm{e}^{-\beta(t-\tau)} u^2(\tau) \mathrm{d}\tau \tag{7.5}$$

其中利用了初始条件 $s(-\infty) = 0$ 。下一步，对上式进行分部积分，得

$$s(t) = \frac{1}{\beta} u^2(t) - \frac{2}{\beta} \int_{-\infty}^{t} \mathrm{e}^{-\beta(t-\tau)} u(\tau) u'(\tau) \mathrm{d}\tau \tag{7.6}$$

计算上式右端第二项，有

$$\begin{aligned} \frac{2}{\beta} \int_{-\infty}^{t} \mathrm{e}^{-\beta(t-\tau)} u(\tau) u'(\tau) \mathrm{d}\tau &\leqslant \frac{2}{\beta} \left| u(\tau) u'(\tau) \right|_{\max} \int_{-\infty}^{t} \mathrm{e}^{-\beta(t-\tau)} \mathrm{d}\tau \\ &= \frac{2}{\beta} \left| u(\tau) u'(\tau) \right|_{\max} \mathrm{e}^{-\beta t} \frac{1}{\beta} \mathrm{e}^{\beta t} = \frac{2}{\beta^2} \left| u(\tau) u'(\tau) \right|_{\max} \end{aligned} \tag{7.7}$$

令式(7.4)两式右端为 0,可得出在定态解附近 $s \to \alpha, u \to \sqrt{\alpha\beta}$,则 $u' \to \alpha^{\frac{3}{2}}$,因为 $\alpha \ll 1$,所以有 $|u'| \ll u$ ，那么 $|u(\tau)| \gg \frac{2}{\beta}|u'(\tau)|_{\max}$ 成立。综合上式可以看出，在式（7.6）中，右端两项相比，第二项可略去，此条件可以解释为变量 u 的变化速度特别慢，称 u 为慢变量。只要 u 被确定为慢变量，就可以推出 $s' \to 0$ 。实际上可以直接令 $s' = 0$ ，将所得结果 $s(t) = \frac{1}{\beta}u^2(t)$ 代回方程 $\frac{\mathrm{d}u}{\mathrm{d}t} = \alpha u - us$ 中，得到

$$\frac{\mathrm{d}u}{\mathrm{d}t} = \alpha u - \frac{u^3}{\beta} \Rightarrow \int_{u_0}^{u} \frac{\beta \mathrm{d}u}{\alpha\beta u - u^3} = t - t_0 \tag{7.8}$$

由此写出 u 的表达式，从而得到整个系统在相变点附近的演化结果。

回顾整个过程，在 $(u,s) = (0,0)$ 点附近，我们确定了 u 为慢变的线性不稳定模，s 为快变的线性稳定模。由于慢变量支配了快变量，快变量 s 可以消去，留下只存在慢变量 u 的方程，其决定了系统在“宏观”层次上的演化行为和特征。

这个例子的分析方法具有普遍性，由两个状态变量描写的非线性系统，在对其演化方程求解时，可以令快变量的导数为 0，得到快变量的表达式后，代入到另一方程中，从而消去快变量，仅求解关于慢变量的微分方程。这种方法可使原来的二元微分方程组得到简化。虽然由支配原理得到的简化方程与原方程有实质性的不同，但对于讨论系统的相变行为，最终结果与直接求解是一样的。进一步，还可以将其推广到系统演化方程的右函数为一般函数、方程的状态变量个数更多的一般情况。

2. 快变量绝热消去法

对于任意的一个复杂系统，只要它的状态可由多个变量描述，支配原理告诉我们，其中必然存在少数几个随时间变化较慢的变量，也就是我们所说的慢变量或序参量，而其余变量随时间变化迅速，就是快变量，它们受到慢变量的支配。根据支配原理，少数慢变量的变化决定了系统的相变，而绝大多数快变量如何变化却与相变无关，所以在研究相变问题时，可以只讨论慢变量，把快变量利用绝热法近似消去而不予考虑。在分析多变量复杂系统的演化行为时，将快变量消去，只求解少数慢变量所满足的微分方程的方法，称为快变量绝热消去法。下面对一个多变量的复杂系统，绝热消去其快变量的过程在形式上给予大致说明。

给定包含 n 个状态变量的系统的演化方程组为

$$\begin{cases} \dfrac{\mathrm{d}x_1}{\mathrm{d}t} = f_1(x_1, x_2, \cdots, x_n) \\ \dfrac{\mathrm{d}x_2}{\mathrm{d}t} = f_2(x_1, x_2, \cdots, x_n) \\ \qquad \vdots \\ \dfrac{\mathrm{d}x_m}{\mathrm{d}t} = f_m(x_1, x_2, \cdots, x_n) \\ \qquad \vdots \\ \dfrac{\mathrm{d}x_n}{\mathrm{d}t} = f_n(x_1, x_2, \cdots, x_n) \end{cases} \tag{7.9}$$

假设其中 $x_1, x_2, \cdots, x_m$ 为慢变量（序参量），其余 $n-m$ 个变量为快变量，一般有 $n \gg m$。根据前面分析两个变量例子的方法，先令快变量的导数为 0，即令 $\dfrac{\mathrm{d}x_{m+1}}{\mathrm{d}t} = \cdots = \dfrac{\mathrm{d}x_n}{\mathrm{d}t} = 0$。接着由这 $n-m$ 个代数方程，可以求出 $n-m$ 个完全以慢变量为自变量的快变量的表达式，它们恰好反映了快变量对慢变量的依赖关系：

$$\begin{cases} x_{m+1} = g_{m+1}(x_1, x_2, \cdots, x_m) \\ \qquad \cdots \\ x_n = g_n(x_1, x_2, \cdots, x_m) \end{cases} \tag{7.10}$$

将上述表达式代回原演化方程组的前 m 个微分方程中，从而消去 $n-m$ 个快变量：$x_{m+1}, \cdots, x_n$。复杂系统简化为由 m 个慢变量的微分方程来描述：

$$\begin{cases} \dfrac{\mathrm{d}x_1}{\mathrm{d}t} = f_1(x_1, \cdots, x_m, g_{m+1}(x_1, \cdots, x_m), \cdots, g_n(x_1, \cdots, x_m)) = h_1(x_1, \cdots, x_m) \\ \dfrac{\mathrm{d}x_2}{\mathrm{d}t} = f_2(x_1, \cdots, x_m, g_{m+1}(x_1, \cdots, x_m), \cdots, g_n(x_1, \cdots, x_m)) = h_2(x_1, \cdots, x_m) \\ \qquad \vdots \\ \dfrac{\mathrm{d}x_m}{\mathrm{d}t} = f_m(x_1, \cdots, x_m, g_{m+1}(x_1, \cdots, x_m), \cdots, g_n(x_1, \cdots, x_m)) = h_m(x_1, \cdots, x_m) \end{cases} \tag{7.11}$$

这样，系统求解 n 个微分方程的问题就转化为只需求解 m 个微分方程。因为 $n \gg m$，所以这样的简化是非常有意义的，尤其当慢变量只有一个时，问题甚至简化为解一个单变量的微分方程。显然，将快变量绝热消去之后的复杂系统，我们分析处理起来要比以前容易得多。

应用快变量绝热消去法的基础在于支配原理。在相变过程中，快变量演化速度快，可以认为它们先期达到相变点，很快就趋于稳定，呈现出相变后的数值，且不再变化。故可以只分析取为定态解的快变量，数学上体现为将演化方程中快变量的导数取为 0，求出慢变量对快变量的支配作用关系，进而得到只包含慢变量也就是序参量的微分方程。同时在序参量满足的新方程中，原来慢变的线性不稳定模也不再总是失稳，而是能够在新的定态上稳定下来。所以，序参量方程实际上已经包含了系统中非线性因素对系统演化的贡献，只是从这些贡献中提取了那些起决定作用的主要部分，它给出了系统从失稳的热力学分支到稳定的耗散结构分支演化的全过程。

支配原理是协同学的一条基本原则，它描述了系统在相变发生时各个状态变量的演化行为，并给出了简化处理多变量微分方程的快变量绝热消去法。它是经过理论归纳和事实总结而提出的，虽然没有经过严格的数学推理和证明，但是利用支配原理能够解决大量的实际问题，已经充分说明了其正确性。

值得一提的是，支配原理虽有极大用途，但它也有一定的适用条件，它只适用于系统相变发生时，在系统相变点附近的情况，并不能应用于讨论系统在任意时刻的状态变化。如果系统远离相变点，此时系统状态的变化将与快变量有关，快变量不能简单消去，考虑系统的演化行为也不能仅由慢变量的方程来近似。

现实中面对一个复杂系统时，对系统在非相变点附近的行为，依据客观需要，适时地考虑不同时间尺度的大小，恰当地消去一些变量也是常有的。虽然这种单纯的数学近似方法并不是系统在相变点附近时遵从的支配原理（快变量绝热消去法是一种物理机制上的近似），但也可以看作受支配原理启发的结果，或与其思想有内在的一致性。具体的做法是：在研究大时间尺度问题时，可以忽略快变量的演化，将其作用看成对系统演化的随机扰动，而仅分析慢变量的变化；在研究小时间尺度问题时，又可以忽略慢变量的演化，将其看成常量，作为不变的系统环境参数，而仅分析快变量的变化。例如，长期的气象预报属于大时间尺度问题，往往不必考虑具体某一天的天气快速变化对长期预报所带来的影响，而将这些因素作为随机扰动变量来处理；每天的天气预报则是小时间尺度问题，此时不用分析长期的气候变动，把长期因素当作某一固定的常数参量，而仅关注短期内的天气波动情况。这种利用时间尺度来区别快、慢变量，相应地采取不同处理手段的方法，在运用系统科学理论分析复杂系统演化问题时被普遍使用。而作为处理问题的一般方法，在许多现实工作中也经常被采用。

支配原理体现了相变时系统内子系统之间协同作用的特点，即由序参量或慢变量来支配快变量而形成协同作用。这样，系统从无序向有序的进化过程就取决于序参量之间的竞争与协同，而系统的结构与状态则决定于系统的序参量方程、初始条件和涨落变化。由此可见，协同学进一步解决了复杂系统为什么具有目的性，以及它是如何从无序的自由状态进入到有序的目标状态等问题。而且，协同学还指出，不仅远离平衡态的开放系统如此，即使处于平衡态的封闭系统，有时也可以出现有序状态。所以说，哈肯的协同学为各类型的系统从无序到有序的自组织转变建立了一套更为完整的数学模型和处理方法。在系统科学的理论研究中，普利高津的耗散结构理论和哈肯的协同学，作为自组织理论经常被统一起来运用。

7.1.4　随机层次上讨论系统的演化

1. 进行随机层次分析的必要性

研究一个系统的演化行为，一般情况下，我们或者在宏观层次上唯象地进行讨论，或者分析其子系统的微观作用机制。利用反应扩散方程对系统唯象地加以研究，仅能够反映系统在宏观上的性质，无法了解系统局部与整体的关系，无法了解系统的内部机制，更无法讨论涨落以及深入一些的问题。为此，人们希望直接讨论微观上子系统之间的相互作用。然而，对一般的系统又很难做到这一点，因为实际中我们所面对的系统，往往包含了大量的子系统，其相互作用的机制也十分复杂。举一个最简单的例子，考虑同种物质组成的理想气体热力学系统，1 摩尔体积的气体中就包含了 $M = 6.02\times 10^{23}$ 个分子，如果按每个分子有三个自由度（作为简单质点模型）来计算，完全描写该气体系统需要 $6M$ 个状态变量（即 $3M$ 个广义坐标与 $3M$ 个广义动量）。虽然可以选取其他变量来描写系统，但无论如何选取，描写系统状态变量的个数不会改变。显然，宏观层次建立唯象模型讨论该系统的演化时，选择的宏观变量数 N 通常远远小于 $6M$，因此我们说在宏观层次上不能了解系统的全部性质。为了充分描写系统，还必须考虑其余 $6M-N$ 个变量的作用。

对于大多数复杂系统，人们利用统计物理学，在等概率假定（整个孤立系统处于平衡时，系统所有微观态出现的概率是相等的）条件下，通过建立三个系综（微正则系综、正则系综和巨正则系综），根据系统的物理约束机制求出相应的密度分布函数（概率密度）和其归一化因子（配分函数），就可以利用系统的微观性质来计算其宏观的热力学量，从而说明处于统计平衡的系统从微观运动到宏观现象之间的联系。例如，在统计物理中，可以计算出处于平衡态时，系统的宏观状态变量——熵，与系统微观状态排列的无序程度之间的关系（此关系式即统计物理熵的定义）：

$$S = k_{\mathrm{B}} \ln W \tag{7.12}$$

其中，k_{B} 是玻尔兹曼常数；W 是热力学概率，对应于每一宏观分布的排列数，即宏观状态下系统所包含的微观态数，可以详细写成 $W = \dfrac{W\{n_k\}}{n!}$。这样也部分找到了系统 N 个宏观变量与 $6M$ 个微观变量之间的关系。但是，统计物理的方法目前只适用于系统满足统计平衡假定的情况，只能计算系统处于平衡态和近平衡态时的情形。对于非平衡态，尤其当系统远离平衡态时，由于各处粒子数的密度不能再以密度函数的形式来表示，因此也不能像平衡态统计物理那样，通过统计概率建立起宏观量和微观量之间的联系，进而加深对于宏观系统的认识了。

在宏观层次上，所建立的唯象模型反映系统的性质不够全面；在微观层次上，对于多数系统又无法获得描述系统演化的规范方法。当统计物理方法不能应用时，自然地联想到，可以在随机的层次上来刻画系统的行为，因为这是介于宏观和微观之间的一个中观的层次。例如，对于上述单一气体的热力学系统而言，充分描述它的行为需要 $6M$ 个状态变量，确定了 N 个宏观变量之后，还有 $6M-N$ 个变量可以变化，而这 $6M-N$ 个变量对系统行为的影响无法逐个进行讨论。现在，把原来描写系统状态的 N 个宏观变量看成随机变量，可以应用平均场理论的思想，统一地分析 $6M-N$ 个变量平均起来对系统演化的影响。在随机的层次上进行讨论，研究系统的 N 个随机变量所满足的演化方程，系统的演化规律和宏观行为就可以由这些随机变量的平均效果来决定。

我们知道，现实中的复杂系统包含的子系统数目一般很大，把系统的宏观变量看成随机变量的研究方法，虽然不是从微观分析直接得出的宏观性质，但是这种方法比起单纯的宏观层次上采用反应扩散模型来分析，无疑有所发展和更为深入。随机层次可以被看作一个联系宏观和微观之间的中间层次，是人们为了从微观上更全面地了解系统的宏观行为而建立起来的沟通的桥梁。

2. 描述随机过程的几类方程

在随机层次上分析系统的行为，描写系统状态的变量取为随机变量，研究系统的演化则采用随机微分方程。对于一个包含了 n 个状态变量的系统，以概率分布函数 $P(\{x_j\},t)$ 表示系统在 t 时刻，随机变量取值为 $\{x_j\}$（$j=1,2,\cdots,n$）的概率。如果随机变量取值连续，则 $P(x,t)$ 表示在给定的 t 时刻，随机变量取值为 x 单位间隔内的概率密度，那么可以求出系统特定状态变量的平均值（宏观取值）及其涨落等。

例如，系统某状态变量 x 的平均值为随机变量的一阶原点矩，即数学期望：

$$\langle x\rangle=E(x)=\int xP(\{x\},t)\mathrm{d}x \tag{7.13}$$

系统状态变量的涨落是随机变量的二阶中心矩，即方差：

$$\sigma^2=E(x-\langle x\rangle)^2=\langle x^2\rangle-\langle x\rangle^2 \tag{7.14}$$

其中，$\langle x^2\rangle=\int x^2P(\{x\},t)\mathrm{d}x$。这样，系统状态变量的分布特征可以用概率分布函数 $P(\{x\},t)$ 来表征。下面通过研究 $P(\{x\},t)$ 的变化，建立起几类随机微分方程来分析系统状态的变化。

1）主方程

概率分布函数 $P(\{x\},t)$ 随时间演化的方程称为主方程（master equation），主方程是自组织理论在随机层次上讨论系统演化的主要工具之一。

为了简化讨论，我们假定，现在研究的系统，其状态变化过程具有马尔可夫（Markov）性：一个随机变量的分布函数在变化过程中，系统 t_0 时刻所处的状态为已知的条件下，过程在 $t > t_0$ 时刻所处状态的条件分布与过程在 t_0 时刻以前所处的状态无关。通俗地说，就是一个过程的“将来”只取决于“现在”，而不依赖于“过去”，这样的过程称为马尔可夫过程（即马氏过程）。换言之，马尔可夫过程就是既无记忆，又无后效性的过程，自然界发生的许多过程都可近似看成马尔可夫过程。对于马尔可夫过程，可以利用系统的一步转移概率，从初始状态得到以后的所有状态。

根据概率守恒，可以列出一个符合马尔可夫过程的单变量系统的演化方程，即系统概率分布函数 $P(x,t)$ 所满足的主方程：

$$\frac{\mathrm{d}P(x,t)}{\mathrm{d}t} = \sum_{x'}[W(x' \to x)P(x',t) - W(x \to x')P(x,t)] \tag{7.15}$$

其中，$W(x' \to x)$，$W(x \to x')$ 分别表示系统从 x' 状态变化为 x 状态以及从 x 状态变化为 x' 状态的转移概率，一般与时间无关，它体现了系统内部的相互作用。这个方程表明，系统在 t 时刻取值为 x 状态的概率的变化率，等于从 x' 状态进入到 x 状态的转移概率减去从 x 状态出去到 x' 状态的转移概率，对 x' 的 $\sum$ 加总则表明求和遍及了随机变量所有可能的取值。

这种形式的主方程，主要讨论由系统内部相互作用的整体性质所引起的随机变量分布函数值的变化。在上述方程中，状态变量 x 的变化率主要由其状态取值的出现、消亡来表示，故式（7.15）通常称为生灭主方程。针对不同空间位置上系统的状态变量也会有相互作用的情况，人们在生灭主方程的基础上加以推广，考虑了空间扩散和内部涨落对系统概率分布函数的影响，又提出了多变量主方程和非线性主方程，这里不作论述。

2）福克尔-普朗克方程

根据系统宏观演化方程 $\frac{\mathrm{d}x}{\mathrm{d}t} = f(x)$，当系统的随机变量 x 连续取值、概率分布函数仍旧记为 $P(x,t)$ 时，如果已知系统状态平均值所受的漂移力为 $f(x)$，再考虑系统随机涨落 ε 的影响，可以得到概率密度 $P(x,t)$ 所满足的福克尔-普朗克方程（Fokker-Planck equation，可简写为 F-P 方程）：

$$\frac{\partial P(x,t)}{\partial t} = -\frac{\partial}{\partial x}[f(x)P(x,t)] + \frac{1}{2}\varepsilon^{\frac{1}{2}}\frac{\partial^2}{\partial x^2}P(x,t) \tag{7.16}$$

这是一个抛物型的偏微分方程，通常将下面的算符称为福克尔-普朗克算符：

$$L_{\mathrm{FP}} = -\frac{\partial}{\partial x}D^{(1)}(x,t) + \frac{\partial^2}{\partial x^2}D^{(2)}(x,t) \tag{7.17}$$

其中，$D^{(1)}(x,t)$ 为漂移系数；$D^{(2)}(x,t)$ 为扩散系数。如果 $f(x)$ 是 x 的非线性函数，

则 F-P 方程称为非线性漂移项的 F-P 方程，或简称为非线性的 F-P 方程，它可以作为非线性系统的演化模型。

3）朗之万方程

以布朗运动（植物花粉微粒悬浮于液体中出现的连续不断的、无规则的运动）为理论原型，朗之万列出了描述随机布朗运动的方程，也就是朗之万方程（Langevin equation）：

$$\frac{dx}{dt}=f(x)+\varepsilon^{\frac{1}{2}}\eta(t) \tag{7.18}$$

这个方程成立的条件是，随机变量 x 其平均值的变化规律已知，$\frac{d\langle x\rangle}{dt}=f(\langle x\rangle)$，并且随机扰动 $\eta(t)$ 是一个数学期望为 0、涨落关于 δ 函数的高斯白噪声：$\langle\eta(t)\rangle=0,\langle\eta(t),\eta(t')\rangle=\varepsilon\delta(t-t')$。

主方程、福克尔-普朗克方程和朗之万方程，是随机层次上描述系统演化的最常用的三类方程，它们在依据的思想和考虑系统的机制方面基本上是一致的，在一定的数学条件下等价，可以相互推导。福克尔-普朗克方程和朗之万方程在平均值意义上等同，当分立取值的随机变量连续取值时，通过二级近似就可以从主方程直接推导出福克尔-普朗克方程。但是，由于方程形式不一样，所以在反映系统的演化性质、建立方程的方法和求解的难易程度等方面，这三种模型方程又各有其特点。

主方程容易根据概率守恒得到，对于多数系统，能够方便地列出主方程的具体表达式。但是，不易看出它与系统宏观演化方程的关系，同时求解离散取值的随机变量，主方程在计算上也存在相当的困难。

福克尔-普朗克方程是一个抛物型的偏微分方程，对它的处理有一套规范的解法（如母函数解法），得到方程的解比较容易。但是，很难在随机层次上直接建立起方程。通常情况下，要么利用生灭主方程，要么依赖于系统的宏观演化方程，来建立描述系统演化的福克尔-普朗克方程。

朗之万方程的物理意义很明显，实际上它是由反应扩散方程直接转化而来的，把原来的宏观变量看作随机变量，再加上一个随机扰动项即可。但是求解这类方程也不容易，一般需要应用随机微分方程一些专门的性质和解法。

所以，在研究具体问题时，通常是将这三类方程彼此结合，利用其相互等价性，发挥它们各自的优点，最终建立起适当的随机模型，获得所需的答案。

7.2 突 变 论

1972 年，法国数学家托姆发表的《结构稳定性和形态发生学》一书系统地阐述了突变理论，荣获国际数学界的最高奖——菲尔兹奖章。这是突变论的第一本专著，书中用奇点理论、分岔理论来研究自然界和社会现象中的多种形态、结构的非连续突变，研究各种不连续跳跃式变化的过程，奠定了突变理论的基础，标志着突变论的诞生。

突变理论，是托姆为了解释胚胎学中的成胚过程而提出来的。1967 年托姆发表《形态发生动力学》一文，表述突变论的基本思想，1969 年发表《生物学中的拓扑模型》，为突变论奠定了基础。1972 年发表专著《结构稳定与形态发生》，则系统地介绍了突变论，是突变理论的奠基性著作。20 世纪 70 年代以来，E. C. 塞曼等提出著名的突变机构，进一步发展了突变论，并把它应用到物理学、生物学、生态学、医学、经济学和社会学等各个方面，产生了很大影响。

7.2.1　突变现象

无论在自然界还是社会生活中，突变现象普遍存在。客观世界存在着两种不同的基本运动形式。一种是光滑、连续、渐变的运动过程，如江水的流动、有机体的连续生长、地球的自转与绕太阳公转等。这类缓慢连续变化的现象通常运用微积分方法研究可圆满解决，经典的微积分是连续变化的数学模型。另一种运动形式是突然的跳跃或变化，如高楼、桥梁突然断塌，基因变异，水的沸腾，细胞的分裂，岩石突然断裂，火山、泥石流、山体滑坡、地震、海啸的突然爆发等。这些事物从性状的一种形式突然地跃迁到根本不同形式，这样的不连续变化都包含突然变化的瞬时过程，将这种过程称为突变。传统微积分的方法无法解决突变现象造成的不连续变化过程。托姆采用拓扑学、奇点理论、分岔理论来研究自然界和社会现象中的多种形态、结构的非连续突变，研究各种不连续跳跃式变化的过程。

突变现象有一个共同特点：外界条件的微小变化导致系统宏观状态的剧变。这只有在非线性系统中才能出现。在线性系统中，系统状态因外界条件的连续变化相应成比例地连续变化；在非线性系统中，外界条件的连续变化可以导致系统状态不连续的突变。突变理论是不连续变化的数学模型。它研究系统的状态随外界控制参数连续改变而发生不连续变化的现象，用拓扑学的方法对分支理论的发展，是一门数学理论。它提供了一种研究所有跃迁、不连续性和突然质变的更普遍的数学方法。

7.2.2　基本突变类型

托姆突变论的重要贡献是对突变的类型作了分类。他经过严格的数学推导证明，突变类型的数目不取决于状态变量的数目，而取决于控制参数的数目。控制参数超过 5 个，则突变类型趋于无限多个。控制参数不超过 5 个时，系统总共有 11 种突变类型。当控制参数不多于 4 时，只有 7 种基本的不同类型突变①。7 种初等突变类型中，折叠突变与尖点突变是常见的两种形式。

（1）折叠：一个吸引子破裂，并为势较小的另一吸引子俘获。

（2）尖点：一个吸引子分叉成两个互不连通的吸引子，流体动力学中的黎曼-胡哥尼奥突变（自由边激波的形成）属于这类型突变。

（3）燕尾：一个“波前”曲面切去了一条沟槽，这条沟槽的底是一激波的边缘。

（4）蝴蝶：自由边激波的分层（即“肿胀”）可用来解释势函数中这类六次奇点。

（5）双曲脐点：一个波发生破裂时，波峰就是这种奇点。

（6）椭圆脐点或毛发：尖桩（基底为三角形的锥体）的顶尖即这种奇点。

（7）抛物脐点：介于椭圆脐点和双曲脐点之间，从射流中断时常见的蘑菇形中可看到这种奇点。

7.2.3 突变论的基本内容及应用

简单来说，突变论研究的是非线性系统从一种稳定状态以突变形式转化到另一种稳定状态的现象和规律。稳定状态指系统在干扰下能保持不变的存在状态或发展趋势。

突变论的数学基础是奇点理论和分岔理论，包含了群论、流形与拓扑学方法。奇点也称临界点，是函数的导数为零的点，也就是函数出现极值的点。突变现象从数学角度被认为是“不稳定奇点”。突变过程是系统由稳态经过不稳态向新稳态跃迁的过程，从数学角度上看是标志系统状态的各组参数及其函数值变化的过程。在一些关键点上，极小的扰动引起系统发生质变。这些关键点称为分岔点或分支点。系统的状态可用一组参数描述，当系统处于稳态时，系统的状态函数只有唯一的值；当系统参数在某个范围内变化，状态函数出现多个极值时，系统必然处于不稳定状态。托姆指出，系统从一种稳定状态进入不稳定状态，随参数的再变化，又使不稳定状态进入另一种稳定状态，那么状态在这一刹那发生了突变。突变论给出了系统状态的参数变化区域。

突变论建立在稳定性理论的基础上。任一事物或构成事物的要素，都处于一定的状态之中，或是稳定状态，或是不稳定状态。

---

① 这部分内容需要较强的数学基础，本书中不详细叙述。可参考托姆著作《突变论：思想和应用》，上海：上海译文出版社，1989；李士勇编著《非线性科学及其应用》，哈尔滨：哈尔滨工业大学出版社，2011.

突变现象有以下几个基本特征：存在多稳态；具有中间非稳态性质，这是突变与渐变的区别；突变点可以是一个范围；突变结果带有随机性，每个状态以一定的概率出现。

突变理论是突变现象的一个数学模型，用以研究、解释突变现象的发生，并对未来可能发生的突变进行预测。但突变理论与具体模型无关，它表现为一定范围内突变现象遵循的普遍原则。

在物理与力学方面，动力学系统可以精确地定量描述，应用突变论进行定量研究，从而具有预测能力；对于生物学和社会科学中难以定量描述的系统，只能作出定性的解释和理解。这也是突变理论的局限所在。

突变论解释了激光的发生属于尖点突变，同样用尖点突变描述了弹性梁受水平压力与垂直载荷作用下的弯曲问题，预测并控制突变防止桥梁等弹性结构的坍塌。在研究经济系统涨落问题过程中，利用突变理论与耗散结构理论来预测未来经济的趋势，为经济决策提供必要的信息与依据。在军事方面，西方科学家已将突变模拟研究与蒙特卡罗方法相结合进行作战技术模拟。

第8章　混沌与分形

非线性科学作为系统科学的一个重要分支，研究不同系统中的非线性问题，以及非线性现象之间的共性，涉及物理化学、生命科学、社会科学等多个领域。发展至今，经历了孤立波、混沌、分形以及斑图动力学。世界的本质是非线性的。现实生活中广泛存在着非线性现象，如股票市场的波动、地壳运动与地震、种群的演化、谣言的传播、风中的旗帜、台风的运动等。一些确定性系统中却出现了随机性行为，形成了复杂的结构和变化。在本章中介绍已形成理论的系统非线性行为——混沌与分形。

8.1　混　　沌

8.1.1　混沌研究的发展史

动力系统中混沌现象的发现和研究可以追溯到庞加莱。1885 年，瑞士国王奥斯卡二世设立了“*n* 体问题”奖，这引起了庞加莱的兴趣，他在研究太阳、地球、月球这三者的相对运动时发现，与单体运动或其他两者运动不同，三体运动产生更加复杂的动力学行为，以至于对于给定的初始条件几乎无法预测时间趋于无穷时轨道的最终结果。这就是著名的三体问题。后来科学家将这种轨道长时间行为的不确定性称为混沌。所以说庞加莱是混沌现象研究的先驱。但是当时的数学水平还不足以解决这类复杂的问题，他主要的工作偏重于发展新的数学工具。庞加莱与李雅普诺夫一起奠定了微分方程定性理论的基础，为现代动力学系统理论提供了一系列基础概念，如动力系统、稳定性、分岔等，以及许多有效的方法和工具，如摄动方法、庞加莱截面法等。在他之后，一大批数学家和物理学家在各自的研究领域里为混沌系统的研究积累了有用的数据与模型。

20 世纪 60 年代，在数学领域已经发现了许多混沌行为的例子，例如，法国天文学家厄农（M. Henon）在 1964 年发现了一个典型的映射，具有混沌吸引子特性，后人称为 Henon 映射。混沌研究在以保守系统为研究对象的天体力学领域出现了重大突破，KAM 定理（以 Kolmogorov、Arnold、Moser 三位科学家的首字母命名）被公认为创建混沌学理论的历史性标志。1954 年，苏联数学家柯尔莫哥洛夫（A. H. Kolmogorov）在阿姆斯特丹国际数学大会上宣读了他的论文《在具有小改变量的哈密顿函数中条件周期运动的保持性》，他发现了一个充分接近可积哈密顿系统的不可积系统，对于这个系统若把不可积当作可积的扰动来处理，在扰动足够小的情况下，系统的运动行为与可积系统基本保持一致；但当扰动比较大时，系统会产生与可积系统完全不同的运动行为，成为混沌系统。柯尔莫哥洛夫的学生阿诺尔德（V. I. Arnold）于 1963 年给出了严格的数学证明。几乎同时，瑞士数学家莫泽（J. K. Moser）改进了柯尔莫哥洛夫论文中的表述，同时也进行了独立的证明。以上工作成果简称为 KAM 定理。另一个重大突破是美国气象学家洛伦兹在计算机上进行的一系列数值计算。1963 年，洛伦兹在《大气科学杂志》（*Journal of Atmospheric Science*）上发表了一篇论文，名为《确定性的非周期流》（*Deterministic Nonperiodic Flow*），他在计算机上用一组包含 12 个微分方程的简单模式模拟天气时发现了一些奇特的现象：十分微小的输入变化可以导致完全不同的输出结果。在完成一次计算后，洛伦兹想考察可能出现的其他变化，但为了节约时间他选择从中间开始，于是在计算机中直接输入数字 0.506（这是计算机打印出来的数字，计算机的原始数据为 0.506127）。新计算的结果却与第一次大相径庭。洛伦兹这个“失之毫厘谬以千里”的偶然发现，开辟了一个全新的科学领域。该文被认为是研究混沌现象的第一篇论文。但在当时并没有引起注意。将近十年之后，这篇论文的重要性才被研究学者意识到。

到了 20 世纪 70 年代，科学家以下一系列的发现引起人们对混沌特性的广泛关注。1977 年，在意大利召开了第一次国际混沌会议，标志着混沌科学的诞生。

1971 年，法国数学物理学家吕埃勒和荷兰数学家塔肯斯尝试利用混沌吸引子理论解释湍流的产生机理，并且修正了朗道关于湍流形成机制的不正确理论，联名发表《论湍流的本质》一文。同时，他们还发现了动力系统中“奇怪吸引子”（strange attractor）的存在。

澳大利亚数学生物学家罗伯特·梅（Robert May）在研究种群动力学的过程中发现环境中的非线性反馈可导致动物种群数量的伪随机变化，提出了倍周期分岔进入混沌的道路，即著名的逻辑斯谛（logistic）模型，也称虫口模型，这个看似非常简单的一维映射模型表现出极为复杂的动力学行为。相关的学术论文《具有复杂动力学过程的简单数学模型》于 1976 年发表在美国《自然》杂志。郝柏林院士著作《从抛物线谈起——混沌动力学引论》一书中有详细介绍。

1975 年，两位数学家李天岩和詹姆斯·约克（James Yorke）在美国数学杂志上发表了《周期三意味着混沌》（*Period Three Implies Chaos*）。“混沌”（chaos）这个词正式被用到。他们采用“混沌”一词来描述一类一维映射下得到具有局部不稳定性的离散系统，形成著名的李-约克定理（Li-Yorketheorem）。论文里给出了大量例证，为后来的混沌研究提供了理论基础。

1976 年，法国天文学家厄农对洛伦兹方程进行简化，通过数值分析得到了 Henon 二维映象，证实了在很简单的系统中同样可以出现复杂的混沌运动。

1978 年，美国数学物理学家米切尔·费根鲍姆（Mitchell Jay Feigenbaum）在《统计物理学》杂志上发表了《一个非线性变换类型的量子普适性》（*Quantitative Universality for a Class of Nonlinear Transformations*），在罗伯特·梅的工作基础上，研究虫口模型为代表的一类映射时，发现了倍周期分岔现象中存在普适常数。他提出了“普适性”（universality）一词，认为非线性反馈系统中存在共同特性，可以通过分析简单的问题来解决复杂问题。

费根鲍姆的发现掀起了混沌现象研究的高潮，自从 1975 年，“混沌”以一个科学名词在文献中出现，随着 20 世纪 70 年代末计算机技术的飞速发展和广泛普及，80 年代开始混沌的研究在各个领域迅速扩大，开始形成自己的体系，并且有了一门专门的学科——混沌学（chaology）。人们通过计算机数值分析及仿真模拟来发现和研究混沌行为，深化对混沌的认识。进入 90 年代，混沌研究逐渐从理论基础研究转向混沌控制与同步及实际应用方面。

同时期，动力系统中还发展出两个重要的分支，一是法国数学家芒德布罗（B. B. Mandelbrot）创立的分形学。1967 年他在美国《科学》（*Science*）杂志上提出“英国的海岸线有多长？”这一有趣的问题，初步表述了分形的思想，在随后的文章与论著中进一步阐明分形的研究，奠定了分形学的基础。二是维夫瑞将动力学方法应用到生物振荡中，尤其是生理节奏与心脏系统。

8.1.2　混沌的特征

混沌是非线性系统中特有的一种运动形式，发生在确定性系统中，却表现出貌似随机的不规则运动，具有长期行为不可重复性、不可预测性。混沌现象广泛存在于现实世界中，它揭示了自然界的复杂性，是有序与无序的统一。混沌系统至少具有一个正的李雅普诺夫指数，并且普遍具有分数维数。混沌运动貌似随机过程，但与随机过程却有着本质的区别。下面介绍混沌的几点特性。

（1）初值敏感性：随着时间的推移，初始条件的微小差别最终演化为根本不同的轨道。洛伦兹把混沌对初始条件的敏感性称为“蝴蝶效应”（butterfly effect），即混沌系统的长期行为很难预测，甚至不可预测。1972 年，洛伦兹在美国华盛顿召开的一次关于全球大气研究的学术会议上，发表演讲《一只蝴蝶在巴西扇动一下翅膀，能在美国得克萨斯州引起一场龙卷风吗？》。又因为洛伦兹研究的混沌系统产生的图像似一只蝴蝶。“蝴蝶效应”也就成了混沌的象征。

（2）有界性：混沌的运动轨迹始终局限于一个确定的区域，这个区域称为混沌吸引域。无论混沌系统内部多么不稳定，它的轨迹都在这个吸引域内，所以说混沌是有界的。

（3）随机性：混沌运动轨迹虽局限于一个有限区域但永不重复。混沌的初值敏感性造就了它的内在随机性。

（4）遍历性：混沌所在的区域中具有很丰富的内涵。任何混沌轨道中都含有无穷多个不稳定的周期轨道。轨道在混沌吸引子上各态历经，即轨道在运行中会任意多次地达到任意一个不稳定轨道附近的任意小的邻域。

（5）普适性：在混沌研究中发现有一些系统表现出一些共性，这些性质并不因为系统的参数不同而消失，甚至在不同系统中仍然能发现这些性质。那么，通过研究其中一个系统，就可以了解整个一类系统的共同特征。

8.1.3　混沌控制

由于混沌运动具有初值敏感性及不可预见性，混沌一直被认为是不可控制的，直到 1990 年奥特（E. Ott）、格里波基（G. Grebogi）与约克提出了一种简单可行的方法，用微小外部信号调控混沌系统参数，使不稳定周期轨道稳定化，从而实现控制混沌，其方法被称为 OGY（Ott、Grebogi、Yorke）混沌控制方法。他们的工作引发了混沌控制研究的热潮，混沌控制与同步迅速成为混沌研究领域的重要热点。迄今为止，人们已将低维非线性系统中的混沌控制方法成功推广至自由度更高更复杂的空间延展系统，如连续变量反馈、局域钉扎（local pinning）方法、自适应控制（adaptive control）法、延时反馈控制方法、相压缩方法以及广义函数反馈等。从实现控制的原理上，这些方法大致可以分为两类。

一类是反馈控制，如变量反馈控制方法、局域钉扎方法等，测量系统数据的演化，来调节系统控制参数和控制信号。采用控制信号的形式为 $\boldsymbol{K}[F(x)-F(x_0)]$（其中 x 为系统变量，x_0 表示周期目标态，$\boldsymbol{K}$ 是反馈强度矩阵，F 是反馈函数）。彭建华于 1996 年提出用一组标度信号控制超混沌。胡岗、肖井华等在 1998 年提出用单个控制器通过边界控制一维偏流时空系统，在 2000 年利用低维周期反馈信号成功地控制了时空混沌系统，并且建立了局域线性变量反馈（钉扎）方法的解析理论。高继华等分别于 2001 年与 2003 年提出随机巡游（random itinerant）反馈方法、校正巡游（rectificative itinerant）反馈方法，利用单个控制器对二维时空系统进行控制，进一步提高了巡游控制方法的效率，大大降低了控制器所需的反馈强度，进一步提高了可控时空混沌系统的维数。有研究学者提出了广义反馈方法的概念，并且通过广义函数的局域反馈方法成功实现了控制时空混沌的数值实验。混沌控制中的一个重要内容是如何在降低控制信号的维数的同时提高可控时空系统的维数。

另一类是非反馈控制，包括周期信号控制、自适应控制法、传输迁移控制、相空间压缩、神经网络法等。它的控制信号没有受到系统变量实际变化的影响，可以避免对系统变量数据的持续采集和响应。罗晓曙利用压缩系统非线性轨道的相空间成功控制时空混沌，并获得高周期的稳定轨道。Aranson 等在系统中引入一个稳定的波源，该波源把系统的混沌态驱离到边界，从而实现了混沌的控制。Jiang 等通过在系统中引入不均一性产生靶波，该靶波把系统中的缺陷点驱离至系统的边界，成功地控制了时空混沌。

下面介绍几种主要的反馈控制方法。

（1）OGY 控制方法。

OGY 控制方法假定系统的动力学行为可以用 n 维映象来描述：

$$\xi_{n+1} = f(\xi_n, p) \tag{8.1}$$

其中，p 为可控参数，假设在 $p = p^* = 0$ 时系统是混沌状态。若系统为时间连续，则可以运用庞加莱截面的方法使时间离散化。令 ξ_F 是 $p = p^*$ 时一个不稳定的不动点，即系统控制的目标态，则 $\xi_F = f(\xi_F, p)$，然后在一个很小范围内调节 p（$-\delta < p < \delta, 0 < \delta \ll 1$），通过对 p 的微调稳定 ξ_F。

OGY 控制方法的主要思想就是将不稳定轨道稳定化，即通过反馈方法稳定混沌系统中稠密的不稳定周期轨道对混沌进行控制。这种方法是根据混沌轨道中含有无穷多个不稳定的周期轨道，而且轨道在混沌吸引子上各态历经，通过对任意一次迭代微调系统参数，使得系统在几乎不改变动力学条件下，稳定到想要的周期轨道上，从而达到控制的目的。

OGY 控制不需要知道混沌系统的具体动力学描述，只需测量系统演化的时间序列。而且自始至终只要用微小信号控制，既降低了控制成本，又使原有系统的性质不受外界控制的干扰，保持了自身的特点。但是也有一些不足之处：首先，OGY 控制是建立在目标态邻域线性分析的基础之上，只有当混沌轨道进入预定窗口时控制机制才能启动，这就需要较长的等待时间才能达到目标态；其次，控制信号是离散的脉冲形式，不能随时反馈连续轨道的变化，受噪声影响时会产生失控现象。

迪托（W. L. Ditto）等在控制重力场中弹性磁条混沌运动的实验中验证了 OGY 方法的有效性。随后罗伊（R. Roy）等将 OGY 方法拓展到激光系统中。

（2）连续变量反馈方法。

为了克服 OGY 方法的缺陷，皮里格斯（K. Pyragas）提出了一种更方便易行的连续变量反馈方法。考虑一个动力学系统

$$\frac{dx}{dt} = f(x,t) \tag{8.2}$$

加入反馈项后变为

$$\frac{\mathrm{d}x}{\mathrm{d}t} = f(x,t) - \boldsymbol{K}(x - \hat{x}) \tag{8.3}$$

其中，$\boldsymbol{K}$ 为反馈强度矩阵（一般为常数）；$\hat{x}$ 为目标态。这种控制方法不依赖于对系统动力学行为的精确分析，只要找到适当的反馈变量，并对这一变量施加负反馈，就可以实现混沌控制。而且这种控制是连续地进行，具有更强的抗干扰能力。同时，可以把混沌轨道从远离目标态的位置直接驱动到目标态，缩短了控制时间，对长周期轨道控制有明显优势。这里给出两种连续反馈方法的示意图，分别是外力反馈控制方法与延迟自反馈控制方法。

外力反馈控制方法的特点是从外部注入一个信号并与系统自身进行比较，再输入系统中去。而延迟自反馈控制方法是直接把系统本身的输出信号取出一部分经过一段时延后与原信号相减，再反馈回系统中去。

（3）自适应控制方法。

自适应控制方法是由赫伯曼（B. A. Huberman）等提出的，通过调整系统参数将其控制到设定的目标态。1998 年，Sudeshna Sinha 等以逻辑斯谛映射为例，通过此方法将混沌动力学系统控制到所设定的目标状态。

假定 $x_{n+1} = f(\alpha, x_n)$，其中 α 是系统控制参数，施加控制时有 $\alpha_{n+1} = \alpha_n + \varepsilon(x^* - x_n)$，$x^*$ 是目标态，ε 是可调整的控制强度。自适应顾名思义指通过调节自身的行为或结构以适应新的环境。在实际工程应用中系统的参数往往不可知，具有一定程度不确定性，常规的控制方法未能取得有效控制，在处理这类问题上，自适应方法具有更大的优势，因其不需依赖系统模型或具体的动力学信息。根据外界环境的变化，不断提取相关的信息，自行调整改进。

（4）局域钉扎方法。

1998 年，胡岗等提出了一种更有效率的控制方法来实现时空混沌的控制。考虑周期边界条件的一维复金兹堡-朗道方程（the complex Ginzburg-Landau equation，CGLE），在系统中增加了梯度力：

$$\partial_t A = A + r\partial_x A + (1 + \mathrm{i}\alpha)\partial_x^2 A - (1 + \mathrm{i}\beta)|A|^2 A \tag{8.4}$$

通过选取 x 空间的几个点采用局部钉扎方法实现湍流的控制，将整个系统由湍流态驱动至某个有规律的目标态。

$$\partial_t A = A + r\partial_x A + (1 + \mathrm{i}\alpha)\partial_x^2 A - (1 + \mathrm{i}\beta)|A|^2 A + \varepsilon \sum_{i=1}^{N} \delta(x - x_i)[\overline{A}(x,t) - A] \tag{8.5}$$

其中，$\overline{A}(x,t)$ 是目标态，为 CGLE 方程的某个周期行波解；ε 是可调整的控制强度；$x_i (i = 1,2,3,\cdots,N)$ 是钉扎点位置。局域钉扎方法控制的本质是驱动钉扎点及附近区域到所设置的目标态中，再通过空间耦合作用传播至整个系统，使用更少量的信号注入，甚至只有一个，便将混沌系统控制到目标周期轨道上，是一个高效的控制方法。

8.1.4 混沌同步

自然界中广泛存在着同步（synchronization）现象，例如，一片树林中萤火虫同步闪光；鸟群在空中飞翔过程中几乎可同时改变方向；海里的鱼群看似有组织游动，当遇到捕食者入侵，很快散开后又聚集在一起；蟋蟀的叫声会自发地“一唱一和”；生活中当我们欣赏完一段精彩的演出，观众自发地开始鼓掌，掌声由最初短暂的零散变为一致；惠更斯观察到钟摆同步振荡的现象极大地影响了当时科学技术的发展。

1990 年，在 OGY 混沌控制方法提出的同时，美国海军实验室的佩科拉（L. M. Pecora）与卡罗尔（T. M. Caroll）用混沌信号作为目标态驱动非线性系统，实现电子线路中的混沌同步，提出了混沌同步的概念。随后混沌应用研究蓬勃发展，从物理学领域扩大到化学、电子学、保密通信及信息科学等领域。

混沌同步现象包括完全同步、广义同步、滞后同步、相位同步等，是以混沌反控制为基础的实际应用。现在混沌应用研究发展到如何有效地利用混沌这方面来，不仅仅是控制或消除混沌。例如，微波炉中“混沌除霜”装置，混沌通信与混沌电路设计。利用混沌同步实现保密通信是混沌应用研究领域中关注热点之一。

混沌同步方法有以下几种。

（1）驱动-响应同步法。驱动-响应同步是指两个非线性动力系统存在驱动与响应的关系使得系统间实现同步的行为；响应系统的行为取决于驱动系统，而驱动系统的行为与响应系统无关。

（2）控制同步法是从控制论的观点出发，通过引入控制项将系统运动状态演化到所需要的轨道上。早期的混沌同步研究与混沌控制直接相关。

（3）噪声诱导同步法。Maritan 等率先提出用随机噪声引导混沌同步的思想。随后 Minai 等用随机电报信号驱动双曲振子实现同步。用噪声引导混沌同步其驱动信号不包含混沌系统的任何信息，因此用于保密通信系统中具有更高的安全性。

此外，还有相互耦合同步法、自适应同步法、主动-被动同步法、脉冲同步法、神经网络同步法等。随着混沌同步研究的深入，引进模糊控制、遗传算法，利用神经网络、系统识别等技术改善和提供系统的同步性能。

8.1.5 混沌的应用

混沌目前有以下应用领域。

（1）在保密通信中的应用。非线性电路系统中，因混沌信号内在的随机性行为，具有非周期、类似噪声、连续宽带频谱等特性，特别适用于保密通信系统。

混沌同步的研究使得以混沌理论为基础的保密通信进入了实际应用的阶段，如信息压缩、存储及扩频等。

（2）在生物医学方面的应用。生物系统是高度复杂的非线性系统。利用混沌控制与耦合振子理论研究神经组织活动，尤其是脑神经系统与心脏疾病方面。癫痫病的发作被发现与脑的电信号反常同步化相关。不同领域的科学家致力于癫痫机制的探讨，希望能找出控制癫痫病的方法。

（3）在神经网络方面的应用。混沌神经元构成的混沌神经网络模型在联想记忆、智能信息管理、图像处理、组合优化、自适应学习有重要作用。如 Aihara 基于前人推导工作与动物实验给出了混沌神经元模型，已经用于联想记忆的研究。Inoue 及其合作者以耦合的混沌振子作为单个神经元提出一种构造混沌神经网络模型的方法，并基于该模型对脑的动力学特征进行分析。

（4）在经济方面的应用。根据混沌经济理论研究企业向集约经营目标转变过程中的局部结构稳定性、倍周期分岔特性来寻找控制目标的方法。混沌理论的研究已经应用于经济预测与调整、金融分析、流行病分析、天气预报与地震预测。随着对非线性动力气候学的研究，混沌气候学应运而生。

另外，混沌在工程技术方面也有许多重要的应用，如非线性电路、加速溶液混合及化学反应、提高激光器性能等。

8.2　分　　形

分形（fractals）是由芒德布罗于 20 世纪 70 年代在研究“英国海岸线有多长”的基础上提出的。“fractal”一词来源于拉丁词汇 fractus，用来形容“碎石”，原意是“破碎、不规则”。相对于欧几里得几何形体而言，分形就是一种完全不规则的几何形体。分形在大自然中广泛存在，树冠、花菜、海岸线的轮廓、山脉的形貌、河流的分布、变幻无常的浮云、星系与星云的分布、粒子的布朗运动、大脑皮层等，这些都是分形的实例，它们在一定尺度范围内具有自相似的特性。分形将我们与自然界直接联系了起来。

1967 年，芒德布罗在美国权威的《科学》杂志上发表了著名论文《英国的海岸线有多长？统计自相似和分数维度》（*How Long Is the Coast of Britain？Statistical Self-Similarity and Fractional Dimension*）。海岸线是极不规则、极不光滑的曲线，呈现极其蜿蜒复杂的变化。在没有建筑物或其他东西作为参照物的情况下，从空中拍摄的 100cm 长的海岸线与放大了的 10cm 长海岸线的两张照片，看上去十分相似。事实上，具有自相似性的形态广泛存在于自然界中，芒德布罗把这些部分与整体以某种方式相似的形体称为分形。1975 年，他创立了分形几何学（fractal geometry）。1977 年，第一本关于分形的著作《分形：形态，偶然性和维数》（*Fractal*:

Form，*Chance and Dimension*）出版。1982 年，芒德布罗标新立异的著作《自然界中的分形几何》（*The Fractal Geometry of Nature*）出版，分形的概念开始得到广泛关注，并大大改变了我们以往看待周围自然界的眼光，为我们处理那些非常规物体的维数提供了一种简洁便利的方法。由于芒德布罗所作的杰出贡献，他获得了美国科学院颁发的 1985 年度的科学功勋奖（即 Barnard 奖）。在分形几何学的基础上，逐渐形成了研究分形性质及其应用的科学，称为分形理论。分形理论的诞生从新的角度为进一步了解自然界和社会提供了有利的工具。本节将为读者介绍分形的基本概念与特征，及分形理论的应用。

8.2.1　分形几何图形

分形几何图形是一种结构十分精细却看似杂乱的图形。当把它放大，人们会发现更为复杂并可重复出现的细节，而这些细节形成了在不同空间尺度或时间尺度下的类似和自相似结构。例如，某一具有分数维的图形可能以米、毫米、微米的尺度看上去都呈现相同的形态。康托尔集（Cantor set）、科赫曲线（Koch curve）、谢尔平斯基三角垫（Sierpinski triangle gasket）及门格海绵（Menger sponge）是现今关于分形的著名实例，为人们所熟悉。不管怎样缩小或放大尺度去观察它们，其组成部分和原来的图形没有区别。

1. 科赫曲线

瑞典数学家科赫（Helge von Koch）于 1904 年构造了科赫雪花曲线，其图例构造过程如图 8.1 所示。

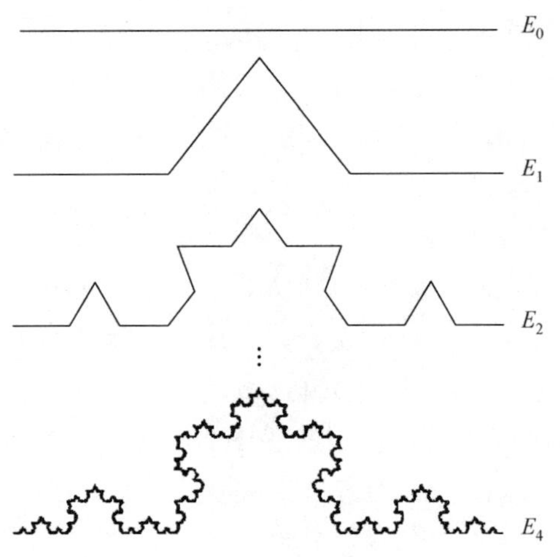

图 8.1　科赫曲线

首先取一条单位长度的线段 E_0，均分为三等份，除去中间的 $\frac{1}{3}$ 等分线段，取而代之的是夹角为 60°等长的两根线段，此时折线线段记为 E_1，E_1 由四条长度为 $\frac{1}{3}$ 的线段组成；同样方法让 E_1 生成新线，得到 E_2 由 16 条长度为 $\frac{1}{3^2}$ 的线段组成；依次类推，可以得到 E_0，E_1，…，E_K 等一系列图形。其中，E_K 是把 E_{K-1} 的每条线段中间 $\frac{1}{3^k}$ 长度为边的等边三角形的另外两条边取代原边，而与原线段的两条边连接而成，所以 E_K 是由 4^k 条长度为 $\frac{1}{3^k}$ 的线段连接而成的。当 $k \to \infty$ 时，得到的曲线长度趋于无穷。通常，认为在一个有限平面范围内一维线段的长度有限，现在，具有无限的长度，它的维数应比 1 大；此外，这条无穷多弯曲的曲线构不成曲面，其面积为 0，它的维数应比 2 小。综合来看，其维数应在 1 与 2 之间，当取为分数。这条分数维的曲线，因其形状好像雪花晶体的一角（如果用三角形作为起始图形进行构造，则可得到一个六边形的雪花图案），故人们称为科赫雪花曲线。类似的构造也可以在空间中进行，如此得到的将是分数维的曲面。

根据分形的次数不同，生成的科赫曲线也有很多种，如三次科赫曲线、四次科赫曲线等。科赫曲线按照一定的数学规则生成，具有严格的自相似性，这类分形通常称为有规分形，即可以通过简单的数学模型来描述其相似性的分形。自然界中连绵的海岸线、漂浮的云朵等一类的分形满足统计自相似性，称为无规分形。

2. 康托三分集

1883 年，德国数学家康托尔（G. Cantor）构造了如今广为人知的康托三分集，或称康托尔集，如图 8.2 所示。康托三分集很容易构造，却显示出许多最典型的分形特征。它是通过选取一个单位线段区间，再从这个区间不断地去掉部分子区间的过程构造出来的。其详细构造过程是：第一步，把闭区间[0，1]平均分为三段，去掉中间的 1/3 部分段，则只剩下两个闭区间[0，1/3]和[2/3，1]。第二步，再将剩下的两个闭区间各自平均分为三段，同样去掉中间的区间段，这时有四段闭区间：[0，1/9]、[2/9，1/3]、[2/3，7/9]和[8/9，1]。第三步，重复删除每个小区间中间的 1/3 段。如此不断地分割下去，最后剩下的各个小区间段就构成了康托三分集。谢尔平斯基三角垫（图 8.3）也是利用类似的数学规则构造出来的。

3. 茹利亚集合

茹利亚集合（Julia set）是一个在复平面上形成分形的点的集合。由法国数学家加斯顿 • 茹利亚（Gaston Julia）与皮埃尔 • 法图（Pierre Fatou）于第一次世界大战期间在发展了复变函数迭代的基础理论后获得。

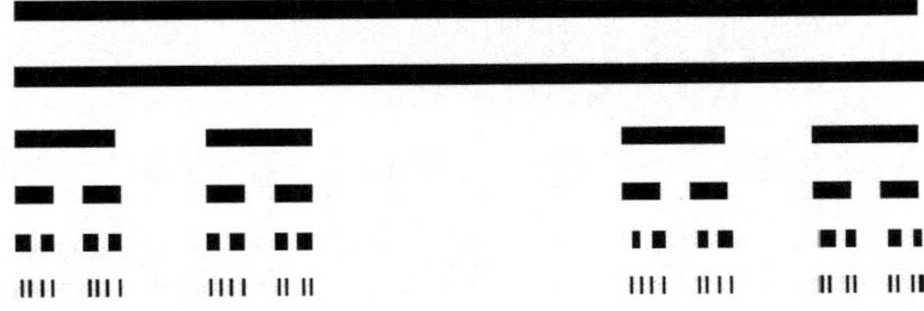

图 8.2　康托三分集

图 8.3　谢尔平斯基三角垫

茹利亚集合可以由一个简单的复变函数f迭代生成。$f_c(z)=z^2+c$。z和c都是复数。对于函数f，固定c值，以某一复数z_0为初始值进行迭代，其轨迹为如下序列：

$$z_0, z_1=f(z_0), z_2=f(z_1), \cdots, z_n, z_{n+1}=f(z_n)$$

按照这种规则不同的c值就能产生与众不同的茹利亚集。

数学定义：复平面上有理函数f所有排斥周期点的闭包称为茹利亚集，通常记为$J(f)$。茹利亚集在复平面上的余集称为 Fatou 集，记为$F(f)$。

对于多项式的茹利亚集的几何性质与分形性质研究表明，$J(f)$在映射f和f^{-1}均是不变的，即$J=f(J)=f^{-1}(J)$，且$J(f)$为非空紧集，f在J上表现出“混沌”性质，J通常为分形。

填充茹利亚集合是多项式的茹利亚集中轨道不趋于无穷的初始点的集合，记为$K(f_c)$，它的余集称为逃逸集。$K(f_c)$的边界称为多项式f_c的 Julia 集。填充茹利亚集的形状取决于c值。对于有些参数c，填充茹利亚集是连通的；对于有些参数c，填充茹利亚集是不连通的，又称作 Cantor 集。这就是填充茹利亚集的二分法定理。

4. 芒德布罗集

定义：使二次映射 $f_c(z)=z^2+c$ 的 Julia 集为连通的参数 c 的集合称为芒德布罗集。$M=\{c\in\mathbf{C}:J(f_c)是连通的\}$，即所有这样的复数 c 形成的集合，它使得原点 0 在 f_c 的任意次迭代下的像仍然在一个有界区域内。

与茹利亚集不同，芒德布罗集是固定初始值 $z_0=0$，研究所有的参数值 c 在 f_c 迭代下的轨迹。$z_0=0$ 不是任意选取的初始点，是每一个 f_c 唯一的临界点。

芒德布罗集的图形有非常复杂的结构，不管把图案放大多少倍，都能显示出更加复杂的局部。这些局部既与整体不同，又有某种相似的地方，体现了各种类型的混沌与有序。芒德布罗教授称此为“魔鬼的聚合物”。具有无穷复杂的边界，将边界放大，显示出一圈自身微小的复制，而每一个小复制又被其自身更微小的复制环绕着，如此下去，没有止境，好像无穷数量的微型缩影。而这些精细的微型结构各不相同，而且没有一个与母集完全一样。

芒德布罗集记录的是整个区域上的 c 值情况，而茹利亚集是取某一固定的 c 值，观察复平面上每一个点的迭代轨迹。因此同一个迭代函数，既包含芒德布罗集，又包含茹利亚集。从某种意义上讲，芒德布罗集概括了所有可能的茹利亚集，它是无数个茹利亚集的直观图解目录表；或者说芒德布罗集是一本很大的书，而一个茹利亚集只是其中一页。每一个芒德布罗集上的 c 值对应着一个茹利亚集。根据 c 点在芒德布罗集中的位置，就能预测与之相关的茹利亚集的外形和大小。如果 c 点在芒德布罗集内，相应的茹利亚集就是连通的；如果 c 点选自芒德布罗集之外，则茹利亚集就是不连通的。

如上构造而成的极限曲线或曲面是连续的，但处处不可微（不光滑），这与经典几何学所研究的处处连续、至少分段可微的曲线和曲面的情形恰好相对。现实世界中的很多物体形状往往具有这样不可微的特性。例如，芒德布罗在其 1967 年发表的论文中，提出了这样一个问题：英国的海岸线有多长？是否真如《不列颠百科全书》给出的那个数据？按照芒德布罗的理论，海岸线与科赫曲线具有类似的性质，其长度取决于观察者所用测量尺的大小。在缩小比例尺的过程中，越来越小的海湾和半岛将被逐一测量出来，而测得的海岸线长度也就随之增加了。可以预见，当基本量度单位足够小时，最后测量出来的海岸线长度将趋于无穷大。这与科赫雪花曲线当 $k\to\infty$ 时的情况类似，只是科赫雪花曲线作为理论模型其构造要比海岸形状规范得多。

8.2.2　分形几何图形的特征

自然界中的所有形状以及人类迄今所考虑的一切图形，大致可分为如下两种：

一种是具有特征长度的图形；另一种则是不具有特征长度的图形。所谓特征长度，指的是表征物体长度的代表，对于球体则是半径，对于人体则是身长。矩形、正方形、圆柱形等欧拉几何图形，都具有特征长度。再如房屋、电子计算机、汽车以及日常生活中所用的人造物品都各有其特征长度。这些具有特征长度的物体，即使形状稍加简化，但只要其特征长度不变，其性质也不会产生大的变化。若用欧拉几何学上熟知的矩形体或圆柱、球或长方形等简单形状加以组合，可很好地与其构造相近似。具有特征长度的物体，其最基本形状，具有共同的重要性质，即构成其形状的线和面是平滑的。自然界中凡是有特征长度的物体，一般均可视为平滑的。

但是，没有特征长度的物体则是一个让人感到陌生的概念。实际上，自然界中没有特征长度的物体也很常见。例如，河流的形状、海岸线、山的起伏等从地图和航空照片上看，如果不借助参照物一般很难估计它有多大，也就是说，海岸线从大尺度上看和从小尺度上看没有明显的差别。人体的肺与血管的复杂分支结构也不存在特征长度。此外，用计算机模拟也可产生大量这类图形。将科赫雪花曲线取出一部分放大到原来的大小，看起来仍然与原来的图形没有区别；换句话说，把任何一个充分小的局部放大适当的倍数，它的形状和整体一致。这样的现象称为自相似性，而具有这种特性的图形，我们说它们具有自相似的几何结构。当选取科赫曲线的其中一部分作为考查对象，并不断缩小尺度逼近地进行观察，就会发现以线为特点的基本结构一再地重复叠合。如果用一个放大三倍的放大镜来看每次变换后的 1/3 的那一段，它与原来那一段在细节部分恰好一模一样。现实世界中的许多复杂事物，如海岸线，同样具有自相似的几何结构特点。

自相似结构的发现，意味着在万千世界诸多纷繁复杂的事物中，竟然存在着某种奇妙的规律性。这种规律性可以看作一种新型的对称，但它不同于时间的平移不变性或是空间上左右前后的对称，而是小尺度下的图形和大尺度下的图形之间的对称。也就是说，在一定的尺度范围内，几何形体的形状、不规则性和复杂性质不随尺度的变化而变化，这种伸缩对称又称为“标度不变性”。经过科学家的研究发现，标度不变性在很多关联事物的实际分布中都有所体现。自相似结构的出现，使我们能够以一种全新的方式去探索存在于各领域中事物的融合或分离，如地质上地震带断裂的地形构造、生物的树木年轮与冰川纹泥、经济市场中的股票价格的波动起伏等，这些复杂事物的背后似乎都蕴涵了某种自相似的“规则性”。

从整体上看，分形几何图形处处不规则，在不同尺度上，图形的规则性又是相同的。例如，海岸线和山川形状，从远距离观察，其形状是极不规则的，从近距离观察，其局部形状又和整体形态相似，它们从整体到局部，都是自相似的。当然，也有一些分形几何图形，它们并不完全是自相似的。其中一些是用来描述一般随机现象的，还有一些是用来描述混沌和非线性系统的。

概括来说，与传统几何图形相比，分形几何图形一般有以下三点特质。

（1）非均匀性，从整体上看处处不规则。

（2）自相似性，局部与整体之间在不同尺度上的规则性相同。无论从远处看还是从近处观察，整体看起来一个模样。无论将其放大或缩小，形态与复杂程度都没有变化。需强调的是，自相似性不是相同或简单的重复，它与非线性系统的动力学特性相关。

（3）重尺度性，无特征尺度与标度。通常情况下，每个事物都有自己的特征尺度，但是无限嵌套的自相似结构具有标度不变性。

8.2.3　分形的定义

什么是分形？芒德布罗在 1982 年提出一个对分形的定义："A fractal is by definition a set for which the Hausdorff-Besicovitch dimension strictly exceed the topological dimension." 即 Hausdorff 维数严格大于拓扑维数的集合定义为分形集，简称为分形。四年后（1986 年），芒德布罗将分形的定义修正为："A fractal is a shape made of parts similar to the whole in some way." 即分形是整体与局部在某些方式上具有自相似性的集合。这两个定义都具有一定的缺陷，第一个定义强调几何对象的不规则性，包含了具有分数维的分形集，但忽略了整数维的分形集。第二个定义强调分形集的自相似性特征，但还是排除了一些分形对象，如噪声分析中的信号曲线、脱硫剂的表面结构不具有自相似性，却都是目前分形几何研究的重要对象。这两种定义皆不能涵盖所有的分形。

1989 年，Falconer 提出可以参照生物学中通过生命体的特征来表征"生命"这个概念的方法处理，即将分形的具体特征罗列出来给予说明。因此，Falconer 认为如果集合 F 具有以下所有或大部分特征，则它就是分形。分形集 F 描述如下：

（1）分形具有精细结构，或者说它具有任意小尺度下的比例细节；

（2）分形具有不规则性，不能用传统的几何语言或微积分来描述；

（3）分形具有某种自相似结构，可能是近似的自相似或者统计的自相似；

（4）分形的分形维数大于它相应的拓扑维数；

（5）在许多情况下，分形有着简单的递归定义，可以用迭代方法产生。

迄今为止，分形虽然尚未有严格准确的定义，但这不影响分形的发展。1975 年，芒德布罗出版了法语专著《分形对象：形、机遇与维数》，英译本（*Fractal: Form, Chance and Dimension*）于 1977 年出版。1982 年，出版了《大自然的分形几何学》（*The Fractal Geometry of Nature*）一书。分形理论逐步形成，应用到物理、化学、材料科学、生物学、经济学等广泛领域。

8.2.4 分形维数

维数是空间和客体的重要几何参数，在经典的欧氏几何中，人们用维数来描述简单物体的几何特征。例如，点是零维的，直线是一维的，平面是二维的，立体是三维的。在爱因斯坦的相对论中，维数概念的内涵得到了延伸，三维空间加上第四维的时间，形成了所谓的四维时空，四维时空观构成了理解相对论的基础。进一步，科学家又提出 N 维欧氏空间，用来分析包含了 N 个状态变量的系统的演化问题，而涉及的维数可以达到成千上万。

上述概念里，不管维数的具体数目如何，有一点是肯定的，那就是维数只能取整数，用来描述规则图形，这是传统的几何学。然而，在现实自然界中，许多物体的形状极不规则，如弯弯曲曲的海岸线、绵延起伏的山脉、变幻不定的云彩、繁星点缀的银河等。这些不规则物体的形状特征都不是我们熟知的传统几何维数所能描述的，因为它们都不再具有数学分析中的连续、光滑等“良好”的基本性质。过去对于这些物体，我们只能够用近似的方法加以抽象，把它们硬放到整数维数的空间中来研究。随着人类对于客观世界认识的不断深入，这样的简化往往不能再适应科学技术发展的需要。

对于科赫雪花曲线和海岸线的这种情形，难以简单地描述它们是多少维整数的图形，同时用传统的几何维数，即欧氏维数（平面上的任何曲线都是一维的）也不能反映出它们的特点。因此，对类似的非正规几何图形，分数维几何学中引入了非整数维的概念，作为欧氏空间维数概念的延拓。这种非整数值的维数统称为分形维数（fractal dimension）。

分形维数具有多种计算形式。如豪斯多夫维数（Hausdorff dimension），是构造其他分形维数的基础，多数情况计算困难；相似维数（similarity dimension），可以是整数，也可以是分数，对于不同的非整数相似维数的几何对象，维数越大复杂性程度越高；另外还有信息维数（information dimension）、关联维数（correlation dimension）、容量维数（capacity dimension）以及计盒维数（box dimension）。盒维数非常易于用计算机求得，广泛应用于各领域中。

利用豪斯多夫测度，可以定义集合的豪斯多夫维数，但是其涉及的数学概念较多，计算也相当困难；而一种应用最为广泛的维数概念是盒维数，它是在豪斯多夫维数的基础上，去掉分数维图形集合 A 的一些 r 覆盖（若对任意 i，集合 U_i 的直径小于 r，且 A 包含于可数个集合 U_i 之并，则称 $\{U_i\}$ 为集 A 的 r 覆盖）而得到的。1975 年，芒德布罗给出了盒维数的等价定义，可以作为分数维图形 A 的维数 $D(A)$ 的计算公式来使用：

$$D(A)=\lim_{r\to 0}\frac{\log n_r(A)}{\log(1/r)} \tag{8.6}$$

其中，$n_r(A)$代表n维欧氏空间中直径为r且盖住A的开集的最小个数。具体计算分数维曲线时，$n_r(A)$可认为是构成分数维曲线A的生成线所需的等长直线的条数，$1/r$则是生成线两端的距离与等长直线的长度之比。例如，科赫雪花曲线的生成线是由 4 条等长直线接成的折线段，而生成线两端距离与等长直线的长度之比是 3，所以容易算出它的分数维数近似为$D\approx\frac{\log 4}{\log 3}$。显然，此曲线的维数介于 1 与 2 之间，这是分数维曲线区别于一般几何曲线的显著特征。

分数维曲线的维数是曲线复杂程度和空间填充能力的量度。按逐渐缩小的尺度不断重复的不规则细节，使曲线的维数超过了一条直线；随着不规则细节反复出现的频率增加，曲线的维数将越来越趋近于 2。同样，还有维数介于 2 与 3 之间的分数维曲面和维数介于 3 与 4 之间的分数维立方体。

前面已经说明，海岸线的长度实际上取决于人们测量的尺度，而分数维数D正是其长度随测量尺度变化的速率的描述。假设以开度为η的两脚规沿海岸线一步步地丈量，走完海岸线共丈量了N步，则海岸线的长度L可以近似地表示为$N\eta$。减小η，测量将更为精确，而长度L也将增大（因为丈量的步数N增大的速率更快）；当η无限小时，L将趋于无穷大。经验数据和理论分析表明，丈量步数N与η^{-D}成正比，这里的D即海岸线的分数维数。现在设比例常数为k，则步数$N=k\eta^{-D}$，长度$L=N\eta=k\eta^{1-D}$。可以看出，维数D反映了海岸线长度L随测量尺度η变化的速率，这种变化速率是由曲线的内在结构和分布而决定的。所以，分数维数是一个描述物体表面几何形貌特征的、具有深刻物理意义的参数。但是人们却已证明，分数维形态不能解释自然界中所存在的全部蔓延式生长形态。例如，雪花属于称为枝晶的一类晶体，很可能就不是分数维形态。

8.2.5　分形理论及应用

分形理论（fractal theory）的数学基础是分形几何学，最基本特点是用分数维度的视角和数学方法去描述和研究客观事物，它跳出了传统三维空间或四维时空的束缚，更加趋近复杂系统的真实属性与状态。自相似原则和迭代生成原则是分形理论的重要原则。分形具有自相似性与标度不变性，除了几何图形，还可以具有功能和信息的自相似性或只有其中某一方面的自相似性。分形可以是由“功能”或“信息”等构成的数理模型。由信息、功能、能量、时间等“量”构成的具有自相似的对象称为分形行为，这类对象称为广义分形。

分形理论的哲学意义在于明确指出了整体与部分之间的辩证关系，同时提供了新的方法论。分数维几何学和分形理论的工具已经被人们应用到了方方面面。分形理论应用于自然科学领域诸如物理学中的湍流和相变、化学中的高分子链、天文学中的星团分布、地理学中的河流与水系、医学中的人体组织结构和计算机科学中的成像技术等；在社会学领域，分形被应用来观察社会和经济活动中的自相似现象、研究语言和写作中的词频分布等；在思维科学中，分形理论被用来研究大脑工作的全息方式、脑分散储存各种信息的行为等。

如今，分形理论涉及自然科学、工程技术、社会经济和文化艺术等诸多领域。人们运用分形理论成功地解决了许多用其他方法难以解决的问题，分形受到了更多的关注和应用。

分形可以作为一种方法，用于测量某些无法清晰定义的特性，例如，测量某物的粗糙程度、破损程度或不规则程度，如材料断口以及薄膜表面。分形图形已经应用在广告印刷、服装设计、建筑设计、天线设计、电影艺术等与人们日常生活密切相关的活动中。《星球大战》电影中外星球的地形就是在计算机里利用分形制作出来的。如今，分形已成为电影特效里的重要组成部分之一。分形还可以帮助我们了解湍流，不仅了解它的产生，还有它自身运动的情况。血管也可以被视为分形，因为它们可以被不断地细分为更小的部分。就像变“空间魔术”一样，它们可以把一个巨大的平面挤压成有限的体积。分形理论已经应用于地震的研究。地理学家注意到地震的分布是符合某种数学模式的，发现它也是分形的，如地震的能量分维、时空分维、断层分维、地震前兆的分维等。此外，金属表面的分形维数也可以反映出其强度。分形理论与管理科学相结合形成分形管理学这门新的分支学科。

图像压缩分形方法是巴恩斯利（M. F. Barnsley）于 1988 年首先提出的。利用分形技术可得到很好的压缩效果，且分形解码时放大到任意尺寸依旧保持精细结构。图像压缩是指将图像数据中冗余与不相干的信息去掉，保留有用的信息，进而转换成较小文件，这个过程称为编码，恢复图像则称为解码。常用灰度图像模型有测度空间、像素数据和函数这三种。

随着对分形的深入认识，人们建立了几种描述分形生长的模型来研究分形形态的形成过程，主要有扩散限制凝聚（diffusion limited aggregation，DLA）模型、簇团-簇团凝聚（cluster-cluster aggregation，CCA）模型［也称作动力学簇团（kinetic cluster aggregation，KCA）模型］、反应控制凝聚（reaction limited aggregation，RLA）模型和弹射凝聚（ballistic aggregation，BA）模型。通过理论分析、建立模型、实验观察以及计算机模拟相结合的手段来开展分形生长研究。举一个例子，内燃机的燃油燃烧不完全会产生许多致癌物质，这些致癌物质吸附在内燃机排出的烟雾粒子上。在高倍扫描电子显微镜下，发现油烟微粒的生成方式具有明显的分形特征。不同的燃烧条件可以改变结团（即未燃尽的碳离开火焰的最热部位后沉积形成球体）呈链状或是呈葡萄串状结构，但都保留分形特征，只是分维数的大小和结团的形状改变了。内燃机油烟高度松散的分形结构，意味着它有较大的表面，能吸附更多的致癌物质。

芒德布罗曾提出用分形生成元模拟物品价格随时间的波动及市场走势。目前多重分形分析手段已在金融数据中使用，为了研究那些大涨落间的关联性，在一定程度上反映并预测金融市场。

辛厚文等通过研究发现，具有标度不变性的分形结构对超导临界温度有影响。分形理论还可用来研究材料力学行为，如材料断裂表面。传统分析手段只能定性说明断口是韧性断裂、脆性断裂还是两者皆有。通过对细节结构观察发现断口裂纹的扩展是按 Z 形道路前进，在不同层次上大 Z 套着小 Z 字形通道，这些不同层次的嵌套结构具有自相似性，一定尺度范围内认为是分形结构。随着研究进一步深入，研究者发现，断口分形维数与宏观力学的某些参量密切相关。分形几何学的创立为定量描述断口的特征提供了有效的新工具，开辟了新道路。

总而言之，分形是 20 世纪 80 年代科学思想和方法的一个突破，在科学大综合、大分化迅猛发展的今天，分形中的自相似概念，逐渐升华为一种新的科学方法论，它与系统论相辅相成，又与耗散结构理论和协同学等在许多方面协调一致。

按照分形论的观点，分形内部任何一个相对独立的部分，在一定程度上是整体的再现和缩影，可以从部分出发来研究整体的性质，沿着微观到宏观的方向分析系统的规律。但是，整体的复杂性毕竟远远大于局部，仍然要在系统论的基础上，从全局出发来确定系统整体和部分的相关性。无论如何，分形理论指出了某些复杂事物的部分在构成整体时所依据的规则，它的思想和方法有着特殊的理论和实际意义，是系统科学的一个重要发展。

第 9 章　复杂网络与大数据

9.1　复 杂 网 络

9.1.1　复杂网络发展简史

复杂网络最早源于图论（graph theory），图论又是从七桥问题开始，下面从七桥问题开始谈起，它是 18 世纪著名古典数学问题之一。

在哥尼斯堡的一个公园里，有七座桥将普雷格尔河中两个岛及岛与河岸连接起来。问是否可能从这四块陆地中任一块出发，恰好通过每座桥一次，再回到起点？欧拉于 1736 年开始研究这个问题，一年之后，欧拉提交了《哥尼斯堡七桥》的论文，圆满解决了这一问题，同时开创了数学领域的一个新的分支——图论。他把问题抽象为“一笔画”问题，证明上述走法是不可能的。

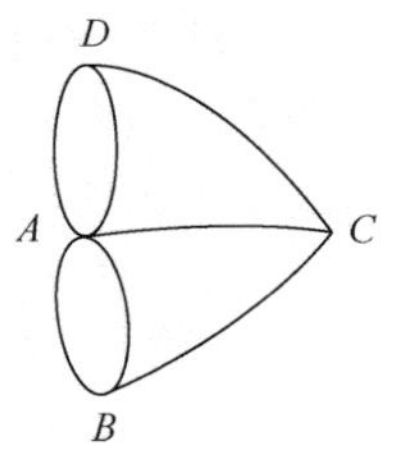

图 9.1　七桥问题示意图

在论文中，欧拉将七桥问题抽象出来，把每一块陆地考虑成一个点，连接两块陆地的桥以线表示。并由此得到了如图 9.1 一样的几何图形。若分别用 A、B、C、D 四个点表示哥尼斯堡的四个区域，则著名的“七桥问题”便转化为是否能够一笔不重复地过此七条线的问题。若可以，则图形中必有终点和起点，并且起点和终点应该是同一点，由对称性可知，以 B 或 D 为起点得到的效果是一样的，若假设以 A 为起点和终点，则必有一离开线和对应的进入线，若定义进入 A 的线的条数为入度，离开线的条数为出度，与 A 有关的线的条数为 A 的度。如果 A 不作为起点或终点，则要求 A 的出度和入度是相等的，即 A 的度应该为偶数。如果 A 的度为奇数，则它只能作为起点或终点。实际上 A 的度是 5，B、C 和 D 的度均为 3，为奇数，它们只能作为起点或终点。一共有 4 个起点或终点，就要求至少两笔才能完成这个几何图形。

20 世纪 60 年代匈牙利数学家埃尔德什（Erdos）与雷尼（Renyi）建立了随机图理论，在数学上开创了复杂网络理论的系统性研究。随机图理论在 20 世纪的后 40 年中一直被公认为是复杂网络研究的基本理论。

1967 年，美国哈佛大学社会心理学家斯坦利・米尔格拉姆（Stanley Milgram）通过一些社会调查实验推断出“六度分离”（six degrees of separation）理论，即地球上任意两个人之间的平均距离是 6，也就是说，任何一个人与任意角落的其他人发生联系，平均中间只要通过 5 个人。Milgram 的实验从某种程度上反映了人际关系的“小世界”特征。

1973 年，哈佛大学研究生马克·格兰诺维特（Mark Granovetter）的论文《弱连接的强度》（*Strength of Weak Ties*）刊登在《美国社会学》杂志上。这篇文章被认为是有史以来最有影响的社会学论文之一。Granovetter 以人们找工作的途径作为研究内容，他发现人们在寻找工作时，关系紧密的朋友（强连接）发挥的作用比那些关系一般甚至只是偶尔见面的朋友（弱连接）更小。

到了 20 世纪末，复杂网络的研究从数学领域向物理学、生物学发展，人们开始考虑节点多且结构复杂的实际网络的整体特性。1998 年 6 月美国康奈尔大学非线性专家史蒂芬·斯托加茨（Steven H. Strogatz）教授与其博士生邓肯·沃茨（Duncan J. Watts）在《自然》（*Nature*）杂志上发表《“小世界”网络的集体动力学》（*Collective Dynamics of “Small World” Networks*）一文。文中根据米尔格拉姆的小世界实验建立一个小世界网络模型，这个模型反映出社会关系网络具有较短的平均路径长度以及较高的聚类系数这一特性。紧接着在 1999 年 10 月，美国圣母大学物理系教授艾伯特-拉斯洛·巴拉巴西（Albert-László Barabási）及其博士生雷卡·阿伯特（Réka Albert）在《科学》（*Science*）杂志上发表了《随机网络中标度的涌现》（*Emergence of Scaling in Random Networks*）。这篇文章揭示了复杂网络的无标度性质。这两篇文章的发表标志着复杂网络研究新纪元的开始。复杂网络早期主要研究网络结构及其统计特性，后来逐渐发展到复杂网络中的搜索、同步、控制，复杂网络上的传播动力学与相继故障等。复杂网络的发展得益于迅猛发展的互联网技术及计算机设备，学科间的相互交叉研究揭示了复杂网络的共性，以还原论和整体论相结合的复杂性科学兴起，也促使从整体上研究网络结构与性能的关系。

9.1.2　基本概念

复杂网络是由节点和节点间的连线（边）组成，节点代表所研究系统的组成元素，边表示元素之间的关系（相互作用、相互关联），如信息传递、人际关系、疾病传染、不同生物种群间的生存依赖关系等。

1. 网络

所谓网络是指由点集 V（节点集合）与边集 E（节点的边的集合）组成的图 G，可以用 $G=(V,E)$ 来表示。即非空集合 G 中包含了节点以及节点对应的边。图 9.2 给出了一个网络结构示意图。节点数目 $N=|V|$ 称为图 G 的阶，边的数目 $M=|E|$ 称

为图 G 的规模。图可以用来表示所有类型的网络，其中，节点可以代表各种类型的网络元素，如人、企业、动物、团体、城市等；而边可以代表相连元素之间的各种关系，如友谊、商业联盟、信息往来、生产流程等。如果图 G 中的任意点对对应同一条边，即任意一条边都没有方向性，隐含所有的连接都是对称的，则该网络称为无向网络（undirected network），如蛋白质互作用网络、语言学网络、人类关系网络等。否则称为有向网络（directed network）。食物链网络、电力网络、神经网络这些都是典型的有向网络。如果每条边都赋予相应的权重，称为加权网络（weighted network），否则称为无权网络（unweighted network）。无权网络也可以认为是每条边权重值为 1 的等全网络。在图论中，任意两点之间最多一条边且没有自环（以同一节点作为起点和终点）的图称为简单图（simple graph）。图的连通性指的是图中任意节点都可以通过有限个边到达其他任何节点。所有节点间的联系情况可用邻接矩阵描述，其元素取 0 或 1，1 表示节点之间存在一条边，0 表示没有边连接。在网络 G 中通常涉及三组基本统计指标：度与度分布、平均路径长度和聚类系数。

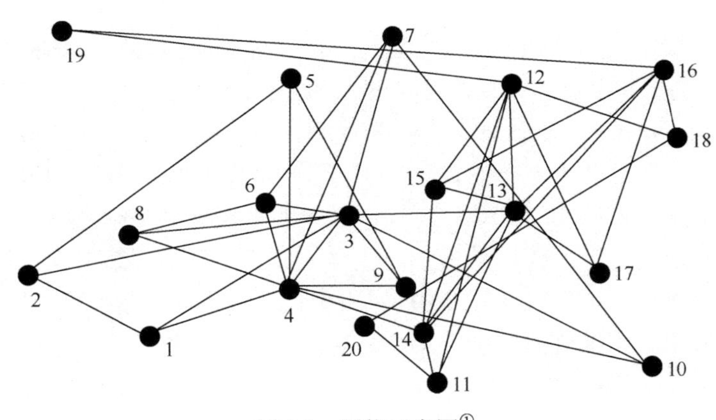

图 9.2 网络示意图①

2. *度与度分布*

一个节点的度（degree）表示与该节点直接相连的边数，通常用 K_i 表示。如图 9.2 中节点 6 的度 $K_6 = 4$，节点 14 的度 $K_{14} = 6$。网络中所有节点的度的平均值称为网络的平均度，记为 $\langle K\rangle$，$\langle K\rangle = \sum_{i=1}^{N} K_i \Big/ N$，$N$ 为网络中节点总数量。图中各节点度的散布情况称为度分布，节点的度分布可以用分布函数 $P(k)$ 表示，$P(k) = N_k / N$，N_k 表示度为 k 的节点数量。$P(k)$ 表示随机选定一个节点，其度为 k 的概率。完全随

① 图片引自《复杂网络在管理领域的应用研究》第 5 页，成都：电子科技大学出版社，2013.

机网络的度分布近似为泊松分布。实际上，许多网络的分布用幂律形式可以更好地描述。幂律分布也称为无标度（scale-free）分布。

3. 平均路径长度

网络中两个节点之间所经过的最少边数称为节点的距离或最短路径 $d_{i,j}$。最短路径的最大值称为网络的直径（diameter），$D=\max\limits_{i,j}\{d_{i,j}\}$。网络的平均路径长度 L 定义为任意两个节点之间的最短路径的平均值，用下式表示：

$$L=\frac{\sum_{i,j}d_{i,j}}{N(N-1)} \tag{9.1}$$

网络的平均路径长度也称为网络的特征路径长度（characteristic path length）。

4. 聚类系数

聚类系数（clustering coefficient）表示图 G 中节点聚集程度的系数。与一个节点 i 直接相连的所有节点（称为节点 i 的邻居）之间的实际存在边数记为 E_i，E_i 和总的最大可能边数之比就是节点 i 的聚类系数，用 C_i 来表示，即 $C_i=E_i/C_{k_i}^2$。如图 9.2 中 $C_5=1/3$，$C_8=1$。

9.1.3　复杂网络的类型与性质

复杂网络的类型主要有规则网络、随机网络、小世界（small world）网络和无标度网络等。不同网络的拓扑性质不同，但是不同的网络拓扑结构也会产生类似的网络特性。图 9.3 给出了环形的规则网络、小世界网络和随机网络。规则网络是指每个节点只与它相邻的多个节点有边相连的网络。由 N 个顶点构成的图中共存在 C_N^2 条边，随机连接其中 M 条边所构成的网络就称为随机网络。在规则网络的节点之间又有随机连接的情况便成为小世界网络。通过对大量现实网络的研究发现，尽管许多网络的节点数和边数巨大，但是有一大类复杂网络的任意两个节点之间的最短路径却比较小，这就是小世界网络的特性之一。复杂网络出现小世界特性源于节点与边的异质性，而与网络的节点数是否改变没有必然联系。

1. 规则网络

规则网络上的每个节点按照一定的规则连接在一起，最基本的规则网络形式有圆环型、直线型以及两者的组合。常见的规则网络有束流传输网络、耦合映象格子。在规则网络中，每个节点具有相同的度与聚类系数，节点的度分布为 Delta 函数，即 $P(k)=\delta(k-K)_k$。规则网络集聚程度高，平均路径长。

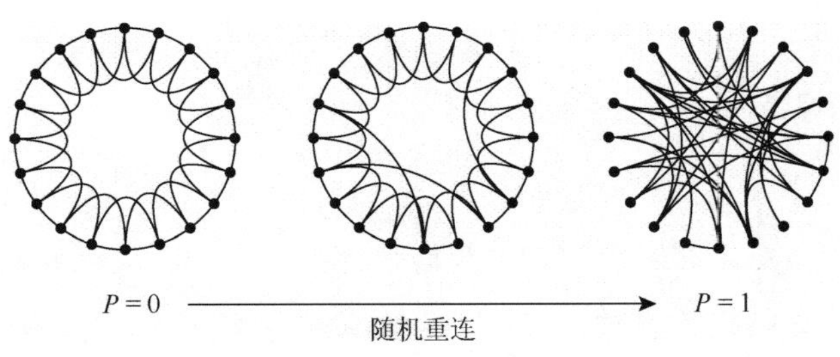

图 9.3　几种网络模型[①]

2. 随机网络

所谓随机网络就是网络中的节点按照随机方式连接在一起。匈牙利数学家埃尔德什与雷尼研究的 ER 随机图模型就是典型的随机网络模型之一。他们发现 ER 随机图模型具有涌现或相变性质。节点之间的连接存在着一定的概率性。随机网络度分布符合泊松分布，即 $P(k)=\dfrac{\langle k\rangle^k}{k!}e^{\langle k\rangle}$。随机网络在平均度数 $\langle k\rangle$ 处有一个峰值，而远离峰值的节点衰减很快，说明网络中大多数节点的度分布较为集中，有同质性。随机网络的平均集聚程度低而平均最短路径小。

40 多年来，在许多领域的复杂网络都被看作随机网络。随机网络理论预测，尽管是随机安置的，但由此形成的网络绝大部分节点的连接数目大致相同。ER 随机网络模型是静态平衡的网络，节点数是预先给定的。高速公路网则是随机网络的代表。

3. 小世界网络

1998 年，沃茨和斯托加茨提出一种描述人类社会网络的模型，称为小世界网络，也称 WS 模型。小世界网络是介于完全规则网络和完全随机网络中间的一种网络形式，通过调节一个参数可以实现从规则网络向随机网络过渡。

小世界网络模型算法是从一个具有 N 个节点的环形规则网络开始，每个节点有 A 个邻点相连，以连接概率 P 随机地为网络的每条边重新连线，同时保证没有自我连接和重复边，这个过程随机引入的边称为“长程连接”。长程连接减小了平均路径长度，提高了网络簇系数。在这样的模型中，当 $P=0$ 时对应于完全规则网络，当 $P=1$ 时对应于完全随机网络（图 9.3）。

随后，纽曼（Newman）和沃茨提出了新的模型，称为 NW 小世界模型，此模型对 WS 模型进行改进，通过“随机化加边”取代“随机化重连”，避免了 WS 模型在随机化过程中可能出现的孤立群聚现象。在 NW 模型中，$P=0$ 对应于最近

---

① 图片引自 *Nature*，1998，393：440-442.

邻耦合网络，$P=1$ 则对应于全局耦合网络。当 P 足够大时 NW 模型与 WS 模型等价。

小世界网络具有平均集聚程度高且平均最短路径小的特性。大量的实验研究表明，真实网络中小世界效应普遍存在。

沃茨在 2004 年曾较系统地对小世界网络的特性作了总结，概括为以下几点。

（1）真实网络既是有序的同时又是随机的。应该在有序和随机之间建立数学模型来体现这些真实网络的一些性质。

（2）网络的特性能够应用简单的统计学来定量描述，如聚类系数、平均路径距离。

（3）完全规则网络（$P=0$）具有“大的”路径距离和“高的聚类系数”，而完全随机网络（$P=1$）具有“小的”路径距离和“低的聚类系数”，随机模型只有当聚类系数小时路径距离才是短的。

（4）小世界网络模型呈现出一个宽的 P 值变化范围，但平均路径距离尽可能“小”，称此情形的网络为小世界网络。

（5）因为属于小世界类型网络的要求条件较弱，沃茨等曾预言不管是社会网络还是其他网络应当是小世界网络，于是通过三个实际网络（包括电影演员合作网、美国西部电力传输网和新陈代谢的神经网）的数据检验了这个预言的正确性。

（6）一个网络的结构对于一个系统的集体动力学行为具有很大的影响和联系。特别是只要稍微修改网络的结构或者网络的局域知识或信息就可以导致动力学行为发生大的变化。如疾病传播的例子便是一个很好的证明。

4. 无标度网络

无标度网络是指网络的度分布符合幂律分布，由于缺乏一个描述问题的特征尺度，故称为无标度网络。幂律分布指的是节点数目与相应的度之间可以近似地用一个幂函数表示。幂函数曲线是一个下降相对缓慢的曲线，这使得网络中存在度很大的节点。巴拉巴西和阿伯特提出的 BA 模型是第一个被研究的无标度网络模型。他们指出 BA 模型具有增长性与择优性，正是这两个特性使得真实系统可以自组织生成无标度网络。增长性指的是网络的规模是不断扩大的，也就是说，节点的数目不断增加。而新增加的节点更倾向于连接到已经有较多连接的节点，具有“择优”倾向，随着时间的推进，这些节点就拥有比其他节点更多的连接。这种现象也称为“马太效应”或者“富者更富”。例如，新发表的文章更倾向于引用已经被广泛引用的文章。这种富者更富的过程有利于早期节点，它们更有可能成为集散节点（或称中枢节点）。集散节点所拥有的连接可能高达数百、数千甚至数百万。

基于这两个特性，巴拉巴西和阿伯特构造出 BA 无标度模型：从一个具有 m_0 个节点的网络开始，每次引入一个新节点，将新节点连接到 m 个原有节点上，$m \leqslant m_0$。新节点与节点 i 连接的概率用 P_i 表示，且 $P_i = \frac{k_i}{\sum_j k_j}$。如此经过 t 步后，便产生了一个节点数为 $t+m$、边数为 mt 的网络。当网络规模足够大时无标度网络不具有明显的聚类特征。目前已有三种方法研究 BA 无标度网络的度分布，分别是连续场理论、主方程法与速率方程法。近年来，许多研究发现了在很多不同的系统中都存在无标度网络结构。万维网、航空网都属于无标度网络。社会网络也是无标度的，电子邮件所连接的人际网络也可能是无标度的，科学论文之间的引用关系所连接的网络，同样遵循幂次分布定律。无标度网络也出现在商业领域及生物学领域。研究发现细胞中蛋白质的交互网络也是无标度的。

当前，无标度网络的研究主要集中在实证研究、复杂网络建模、网络生长动力学模型、无标度网络及小世界网络有效性分析等。

无标度网络对随机故障（或意外故障）具有极高的鲁棒性（承受力）。鲁棒性是指当移走网络中少量节点之后网络的绝大部分节点仍是连通的，就称此网络对节点故障具有鲁棒性。无标度网络的鲁棒性本质上是由于这种网络度分布的极端非均匀性，绝大部分的节点的度都相对较小，少量节点的度相对较大。这种网络随机破坏的主要是那些不重要的节点，因为它们的数目远大于集散节点。与那些几乎连接所有节点的集散节点相比，那些不重要的节点拥有少量的连接，因而去除它们不会对网络拓扑结构产生重大的影响。但是，对集散节点的依赖使得无标度网络对蓄意攻击很脆弱。研究表明，一般只要有 5%～10%的集散节点同时失效，就足以搞垮系统。因此，为了避免因恶意攻击带来网络的大规模破坏，最有效的办法就是保护好集散节点。有研究学者利用渗流理论分析因特网对随机攻击与蓄意攻击的鲁棒性，进一步验证了上述结果。

现实生活中因特网、交通网的拥塞，大规模电网停电等现象与网络的鲁棒性有密切的联系。而且现实生活中这类属于动态鲁棒性，一个或少数的节点或边发生故障，通过节点之间的耦合作用引起周围其他节点或边发生故障，产生连锁效应，最终导致部分或全局网络崩溃，这就是网络的相继故障，也称为“雪崩”或级联失效。例如，2003 年 8 月，美国俄亥俄州克利夫兰市 3 条超高压输电线路相继过载烧断造成大规模的停电，数千万人陷入黑暗长达十几个小时，经济损失高达数百亿美元。目前，针对复杂网络相继故障的动态模型分析主要有负荷-容量模型、二值影响模型、沙堆模型、OPA 模型等。下面主要介绍负荷-容量模型。

负荷-容量模型的共同点是赋予网络中每个节点或边一定的初始负载和容量（也称为安全阈值），当某节点或边由于某种扰动负荷超过其容量而发生故障，把负荷按照一定的策略重新分配给其他节点或边。这些节点或边接受了额外的负荷，其总负荷也可能超过其容量而发生故障，从而导致新一轮的负荷重新分配。这个过程反复进行，影响的节点或边有可能逐渐扩散，从而产生相继故障。在模型中，需要考虑节点或边的动态行为，或结合起来加以考虑。那么这类模型的构建需解决几个基本问题：节点（边）上初始负荷的定义、节点（边）故障后负荷重新分配的动力学过程、节点（边）容量的定义。根据容量与初始负荷的关系，可将负荷-容量模型分成容量与初始负荷相关的负荷-容量模型和容量与初始负荷不相关的负荷-容量模型。容量与初始负荷相关的负荷-容量模型主要研究节点或边受到随机攻击或者蓄意攻击时引发的相继故障。容量与初始负荷不相关的负荷-容量模型主要研究的是由过载引起的相继故障，除了攻击会引发相继故障，另一个主要原因是网络负荷不正常。

单独考虑节点动态的模型。给定一个 N 个节点的网络，赋予每个节点满足某种统计分布的安全阈值。假设每个节点上的负荷相同，当节点 i 发生故障时，将负荷平均传递给直接相连的无故障节点，并从网络的最大连接子图中去除这个故障节点，那么故障的重新分配可能引起其他节点发生故障，从而导致相继故障。当网络中所有剩下节点的负荷都低于安全阈值时，网络达到了平衡，相继故障结束。节点的负荷可以定义为该节点的介数，一定程度上反映了网络中通过该节点的最短路径数目。

单独考虑边动态的模型。顾名思义，就是将负荷加在连接节点的边上而不是节点本身。定义每条边的容量，当边传播的通信量超出容量发生拥塞，则按照一定的动态规则（平均分配或者随机分配）重新分配给相邻的未拥塞边；如果相邻的边都发生拥塞，那么将负荷分配给整个网络中其他未拥塞的边或者直接丢弃，负荷的重新分配可能导致边拥塞从而引发相继故障。

相继故障的建模涉及通信网络、电力网络、交通网络、新陈代谢网络、供应链网络、物流网络、生态网络等领域，所使用的描述模型也在不断地改进，越来越好地对现实网络上的相继故障机理进行模拟，并提出一些预防和控制策略。例如，负荷-容量模型中的负荷分布最初由基于拓扑的纯网络结构决定，之后发展到由带权重的网络结构参数和结合系统参数决定。

9.2　大　数　据

9.2.1　什么是大数据

大数据（big data），也称为巨量资料，严格地说，到目前并没有一个统一明确的定义，不同的领域按照各自的理解，研究与发展大数据。最初，大数据是指要处理的信息量过大，已经超出了一般计算机在处理数据时所能使用的内存量。简单地理解，“大数据”指的是无法以传统流程或工具处理、分析的数据，因此导致新的处理数据技术的诞生，如谷歌的 MapReduce 与开源 Hadoop 平台。这些技术在处理半结构化（semi-structured）与非结构化（unstructured）数据上有很大的优势，以往的数据处理方式只能处理结构化（structured）数据。

康路晨在其著作《一本书读懂大数据时代》中将大数据定义为“无法在一定时间内用常规软件工具对其内容进行抓取、管理和处理的数据集合”。

IBM 最早定义了大数据的特征：规模性（volume）、多样性（variety）、价值性（value）和高速性（velocity），简称 4V 特征。从这四个特征可以看出，大数据的数据体量巨大，且类型繁多，价值密度低，需要合理利用才有可能带来高价值回报，这就要求处理数据的速度快。

一个数据集够不够大、是不是大数据，这只是问题的表面。大数据问题的核心是一个数据集是否有值得开发的价值，能否在希望的时间内挖掘出价值。因此，价值和时效是大数据的核心内涵。

1997 年，美国国家航空航天局（NASA）研究员 Michael Cox 和 David Ellsworth 在电气和电子工程师协会（IEEE）第 8 届国际可视化学术会议中首先提出了“大数据”术语，但在当时并没有引起太多关注。2008 年 9 月，*Nature* 出版了一期大数据专刊，大数据在科学研究领域得到了高度重视。2012 年 3 月，美国政府发布“大数据研究和发展倡议”，该倡议涉及联邦政府的 6 个部门。这些部门承诺投资总共超过 2 亿美元来大力推动和改善与大数据相关的收集、组织和分析工具及技术。此外，这份倡议中还透露了多项正在进行中的联邦政府各部门的大数据计划。大数据已成为当前市场的热门话题，联合国、各国政府等组织都对其给予了高度重视。

大数据无处不在。在数字化时代，数据处理变得更加容易、更加快速，人们能够在瞬间处理成千上万的数据。使用手机都有数据痕迹，运营商通过分析消费记录、通话记录、浏览记录可以知道手机使用者的喜好、收入水平，推荐想要看的书、想关注的新闻热点，推出更个性化的服务。银行利用客户消费的场所、频次分析消费者的行为，开发新客户。零售商根据顾客购买的婴儿内裤尺寸与颜色预测未来提供儿童玩具的种类、时间。热门景区推出人流量地图，为旅游出行提供便利。麦肯锡最早预言了大数据时代的到来：“数据，已经渗透到当今每一个行业和业务职能领域，成为重要的生产因素。人们对于海量数据的挖掘和运用，预示着新一波生产率增长和消费者盈余浪潮的到来。”一场大数据引发的变革渗透到各个角落，巨量、多样、时效、价值高、密度低等大数据特点给数据挖掘技术带来了新的挑战和机遇。

9.2.2　大数据引发的变革

1. 大数据改变了我们的思维方式

首先，从依靠分析少量的数据样本转向分析与事物相关的所有数据。早期因为记录、储存和分析数据的工具不够好，只能收集少量数据进行分析，通过收集随机样本用较低的成本作出较高精确度的推断。采样分析的精确性随着采样随机性的增加而大幅提高，但与样本数量的增加关系不大，这是经过统计学家证明的。因此随机采样的方法取得了巨大的成功，在社会各方面成为一个重要的分析工具。但随机采样只是一条捷径，本身存在许多固有的缺陷，选择的样本对结果有很大的影响，一旦采样过程中存在任何偏见，分析结果就会相去甚远，不适用于一切情况，且结果缺乏延展性。大数据则是采用所有数据。例如，谷歌流感趋势预测是通过分析整个美国数亿条互联网检索记录，建立模型，计算数十亿数据节点，而不是对小样本进行分析。采样容易忽视对细节的考察，所以如果可能，我们会收集所有的数据，即“样本 = 总体”。

其次，为了了解某事物大致的发展趋势，我们不再追求数据的精确性，接受适量的错误，接受数据的纷繁复杂。数据量的大幅增加会造成结果的不准确，与此同时，一些错误的数据也会混进数据库。然而，重点是我们能够努力避免这些问题，但在很多情况下，与致力于避免错误相比，对错误的包容会带给我们更多好处。为了高频率而放弃了精确性，结果观察到了一些本可能被错过的变化。以自然语言处理为例，微软研究中心通过在现有的算法中添加更多的数据，从一千万字到最后的十亿，准确率从原来的 75%提高到了 95%以上。谷歌翻译系统则是利用更多更繁杂的数据库使得自然语言处理取得了飞跃式发展。大数据要求我们必须能够接受混乱和不确定性。

最后，大数据使得人们不再探求难以捉摸的因果关系，转而关注事物的相关关系。相关关系的核心是量化两个数据值之间的数理关系。相关关系强是指当一个数据值增加时，另一个数据值很有可能也会随之增加。我们已经看到过这种很强的相关关系，如谷歌流感趋势：在一个特定的地理位置，越多的人通过谷歌搜索特定的词条，该地区就有更多的人患了流感。相反，相关关系弱就意味着当一个数据值增加时，另一个数据值几乎不会发生变化。例如，沃尔玛通过观察历史交易记录发现季节性飓风来临之前，手电筒与蛋挞的销量都增加了，因此沃尔玛在此时将库存的蛋挞与飓风用品放置在相近位置，从而增加销量。

日常生活中，我们习惯性地用因果关系来考虑事情，所以会认为，因果联系是浅显易寻的，但事实却并非如此。与相关关系不一样，即使用数学这种比较直接的方式，因果联系也很难被轻易证明。通过探求“是什么”而没必要知道“为什么”，相关关系帮助我们更好地了解世界。大数据的核心是预测，这种预测便是建立在相关关系分析的基础上。

2. 大数据带来的商业变革

大数据不等于大价值，但大数据分析做好后，大数据就会带来大价值。挖掘出庞大的数据库独有的价值是大数据的核心。随着大数据技术的发展，越来越多的企业将感受到大数据分析带来的甜头，甚至愿意改变原有的商业模式。

大数据的价值基础建立在将信息数据化，所谓数据化即转变为一种量化形式的过程。需要注意的是，数字化与数据化的差别。数字化只是将文本、图片等信息转换为计算机可识别的二进制码，以便计算机进行处理，与数据化有着本质的区别。文字数据化产生各大平台上的电子书籍以及其他文本信息，通过检索查询可以进行各式各样的文本分析。电子书阅读器收集了大量读者阅读模式与文学喜好的数据，电子图书出版公司可利用这些信息帮助改进书籍的内容与结构。同时，数据化的文字更有利于机器学习与分析，如谷歌翻译系统。现在汽车或智能手机上的导航系统已成为人们生活中不可或缺的一部分。这是将地理位置数据化并实现商业化的结果。UPS 快递公司通过利用地理定位的数据优化货车的行车路线，提高行车的安全性与效率。

社交网站、购物网站通过使用者的浏览记录、购物记录，了解用户的“喜好”，为用户提供个性化的建议从而赚取收入。日本先进工业技术研究所（Japan's Advanced Institute of Industrial Technology）将一个人的坐姿（包括身形、姿势和重量）分布量化和数据化，根据人体对座位的压力差异识别出乘坐者的身份，准确率高达 98%。这项技术可以安装在汽车上作为汽车防盗系统。除此之外，通过汇集这些坐姿数据，与事故发生之前的姿势变化情况进行比较，分析出坐姿和行驶安全之间的关系，在司机疲劳驾驶的时候发出警告或者自动刹车。富士通帮日本的医疗机构做过一个项目，将很多抑郁症患者的重点发病地、抑郁症患者的 DNA 信息与电子病历结合起来，根据病例、气象、DNA、地域数据，分析抑郁症患者自杀的概率。以前没有体现出价值的数据体现出了价值。快餐行业中应用大数据技术通过视频分析等候购物队列的长度，并视队列长度的情况自动变化电子菜单中的内容。如果队列较长，电子菜单中显示能够快速供给的食物；如果队列较短，则显示那些利润较高准备时间比较长的食物。

政府的手中往往掌握着大量的数据，各个国家相继出台并实施了开放数据策略，如美国联邦政府的公开信息资料库 Data.gov 网站，企业与公众可获取这些数据并利用其创造价值。大数据是当前网络空间数据资源及其开发利用的一种表现。

随着大数据价值的提升，目前出现了三种大数据公司：拥有或收集大量数据的公司，不一定有挖掘价值技能，如 Twitter；掌握专业技能的大数据分析公司，如咨询公司、技术供应商或分析公司；基于大数据思维的公司，具有创新性思维。亚马逊与谷歌则是数据、技能、思维集一身，三者兼备。

9.2.3　数据安全

在如今开放的网络环境下，数据被恶意破坏、窃取篡改已经变得司空见惯。我们先回顾近几起重大信息泄露事件。

2014 年铁路春运售票第一天，某票务网站多次出现程序漏洞、用户账号串号的问题，导致大量用户信息泄露。用户在登录后能够查看到其他用户的姓名、身份证号码、手机号码等个人信息。

某前员工通过后台程序下载了超过 20G 用户资料并贩卖给部分商业公司及数据公司，其中价值高的单条数据记录价格甚至达到数十元。此次事件引起了大众对信息安全问题的关注，也牵出了一条互联网信息贩卖的黑色交易链。

2014 年 10 月 3 日，某国际银行计算机发生数据泄露问题，泄露信息包括用户个人资料如姓名、地址、电话号码、邮箱等，以及与用户相关的银行内部信息也遭到泄露，牵连到 7600 万个家庭和 700 万家小企业。

国外曾发生过一次 104 亿用户信用卡个人信息泄露事件，包括姓名、电话号码、居住地址、身份证号码甚至贷款交易内容及信用卡免税书等各项敏感信息。

大数据技术的发展为数据价值的发掘提供了舞台，也带来了诸多数据安全与隐私保护问题。当用户使用智能手机下载应用时，往往会弹出是否允许该应用共享用户的通信及位置信息的询问框，如果选择允许该要求，这就意味着该用户将面临信息泄露的风险，大量用户的信息及各项数据会被社交、购物等网站对外开放，而这些信息又会被同类网站或市场分析机构收集，通过分析用户的个人信息、手机定位等多种数据信息拼凑形成数据集合，就能够分析用户的信息体系，这就使用户的隐私处在危险当中，令人担忧。

如果用户拒绝共享信息，那将导致其无法享受到部分便捷的服务。互联网发展对公民信息需求的增长及获取渠道的拓宽导致了信息安全、隐私及便利性之间产生巨大的冲突。一方面，消费者从海量数据中获益，这种益处包括低廉的价格、更符合消费者消费习惯和喜好的商品、生活品质的提高等。另一方面，厂商大量获取消费者的购买偏好及健康数据，给用户的隐私安全带来威胁。

对于企业而言，在大数据迅猛发展的环境中不仅要学会如何利用数据挖掘价值，还需要采取措施防御数据泄露以及网络攻击。“大数据安全是一场必要的斗争。”企业可以利用数据分析及挖掘获取利润，黑客也可以通过同样的方式向企业或个人发起攻击。无论是商业竞争、黑客攻击，还是企业内部员工或第三方人员的有意泄密等，大多数攻击者攻击的都是数据本身。怎样保护好数据，将自身数据的商业价值发挥到最大化是当下数据时代最核心的挑战之一。

从国家安全层面看，在信息时代仅凭军事防御已经不能满足国家安全环境的需要。国家在水、电、石油、商业、交通、军事等领域对网络的依赖性不断增加，使得国家安全面临巨大挑战。

大数据的安全问题刻不容缓。要从根本上解决安全问题，就必须建立一个完善的安全体系。

第 10 章　系统建模与仿真

本章和第 11 章介绍系统科学的研究分析方法，包括系统建模、系统仿真、系统评价与系统决策这四部分内容。首先介绍系统建模与系统仿真。系统建模是指通过观测实际系统用数学方式进行描述从而获得与实际系统近似的简化模型；系统仿真是将模型在计算机上程序化并运行。实际系统、模型与计算机三者之间的建模关系与仿真关系如图 10.1 所示。

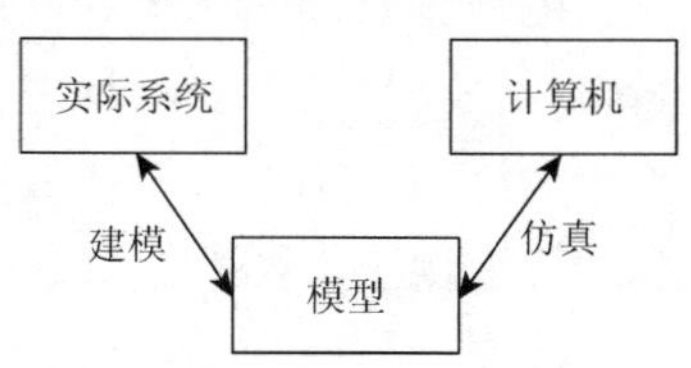

图 10.1　建模与仿真的基本组成

10.1　系 统 建 模

建立模型是系统分析的一个重要环节。一个合适的系统模型可以帮助进一步深化对系统的认识，同时也是实现系统优化的重要途径。计算机出现之前，科学研究中的绝大部分工作是利用数学手段或其他方法对事物或真实世界进行描述，这也就是建模活动。最初主要是在物理科学基础上的建模，如开普勒的行星运动三大定律、牛顿万有引力定律、爱因斯坦的相对论都是科学家通过对现实世界的观察与实验，建立的抽象的表示方法。计算机诞生之后，出现了计算机仿真技术，计算机的发展也促进了建模技术的发展。

建模的主要目的有以下三个：科学研究中，利用系统模型对事物发展与变化的规律有更全面、更深刻的了解和把握，进而提出新系统设计的理论和方法；系统设计尤其复杂系统的设计，常常需要通过仿真比较各种设计方案，优化系统参数，以便设计出能达到设计要求（如稳定性和精度等）的最优系统，而仿真研究的前提是建立了系统的数学模型；通过建模对系统进行预测，不论在自然科学还是社会科学的研究中，往往希望知道所研究的系统未来发展演变的规律和趋势，才有可能预先作出决策，采取措施控制系统中有关变量的变化。科学的定量预测大多采用模型法，首先建立所预测系统的数学模型，然后根据模型对系统中某些变量的未来状态进行预测。显然，这些预测的可靠性取决于人们对被预测系统特性的认识程度，即所建立的数学模型的可靠程度。

系统建模的重要性，大致包含以下几点：①方便对系统的理解与认识；②建模在系统分析过程中起着承上启下的作用；③系统模型用于系统分析，通常由于在真实系统上做试验不安全、不经济。如火箭发动机及控制系统，所以在模型上做试验成为对系统进行分析、研究十分有效的手段；④建立模型便于揭示系统的本质规律。

10.1.1　模型的定义及分类

模型是对描写与说明的研究对象实体的一种表达方式，多数情况下是对实际问题的一种抽象。这种抽象往往是对实际问题某一方面性质的抽象，对于其他不关心的性质，则一般不在模型中反映。因此模型通常与研究对象之间存在同态关系，特殊情况下两者之间也可以存在同构关系。

按照模型的用途，可分为预测模型、结构模型、过程模型、决策模型、行为模型、组织模型等。按照模型中变量的性质进行分类，可分为静态与动态模型、连续与离散模型、确定性模型与随机模型。按建模的对象可将模型分为工程模型、生态模型、经济模型、社会模型等。按建模对象的规模可分为微观模型、中观模型、宏观模型。

按照形态进行分类，模型一般分成形象模型和抽象模型两类。形象模型是依据一定的规则仅把实际系统简化或缩放比例得到的复制品，其他性质与原物体类似，如地球仪模型、风洞实验模型、地形沙盘模型，常用于水利工程、土木工程、船舶工程、飞机制造等领域。抽象模型是用符号、图表等非物质形态描述客观事物性质、特点而建立起来的模型。抽象模型没有具体的物理结构，只在本质上与系统相似，反映的是系统的本质特征，从模型表面上看不出原有系统的形象。

抽象模型又可以细分为以下三种。

（1）模拟模型。用便于控制和易于分析观测的条件和关系来表述实际事物的特征，如等高线表示的地形图、模拟力学系统的电子线路、模拟事物逻辑关系的计算机程序等。既可用实体形式，也可以用数学形式抽象。有了大型计算机以后，复杂计算成为可能，系统工程中建立的这类模型才多起来。

（2）数学模型。用字母、数字或其他数学符号组成关系式、图表等来描写实际事物的特征所建立的模型。这是系统工程中大量采用的模型，有采用等式、不等式的函数模型，有采用微分方程的方程模型。近年来，不少专家开始偏好于采用网络模型。我们也可以把它归入数学模型这一类，因为网络模型建立的基础——图论，就是数学中的一个分支。不过，网络模型是以其特有的“节点-边”的语言来描述一个系统，而融合了图论及数理统计知识的复杂网络理论，有着一套特定的研究思路和方法。数学模型是现代管理科学的重要工具，可弥补科学实验上的不足。数学模型有着十分广泛的应用。概括起来，数学模型有两个方面的作用：提高对现实系统的认识（认识世界）及提高对现实系统决策的能力（改造世界）。

（3）概念模型。通过经验、知识和直觉对事物进行理论抽象后，建立起来的一种理想系统即概念模型。物理学中的各种研究对象几乎都是概念模型，如质点、刚体、点电荷等。

模型是为了某种特定目的、将系统的某一部分信息进行抽象而构成的系统的替代物。可见，模型不是“系统的复现”，而是按研究目的的实际需要和侧重面，寻找一个便于进行系统研究的“替身”。因此，在较复杂的情况下，对于由许多实体组成的系统来说，由于其研究目的不同，对同一个系统可以产生对应于不同层次的多种模型，这就是模型的多面性。该特性表明，根据系统研究的需要，可对模型进行简化，或精细化，也可对模型进行分解或组合。

10.1.2　建模的原则

实际应用解决问题时，到底建立哪种模型，要视具体情况而定，没有统一的规范，因为模型与现实情况存在差别。为使模型能够满足我们对实际系统分析的需要，建立模型一般要满足下述原则。

（1）真实性。模型要与研究对象充分相似，有足够的精度。不同的实际问题，会有不同的要求，所建立模型的精度也不同，但同样都要求满足真实性。例如，对于真实的飞机，在研究其航线、航程时，可建立质点模型；在研究飞行速度与发动机功率关系时，可建立刚体模型；在研究飞机寿命和飞行关系时，可建立弹性体模型；在研究生产制造飞机的问题时，则需要建立包含众多元素的复杂系统模型。

（2）相关性。为研究实际问题的本质必须要舍弃次要因素、突出主要因素，形成具有一定理论抽象并可以处理的模型。相关性与真实性有密切关系，相关性要求模型特点突出，真实性又要求模型与实际尽量一致。一个好的模型应是这两者的自然统一。上面所述飞机建模中的每一种模型都体现了模型的抽象性，同时又能与实际相统一。建立实际系统的模型时，存在着精确性和复杂性这一对矛盾，找出这两者的折中解决方法往往是实际系统建模的关键。

（3）简明性。在模型表达方式上应该尽量简单，容易分析、计算。变量过于烦琐或数学结构过于复杂，则构造和求解模型的费用高，甚至难以控制或操纵模型，这就失去了建模的意义。因此我们所讲的简明性，主要不是指模型在表面上、形式上的简明，而是指在模型分析、使用上的简明。

（4）适应性。模型应有一定的普遍意义，我们往往是对某类体现了相同特征的问题建立一个共有的模型，通过对一个模型的分析来求解一类问题。

（5）准确性与可靠性。模型要能准确反映系统的本质规律。所用的变量、公式、图表等信息要准确。

（6）实用性。模型要便于使用与计算，节省时间及其他资源。

（7）可辨识性。模型结构必须具有可辨识的形式。所谓可辨识性是指系统的模型必须有确定的描述或表示方式，而在这种描述方式下与系统性质有关的参数必须是唯一确定的解。若一个模型结构中具有无法估计的参数，则此模型就无实用价值。

（8）集合性。建立模型还需要进一步考虑的一个因素，是能够把一些个别的实体组成更大实体的程度，即模型的集合性。例如，对防空导弹系统的研究，除了能够研究每枚导弹的发射细节和飞行规律之外，还可以综合计算多枚导弹发射时的作战效能。

10.1.3 建模的一般步骤

不论对哪一类具体系统，也不论选择什么样的系统分析方法，系统工程建模大致总要经过如下几个阶段。

1. 问题分析，明确目的与要求

首先要分析所面临的问题，将各式各样的实际问题规范化为系统工程研究的问题。在这一阶段，需要工作人员具有被讨论问题涉及的具体学科的知识，此工作要由系统工程专家和具体学科专家联合进行。实际上，这是一个各方面专家相互沟通、相互了解的过程。

对于控制系统实现最优的问题，在这一阶段要明确目标函数（对事前给定目标的系统，要写出数学表达式），划清系统边界，找出控制因素。如对一个经济系统，要了解控制目标是什么、控制变量是什么，然后才能具体分析。对于分析物理系统性质的问题，在这一阶段要明确讨论对象的性质、环境条件、演化现象等特点。如对贝纳德流体系统，要明确实验的控制条件、具体的现象特点等。对于建立一个人造系统问题，在这一阶段要人为地给定目标体系和约束条件。如对人造卫星、宇宙飞船的设计，要给出一系列的指标要求，给出制造及实现的条件等。

实际上，这一阶段主要是把具体的实际问题的要求，变换成能进行分析讨论的目标函数。一般目标函数要用数学方式表示出来，这是进行下一步讨论的基础。特别要注意，当系统存在多个追求目标时，要使其相互之间能够协调，目标之间不能出现矛盾。如讨论我国的人口问题，计划生育人口政策规定了一对夫妇最好只生一个子女的目标，而农村当时的生产承包制将生产的单位划在家庭，增加生

产的目标与多子女紧密相关。实际工作时，我们必须将这两个目标人为地进行协调，否则无法建立统一的目标函数，也就无法用系统工程的方法来讨论。

根据实际问题，建立欲实现的目标并给定其数学表达式后，有的还需要给出实现目标的约束要求，如对经济控制问题，并不是希望系统越早达到目标越好，而是要求在实现给定目标的过程中，状态的改变不能太剧烈，以免出现社会动荡问题。在此阶段将问题分析得越深入、越透彻、越全面，后面解决起问题来就会越容易。

2. 确定模型结构与参数

建立一个能解决实际问题的模型，这是实际运用系统工程中最重要的一步。我们认为，学习了系统工程后仍不能用来解决实际问题，原因往往是建立模型这一步没有掌握好。实验、归纳、推演是建立系统数学模型的重要手段、方法和途径。

建模过程涉及许多信息源，其中主要有三类。

第一类：目标和目的。一个数学模型事实上是对一个真实过程给出一个非常有限的映象。同一实际系统可以有很多个研究目的，不同的研究目的将规定建模过程不同的方向。

第二类：先验知识。在建模工作初始阶段，所研究的系统常常是前人已经研究过的。牛顿说过："假如我看得远，那是因为我站在巨人的肩上。"建模者可能从已知类似的实际系统的试验中获得了某些似乎合理的概念。所有这些都可用先验知识这样一个信息源来表示。

第三类：试验数据。在进行建模时，关于系统的信息也能通过对系统的试验与观测而获得。合适的定量观测是解决建模的另一个途径。

3. 数学分析

由于建立模型的形式不同（系统科学里主要讨论各种数学模型），在进行数学处理时采用的方法也不同。微分方程表示的系统模型是我们最常处理的，对线性问题一般采用直接求解的方法，找到解析表达式，也可以采用计算机数值求解的方法。对于非线性问题，一般无法直接得到解析表达式，通常要利用计算机进行数值的近似计算，但更多情况下是运用微分方程的定性理论，分析方程的性质，只讨论系统定态解的性质，研究系统的稳态行为。用函数式表示的系统模型多是静态问题，进行数学计算通常为在一定的约束条件下求系统的极值。如果系统只有两个变量，可以采用作图的方法来求解系统极值；当变量增多时，就需要根据问题要求，利用运筹学等有关理论去分析了。当今计算机的功能和作用日益强大，很多问题都要借助计算机的程序和方法进行求解、分析，计算机已成为系统工程建模中不可或缺的运算工具。

4. 系统性质分析

得到计算结果并不是研究问题的目的，还需要把数学结果转变成对实际问题的分析。通常除了根据计算结果解释一些已经看到的现象外，还需要根据计算结果得出一些新的结论，发现一些规律，进一步预见一些行为。在利用计算结果分析系统性质的过程中，会出现一些与实际不符的情况，对此需要适时地修正模型，重新进行计算，将得到的新结果再与实际相比较，这样不断地修正模型，重新计算，不断与实际比较，反复进行，使讨论得以深入。修正模型往往采用改变变量个数的办法，开始讨论关于少数几个主要变量的模型，用以决定系统变化的总趋势，然后讨论系统的细微性质，增加变量个数，使分析逐渐完善。修正模型也可采用改变变量性质的办法，把某些量从常量改成变量，将离散量与连续量交换等，这样做可以更加全面地了解系统的性质和特点。修正模型还可以采用改变约束条件的办法，通过增加约束可求出保守、悲观情况下系统的性质，而减少约束可求出冒进、乐观情况下系统的性质。

5. 操纵管理系统

系统工程建模的目的不是计算出题目的答案，而是为了实用。很多问题在计算完成以后，还要进行实际操作，按照计算结果对系统施加控制，使它按照我们的需要运行。运行过程又是一个不断将所得计算结果与最初给定目标进行比较的过程，这是一个动态的比较，其间还需要我们不断地进行再分析，以使系统真正按照我们的要求去演化、运行。

6. 验证结果并修改

建立模型后，需要验证模型的有效性，对其进行“行为上的可靠性”“动态性能的有效性”“可测数据的精度”“研究目的的可达性”等问题的检验，以验证所建模型是否能够真实反映实际系统。若模型构造选择不当、实验数据误差过大、算法存在问题等，会造成模型不适用。

综上所述，建模过程是建模者根据建模目的、已掌握的先验知识以及为建模而设计的试验获得的数据，通过目的协调、演绎分析以及归纳程序三种途径构造模型，然后通过可信性分析，最后获得最终模型。概括地说就是：明确目的—建立模型—模型验证—仿真实验。

10.1.4 建模方法

从以上描述，我们知道了建立系统模型就是以一定的理论为依据，把系统的行为概括为数学的函数关系。其包括以下内容：①确定模型的结构，建立系统的约束条件，由此确定系统的要素；②测取有关的模型数据；③运用适当理论建立系统的数学描述，即数学模型；④验证所建立的数学模型的准确性。建立模型主要有以下三个方法。

1. 机理建模法

对于一些内部结构或特性清楚的系统（即所谓的白箱问题），可以利用已知的基本定律、定理，经过合理分析、演绎、推理等建立起描述系统各物理运动、静态变化性能的数学模型。这样的系统模型，称为机理建模，也称为分析演绎法建模。因此，机理建模法主要是通过理论分析推导方法建立系统模型。根据确定元件或系统行为所遵循的自然机理，如常用的物质不灭定律、能量守恒定律、牛顿第二定律、基尔霍夫定律（用于电气网络）等，对系统各种运动规律的本质进行描述，包括质量、能量的变换和传递等过程，从而建立起变量间相互制约又相互依存的精确的数学关系。通常情况下，是以微分方程形式或其他形式的状态方程、传递函数等。

2. 实验建模法

对于那些内部结构与特性不清楚（或不很清楚）的系统（即黑箱或灰箱问题），可依据人工经验或实验所得数据，经过分析、归纳等推理建立系统模型，并通过实验验证与修正，称为实验建模。不允许直接实验观测的系统，则采用数据收集和归纳统计的方法来建立模型。常见的如频率特性法、系统辨识法等。测试法同归纳法，是从特殊到一般的过程。归纳法是从系统描述分类中最低一级水平开始的，并试图去推断较高水平的信息。一般来讲，这样的选择不是唯一的。这个问题可以用另外一个观点来表述，有效的数据集合经常是有限的，而且常常是不充分的。事实上，模型所给出的数据在模型结构方面并不是有效的，任何一种表示都是一种对数据的外推。人们争议的问题是：如何附加最少量的信息就能完成这种外推。这个准则虽然是有效的，但是一些特殊问题却很难运用，因为它没有告诉我们如何去获得这些最少量的信息，以及什么时候去获得它们。

3. 综合建模法

实际工作中，采用较多的是多种方法混合应用，称为综合建模。即将理论推导与实验数据相结合，从已知定理中演绎出数学模型，利用实验补充其中某些不详之处，再利用归纳法从实验数据中搞清楚之间的关系，从而建立并完善模型。在建模过程中往往需要对模型进行一些简化，如减少次要的变量、改变变量之间的函数关系、增加或修改约束条件等。控制系统数学模型的建立是否得当，将直接影响以此为依据的仿真分析与设计的准确性、可靠性，因此必须予以充分重视，以采用合理的方式方法。

10.1.5　建模技术的新进展

为了满足更多复杂性及非线性系统，传统的模型方法随着信息技术与计算机智能的发展有了新的分析技术。美国加州大学伯克利分校扎德（Zadeh）教授提出了“软计算”（soft computing）这一概念。软计算不是一个单独的方法，而是一些方法的集合，如模糊逻辑（fuzzy logic）、遗传算法（genetic algorithms）、人工神经网络（neural network）等。这些方法借鉴了自然界中的生物原理以及人的思维，更适合于处理复杂系统、非线性系统，如管理系统、经济系统。

1. 模糊逻辑理论、模糊计算

扎德教授提出的模糊逻辑理论是刻画和处理模糊不确定性的理论基础。模糊逻辑从人类思维的模糊性这一特征出发，用严格的数学方法分析模糊信息并进行量化。在以人为主要对象的管理、经济领域取得成功的应用。

2. 人工神经网络

神经网络是模仿大脑生理特性的信息处理系统，以生物神经元为基础，使系统具有自适应性、自组织性、容错性等。神经网络系统是由大量的神经元连接而形成，通过数据在网络中的流动来完成计算，每个神经元将接收的数据流处理后再以数据流的形式输出给相连接的神经元。这样的方式使得系统性能的改善可依靠网络拓扑结构与网络连接的优化。神经网络开创了用已知的非线性系统近似地实现实际的复杂系统，堪称“黑箱”的典范。

3. 遗传算法

遗传算法是借鉴生物界“物竞天择适者生存”的生物进化与遗传思想进行分析、设计、控制和优化系统的计算方法。遗传算法将达尔文的进化论与计算机科学相结合，将搜索与优化过程模拟为生物体的进化过程。系统中各复杂结构用简单的编码技术来表示，按照优胜劣汰的策略指导学习和确定搜索方向，这样就形成进化策略。遗传算法是一个群体优化过程，可以在空间不同区域内同时搜索多个点，能以很大的概率找到全局最优解。

4. 蚁路算法

顾名思义，蚁路算法是另一种仿生类算法，其基本原理是吸收了蚂蚁群体行为特性。根据生物学家的观察与研究发现，在没有任何提示下，蚂蚁仍然有能力找到从巢穴到食物源之间的最佳路径，并能随环境的变化改变路径产生新的最佳选择。同时，发现蚂蚁基本没有视觉，靠释放特有的分泌物（即信息激素 pheromone）来提醒同伴。当一条路径上的蚂蚁越来越多，其信息激素强度增大，其他蚂蚁选择该路径的概率随之增加，从而又增加了该路径的信息激素强度。但遗留的信息激素会随时间逐渐减少。这种正反馈的选择过程称为蚂蚁的自催化行为（auto catalytic behavior）。

综上所述，借鉴于生物界的软计算方法具有很大的灵活性与容错性等特点。软计算方法将多个解决复杂问题的技术集合在一起，提供了更为有效的工具去解决系统中的不确定性问题，为人工智能的发展提供了新的途径。

10.2　系统仿真

10.2.1　仿真的概念与分类

系统仿真又称系统模拟，是运用计算机工具建立和运行模型，以模仿实际系统的状态变化和演化规律，在计算机上实现模型模拟的全过程。通过对系统模型仿真过程和输出结果的考查，能够推断真实系统的各项参数和基本特性。

应用仿真技术可实现预测、优化等特殊功能。在真实系统上进行结构与参数的优化设计是非常困难的，有时甚至是不可能的。仿真技术中应用各种最优化原理与方法实现系统的优化设计，使结果达到“最佳”，对于大型复杂系统问题的研究具有重要意义。对于社会、经济、管理等这一类非工程系统，由于规模及复杂程度巨大，直接进行某种实验几乎是不可能的，为减少错误策略在实际系统中带来的不必要的损失，可以应用仿真技术对所研究系统的特性及其对外界环境的影响等问题进行预测，从而取得有效的控制。

根据系统模型的基本类型，系统仿真可以分为物理仿真、数字仿真和物理-数字仿真等。物理仿真即实物仿真，是按照相似性原理建立具有真实系统物理性质的物理模型，并在物理模型之上进行仿真试验的过程，如飞行器的风洞试验等。数字仿真，是通过建立系统的数学模型，然后在计算机上对数学模型进行仿真试验的过程。现在通常提到的计算机仿真技术即指此类仿真。如果将物理模型与数学模型相结合，并将其由计算机连接起来进行仿真试验，就称为物理-数字仿真，或半实物仿真。例如，空军部队在地面建立地面舱模拟飞行环境，用以训练飞行员的灵境技术（虚拟现实技术），就是一种综合了实物和计算机的系统仿真方法。

按所使用的仿真计算机类型分类，可分为模拟计算机仿真、数字计算机仿真、数字模拟混合仿真。依据系统模型的特性可以将仿真系统分为两大类，一类是离散事件系统仿真，另一类是连续系统仿真。

10.2.2 系统仿真的相似理论

人们之所以能对实际系统进行仿真，是基于客观世界本身所固有的相似性以及人们对客观世界认识过程的相似性，这是系统仿真学科生存和发展的客观基础。系统仿真本质上就是依据相似规律人为地建立某种形式的相似模型去模拟实际系统。

相似理论是一种科学的思维方式或方法，其基本原理包括同序结构原理、信息原理和支配原理等。这些原理反映了相似系统的形成和演变规律。

1. 同序结构原理

同序结构原理是指任何系统都有一定的序结构，序结构按一定的规律性形成有序结构。例如，系统组成要素的空间排列、组合与联系方式的规律性构成了空间有序；系统要素随时间变化的运动规律由时间有序来表征；系统要素在相互作用过程中所表现出的各种功能发挥秩序的规律性则是功能有序。总体来说，同序结构包括空间有序、时间有序和功能有序这三类。系统的序结构决定了系统的整体特性。当系统序结构存在共同性时，系统之间存在相似性，其相似程度的大小取决于系统序结构的共同性程度的大小。基于系统相似性的仿真模型应以某种形式、在某种程度上反映实际系统的空间序结构、时间序结构和功能序结构的规律性。

2. 信息原理

相似理论的信息原理认为，系统有序结构的形成和演化与系统的信息作用息息相关。当不同系统间的信息作用存在共同性时，系统间形成信息作用的相似性。信息作用的内容、形式和信息场强度及其分布规律越接近，系统间的特性越相似。基于系统相似性的仿真模型应反映系统的信息作用规律，包括信息作用的内容、形式和信息场强度及其分布规律。

3. 支配原理

相似理论的支配原理认为受相同自然规律支配的系统间存在一定的相似性。系统相似程度的大小取决于支配系统的自然规律的接近程度。基于系统相似性的仿真模型能够反映支配实际系统的自然规律。例如，种群繁殖与新产品的推广在一定条件下具有指数增长规律或阻滞增长规律，都可用相同形式的微分方程模型表示，据此建立的仿真模型反映了不同系统具有相同的动态变化过程。

10.2.3 仿真技术的发展进程

计算机仿真技术从萌生到发展，再到当今各领域的广泛应用，充分说明了仿真技术的实用价值。社会与经济发展需求的牵引和各门类科学与技术的发展，有力地推动了仿真科学与技术的发展。仿真技术在系统科学、控制科学、计算机科学等学科中孕育、相互交叉和发展，并在各学科名行业的实际应用中成长，成为一门新兴的学科。它的发展经历如下几个阶段。

1. 仿真技术的初级阶段

在第二次世界大战后期，火炮控制与飞行控制动力学系统的研究促进了仿真技术的发展。20 世纪 40～60 年代，通用电子模拟计算机和混合模拟计算机相继问世。在导弹和宇宙飞船姿态及轨道动力学研究、阿波罗登月计划及核电站中仿真技术都得到应用。由于采用的是通用电子模拟计算机与混合模拟计算机，因此这个阶段也称为模拟阶段。

2. 仿真技术的发展阶段

20 世纪 70 年代，数字仿真机诞生，仿真科学与技术从军事领域扩展到许多工业领域，如汽车驾驶模拟器、培训飞行员的飞机飞行训练仿真器、电站操作人员的仿真系统、复杂工业过程的仿真系统等，同时相继出现一些从事仿真设备和仿真系统生产的专业化公司。仿真技术进入数字仿真阶段。

3. 仿真技术发展的成熟阶段

20 世纪 90 年代，被仿真的系统日益复杂，规模越来越大，为了更好地实现信息与仿真资源共享，促进仿真系统的互操作和重用，在聚合级仿真、分布式交互仿真、先进的并行交互仿真的基础上，仿真技术开始向高层体系结构（HLA）方向发展，实现多种类型仿真系统之间互操作、仿真模型组件重用。

4. 复杂系统仿真的新阶段

20 世纪末和 21 世纪初，广泛领域的复杂性问题的科研需求进一步推动仿真技术的发展。仿真科学与技术在计算机技术、网络技术、图形图像技术、多媒体技术、软件工程、信息处理、控制论以及系统工程等技术的发展和支持下，逐渐发展形成了具有广泛应用领域的新兴的交叉学科——仿真科学与技术学科。

10.2.4 仿真技术的优点与缺点

系统仿真是系统工程实践中的一种重要的技术手段，它具有以下优点：①系统仿真将实际问题中的不确定性作为系统的随机变量来处理，简化了系统的内部结构，避免了求解复杂数学模型的困难；②系统仿真采用面向对象的分析模式，模型直接面向研究人员，突出了问题的要素和实质；③快捷，系统仿真为研究人员提供了一种实验环境，使得各项设计和方案能够通过调整模型的参数和结构尽快实现；④经济，对于大型、复杂系统，直接实验的费用往往是十分昂贵的；⑤安全，对于某些系统，如载人飞行器、核弹装置等，直接实验往往存在很大危险，甚至是法律不允许的，采用仿真实验可以有效降低危险程度，起到安全保障作用。

缺点：①建模过程中对某些条件进行简化处理，容易忽略一些看似不重要的细节问题；②若仿真问题的初始条件难确定，仿真精度就比较难控制与测定；③需要多次运行才可能获得最优解，因为系统仿真提供的是系统在一定条件下的特殊解，而不是通解。

10.2.5 仿真的一般步骤

（1）明确拟解决的问题和所追求的目标，从而建立描述问题的仿真模型。一个特定的系统仿真问题通常有一个有限的目的，所建立的模型仅仅是实际系统的一个有限的映象。如果仿真目的是模拟实际系统的行为，就要根据行为相似的原理，用数学相似的方法进行仿真。如果仿真目标是要在仿真系统上实现实际系统的某些功能，就要考虑用功能相似的原理，用数学相似和物理相似的方法建立模型去模拟实际系统的功能。因此，仿真目的是规定建模和仿真活动的方向。明确仿真目的有助于把握仿真过程所使用的方法及仿真可信性评价的标准。

（2）对系统进行统计调查、收集与仿真条件和系统变量相关的先验知识（概念、原理与模型）与试验数据，并按照特定的标准确认仿真模型对真实系统的代表性。

（3）编程实现仿真模型，在计算机上做仿真运行试验，以验证模型与程序之间的一致性。根据系统的特点与仿真要求选择合适的算法，满足所需要的计算稳定性、计算精度以及计算速度。

（4）通过仿真试验设计，确定实验的方案，在试验框架的指导下正式运行模型，经过多次独立重复运行仿真模型，得到一系列的输出参数和数据。模型运行所得的结果即模型行为，包括点行为、轨迹行为和结构行为。其中一部分要与实际系统的观测结果进行比较，模型行为与实际系统的观测结果虽然不可能完全一致，但应有一定的精度，才能反映出行为相似的特征，这是检验仿真模型和仿真过程是否具有实际系统的相似特征的最终途径。多次运行的结果除了用于相似性变化的分析外，还可达到结构和参数优化的目的。对于那些包含随机因素的模型，仅一次运行所得的行为结果是不充分的，需要多次运行。

（5）在仿真输出样本的基础上，进行统计分析和推断，获得决策者满意的结果。系统仿真的基本逻辑步骤如图 10.2 所示。

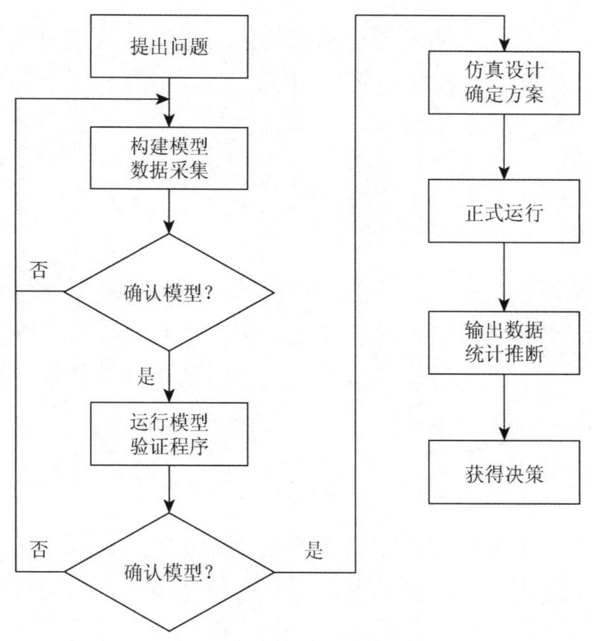

图 10.2　仿真的基本步骤

10.2.6　仿真的应用

目前，系统仿真在社会系统中的应用相对较少，而在工程系统中被广泛使用，尤其是军事系统中的战斗仿真，就是一种综合了各种仿真手段的战术模拟技术。对阵双方利用各种实物（沙盘、地图、识别器等）和计算机程序来辅助战术模拟，按照给定的数据条件和规则对战斗过程进行仿真。近几年在一些影视作品中生动地呈现了一个战斗仿真模拟的全过程：双方的指挥和参谋人员在隔离的作战室中以实战方式部署战略、统筹规划；交战的士兵可以在实地进行野战军事演习，或在模拟作战环境中实施作战策略；演习裁判在专门的控制室里将交战双方的策略和行动随时进行沟通和回馈，并且监控整个演习过程。战术模拟技术可以对作战策略和计划进行试行、检验、评估、预测，并能够启发新的作战思想。

由于小型机和微处理机的发展，以及采用流水线原理和并行运算等措施，数字仿真运算速度提高，可对大型复杂系统进行实时仿真。在仿真软件方面，除进一步发展交互式仿真语言和功能更强的仿真软件系统外，另一个重要的趋势是将仿真技术和人工智能结合起来，产生具有专家系统功能的仿真软件。仿真模型、实验系统的规模和复杂程度都在不断地增长，如军事中多武器平台的作战方针、防控体系等，对它们的有效性和置信度的研究将变得十分重要。同时建立适用的基准对系统进行评估的工作也日益受到重视。

同时，人们对仿真技术的期望也越来越高，过去，人们只用仿真技术来模拟某个物理现象、设备或简单系统；今天，人们要求能用仿真技术来描述复杂系统，甚至由众多不同系统组成的系统体系。这就要求仿真技术进一步发展，并吸纳、融合其他相关技术。

1. 航空与航天

对于航空航天行业，系统的庞杂、造价的高昂等促使其必须建立起完备的仿真实验体系。目前，我国及世界各主要发达国家的航宇航天工业均相继建立了大型仿真实验机构，并形成了仿真实验体系，以保证飞行器从设计到定型生产过程的经济性与安全性。

2. 电力业

电力系统是最早采用仿真技术的领域之一。在电力系统负荷分配、瞬态稳定性以及最优潮流等方面，国内较早地采用数字仿真技术，取得显著的经济效益。如三峡水利工程的子项目——大坝排沙系统工程设计采用仿真的方法，取得了较完善的研究成果。

3. 原子能

几乎大部分核电站都建有相应的仿真系统，许多仿真器是全尺寸的，即仿真系统与真实系统是完全一致的。只是对象部分，如反应堆、涡轮发电机及相关的动力装置是用计算机来模拟的。核电站仿真器用来训练操作人员以及研究异常故障的排除处理，对于保证系统的安全运行是十分重要的。

4. 石油、化工及冶金

石油、化工生产过程有一个显著的特点就是过程缓慢，而往往过程控制、生产管理、生产计划、经济核算等搅在一起，使得综合效益指标难以预测与控制。

因此，仿真实验成为石油、化工、冶金系统设计与分析研究的基本手段，仿真技术会不同程度地促进这些领域的技术进步。在非工程系统领域，如医学、经济金融行业等仿真技术已成为不可缺少的工具。

5. 教育与训练

为了使工作人员能够对实际系统进行熟练操作、控制、管理与决策，需要对这些人员进行大量的训练、教育与培养。早期的培训大都是在实际系统或设备上进行的。随着系统规模的加大、复杂程度的提高，特别是造价日益昂贵，训练时因操作不当引起破坏而带来的代价大大增加，因此，提高系统运行的安全性事关重大。以发电厂为例，美国能源管理局的报告认为，电厂的可靠性可通过改进设计加强维护来改善，但只能提高可靠性的 20%～30%，其余要依靠提高运行人员的专业素质来提高，可见，人员训练对这类系统的重要性。为了解决这些问题，需要有能模拟实际系统的工作状况和运行环境的系统，可避免采用实际系统时可能带来的危险性及高昂的代价，这就是训练仿真系统。

6. 虚拟仿真技术

虚拟仿真技术，将仿真技术与虚拟现实技术相结合，是在多媒体技术、虚拟现实技术与网络通信技术等信息科技迅猛发展的基础上的产物，是一种更高级的仿真技术。虚拟仿真技术可以构建全系统统一完整的虚拟环境，并通过虚拟环境集成与控制为数众多的实体。实体可以是模拟器，也可以是其他的虚拟仿真系统，也可用一些简单的数学模型表示。实体在虚拟环境中相互作用，或与虚拟环境作用，以表现客观世界的真实特征。虚拟仿真技术的这种集成化、虚拟化与网络化的特征，充分满足了现代仿真技术的发展需求。

虚拟现实（virtual reality）技术，简称 VR 技术，是 20 世纪 80 年代新崛起的一种综合集成技术，涉及计算机图形学、人机交互技术、传感技术、人工智能等。它由计算机硬件、软件以及各种传感器构成三维信息的人工环境——虚拟环境，可以逼真地模拟现实世界（甚至是不存在的）的事物和环境，人在其中有身临其境的感觉，并可亲自操作，自然地与虚拟环境进行互动。VR 技术主要有三方面的含义：第一，借助于计算机生成的环境是虚幻的；第二，人对这种环境的感觉（视、听、触、嗅等）是逼真的；第三，人可以通过自然的方法（手动、眼动、口说、其他肢体动作等）与这个环境进行交互，虚拟环境还能够实时地作出相应的反应。

虚拟仿真技术具有以下四个基本特性：①沉浸性（immersion），虚拟仿真系统中，使用者可获得视觉、听觉、嗅觉、触觉、运动感觉等多种感知，从而获得身临其境的感受。②交互性（interaction），虚拟仿真系统中，不仅环境能够作用于人，人也可以对环境进行控制，而且人是以近乎自然的行为（自身的语言、肢体的动作等）进行控制的，虚拟环境还能够对人的操作予以实时的反应。③虚幻性（imagination），即系统中的环境是虚幻的，是由人利用计算机等工具模拟出来的。既可以模拟客观世界中以前存在过的或是现在真实存在的环境，也可模拟出客观世界中当前并不存在但将来可能出现的环境，还可模拟客观世界中并不会存在的而仅仅属于人们幻想的环境。④逼真性（reality），虚拟仿真系统的逼真性表现在两个方面：一方面，虚拟环境给人的各种感觉与所模拟的客观世界非常相像，如同在真实世界一样；另一方面，当人以自然的行为作用于虚拟环境时，环境作出的反应也符合客观世界的有关规律。

虚拟现实技术是仿真实验的高级形式，可使仿真实验的结果更加直观生动而有效，有利于仿真技术在生活、工业、军事等领域的广泛应用，如室内设计、旅游教学、数字城市、工业仿真、汽车仿真、预防地质灾害的模拟演练等，有助于人们创造性与想象力的发挥。

7. 数字仿真软件

仿真软件包括为仿真服务的仿真程序、仿真程序包、仿真语言和以数据库为核心的仿真软件系统。仿真软件的种类很多，在工程领域，用于系统性能评估，如机构动力学分析、控制力学分析、结构分析、热分析、加工仿真等的仿真软件系统 MSC Software 在航空航天等高科技领域已有几十年的应用历史。

随着计算机数字仿真技术的发展，数字仿真软件经历了程序编制、程序软件包、交互式仿真语言、模型化图形组态这四个阶段。程序编制是人们利用数字计算机进行仿真实验的初级阶段，所有问题都是仿真实验者使用 BASIC、FORTRAN 等高级算法语言编写。仿真工作的效率较低，数字仿真技术难以为众人所广泛使用。后来，许多系统仿真技术的研究人员将他们编制的数值计算与分析程序以“子程序”的形式集中起来形成了“应用软件包”。这些研究成果为数字仿真技术的应用奠定了基础。但还是存在着使用不便、专业性要求过强、可信度低等问题。

交互式的仿真语言是从人-机便利交换信息的角度出发，将数字仿真以“语言”的形式运行的软件集成。人们使用仿真语言进行运算时不必去深入考虑算法是如何实现的，已有专业人员进行周密处理。SIMNON、CSMP、MATLAB 都是具有代表性的仿真语言，尤其 MATLAB 语言以它独特的构思与卓越的性能成为最为普及流行的应用软件。最近几年，Python 因其简洁性、易读性与扩展性，已经成为最受欢迎的程序设计语言之一。随着 Windows 软件环境的普及，基于模型化图形组态的控制系统数字仿真软件应运而生。最具代表性的模型化图形组态软件是美国 MathWorks 软件公司 1992 年推出的 Simulink。

第 11 章　系统评价与决策

11.1　系 统 评 价

系统评价是根据确定的目的，对系统的性能进行全面的估计、检查、测试和审核的过程，包括对实际指标与计划指标进行比较，明确系统目标的实现程度，并对系统所能产生的经济效益和社会效益作出全方位的评价。

系统评价已成为现代社会的专业化、职业化活动。随着社会信息化、无界化的发展，现代组织面临越来越复杂的决策环境，于是有许多评价任务单纯依靠组织内部的非专门机构已难以完成，必须委托给外部的专业机构来完成。所以，现在已出现了各种专门的专业评价组织或管理咨询组织，如美国的兰德公司。许多管理咨询活动名为预测，实质上都以评价为核心，在评价的基础上进行预测。

评价之所以能成为一门专业知识，因为评价所面临的评价对象系统越来越复杂，人们对评价质量标准的要求越来越高，需要使用专门的分析技术和数学工具，需要宽广的基础理论知识，需要长期深入的实践经验，因此需要一部分人用相当集中的时间进行专门学习和研究才能做好。评价就是为了决策，评价是方案选择和决策的基础，评价的好坏直接影响决策的正确性。

评价的任务包括：对系统运行现状的评价；对方案可能产生的后果和影响的评价；对方案开始实施后的跟踪评价及决策完成后的回顾评价。

系统评价可以作为一种管理手段，如各种评比、检查，为决策提供系统信息。

11.1.1　评价的类别

从不同的角度来划分，评价有不同的类别。按评价的时间来看，评价可分为事前评价（立项）、中间评价（监督）和事后评价（验收）；按评价的目标来看，评价可分为技术评价、经济效益评价、社会效益评价、环境评价等；按评价的形式划分，评价可分为定性评价和定量评价；根据评价对象的集合特点划分，可分为个体评价、群体评价和整体评价。在处理实际问题时，各种评价往往不会明确加以区分，但是会根据要求有不同的侧重点。

按评价活动所服务的社会实践领域划分，可分为以下几种类别。

（1）工程项目评价：在企业、社会公共组织和政府部门系统进行大的工程项目之前要对项目的必要性、各种候选方案的优劣作出评价。关于这些评价领域的理论和方法已形成了技术经济学、项目评价与管理等学科。

（2）组织评价：美国《财富》杂志每年评选全球 500 强企业，然后要求榜上有名的企业首脑聚会，探讨共同关心的事关世界经济发展全局的重大问题。这 500 家企业的挑选即是一种评价。

（3）教育评价：教育评价是教育科学研究的三大领域（教育原理、教育发展和教育评价）之一。英美等国家有关组织定期公布高等学校排行榜，经常进行中初等教育学校评价。在我国，教育部或各省市经常组织的评价有硕士授权点评价和高校教学评价，近些年社会上也出现了多家大学排名研究机构。

（4）科学与技术评价：科学与技术方面的评价也正成为社会系统评价的重点领域。科学与技术评价包括学术论文评审、技术成果鉴定，宏观方面还包括国家、地区或组织的科技竞争力评价等。

（5）社会及自然环境评价：随着可持续发展在国家和地区发展中的贯彻，人们对自然环境的质量评价需求也在增长。现在，我国有关机构已正式开展环境质量（水、空气）的评估和信息发布，还有机构在发布各地区可持续发展指数。

11.1.2 评价的基本要素

评价由以下几个要素构成：评价者（who）、评价对象（what）、评价目标（why）、评价时期（when）、评价地点（where）和评价策略（how）。简称 5W1H 问题。

评价者：实施评价的个人或集体。

评价对象：接收评价的事物或行为，如开发的产品、建设中的项目等。

评价目标：所要解决的问题或要发挥的作用。

评价时期：评价在系统开发过程中所处的阶段。

评价地点：评价对象所涉及的空间范围或评价者观察问题的角度与高度。

评价策略：即评价方法，主要有层次分析法（analytic hierarchy process）、关联矩阵法、模糊综合评判法、费-效分析法等。关联矩阵法是常用的系统综合评价法，主要用矩阵的形式来表示各替代方案有关评价指标及其重要度与方案关于具体指标的价值评定量之间的关系。层次分析法是由美国运筹学家萨迪（T. L. Saaty）教授提出的，是多要素多层次的评价系统，采用定性与定量相结合的方法，具有灵活简洁的优点。

11.1.3 评价的步骤

（1）明确系统目标，熟悉评价对象。评价的目的决定了整个评价工作的方向，需要反复调查了解与评价目的相关的具体因素。对评价对象的熟悉程度则决定了评价的效果，了解并收集与评价对象相关的情报资料，熟悉其行为特点以及功能属性。

（2）分析系统要素。深入了解评价对象的组成要素及性能特征，全面分析各要素之间的关系。

（3）建立评价指标体系。这是系统评价过程最为困难的一个环节。因为评价指标体系是对评价对象进行评价的重要基础与依据。评价指标体系必须科学地、客观地、尽可能全面地考虑各种因素，这样就可以明确地对各方案进行对比和评价，并对其缺陷筹划适当的对策。对评价指标体系要作出评价与判断，它包括对系统评价指标合理性的分析与判断、各大类指标的设置以及大类指标和单项指标的权重确定等，这将直接影响系统评价的正确性。

（4）指定评价结构与评价准则。

（5）确定评价方法。

（6）单项评价。单项评价是就系统的某一特殊方面进行详细的评价，得到各评价方案在各评价指标下的实现程度，并对不同指标下不同量纲的实现值进行规范化处理。单项评价不能解决最优方案的判定问题，只有综合评价才能解决最优方案或方案优先顺序的确定问题。

（7）综合评价。根据设立的指标体系，首先计算大类指标下各单项指标的综合评价值。然后对各单项指标进行综合，得出对方案的总体结论。综合评价是最后判定方案优劣的依据。因此，在系统评价中占有重要地位。

11.1.4　系统评价的指标体系

系统评价的指标体系是由若干个单项评价指标项组成的整体，它反映了系统所要达到的目的功能。评价指标体系通常可考虑如下方面。

（1）政策性指标。包括政府的方针、政策、法令、法律及发展规划等方面的要求，它对国防或国计民生方面的重大项目或大型系统尤为重要。

（2）技术性指标。包括产品的性能、寿命、可靠性、安全性等。

（3）经济性指标。包括方案成本、利润、投资额、回收期、建设周期等。

（4）社会性指标。包括社会福利、社会节约、综合发展、就业机会、污染、生态环境等。

（5）资源性指标。包括项目所涉及的人力、财务、物资等资源。

（6）时间性指标。如工程进度、时间节约、试制周期等。

以上是一般要求所考虑的大类指标，每一个指标又可包含许多小类指标，在具体条件下，可以有所选择和增减。

依据实现系统目标和功能的重要程度，各个指标又有着不同的权重分配，这在评价过程中是一个重要问题。可遵循由粗到细的赋值原则设置指标的权重分配，即先粗略地把权重分配到大类指标，然后把大类指标所得权重细分到各个指标。合理确定权重的赋值范围，应反复听取各方面的意见，使权重分配尽量达到合理。

建立评价指标体系有以下几项原则。

（1）客观性。指标设置要符合系统的实际，有重点，主次分明。指标之间应尽可能避免显见的包含关系。若有隐含的相关关系，应在模型中以适当的方法消除。

（2）系统性。指标体系应能全面地反映评价对象的综合情况，从中抓住主要因素，既能反映直接效果，又要反映间接效果，保证综合评价的全面性和可信度。

（3）科学性。定量指标与定性指标结合使用，既可使评价具有客观性，便于数学模型处理，又可弥补单纯定量评价的不足及数据本身存在的某些缺陷。绝对量指标（反映总体规模水平）与相对量指标（反映在某些方面的强度或密度）结合使用。

（4）可操作性。指标含义明确，数据资料收集方便，计算简单，易于掌握。

（5）可比性。指标的选择要保持同趋势化，以保证可比性。替代方案在保证实现系统的目标和基本功能上要有可比性和一致性。可比性的另一方面含义是指对于某个标准，我们必须对方案作出比较，不能比较的方案当然谈不上评价，评价指标也应相同。

建立评价指标体系的主要方法有加权平均法、功效系数法、主次兼顾法、效益成本法与罗马尼亚选择法等。

11.1.5 评价方法

1. 评价方法类别

现阶段，常用的系统评价方法按其自身特点可以分成四大类：多指标的综合评价法、指数法及经济分析法、数学方法、基于计算机的技术方法。每一大类里还包含了许多具体的方法，如表 11.1 所示。在实际运用中，这些方法可根据需要相互结合使用，以取得好的评价效果。

表 11.1 常用的系统评价方法

多指标的综合评价法	指数法及经济分析法	数学方法	基于计算机的技术方法
（1）多因素加权平均法 （2）Delphi 法 （3）约束法 （4）线性分配法 （5）逻辑选择法 …	（1）指数法 （2）费用效益分析 （3）投入产出分析 （4）盈亏转折分析 （5）生产函数法 …	（1）运筹学方法 （2）数理统计法 （3）模糊数学理论 （4）灰色系统理论 （5）物元分析 …	（1）人工神经网络 （2）专家系统 （3）计算机仿真 （4）系统动力学 （5）图解评审法 …

（1）根据评价目标的实现是否通过数量的规定，可以将评价方法分为定性描述法和定量分析法。

定性描述法：定性描述法是根据对评价对象的一些性质指标的判断来对其作出评价结论的评价方法。这种方法的应用以自我鉴定、毕业鉴定、某些科技成果鉴定、推荐意见等为典型代表。在目前，大多数定性描述评价还没有形成特定的方法模式，只在评价的语言格式上，一些评价类型形成较为固定的模式，如在对科学技术成果的评价中，经常使用国际领先、国际先进、国内领先、国内先进这样的词语。但正如我们说过：定性分析必须以数量界限为基础，定量分析必须以定性界定为前提。在正式的有重大后果影响的评价中，定性评价应该建立在深入的定量分析和严格的价值标准基础之上。如对一项基础研究，这里的国际领先是否可界定为：这项成果是国际上首次提出；且这项成果对学科的发展有重大影响，此重大影响以同行专家评议为基础。定性评价的科学程序和评定标准制定的方法是系统评价研究的一个重要方面。

定量分析法：定量分析法是以对评价对象的定量观测数据为基础，并以定量指标给出评价结论的评价方法。人们经常所说的综合评价多是定量评价，并在总指标与评价指标之间建立某种数学模型。定量评价方法是目前系统评价研究的中心内容。

（2）根据评价标准的基准不同，评价方法可以分为相对评价法和绝对评价法。

相对评价法是以某一设定的水平为基准，各评价对象评价指标的量值以其与基准水平的差距来表示。相对评价法根据其基准水平的来源不同分为外基准法和内基准法。外基准法的基准水平是以某设定评价对象的水平为基准，其他评价对象的得值以其与此设定对象的水平的差距来表示。如考试分数的标准分表示法就是以既定评价对象集合的平均分数和差异程度为基准计算的。智商是以某一标准人群的测验成绩计算出来的。外基准法的结果表示法除了标准分数以外还有顺序排队法、等距量表法（类似于温度计）和分化数法。内基准法是以评价对象本身两个不同时期发展水平的比值或差值表示评价结果的方法。内基准法又称为个体内差异法。如提高的分数或百分比或名次。

绝对评价法：绝对评价法是以一种设计好的客观标准作为量尺，对评价对象的属性表现给出一个绝对量测量。如首先制定好一个价值主体的价值要求标准，这个标准通常是以某种可以直接测量的指标制定的，然后以各评价指标与这个总指标的函数关系计算评价值。

另外，根据评价模型的数学特点分为线性模型与非线性模型、确定性模型与模糊数学模型。根据评价主体的特点可分为：外部评价与内部评价；管理者评价与组织评价；社会评价、专家评价与自我评价。根据评价用具特点分类，有试题测验考试法、调查问卷法、样本测定法、个案分析法、行为观察法、作品分析法、试验模拟法、自然观察法等。

2. 德尔菲法

下面简要介绍一种应用非常广泛的科技评价方法：德尔菲（Delphi）法。

德尔菲是古希腊传说中的神谕之地，众神喜好在该城中的阿波罗神殿里占卜未来，因而形象地借用其名。实际上，德尔菲法是专家会议预测法的一种延伸和发展，它的基本原理是以调查表的形式向指定的专家提出一系列问题后将专家意见汇总整理。每完成一次提问与回答称为一轮。将上一轮的结果匿名反馈给专家再次征询意见。经过多次反馈后达到意见趋于一致。

它的实现过程大致如下：首先确定研究项目、成立管理小组、设计评价程序；然后采用各类调查方式就种种待评价的问题向有关领域的专家提问，并将他们的答复进行汇总整理；接下来将第一轮综合归纳的结果反馈给各个专家，再次征询其意见，并重新汇总整理；最后将第二轮的答复再次反馈给专家（这样的问询和反馈可以循环多次，一般为三轮），获得第三轮的评价意见，经过统计方法的归纳整理，最终将获得的比较一致且可靠性较大的结果写成评价报告。由此可以看出，德尔菲法的评价过程实际上就是一个有组织、相互参照、集体学习和交流思想的过程。它要求实施德尔菲法的管理小组对于系统评价的本质内容充分理解，对专家的情况足够了解，善于选择那些精通相关技术、在不同领域内有一定学科代表性的专家，并且要求管理小组的成员具备必要的专业知识和统计处理等方面的基础。

德尔菲法的优势在于，能够在匿名状态下有效地融合各领域专家的意见，通过反馈意见组织起专家之间的讨论和信息交流。专家之间的横向保密性是德尔菲法的一大特点。但是，德尔菲法对于各种意见的可靠程度和科学依据缺乏一种定量的衡量标准，专家的评估结果也是建立在统计分布的基础之上，缺乏足够的稳定性，并且系统评价工作的周期一般较长、所耗费用也较高。

在系统的评价工作中，不仅仅是通过测量系统达到目标的能力，从而确定系统的价值，还需要考虑到人的主观因素，即决策者的意图，因为评价本身不是目的，评价的最终目标是帮助决策者作出理性的选择。

11.2 系 统 决 策

11.2.1 决策的概念及发展阶段

系统决策是指在经过系统建模、系统分析、系统仿真、评价及预测等过程之后，最终从各个备选方案中选取一个最佳方案的步骤。

关于决策的概念，有以下两种观点。一种观点认为：“决策就是作出决定”。另一种观点认为“管理就是决策”。上述两种观点从不同的角度揭示了决策的内容。

其实决策是一个很普通的概念，贯穿于一切社会实践活动的全过程，大到国家战略目标的制定，小到上街购买物品，都存在着一个决策问题。例如，某企业能够生产 A、B、C、D 四种产品，究竟生产哪种或哪几种产品，生产多少，则应综合考虑市场需要及赢利大小而定。倘若决定错误，会给企业发展带来一定的损失。

狭义的决策就是对未来实践的方向、目标、原则、策略、方式、方法作出选择和决定。广义上的决策可理解为一系列围绕目标实现而进行思维过程和行为过程的总和，而表现为选择、决定的形式。因为，人们对未来实践的方向、目标、原则、策略、方式、方法所作出的选择和决定，并不是凭空产生的，而是经过了一系列的认识、思考、判断、比较的过程。

决策的历史可以划分为三个时期，即经验决策时期、科学决策的萌芽时期、科学决策的发展时期。

（1）经验决策时期。决策活动，古已有之。在中国历史上，就有过许多关于战略、战术决策的出色事例。例如，在战略决策方面，战国时期的孙膑，曾经“围魏救赵”，以及后来曹操的“欲擒故纵”。但古代决策的本质，属于经验决策，即决策的成功与失败，主要取决于决策者或智囊人物的个人素质，如阅历是否丰富、知识是否渊博、智慧是否过人等。

（2）科学决策的萌芽时期。现代科学决策的方法和体制，是随着现代科学技术以及军事活动和管理活动发展起来的。第二次世界大战后，由于运筹学和计算机的发展，出现了决策方法数学化、模型化、计算机化的热潮，将决策方法技术化的思想推向了高峰。运筹学中的线性规划、动态规划、网络技术、对策论、排队论、存储论、调度模型等，在军事决策、生产决策和管理决策等活动中起了重要作用，而计算机技术又大大缩短了运算和数据处理时间。许多以前基于决策范围的常规决策工作已经自动化，可以使决策者把更多的精力集中用于考虑解决更加复杂的关键性决策问题。这无疑是决策发展道路上的一次飞跃。

（3）科学决策的发展时期。在 20 世纪 70 年代，在决策发展道路上，又出现了一种新的趋向，即一方面肯定数学方法和计算机技术在决策中的重要作用，一方面强调人的因素在决策中的重要作用。针对决策定量分析方法的缺陷，科学家又提出了定性分析方法，如“头脑风暴法”“德尔菲法”“创造工程法”等。此外，各种类型的“智囊团”“思想库”发挥更大的作用，定量分析方法也从运算发展为运算和模拟相结合。

11.2.2　决策的基本要素

决策问题的基本要素：决策目标、多个可供选择的策略、明确策略实施的客观条件、策略的条件效果。

决策活动是由四个基本要素组成的。这四个基本要素是决策者、决策对象、决策环境和信息。这四个基本要素的相互联系和辩证运动，就构成了决策的组织、行为、方法、程序等方面的内容。

1. 决策者

决策者是在决策活动中处于主导地位，具有组织、决定职能的个人或集体。如某部门、单位的领导，某工程的总工程师，某企业的总经理，某团体的委员会等都可以是决策者。从某种意义上说，每个人也都可以是决策者。对于决策者是一个集体来说，虽然集体中的每一个人都是决策者，但他们所起的作用并不是完全相同的；也就是说，在这个集体中也是存在着组织结构的。在决策活动中，决策者的领导水平、观念、能力和素质，对决策的科学性起重要作用。

2. 决策对象

决策对象的首要特点是以人的活动为主，人的行为能够施加影响的系统如国家、军队、工厂、学院、工程、生产、科研、战斗等都可以是决策对象。反之，人的行为不能施加影响的系统如太阳、构成物质的原子等，就不能作为决策对象。随着社会和科学技术发展，人的行为所影响的范围在逐渐扩大，所以决策对象的范围也在逐渐扩大。例如，随着航天技术的发展，开发宇宙的工程也将进入决策的领域。决策对象的第二个特点是决策者必须和决策对象有密切关系。这里有三种情况：第一种决策对象就是决策者本人，如某人决定自己的行动；第二种决策者是决策对象的一个组成部分，如公司经理、军队的各级首长等；第三种决策的结果，即决策对象的行为与决策者自身发生必然的联系，或者说，决策的结果对决策者有巨大的反作用。根据这一点，未成年的子女可以是父母的决策对象，下级领导可以是上级领导的决策对象。但企业的成员一般不能以其他企业为决策对象，关键在于两者不构成直接的利害关系，虽然可有某种间接影响，但间接影响不等于直接决策。

决策对象的第三个特点是具有明确的边界。例如，“以大多数青年人为决策对象”这个概念就是错误的。首先“青年人”的内涵不明确，其次“大多数”的外延不明确，因此这样选择决策对象是错误的。决策对象要有明确的边界，也是系统的有界性的要求。总之，决策对象，就是决策者处于其中的或和决策者关系密切的，决策者能对它发生影响，具有明确边界的系统。对于决策对象来说，最重要的是它的内部因素，如成员的素质、设备的技术性能、要求和愿望等，这些都是决策者在决策过程中应优先考虑的。

3. 决策环境

决策环境，就是决策对象以外的所有外部条件、外部因素的集合。如时间、空间、天文、地理、生物、气象等自然环境以及部门、单位、上级、同级、政策、法令等社会环境。环境本身是一个大系统，具有许多不同的层次和联系。决策对象，只是决策环境这个大系统中的某个层次或某几个要素。在决策环境中，首先要明确的是条件。条件是事物运动、发展、变化的外因，对于事物未来有着重要的甚至是决定性的影响。因此，在决策活动中，创造条件是十分重要的。

4. 信息

信息是事物本质规律的表现形式，是人们认识客观事物的媒介。信息又是科学决策的最重要的资源。整个决策过程从某种意义上来说，就是对信息的收集、整理、分析的加工过程和输入、输出、反馈的传递过程。信息在军事决策中，尤其有着突出重要的地位。孙子说过："知彼知己，胜乃不殆；知天知地，胜乃不穷。"说明了信息在战争中的重要性。在决策活动中，对信息的要求是准确、充分、有效、适用、经济、保密等。为了达到上述目的，现代社会已经产生出了专门的信息行业，如广播、电视、图书馆、数据库、情报所、计算机中心等。目前计算机的最大用途，也就在于信息的存储、检索、分析、传播等。在决策活动中，创造条件与利用信息，是实现决策目标不可缺少的两个重要因素。

11.2.3　决策的类型及其主要特征

系统决策面临解决的问题是多种多样的，从不同的角度有不同的分类方法。

按照决策的重要性来划分，可分为战略决策、策略决策和执行决策。所谓战略决策是指涉及组织的发展和生存的有关全局、长远和方向问题的决策，如企业厂址的选择、新产品开发、新市场开发以及国家和地区的产业布局、结构调整、战略方针等。一个国家、一个地区、一个部门、一个企业乃至一个家庭或个人，都会面临着相应的不同层次的战略性决策。所谓战术决策是指在实施战略决策的过程中，对某些具体问题、具体计划、具体方案等进行的决策。如生产标准的选择、生产调度、人员配备等决策。

按决策的性质可分为程序化决策和非程序化决策。所谓程序化决策是对反复出现的、有一定规律的决策问题，按一定的程序和固有的模式进行的决策，如核定工资、生产调度等。而非程序化决策是指对具有偶然性的、突然出现的问题或原来从未遇到的新情况、新问题的决策，如开辟新市场、作战指挥决策等。

按决策的目标数量可分为单目标决策和多目标决策。单目标决策是对仅有一个目标的问题进行的决策。而多目标决策是对具有两个或更多目标的问题进行的决策。

按决策的实施阶段可分为单阶段决策和多阶段决策。单阶段决策是指整个决策过程只作一次决策就得到结果。多阶段决策是指整个决策过程由一系列决策组成，而其中若干关键决策环节又可分步地看作单阶段决策。

按决策的可控程度又可分为确定型决策、风险型决策和完全不确定型决策。决策问题面临的状态是明确的，称为确定型决策，如资源的配置决策。决策问题面临的状态是不确定的，但可以从有关资料中了解到其发生的规律，称为风险型决策。决策面临的状态是不明确的，而且从未经历过，对其全然不知，称为完全不确定型决策。

下面着重介绍一下风险型决策。我们知道，用数学规划能够解决确定型决策的问题。但在通常的情况下，决策者并不能确切地了解系统将来发生的状态，只能估计未来出现某种状态的可能性，此时可以采用以统计概率为基础的风险型决策方法。

风险型决策依据的主要标准是期望值标准，也就是计算出某个方案的收益或损失的期望值，选择收益期望最大或损失期望最小的可行方案为最优方案。某个方案 i 的损益期望值 V_i 可表示为此方案在某状态 S_j 下的损益值 V_{ij} 与其出现概率 $P(S_j)$ 的乘积：

$$V_i = \sum_{j=1}^{n} V_{ij} P(S_j) \tag{11.1}$$

以期望值为标准的风险型决策方法一般有决策表法、决策树法和决策矩阵法等。其中，决策树法是最为常用的一种方法，较之其他方法，它的表达更为直观形象，且能够处理多阶段决策的问题。

图 11.1 显示了一棵决策树的模型，应用决策树法作决策的过程可以按照树从右至左的方向逐步后退来分析：先由树最右端的损益值和概率支显示的概率，计算出损益期望值，据此确定方案的期望结果；然后对不同方案的期望结果进行比较，舍弃结果不好的方案（舍弃方案对应于修剪树的相应方案分支）；最后在树的决策点处只留下一条方案支，即为选取的最优方案。

11.2.4 决策方法

现代科学决策的方法体系，一般包括哲学方法、系统科学方法、预测方法、运筹方法、模拟方法、创新方法等。当研究对象是一个复杂系统时，我们面临的是多目标决策。此时，系统由多个层次的评价要素构成，涉及多个系统目标和多种备选方案，决策时需要考虑一系列指标的综合。在解决多目标决策问题时，有一种定性与定量相结合的方法——层次分析法。

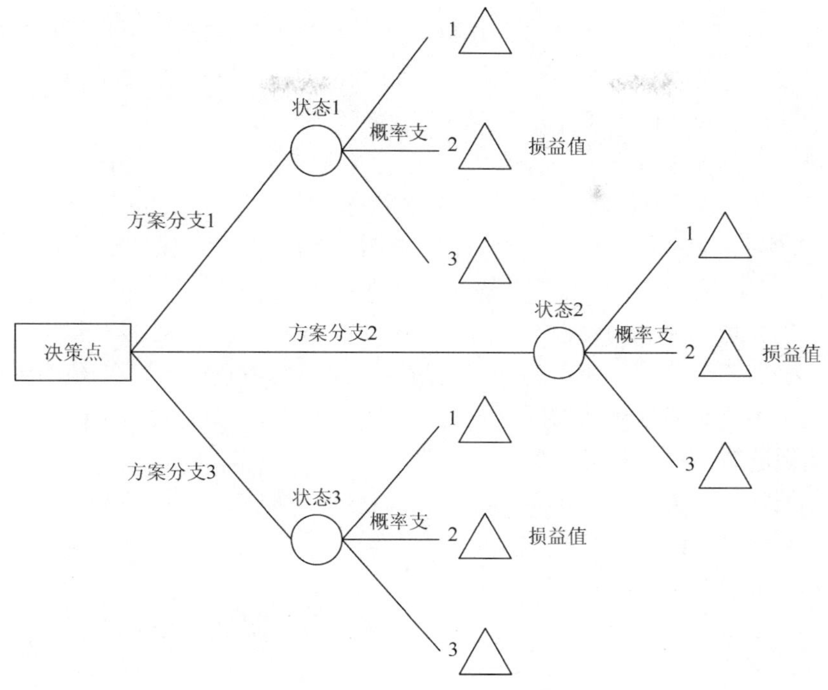

图 11.1　三分支的决策树模型

层次分析法是一种多层次权重的解析法。首先，将一个复杂问题分解成各个组成因素，把这些因素按照支配关系分组，形成递阶层次结构，同一层次的各元素具有大致相等的地位，不同层次的元素间具有纵向的联系；之后，通过两两比较的方式，确定某一层次上诸因素的相对重要性，又将人的主观判断用数量形式来表达和处理，构成判断矩阵，得出层次单排序，并通过一致性检验；最后，采用逐层叠加的方法，从最高层开始，由高向低进行递推计算，再综合专家的意见，确定多种备选方案相对重要性的层次总排序，据此作出系统决策。

层次分析法的整个过程，体现了人的分解—判断—综合的辩证思维过程，并且将定性与定量思维相结合，方法灵活、使用简便、系统性强，目前已在社会经济、市场管理等多个领域得到了广泛的应用。

11.2.5　决策的一般步骤

诺贝尔经济学奖获得者西蒙（Simon）将系统的决策过程分为了四个阶段：情报活动→设计活动→抉择活动→实施与评价。在情报和设计阶段，主要是通过采集一些基本信息，找出制定决策的理由和可能的行动方案，管理信息系统（MIS）成为提供及时信息的技术基础；而在抉择和评价阶段，通过管理科学（MS）、运筹学（OR）和系统工程（SE）中的模型方法，决策者要在诸多行动方案中进行抉择，并对已进行的抉择进行评价。现在，利用先进的计算机技术，人们已经开发出实现上述决策过程的人机系统——决策支持系统（DSS）。

决策过程具体按以下步骤进行。

（1）发现问题。所谓问题，就是期望的状态同实际现象之间的差距。决策者应根据经济与科学技术的发展，或由他人的先进经验中，或从收集和整理的情报中发现差距。一个决策者若站得高、看得远、统观全局，就易于找出问题的关键所在。

（2）建立解决问题的议程。

（3）确定问题目标。所谓目标，是指在一定环境和条件下，在预测的基础上根据问题差距所希望达到的结果。它有三个特点：一是可以计量结果，二是可以规定它实现的时间，三是可以确定其责任。

（4）搜索相关信息。在决策方法制定过程中，信息的收集与调查研究工作是自始至终都在进行的。

（5）分析影响问题的各种因素。

（6）拟定备选方案。寻找达到目标的有效途径，制定供选择的方案，以便于分析比较。

（7）构建系统决策模型。

（8）对各个方案结果进行预测，选择最佳方案。就是对各种可供选择的方案权衡利弊，从中选一或综合为一。这是一项复杂的工作，因最后选定的方案不一定对达到每一个特定指标都是最佳的，往往有利于其中几个指标而兼顾其他指标，这就要求决策者运用智慧和决断能力。

（9）评价和分析决策结果。当方案选定后，必须进行局部试验，以验证其方案运行的可靠性。被试验的部分应在全局中具有典型的意义，并且严格按照所决策的方案实施。若取得成功，即可进入全面普遍实施阶段；否则，应根据反馈的信息，对决策进行修正。

11.2.6 决策支持系统

决策支持系统（dicision support systems，DSS）最早由美国 M. S. Scott Morton 教授于 20 世纪 70 年代初发表的《管理决策系统》一文中首次提出，是以支持决策为目的的人机信息系统。

国外的研制工作已经有二十多年的历史。无论是理论还是应用都取得了较大的进展，主要应用于企业的预算和分析、预测与计划，及财会、生产与销售等部门。也有应用于社会科学、宏观经济与市场分析及投资效益分析等方面，涉及企业、军事、经济、环境、医学、能源、交通、公安等部门。

决策支持系统是一个由多种功能协调配合而成的、以支持决策过程为目标的集成系统，主要由数据库子系统、模型库子系统和用户接口子系统构成。

按照系统的输出能直接确定决策的程度进行分类，决策支持系统可以分为文档管理系统、数据分析系统、分析信息系统、统计模型系统、样本模型系统、最优模型系统和建议模型系统七种。根据支持决策情况的性质可分为通用的决策支持系统和专门的决策支持系统。按支持对象多少的不同可分为个人支持系统、群体支持系统和组织支持系统。按决策支持系统的系统结构不同可以分为网络型、桥型、分层型和塔型决策支持系统。

决策支持系统可以实现以下这几方面的功能。

（1）整理并及时提供本系统与本决策有关的各种数据，如工厂的生产能力、库存、财务及重要设备的运行情况等。

（2）尽可能收集、存储并及时提供系统之外的与本决策问题有关的数据，如市场需求状况、原材料价格高低、新技术动态等。

（3）及时收集和提供有关各项活动的反馈信息，包括系统内与系统有关的数据，如生产计划完成情况、产品销售情况、用户反映信息等。

（4）能够用一定的方式存储与所研究的决策问题有关的各种模型，如库存控制模型、生产调度模型等。

（5）能够存储及提供常用的数学与运筹学的方法，如统计检验方法、回归分析方法、线性规划方法等。

（6）各种数据、模型、方法的整理都应该是易于改变、易于增添的。用户界面的友好性、较强的图形功能和类似自然语言的人机交互接口可以极大地增强其有效性。

（7）能够灵活地运用模型与方法对数据进行加工，能访问和获取不同来源、格式和类型的数据。

（8）可以为不同管理决策层提供支持，包括从高层管理者到生产线管理者。

（9）提供良好的数据传输功能，以保证及时收集所需要的信息，以及把使用者所需要的加工结果提供给他们，因为决策支持系统的使用者往往分散在各自的办公地点。

（10）可以为个体和群体提供支持，半结构化和非结构化问题的决策分析常需要来自不同部门和组织层次的人员参与。

（11）通过将决策者的判断和计算机中的信息集成在一起，主要辅助决策者分析半结构化和非结构化决策问题。

（12）在时间上是自适应的，面对迅速变化的条件，决策者应能及时反应，并且适应这种变化。

第 12 章 系统工程概述

随着生产规模的扩大和生产技术的复杂化，人们开始从整体和相互联系的角度去考虑问题，从而需要一套处理复杂系统的、担负总体优化使命的科学方法。自第二次世界大战以后，运筹学、计算机技术、自动控制技术和信息论、电子模拟技术、模型理论等密切结合，应用在工程设计、生产和管理的全过程中，从而促使这几门以实际系统为研究对象、具有高度综合性和交叉性特点的系统科学应用学科的产生。

20 世纪 40 年代，美国贝尔电话公司首次使用“系统工程”（system engineering）一词来命名他们设计新系统所采用的科学方法。1957 年，美国密歇根大学的古德（A. H. Goode）和麦考尔（R. E. Machal）合作出版了第一本以《系统工程》命名的专著。

第二次世界大战后，美国的兰德公司提出“系统分析”（system analysis）的概念，具体是指：针对大型社会或经济系统中出现的问题，对若干待选的工作方案、设计规划等，进行费用和效果方面的比较分析。1972 年，国际应用系统分析研究所成立。

“管理科学”（management science）指的是针对大企业的经营管理问题，提出科学的系统管理方法。经典的管理科学以泰勒（F. W. Taylor）的科学管理理论为代表。

系统工程方法论——霍尔三维结构的提出（1969 年），使管理科学、经济控制论、组织理论及组织行为学得到快速发展。

直至现在，系统科学所涵盖的系统工程、系统分析、管理科学这三大实际应用层次上的学科理论和方法，在国际上仍被广泛采用。很多时候，系统分析和管理科学也可以看作是系统工程在某些具体领域内的方法和应用，统一于系统工程的学科范围之内。

根据钱学森院士的系统科学思想，系统工程是工程技术，用以改造客观世界并取得实际成果；系统工程是组织管理系统的规划、研究、设计、制造、试验和使用的科学方法，是一种对所有系统具有普遍意义的科学方法。因此工程技术的特点是改造客观世界并取得实际成果，这些目标离不开具体的环境和条件，避不开客观事物的复杂性，所以要同时运用多个学科的成果。总之，工程技术是综合性的，正说明系统工程的重要性。

系统工程从 20 世纪三四十年代开始萌芽发展至今，研究对象是各具特点的系统。其应用领域广泛，如军事系统、经济系统、社会系统、农业系统等。系统工程的方法论是从系统的思想和观点出发，进行思考和处理问题的一个基本工作方法与原则，例如，霍尔三维结构、切克兰德方法论是其中具有代表性的方法。系统工程是系统科学的实际应用层次，将一般方法论密切结合实际系统的特点进行分析。

系统工程是在运筹学、控制论、信息论，以及电子计算机技术、工程设计和现代管理科学等学科的基础上，通过相互融合、渗透而发展起来的一门新兴的实用学科。例如，系统工程解决系统的模型化、最优化和综合评价的问题，是以运筹学为基础；系统工程实现系统的控制功能，是建立在控制论的大系统理论和反馈理论的基础上；系统工程实行对系统的管理，则是运用了信息论的相关理论和方法。但是，系统工程不是孤立地在运用这些科学技术，而是把它们横向联系起来，综合利用这些学科的基础理论和方法，从而形成了一个新的独立的科学技术学科。总之，系统工程是以“系统”为对象，综合运用各种有关学科的理论与方法，实现系统总体最优的现代化组织管理技术。

系统工程方法的基本原则是要有明确的目标或目的，从整体出发，考虑系统各部分之间的空间关系与时间顺序，对系统进行定量分析处理与优化，并根据反馈的信息改善系统。

国内外许多实践已经证明，推广应用这门学科的思想和方法，对解决工程建设和经济管理等问题有着十分突出的作用和非常显著的效果。可以从两个方面来分析系统工程的发展：一方面，随着 21 世纪全球化浪潮的兴起，我们面对的将是越来越复杂的系统，系统工程的应用范围也将日益广泛，这就要求不断改进系统工程技术，提高系统工程质量；另一方面，系统理论不断完善、发展，特别是关于非线性问题的研究取得了一定的突破，这也为系统工程提供了新的原动力。过去以线性理论为基础的系统工程，现在应该发展成为可以解决非线性系统的新的系统工程。

12.1　系 统 工 程

12.1.1　系统工程的相关概念

什么是系统工程？目前还没有一个公认的说法，不同专家从不同角度给出了解释。

著名科学家钱学森曾提到，把极其复杂的研究对象称为系统，即由相互作用和相互依赖的若干部分结合成具有特定功能的有机整体，而且这个系统本身又是它所从属的一个更大系统的组成部分……系统工程学则是组织管理这种系统的规划、研究、设计、制造、实验和使用的科学方法，是一种对所有系统都具有普遍意义的科学方法。

美国质量管理学会系统委员会对系统工程的定义是："系统工程是应用科学知识设计和制造系统的一门特殊工程学。"

日本工业标准 JIS 8121 条（1967 年）提出："系统工程是为了更好地达到系统目标，而对系统的构成要素、组织结构、信息流动和控制机构等进行分析和设计的技术。"

《中国大百科全书（自动控制与系统工程卷）》的定义是："系统工程是从整体出发合理开发、设计、实施和运用系统的工程技术。它是系统科学中直接改造世界的工程技术。"

综上所述，系统工程的任务是组织管理这种系统的规划、研究、设计、制造、实验和使用，是一个组织协调系统内部各要素的活动，使得各要素为实现整体目标而发挥适当的作用；系统工程的研究目的是实现系统整体目标的最优化。

通常，系统工程研究的对象包含大型人工系统和复合系统。从纵向上看，系统工程研究的是系统从规划到使用的全部过程。所以，系统工程的任务远比传统意义上的工程要复杂得多，需要考虑得更为全面，要求系统工程师能够从整体观念出发，采用科学理论、现代数学方法和管理工具等，来组织安排各项人力、财力和物力资源，以便最合理、最经济、最有效地完成预期的系统目标，取得整体的最佳成果。

系统工程是一种"科学方法"。所谓科学，自然要求系统工程解决问题的时候能够运用科学的思维、科学的工具和科学的步骤。系统工程是建立在其他众多学科成就的基础上，它的方法论涉及数学、物理学、经济学、生物学、化学等学科，系统工程需要的是一种系统的思维方式。

12.1.2　系统工程学的产生和发展

系统工程学同其他科学一样，也是来源于人类长期社会实践经验的积累和总结，并随着科学技术、基础理论和运算工具的进步而进步，与现代科学技术和社会大生产发展到的特定水平相适应，它已经演变成一门独立的学科。

系统工程学的产生和发展离不开一定的历史背景和条件。首先，从 20 世纪 40 年代以来，科学技术活动和经济建设的规模日益扩大，全球化的发展促使日益复杂的组织结构和综合性很强的相互联系、相互制约的大型复杂系统出现，要求我们去发展一门能纵观全局、综合应用各个有关学科的理论和方法，这种要求是产生系统工程学的客观基础；其次，控制论、运筹学、现代数学方法等学科的飞速发展，为系统工程奠定了重要的学科基础。通信技术与信息科学的进步，尤其是电子计算机技术的高度发展，推动了系统工程学的继续发展。系统工程学可分为萌芽阶段（1940～1957 年）、发展阶段（1957～1965 年）、基本成熟和继续发展阶段（1965 年至今）。各阶段的主要事件简单介绍如下。

1940 年美国贝尔电话公司实验室为了缩短电话自动交换机从科学发明到投入使用的时间，建立了系统工程研究部，把研制工作分为规划、研究、发展、工程应用和通用工程五个阶段，创立了一套分阶段的管理方法——系统工程方法。该实验室首次提出“系统工程”一词。

1940～1945 年，美国实施制造原子弹的“曼哈顿”计划。采用系统工程的方法，推动其发展。

1945 年，美国国内一个由各方面专家组成的智囊机构——兰德（Rand）公司，为美国国防部提供研制武器的规划和方案，创立系统分析方法，这种方法是一种从费用的效益方面对各种可行方案进行抉择与评价的方法。

20 世纪 40 年代后期至 50 年代初期，控制论、信息论和运筹学等相关学科都有了比较迅速的发展，为系统工程的发展及应用提供了理论基础。

1957 年，美国著名科学家古德和麦考尔合著的《系统工程》一书出版，对系统工程的理论和方法首次进行了比较全面的阐述。这是系统工程学科形成的标志。

1958 年，美国海军特种计划局研制“北极星”导弹时，产生了计划评审技术（PERT）方法，使研制工作提前两年完成。这种方法得到了世界各国的普遍重视和推广应用，PERT 方法成为系统工程学的一个著名方法。

1962 年，时任美国国防部长麦克纳马拉（McNamara）提出了规划、计划、预算系统（PPBS），这种方法在军事和企业中都得到了广泛的应用，充实了系统工程学的内容，促进了系统工程学的发展。

1963 年，美国亚利桑那大学设立了系统工程系，之后，其他许多著名的大学，如斯坦福大学、麻省理工学院等，也都设立了这方面的专业或研究中心。

1964 年开始，美国每年都举行系统工程年会，发行刊物，并设立系统工程学位。从此，系统工程学成为一门独立的学科。

1965 年，美国自动控制学家 L. A. Zadeh 提出“模糊集合”概念，这为现代系统工程奠定了重要的数学基础。

1969 年，美国制定“阿波罗”宇宙飞船登月计划，系统工程学发挥出重要作用。

1972 年，国际应用系统分析研究所在维也纳成立。系统工程从工程领域进入社会经济领域。系统工程学已发展成为解决世界范围内复杂大系统问题的应用科学。

12.2 系统工程应用领域

钱学森院士在 20 世纪 80 年代提出了 14 个系统工程专业（表 12.1），并指出：所列出的 14 门系统工程并不全面，在后续的发展中也可能还会有其他的系统工程。在本节中逐一简单介绍这 14 门系统工程。

表 12.1 系统工程分类

系统工程专业	对应的特有学科基础
工程系统工程	工程设计
科研系统工程	科学学
企业系统工程	生产力经济学
信息系统工程	信息学、情报学
军事系统工程	军事科学
经济系统工程	政治经济学
环境系统工程	环境科学
教育系统工程	教育学
社会系统工程	社会学、未来学
计量系统工程	计量学
标准系统工程	标准学
农业系统工程	农业学
行政系统工程	行政学
法治系统工程	法学

1. 工程系统工程

工程系统工程（systems engineering for projects）是一项组织管理大型工程项目的规划、研究、设计、制造、试验和运行的技术。研究内容是工程项目的总体设计、可行性、国民经济评价、工程进度管理、工程质量管理、工程成本效益分析、风险投资分析、可靠性分析等。根据工程项目的不同对象，工程系统工程分为许多分支学科，如航天系统工程、飞行器系统工程、导弹武器系统工程、核武器系统工程、电子系统工程等。这些分支学科共同的专业理论基础是工程设计，因为大型工程项目的总体设计都要运用工程设计方面的知识，同时又需要相应专业的工程技术知识。

大型工程项目都是复杂的大系统，一般具备下列五个特点：①规模庞大。一般零部件数量可达几万甚至几十万。因此要把它分解成合理的多级递阶结构。

②因素众多。不仅有本身的技术因素，还涉及社会、政治、经济、环境等许多外部因素，因此要建立多层次、多目标的目标体系。③技术复杂。往往需要不同行业的许多机构和不同专业的许多科技人员协同工作。④开发期长。一般大型工程项目需要经过几年、十几年甚至几十年的时间才能完成。⑤投资额大。研制费用高达几亿甚至几十亿元。1958 年美国海军军械部特种计划局在开发北极星导弹核潜艇时，由于承担此项任务的单位多达 11000 余家，专门组织了一个研究小组来研究开发大型工程项目的计划管理方法，提出计划评审技术，使计划提前两年完成。20 世纪 60 年代美国在执行“阿波罗”载人登月计划的过程中，广泛应用图解协调技术（GERT）来解决随机性的网络计划问题。

美国系统工程学家霍尔（A. D. Hall）在 1969 年提出了系统工程应用中具有普遍意义的方法，即“霍尔三维结构”，得到了广泛认同。霍尔认为，一般工程技术项目的系统工程按时间维度可分为七个阶段：①规划阶段→②设计阶段→③系统研制阶段→④生产阶段→⑤安装阶段→⑥运行阶段→⑦更新阶段。系统工程的逻辑维是指解决问题的逻辑步骤，针对时间维的每个不同阶段在逻辑程序上都应遵循七个步骤：①明确问题→②系统指标设计→③系统方案设计→④系统分析→⑤系统优化→⑥系统决策→⑦实施计划。知识维是指为完成各阶段、各步骤所需的各种知识和专门技术的总和。霍尔三维结构强调了逻辑、知识及时间三要素在系统工程管理中的重要性与普适性。通用系统工程方法的“霍尔三维结构”可在科研系统工程中予以灵活运用，同时又可在现代科技组织管理实践中加以创造性发展。

2. 科研系统工程

科研系统工程实质是将科技研究与开发作为一个系统，从系统整体出发统一考虑科技与社会、经济等因素的相互关系，研究科学技术发展战略、科学技术预测、科学技术评价、优先发展领域分析、科技人才规划等。有目的有步骤地选定优先发展的科技领域；应用运筹学、控制论、现代管理科学和计算机技术等来实现系统规划、协调、组织和控制的最优化，以加速科技的发展和社会的进步。

科研系统工程诞生的历史背景有以下四点：①现代科学技术正朝着专业化和综合化两个方向发展；②科学技术的研究与开发成为生产力的重要因素；③现代科学技术研究与开发是一个复杂的大系统，具有规模庞大、技术复杂、投资多、开发周期长等特点；④科学技术和社会相互依存的关系日益密切。解决某些重大的社会问题成为科学发展的主要动力。科学技术因素成为改善环境、提高生活水平的基础。因此各国都在加强科研管理工作。

一种完善科研管理系统措施模型，通常包含主要内容有：科技发展战略研究、制订科技发展规划、制订技术政策、科技政策分析与评价、科学技术发展预测、可行性研究与技术评估、建立科技管理信息系统、改革和完善科研管理体制。上述各项任务均可借助相应的系统工程方法来完成，达到整体优化的目的。

3. 企业系统工程

企业系统工程是应用系统工程的思想和方法对工业企业生产经营活动进行组织与管理的技术。包括研究市场预测、新产品开发、现代集成制造系统（CIMS）及并行工程、计算机辅助设计与制造、生产管理系统、计划管理系统、库存控制、全面质量管理、成本核算系统、成本效益分析、财务分析、组织系统。它有六个要素，分别是人、资金、设备、原材料、任务和信息，而且都要满足一定制约条件。制约条件有两类，分别是经济规律的制约和技术条件的制约。企业系统工程的核心问题是在制约条件下求得总体最优。企业系统工程的主要内容是：工业企业管理方法最优化、管理工具现代化和管理结构合理化。

企业管理成为一门科学则是从 20 世纪初开始的。企业管理的最初阶段是一切按照管理者的经验办事。1911 年美国工程师 F. W. Taylor 发表《科学管理原理》一书，提出泰勒制，从此企业管理进入了科学管理阶段。1913 年美国企业家 H. Ford 提出按传送带速度组织生产，在他创办的福特汽车公司的汽车装配车间采用了世界上第一条流水生产线。1916 年法国工程师 H. Fayol 提出经营管理理论，1920 年德国企业管理家 M. Weber 提出组织机构论。这些理论和方法在当时都起到了加强生产现场组织和管理的作用，提高了劳动生产率，但都未涉及企业生产经营系统总体最优的问题。

20 世纪 50 年代，随着生产社会化程度不断扩大，企业间的竞争越来越激烈，技术更新速度加快，产品本身和生产技术的复杂程度增加，企业不断生产新的工业产品来满足多样化的需要，要综合运用多种学科知识和专业技术来解决工业产品开发和生产中的各种问题，要求企业生产经营活动更加讲究经济效果，以最少的消耗获取一定的经济效益。企业内部的分工越来越细，相互配合和协调的要求越来越高，影响生产经营和组织管理的因素越来越多，这就要求及时进行信息反馈和作出正确决策。运筹学、质量管理和工业工程等理论和方法在企业管理中得到推广，计算机技术、信息科学、行为科学等应用在企业管理领域，特别是 20 世纪 40 年代中期贝塔朗菲提出的一般系统论的基本原理被引进管理领域。企业管理进入系统管理的新阶段。

4. 信息系统工程

信息系统工程简称“信息工程”，运用系统工程理论和方法研究信息化及现代信息技术发展战略、规划、政策，各级各类信息系统分析、开发、运行、更新及管理等。随着科技以及管理信息水平的不断发展，信息系统工程已经晋级为一个由计算机硬件、网络和通信设备、计算机软件、信息资源、信息用户和规章制度组成的以处理信息流为目的的人机一体化系统。

信息系统工程主要任务是最大限度地利用现代计算机及网络通信技术加强企业的信息管理，通过对企业拥有的人力、物力、财力、设备、技术等资源的调查了解，建立正确的数据，加工处理并编制成各种信息资料及时提供给管理人员，以便进行正确的决策，不断提高企业的管理水平和经济效益。其包含输入、存储、处理、输出和控制等基本功能。在开发信息系统工程的过程中涉及计算机技术基础与运行环境：包括计算机硬件技术、计算机软件技术、计算机网络技术和数据库技术。

信息系统工程同样分为不同的类型以适应不同的信息管理需求，从其发展和系统特点来看，可分为数据处理系统（data processing system，DPS）、管理信息系统（management information system，MIS）、决策支持系统（decision sustainment system，DSS）、专家系统（人工智能（AI）的一个子集）和虚拟办公室（office automation，OA）五种类型。

5. 军事系统工程

军事系统工程研究国防战略、作战模拟、情报、通信与指挥自动化系统、先进武器装备发展规划、综合保障系统、国防经济学、军事运筹学等在参谋业务方面、武器使用方面、后勤业务方面、组织建立指挥体系方面、战略研究方面的应用，试图说明系统工程对军队现代化的重要意义。

军事系统工程是运用系统科学的理论和定量与定性的方法，对军事系统实施合理的筹划、研究、设计、组织、指挥和控制，使各个组成部分和保障条件集成为一个协调的整体，以实现系统功能与组织最优化的技术。它是军事上应用的系统工程，是现代参谋组织、现代作战模拟、现代通信、计算机和网络等技术密切结合的体现。广泛应用于国防工程、武器研制、军队作战、后勤保障、军事行政等领域。

6. 经济系统工程

经济系统一般可分为微观经济系统和宏观经济系统。微观经济系统指单个经济实体，如企业、公司、商店等。通常把企业进行系统管理的经营管理技术称为企业系统工程，而把宏观经济系统工程简称为经济系统工程。经济系统工程着眼于整个国民经济总量分析，如社会总产值、国民收入、社会消费、投资结构、物价水平和工资水平、国家的经济发展战略、综合发展规划、经济指标体系、投入产出分析、积累和消费分析、产业结构分析、消费结构分析、价格系统分析、投资决策分析、资源合理配置、经济政策分析、综合国力分析、世界经济模型等。

经济系统工程从宏观上对经济系统实现最优控制或次优控制。它主要应用经济数学模型来分析和研究经济系统的动态过程和结构特性，预测经济变量的变化规律，制订经济发展规划，提出国民经济宏观控制和调节的最优方案，即用系统工程的方法对国家、部门或地区宏观经济系统进行预测、规划、组织、管理、控制和调节。

经济系统工程在系统工程方法论、研究对象范围和系统建模方面均有一些本身的特点：从系统工程方法论来看，宏观经济系统规模庞大、结构复杂、涉及因素众多，对系统的分析很难像工程技术系统那样事前明确给定目标，需要通过对系统信息的不断积累和分析后才能逐步明确；从研究对象范围来看，宏观经济系统是一个多层次、多目标的大系统，它涉及各个部门和各种层次的目标和利益，需要利用大系统理论中的分解和协调技术不断进行权衡；从系统建模方面来看，宏观经济模型既有定性的概念模型，又有定量的数学模型。同一系统不仅可以建立不同的模型来分析，而且可以综合应用各种模型来分析和比较，以求得符合实际的系统模型。因此建模过程也是不断比较和学习的过程。其中主要模型有计量经济模型、投入产出模型、系统动力学模型、经济控制论模型。

7. 环境系统工程

环境系统工程研究大气生态系统、大地生态系统、流域生态系统、森林与生物生态系统、城市生态系统等系统分析、规划、建设、防治等方面的问题，以及环境检测系统、环境计量预测模型等问题。

20 世纪四五十年代，随着世界各国工业化和城市化的加速，环境污染首先出现在工业发达国家，虽然各个国家开始治理环境污染问题，但在污染排放口进行的治理工作并没有取得满意的效果，“治标不治本”的治理方法使得环境保护工作难以推进。人们认识到解决环境问题只有在一定时空范围内综合考虑，动员协调区域内社会各方面的力量才可能取得成效。美国首先建立起全国性的环境保护管理和科研机构，进行区域环境污染综合治理实践活动。随后，英国、日本等发达国家相继效仿，这为环境系统工程的产生和发展提供了条件，促进环境系统工程学科的诞生。1981 年起，随着一年一度的环境科学工程学术研讨会的召开，环境系统工程发展成为一门独立发展的学科。

环境问题涉及社会领域、工程领域、经济领域、生态领域等多个方面，具有跨领域、多系统、多层次、多因素的特点。环境系统工程以环境系统为对象，特别是环境污染控制系统，对其进行合理规划、设计，研究其管理方法和手段；以系统观点为基础，运用系统工程的方法，即系统化、模型化、最优化和决策科学化；应用于环境规划、管理、评价认定和污染防治等众多方面，从而可以在经济、社会、环境等各个方面对环境系统作优化分析和评价处理。

现如今生态系统、环境问题日益得到重视，环境质量的变化和人类活动作用于自然后所产生的环境影响规律渐渐成为环境科学研究的重点。作为近年来新兴的一门边际学科，环境科学是研究“人类-环境”系统，即以人类为中心的生态系统的产生、发展、预测、调控、改造和利用的科学。

8. 教育系统工程

教育系统工程是研究人才需求预测、人才与教育规划、人才结构分析、教育政策分析、学校系统化管理等。我国是发展中大国，地区发展极不平衡，怎样做到既认真落实教育的战略地位，又使教育发展的速度和规模不会超越社会经济的承受能力，是一个十分复杂而又必须认真进行研究的重大问题。

教育系统是特定教育因素在特定关联方式下形成的有机整体。在教育系统的形成上，诸因素的作用是不同的，按其结构和功能可分为以下四类。

（1）荷载型因素，也称实体性因素，包括施教者、受教者和教育工具等。它是整个教育系统的物质承担者。所有其他的教育因素，或渗透在该因素之内，或与之相联接，通过改善它们的素质或它们之间的联系而发挥作用。

（2）凝聚型因素，也称附着性因素或渗透性因素，主要指科学技术等因素。它没有实物形态，只有凝聚在实体性因素之中才能发挥作用，即改善其他教育因素的素质，提高它们的性能和效率。

（3）媒介型因素，指教育信息等。它类似于凝聚型因素，没有实物形态，但它不是把自己凝聚在实体性因素之中，而是依靠自身的运动来实现有关因素的联系与沟通，从而发挥自己特有的作用。

（4）运筹型因素，指教育管理。这类因素与凝聚型因素和媒介型因素有相似之处，即都没有实物形态，但也有不同之处。它不是通过改善其他教育因素的素质（这一点不同于凝聚型因素），也不是通过自身运动实现有关因素的联系与沟通（这一点不同于媒介型因素），而是通过对全部教育因素的统一调度、处置、匹配、选择等手段，改善整个教育系统的内部联系，以扩大整个系统的整体功能。

教育系统的因素按质态、量态、空间、时间方式组合。如果把教育系统论比作一座大厦，教育结构、教育规模、教育布局、教育时序则可以称为大厦的四大支柱。教育系统论就是由这四者相互联系、相互制约、相互作用、相互影响所形成的一个有机整体。在该主体框架中，教育结构对应于经济结构，教育规模对应于经济规模，教育布局对应于经济布局，教育时序对应于经济时序，比较好地体现了教育与经济之间的密切关系，有利于从教育与经济协同发展的角度研究教育问题，增强教育学研究的科学性。

9. 社会系统工程

社会系统工程的研究对象是整个社会，是一个开放的复杂巨系统。它具有多层次、多区域、多阶段的特点。社会系统工程是一门实用技术工程，任务是完成组织管理社会建设，建立在准确及时的情报基础上，涉及生产生活、科学技术发展等各方面。

对于复杂的社会系统的研究，通过研究发现，社会科学体系的属性与自然科学体系的属性具有相似性，因此有人提出通过调整社会体系的类型来控制社会体系熵值的大小。对社会问题进行研究时，首先要确定社会体系的目标，进而确定社会体系的类型，控制体系运行的速度，营造适合体系正常运行的环境。

社会系统工程首先要确定符合国家利益的目标，建立并控制国家体系，并根据需要变换体系类型。运筹学、控制论等系统工程的研究工具对社会系统也适用。社会热力学与社会动力学分别采用热力学理论、动力学理论来研究社会问题，它们是社会科学研究的新方法。

10. 计量系统工程

计量是指实现单位统一、量值准确可靠的运动，属于测量，而又严于一般测量，涉及整个测量领域并按法律规定对测量起着指导、监督、保证的作用。具体研究内容包括：计量单位及其基准、标准的建立、复制、保存和使用；计量方法和计量器具的计量特性；计量的不确定度；计量人员的计量能力；计量法制和计量管理；有关计量的一切理论和实际问题，如基本物理常量、标准物质及材料特性等的准确测定等。计量的范围很广，包括化学数据计量、学科发展趋势计量、军工产品计量等，被越来越广泛应用，计量学应运而生。

所谓计量系统工程，是指对系统工程进行组织、管理和运用，进行试验和监督。计量系统工程和标准系统工程是管理一个地区、一个国家的计量和标准体系，虽然计量的工作量很大，但从性质上讲是为标准化服务的。计量与标准化的核心都是统一，如果没有标准化为其设定标准，计量的数据则没有意义，如果考虑没有计量的可能性，标准化所指定的标准也无法建立。计量是手段，标准是依据，计量本身需要标准化。

11. 标准系统工程

1979 年，钱学森首次提出“标准系统工程”，标准化也是一门系统工程，任务就是设计、组织和建立全国的标准体系，使它促进社会生产力的持续高速发展。但标准系统工程这项技术似乎还没有牢固的理论基础，还缺一门“标准学”。标准学是把标准化作为社会的一项活动。

标准是指为在一定范围内获得最佳秩序，对现实问题或潜在问题制定共同使用和重复使用的条款的一种规范性文件。标准化是为在一定范围内获得最佳秩序，对现实问题或潜在问题制定共同使用和重复使用的条款的活动。标准是一种规范性文件，其包括标准的制定和方法，而标准化作为一种活动，包括标准的制定、发布、实施过程，更符合系统工程的定义。

近现代标准化是在工业基础上发展起来的，为了确保生产技术、效率的进步所带来的产品质量，各个行业的标准逐渐制定。1906 年成立世界上最早的国际性电工标准化机构，1946 年一个全球性的非政府组织——国际标准化组织（ISO）成立，其为国际标准化领域中一个十分重要的组织。随着科学技术的发展，在数理统计和企业经营等方面应用获得一定的经济效益。标准化通过标准的约束，有利于确保产品合格性，提高产品质量，消除国际贸易的技术壁垒。

12. 农业系统工程

农业是一个“生物-自然环境-人类社会”的复杂系统，范围很广，生物是生产对象，生态系统是基础。在这个系统中，生物和生物、生物和自然环境之间存在着物质和能量的交换，彼此之间相互依存、相互制约。同时这个系统又经常受人类生产活动和科学实验活动的干预，力求对之加以控制和改造，以达到提高生产力的目的。而农产品的生产、收获、储藏、加工、运输、销售又与各种社会条件有多种复杂的联系。农业系统工程的目的就在于对上述复杂系统的内、外各方面、各因素之间的关系进行研究，从中找出其内在的规律，以便采取各种措施（包括规划、预测、计划、设计、组织、管理等），使农业的发展满足人类社会发展的需要。例如，一个农场、地区、国家，甚至全世界的农业发展规划、农业生产的前景和农业政策问题；农业机械的最佳配备，水、土资源的最佳分配，解决粮食问题的优化方案等；研究不同农业技术措施对动、植物生长发育的影响，从而设计最佳的农业生产过程。

农业系统工程是利用系统工程的理论和技术，对农业系统的长远规划、科学设计、有效试验、深入研究、合理调控及其应用过程进行科学管理的一门工程技术。它既属于国民经济系统，又是作为一定范围生态系统的组成部分而存在的独立系统。其中包括农业资源、能源、资金的投入，农产品输出和农业信息反馈，农业生命物质能量转化等。农业系统工程设计包含对农业系统功能、结构和环境的分析，以及系统控制等。农业系统工程的关键是农业系统分析。

1979 年 11 月中国农业工程学会成立，同时农业系统工程专业委员会也在这一年成立。1985 年 7 月中国系统工程学会也成立了农业系统工程委员会。在各行政部门、科研单位和交流学会的推动下，中国农业系统工程的研究工作发展很快，应用农业系统工程的理论技术进行水稻栽培规范化、小麦病害的预测预报、防止黄土丘陵地区水土流失、改善农林结构模式的研究等，并对全国种植业的发展和结构变化进行研究。但中国农业生产条件复杂，农业系统工程的应用在很多方面还处于探索试验阶段。

作为一门综合性的管理工程技术，农业系统工程运用现代科学方法，如运筹学、现代数学（最优化方法、概率论、网络理论等），技术手段，如电子计算机和信息技术（系统模拟、通信系统等），以及农业经济学、经营管理学、社会学等理论知识，对农业系统进行系统分析、统筹规划，为选择最优设计提供定量、定性依据。在现代农业的组织管理中应用系统工程，能为人们需要的高效能生态系统提供最佳发展路线，从而达到最优的综合效果。

农业系统工程由于气象、土壤、生物等自然因素变化幅度较大，其市场、价格等社会因素也极为复杂。因此，在收集基础数据时，往往要依靠数理统计和概率论来进行处理，对工作的每一个步骤，都需要慎重地作出评价，从而避免数据选取不当引起计算结果偏离实际，降低实用价值。这是农业系统工程的特点之一。

13. 行政系统工程

行政管理学又称为行政学，也称为公共行政学或公共管理学。它是一门研究政府对社会进行有效管理规律的科学，是国家公务员和其他公共部门工作人员必备的知识。行政管理学是被行政问题催生，为解决现实行政问题而诞生，并伴随着问题的变化而进行范式转换的应用学科。所以是一门注重实践和运用的学科。也正因如此，“效率”一词成为行政管理学的一个基本原则。同时有大量的企业管理方法和技术被行政管理人员应用到政府中，大大推动了政府事业的发展。因此，作为一门具体的实践性课程，它的实用性和时势性较强。

行政管理学研究国家行政机关及其官员依法管理国家事务、社会事务和机关内部事务的客观规律。所要解决的核心问题是公共组织的效率问题。它主要表现在：简化办事的手续，减少办事时间；减少行政成本；各个步骤或环节采取科学化的管理技术方法；采取任何一种新的方法都要以人为本。

行政管理学研究的主体对象是行政机关，在中国即国务院和地方各级人民政府；行政管理学研究的客体对象是国家事务、社会事务和行政机关的内部事务；行政管理学的根本目的在于探讨行政管理的客观规律，实现行政管理的科学化。

14. 法治系统工程

钱学森 1980 年就精辟地界定了法治系统工程的内涵，即：法制要健全，就不能有漏洞、有矛盾，要能适应国际法律；要在成千上万条法律法规的庞大体系中做到这一点是一项不简单的事，可能要引用现代科学技术中的数理逻辑和计算技术；而这还不是全部社会主义法治的工作，因为上面说的还只是健全法制，再加上法律的实施，如侦查、检察、审判等工作，才构成全部法治；建设全部社会主义法治的工作是改造我们社会的极其重大的任务，称为法治系统工程。

社会主义法治需要一系列法律、法规、条例，从国家宪法到部门的规定，集总成为一个法治的体系、严密的科学体系。立法实质上是建立一个符合社会系统整体利益的法律系统，法律实施实质上则是使制定出的法律系统有效地运用于社会巨系统以实现预期的效果。因此从科学的观点，可以把一系列法律工作视为一项系统工程——法治系统工程。

法治系统工程是指从系统思想出发将法律视为由相互联系的行为规范所构成的有机整体，即系统在运用系统工程框架综合集成的现代化基础上建立和运行法律系统，即法律制定与法律实施并通过国家或社会强制力保障行为控制的实现以有效维护社会系统的整体利益。

自钱学森先生 1979 年提出法治系统工程建设以来，我国的社会实践已充分证明，法治系统工程研究与开发取得了长足的进展，并为我国社会主义法治现代化事业做出了突出的贡献。

第 13 章　专题一　人工智能

系统科学从早期的一般系统论、控制论、信息论发展到耗散结构理论、协同学以及突变论，这些基础理论在发展过程中互为基础、相互促进渗透，促进了客观世界的改造，改变了人类的思维方式，把自然界与人类社会中的任一客体认为是一个不断与外界进行物质、能量、信息交换的开放系统。系统科学要求把事物作为一个整体考察，符合马克思主义关于物质世界普遍联系的哲学原理。

系统科学的思想以其强大的渗透力扩张到社会科学的方方面面，如经济学、人口学等，在不同领域留下了探索的足迹。作者认为系统科学在科学研究尤其是社会科学中提供了新思维与途径，其应用潜力不容小觑。在一些具体科学当中蕴含了系统科学的基本概念和思路，并在学科的发展过程中起到了举足轻重的作用。生物研究、经济活动、社会管理以及最新的网络大数据和人工智能等领域，都已经或多或少地采纳和应用了系统科学的思想和研究方法，同时也给系统科学的进一步发展提供了生动的实例。

为了更好地跟踪系统理论在实用学科中的发展动态，也为系统科学在实践中提供更为丰富的发展潜力，我们必须不断地从具体科学和应用领域中寻找最新的发展成果，并将这些成果纳入到现有的系统应用体系中。读者可以通过对本书的阅读，体会这些具体领域中系统理论与具体科学的关系。其中有一些是紧密结合的，有一些是潜移默化的，但是都能让我们体会到系统科学的宏观作用和具体指导能力。

本书第 1 和 2 章分别介绍了系统科学的产生历史与基本概念。第 3～9 章阐述了系统科学的理论发展。第 10 和 11 章是系统科学的分析方法，包括系统建模与仿真、系统评价与决策。第 12 章介绍了系统工程及相关应用领域。系统理论的应用极为广泛，基于篇幅考虑，以下具体实例的细节未能详细阐述，但读者可以通过本书前 12 章的学习，结合具体的学科知识，发掘系统科学的应用价值。从本章开始，通过精选几个热门专题，帮助读者进一步加深这方面的理解。值得注意的是，专题中的内容虽然是学科基础，但仍然需要具备相关领域的一些专业知识。非该领域背景的读者在阅读专题的内容时，应重点思考系统理论的基本概念和方法在其间的渗透程度，关注系统科学作为跨学科的理论，在具体专业学科中的指导作用。如果是该研究领域的研究人员，则可以试着结合专业知识与系统理论，争取获得创新性的研究思路和方法。

人工智能是当前系统理论的一个重要应用领域，也是未来社会发展的关键科技手段。制造出能够像人类一样思考的机器是科学家最伟大的梦想之一。用智慧的大脑解读智慧的密码——这必将成为科学发展的终极。而验证这种解读的最有效手段，莫过于再造一个智慧大脑——人工智能。人们对人工智能的追求就是一个对复杂系统理论逐步深入认识的过程。从早期简单的功能模拟，到后期的强调自适应和自学习，再到更进一步的设计与涌现并存，人们通过一次次的失败逐渐学会了复杂人工智能系统的设计。

我们对人工智能的了解可能主要来自于好莱坞的科幻片。这些荧幕上的机器要么杀人如麻，如《终结者》《黑客帝国》；要么小巧可爱，如《机器人瓦利》；再或者多愁善感，如《人工智能》；还有一些则大音希声、大象无形，如《黑客帝国》中的 Matrix 网络，以及《超验骇客》。所有这些荧幕上的人工智能都具备一个共同特征：异常强大、能力非凡。

现实中的人工智能却与这些荧幕上的机器人相差甚远，但它们确实已经在我们身边。搜索引擎、邮件过滤器、智能语音助手 Siri、二维码扫描器、游戏中的 NPC（非玩家扮演角色）都是近 60 年人工智能技术实用化的产物。智能都是一个个单一功能的“裸”程序，没有坚硬的、灵活的躯壳，更没有想象中的那么善解人意，甚至不是一个完整的个体。为什么想象与现实存在那么大的差距？这是因为，真正的人工智能的探索之路充满了波折与不确定。

历史上，研究人工智能就像是在坐过山车，忽上忽下。梦想的肥皂泡一次次被冰冷的科学事实戳破，科学家不得不一次次重新回到梦的起点。作为一个独立的学科，人工智能的发展不像其他学科那样从分散走向统一，而是从 1956 年创立以来就不断地分裂，形成了一系列大大小小的子领域。也许人工智能注定就是大杂烩，也许统一的时刻还未到来。然而，人们对人工智能的梦想却是永远不会磨灭的。而基于或包括人工智能的社会，将成为复杂系统的一个重要的研究对象。

13.1　前人工智能时期（1900～1956 年）

1900 年，世纪之交的数学家大会在巴黎如期召开，德高望重的数学家戴维·希尔伯特（David Hilbert）庄严地向全世界数学家宣布了 23 个未解决的难题。这 23 道难题道道经典，而其中的第二个问题和第十个问题则与人工智能密切相关，并最终促使了计算机的发明。

希尔伯特第二个问题来源于他的一个大野心——运用公理化的方法统一整个数学，并运用严格的数学推理证明数学自身的正确性。这个野心被后人称为希尔伯特纲领，虽然他自己没能证明，但却把这个任务交给了后来的年轻人。希尔伯特第二个问题是证明数学系统中应同时具备一致性（数学真理不存在矛盾）和完备性（任意真理都可以被描述为数学定理）。

希尔伯特的勃勃野心无疑激荡着当时每一个年轻数学家的心。其中有一位来自捷克的年轻人库尔特·哥德尔（Kurt Godel）。他致力于攻克希尔伯特第二个问题。可是他很快发现，自己之前的努力都是徒劳的，因为希尔伯特关于第二个问题的断言根本就是错的，任何足够强大的数学公理系统都存在着瑕疵：一致性和完备性不能同时具备。哥德尔于 1931 年提出了哥德尔不完备性定理，这个定理被美国时代周刊评选为 20 世纪最有影响力的数学定理。

尽管早在 1931 年，人工智能学科还没有建立，计算机也没被发明，但是哥德尔定理似乎就已经为人工智能提出了警告。这是因为如果我们把人工智能也看作一个机械化运作的数学公理系统，那么根据哥德尔定理，必然存在着某种人类可以构造，但是机器无法求解的人工智能的“软肋”。这就好像我们无法揪着自己的脑袋脱离地球，数学无法证明数学本身的正确性，人工智能也无法仅凭自身解决所有问题。所以，存在着人类可以求解但是机器却不能解的问题，人工智能不可能超过人类。但问题并没有这么简单，上述命题成立的一个前提是人与机器不同，它不是一个机械的公理化系统。而且这个前提是否成立迄今为止我们并不知道，所以这一问题仍在争论之中。

另外一位与哥德尔年龄相仿的年轻人艾伦·图灵（Alan Turing）被希尔伯特的第十个问题深深地吸引了，并决定为此奉献一生。

希尔伯特第十个问题是这样表述的：“是否存在着判定任意一个丢番图方程（Diophantine equation）有解的机械化运算过程。”这句话的前半句比较晦涩，我们也无须理睬。而后面半句则是重点，“机械化运算过程”用今天的话说就是算法。但在当年，算法这个概念还是比较模糊的。于是，图灵设想出了一个机器——图灵机，它是计算机的理论原型，圆满地刻画出了机械化运算过程的含义，并最终为计算机的发明铺平了道路。图灵机模型形象地模拟了人类作计算的过程：假如我们希望计算任意两个 3 位数的加法，以 139 + 919 为例。需要一张足够大的草稿纸以及一支可以在纸上不停地涂涂写写的笔。之后，需要从个位到百位一位一位地按照 10 以内的加法规则完成加法。然后还需要考虑进位，如 9 + 9 = 18，这个 1 就要加在十进位上。我们是通过在草稿纸上记下适当的标记来完成这种进位记忆的。最后把计算的结果输出到了纸上。图灵机把所有这些过程都模型化了：草稿纸被模型化为一条无限长的纸带；笔被模型化为一个读写头；固定的 10 以内的运算法则模型化为输入给读写头的程序；对于进位的记忆则被模型化为读写头的内部状态。于是，设定好纸带上的初始信息，以及读写头的当前内部状态和程序规则，图灵机就可以运行起来了。它在每一时刻读入一个纸带的信息，并根据当前的内部状态，查找相应的程序，从而给出下一时刻的内部状态并输出信息到纸带上。

图灵机模型一经提出就得到了科学家的认可，这无疑对图灵形成了莫大的鼓励。他开始进一步思考图灵机运算能力的极限。19 世纪 40 年代，图灵开始认真地思考机器是否能够具备类人的智能。他很快意识到这个问题的要点其实并不在于如何打造强大的机器，而在于我们人类如何看待智能，即凭什么标准而评价一台机器是否具备智能。于是，图灵在 1950 年发表的《机器能思考吗？》一文中提出了这样一个标准，即如果一台机器通过了“图灵测试”，则我们就必须认可这台机器具有智能。考虑有两间密闭的屋子，其中一个屋子里面关了一个活人，另一个屋子里面关了一台“活”计算机：进行图灵测试的人工智能程序。然后，屋子外面有一个活人作为测试者，测试者只能通过一根导线与屋子里面的人或计算机交流——与它们进行联网聊天。假如测试者在有限的时间内无法判断出这两个屋子里面哪一个关的是人，哪一个是计算机，那么我们就称屋子里面的人工智能程序通过了图灵测试，并具备了智能。事实上，图灵当年在《机器能思考吗？》一文中设立的标准相当宽泛：只要有 30%的人类测试者在 5 分钟内无法分辨出被测试对象就可以认为程序通过了图灵测试。

2014 年 6 月，一个名为“尤金·古斯特曼”（Eugene Goostman）的聊天程序成功地在 5 分钟内蒙骗了 30%的人类测试者，从而达到了图灵当年提出来的标准。很多人认为，这款程序具有划时代的意义，它是自图灵测试提出 64 年后第一次通过了图灵测试。但是，很快就有人提出这一事件只不过是一个噱头，该程序并没有宣传得那么厉害。例如，谷歌公司的工程总监，未来学家雷·库兹韦尔（Ray Kurzweil）就表示，这个聊天机器人号称只有 13 岁，并使用第二语言来回答问题，这成为该程序重大缺陷的借口。另外，测试者只有 5 分钟与之展开互动，这大大增加了他们在短期内被“欺骗”的概率。

由此可见，图灵将智能等同于符号运算的智能表现，而忽略了实现这种符号智能表现的机器内涵。这样做的好处是，它可以将所谓的智能本质这一问题绕过去；它的代价是人工智能研制者会把注意力集中在如何让程序欺骗人类测试者上，甚至可以不择手段。所以，很多人反对将图灵测试作为评判机器具备智能的唯一标准。因为人类智能还包括诸如对复杂形式的判断、创造性地解决问题的方法等，而这些特质都无法在图灵测试中体现出来。无论如何，图灵的研究无疑大大推动了人工智能的进展。

就在哥德尔绞尽脑汁捉摸希尔伯特第二个问题的时候，另外一位来自匈牙利布达佩斯的天才少年也在思考同样的问题，他就是大名鼎鼎的冯·诺依曼。

冯·诺依曼远没有哥德尔走运。到了 1931 年，冯·诺依曼即将在希尔伯特第二个问题上获得突破，却突然得知哥德尔已经发表了哥德尔定理。于是，他开始转行开始研究量子力学。就在他的量子力学研究即将结出硕果之际，另外一位天才物理学家保罗·狄拉克（Paul Dirac）又一次抢了他的风头，出版了《量子力学原理》，并一举成名。这比冯·诺依曼的《量子力学的数学基础》整整早了两年。受到了两次打击之后，冯·诺依曼开始把部分注意力从基础数学转向了工程应用领域，终于大获成功。就这样，凭借他出众的才华，1945 年，冯·诺依曼在火车上完成了早期的计算机 EDVAC 的设计，并提出了我们现在熟知的“冯·诺依曼体系结构”。

冯·诺依曼的计算机与图灵机是一脉相承的，但最大的不同就在于，冯·诺依曼的读写头不再需要一格一格地读写纸带，而是根据指定的地址，随机地跳到相应的位置完成读写。这也就是我们今天所说的随机访问存储器（random access memory，RAM）的前身。冯·诺依曼的计算机终于使得数学家的研究结出了硕果，也最终推动着人类历史进入了信息时代，使得人工智能之梦成为可能。

我们要介绍的最后一位数学家，就是美国的天才神童诺伯特·维纳。据说维纳三岁的时候就开始在父亲的影响下读天文学和生物学的书籍。七岁的时候他的物理学和生物学的知识范围已经超出了他父亲。他年纪轻轻就掌握了拉丁语、希腊语、德语和英语，并且涉猎人类科学的各个领域。后来，他留学欧洲，曾先后拜师于罗素、希尔伯特、哈代等哲学、数学大师。维纳在他 70 年的科学生涯中，先后涉足数学、物理、工程学和生物学，共发表 240 多篇论文，著作 14 本。维纳于 1948 年提出新兴学科“控制论”，是系统理论的核心领域之一，在本书第 4 章中已有详细介绍。在控制论中，维纳深入探讨了机器与人的统一性——人或机器都是通过反馈完成某种目的的实现，因此他揭示了用机器模拟人的可能。这为人工智能的提出奠定了重要基础。维纳也是最早注意到心理学、脑科学和工程学的相互交叉的学者之一，这促进了后来认知科学的发展。

这几位数学大师不满足于“躲进小楼成一统”，埋头解决一两个超级数学难题，他们的思想大胆地拥抱这斑驳复杂的世界，最终用他们的方程推动了社会的进步，开启了人工智能之梦。

13.2 人工智能的诞生（1956～1980 年）

在数学大师铺平了理论道路，工程师踏平了技术的坎坷，计算机恰合时宜地呱呱落地的时候，人工智能终于横空出世了。而这历史时刻却是从一个不起眼的会议开始的。

1956 年 8 月，在美国汉诺斯小镇宁静的达特茅斯学院，约翰·麦卡锡（John McCarthy）、马文·明斯基（Marvin Minsky，人工智能与认知学专家）、克劳德·香农（信息论的创始人）、艾伦·纽厄尔（Allen Newell，计算机科学家）、赫伯特·西蒙（Herbert Simon，诺贝尔经济学奖得主）正聚在一起，讨论着一个完全崭新的主题：用机器来模仿人类学习以及其他方面的智能。会议足足开了两个月的时间，虽然大家没有达成普遍的共识，但是为会议讨论的内容起了一个名字：人工智能（artificial intelligence，AI）。因此，1956 年也就成为人工智能这一学科的诞生之年。

达特茅斯会议之后，人工智能获得了井喷式的发展，好消息接踵而至。机器定理证明（用计算机程序代替人类进行自动推理来证明数学定理）是最先取得重大突破的领域之一。在达特茅斯会议上，纽厄尔和西蒙展示了他们的程序——“逻辑理论家”，该程序可以独立证明出《数学原理》第二章的 38 条定理；而到了 1963 年，该程序已能证明该章的全部 52 条定理。1958 年，美籍华人王浩在 IBM704 计算机上以 3～5 分钟的时间证明了《数学原理》中有关命题演算部分的全部 220 条定理。而就在同一年，IBM 公司还研制出了平面几何的定理证明程序。

1976 年，凯尼斯·阿佩尔（Kenneth Appel）等利用人工和计算机混合的方式证明了一个著名的数学猜想：四色猜想（现在称为四色定理）。这个猜想表述起来非常简单易懂：对于任意的地图，我们最少仅用四种颜色就可以染色该地图，并使得任意两个相邻的国家不会重色；然而证明起来却异常烦琐。阿佩尔等配合着计算机超强的穷举和计算能力，把这个猜想证明了。到了 2005 年，Gonthier 完成了四色定理的全部计算机化证明。

此外，机器学习领域也获得了实质性的突破，在 1956 年的达特茅斯会议上，阿瑟·萨缪尔（Arthur Samuel）研制了一个跳棋程序，该程序具有自学习功能，可以从比赛中不断总结经验提高棋艺。1959 年，该跳棋程序打败了它的设计者萨缪尔本人，3 年后，该程序已经可以击败美国一个州的跳棋冠军。

1956 年，奥利弗·塞尔弗里奇（Oliver Selfridge）研制出第一个字符识别程序，开辟了模式识别这一新的领域。1957 年，纽厄尔、肖（J. C. Shaw）和西蒙等开始研究一种不依赖于具体领域的通用问题求解器（general problem solver，GPS）。1963 年，詹姆斯·斯拉格（James Slagle）发表了一个符号积分程序 SAINT，输入一个函数的表达式，该程序就能自动输出这个函数的积分表达式。过了 4 年后，他们研制出了符号积分运算的升级版：SIN。SIN 的运算已经可以达到专家级水准。

所有这一切来得太快了，胜利冲昏了人工智能科学家的头脑，他们开始盲目乐观起来。例如，1958 年，纽厄尔和西蒙就自信满满地说，不出 10 年，计算机将会成为世界象棋冠军、证明重要的数学定理、谱出优美的音乐。照这样的速度发展下去，2000 年人工智能就真的可以超过人类了。

但历史似乎故意要作弄人工智能科学家。1965 年，机器定理证明领域遇到了瓶颈，计算机推了数十万步也无法证明两个连续函数之和仍是连续函数。萨缪尔的跳棋程序也没那么神气了，它停留在了州冠军的层次，无法进一步战胜世界冠军。

最糟糕的事情发生在机器翻译领域，对于人类自然语言的理解是人工智能中的硬骨头。计算机在自然语言理解与翻译过程中表现得极其差劲，一个最典型的例子就是这个著名的英语句子："The sprit is willing but the flesh is weak（心有余而力不足）." 当时，人们让机器翻译程序把这句话翻译成俄语，然后再翻译回英语以检验效果，这时候得到的句子竟然是："The wine is good but the meat is spoiled（酒是好的，肉变质了）." 这简直是驴唇不对马嘴。怪不得有人挖苦道，美国政府花了 2000 万美金为机器翻译挖掘了一座坟墓。

总而言之，越来越多的不利证据迫使政府和大学削减了人工智能项目经费，这使得人工智能进入了寒冷的冬天。来自各方的事实证明，人工智能的发展不可能像人们早期设想的那样一帆风顺，人们必须静下心来冷静思考。

经历了短暂的挫折之后，AI 研究者开始痛定思痛。爱德华 •费根鲍姆（Edward A. Feigenbaum）就是新生力量的佼佼者，他高举着"知识就是力量"的大旗，很快开辟了新的道路。费根鲍姆分析认为，之所以传统的人工智能会陷入僵局，就是因为他们过于强调通用求解方法的作用，而忽略了具体的知识。仔细思考人类的求解过程就会发现，知识无时无刻不在起着重要作用。因此，人工智能必须引入知识。

于是，在费根鲍姆的领导下，一个新的领域——专家系统诞生了。所谓的专家系统就是利用计算机化的知识进行自动推理，从而模仿领域专家解决问题。第一个成功的专家系统 DENDRAL 于 1968 年问世，它可以根据质谱仪的数据推知物质的分子结构。在这个系统的影响下，各式各样的专家系统很快陆续涌现，形成了一种软件产业的全新分支：知识产业。1977 年，在第五届国际人工智能大会上，费根鲍姆用知识工程概括这个全新的领域。在知识工程的刺激下，日本的第五代计算机计划、英国的阿尔维计划、西欧的尤里卡计划、美国的 STARS 计划和中国的 863 计划陆续推出，虽然这些大的科研计划并不都是针对人工智能的，但是 AI 都是这些计划的重要组成部分。

可是好景不长，在专家系统、知识工程获得大量的实践经验之后，其弊端开始逐渐显现了出来，这就是知识获取。而面对这个新的棘手问题，类似费根鲍姆这样的力挽狂澜者没有再次出现，人工智能这个学科却发生了重大转变：它逐渐分化成了几大不同的学派。

13.3 人工智能的发展（1980～2010 年）

专家系统、知识工程的运作需要从外界获得大量知识的输入，而这样的输入工作是极其费时费力的，这就是知识获取的瓶颈。于是，在 20 世纪 80 年代，机器学习这个本处于人工智能边缘地区的分支一下子成为人们关注的焦点。

尽管传统的人工智能研究者也在奋力挣扎，但是人们很快发现，如果采用完全不同的世界观，即让知识通过自下而上的方式涌现，而不是让专家从上而下地设计出来，那么机器学习的问题其实可以得到很好地解决。这就好比我们教育小孩子，传统人工智能好像填鸭式教学，而新的方法则是启发式教学，让孩子自己来学。

事实上，在人工智能界，很早就有人提出过自下而上的涌现智能的方案，只不过他们从来就没有引起大家的注意。一批人认为可以通过模拟大脑的结构（神经网络）来实现，而另一批人则认为可以从那些简单生物体与环境互动的模式中寻找答案。他们分别被称为连接学派和行为学派。与此相对，传统的人工智能则被统称为符号学派。自 20 世纪 80 年代开始，到 20 世纪 90 年代，这三大学派形成了三足鼎立的局面。

13.3.1　符号学派

作为符号学派的代表，人工智能的创始人之一的约翰·麦卡锡在自己的网站上挂了一篇文章《什么是人工智能》，为大家阐明什么是人工智能（按照符号学派的理解）：

（人工智能）是关于如何制造智能机器，特别是智能的计算机程序的科学和工程。它与使用机器来理解人类智能密切相关，但人工智能的研究并不需要局限于生物学上可观察到的那些方法。

在文章中麦卡锡特意强调人工智能研究并不一定局限于模拟真实的生物智能行为，而是更强调它的智能行为和表现的方面，这一点和图灵测试的想法是一脉相承的。另外，麦卡锡还突出了利用计算机程序来模拟智能的方法。也就是说，他认为智能是一种特殊的软件，而与实现它的硬件并没有太大的关系。

纽厄尔和西蒙则把这种观点概括为“物理符号系统假说”（physical symbolic system hypothesis）。该假说认为：任何能够将物理的某些模式（pattern）或符号进行操作，并转化成另外一些模式或符号的系统，都有可能产生智能的行为。这种物理符号可以是通过高低电位的组成，或者是灯泡的亮、灭所形成的霓虹灯图案，当然也可以是人脑神经网络上的电脉冲信号。这也恰恰是“符号学派”得名的依据。

在“物理符号系统假说”的支持下，符号学派把观点集中在人类智能的高级行为，如推理、规划、知识表示等方面，这些工作在一些领域获得了空前的成功。

计算机博弈（下棋）方面的成功就是符号学派名扬天下的资本。早在 1958

年，人工智能的创始人之一西蒙就曾预言，计算机会在10年内成为国际象棋世界冠军。但正如我们前面讨论过的，这种预测过于乐观。尽管它最终还是被实现了，但却用了40年的时间。1988年，IBM开始研发可以与人下国际象棋的智能程序“深思”——一个可以以每秒70万步棋的速度进行思考的超级程序。到了1991年，“深思II”已经可以战平澳大利亚国际象棋冠军达瑞尔·约翰森（Darryl Johansen）。1996年，“深思”的升级版“深蓝”开始挑战著名的人类国际象棋世界冠军加里·卡斯帕罗夫（Garry Kasparov），但却以2：4败下阵来。但是，一年后的5月11日，“深蓝”最终以3胜2负1平的成绩战胜了卡斯帕罗夫，成为人工智能的一个里程碑。

人机大战终于以计算机的胜利画上了句号，那是不是说计算机已经超越了人类呢？要知道，计算机通过它超级强大的搜索能力险胜了人类——当时的“深蓝”已经可以在1秒钟内计算两亿步棋，而且，“深蓝”存储了100年来几乎所有的国际特级大师的开局和残局下法。另外还有四位国际象棋特级大师亲自“训练”“深蓝”，真可谓是超豪华阵容。所以，最终的结果很难说明是计算机战胜了人，更像是一批人战胜了另一批人。最重要的是，国际象棋上的博弈是在一个封闭的棋盘世界中进行的，而人类智能面对的则是一个更复杂的开放世界。

时隔14年后，另外一场在IBM超级计算机和人类之间的人机大战重新刷新了纪录，也使得我们必须重新思考机器是否能战胜人类这个问题。因为这次的比赛不再是下棋，而是自由的“知识问答”，这种竞赛环境比国际象棋开放得多，因为提问的知识可以涵盖时事、历史、文学、艺术、流行文化、科学、体育、地理、文字游戏等多方面。因此，这次的机器胜利至少证明计算机同样可以在开放的世界中表现得不逊于人类。

这场人机大战的游戏叫《危险》（*Jeopardy*），是美国一档著名的电视节目。在节目中，主持人将通过自然语言给出一系列线索，然后，参赛队员要根据这些线索用最短的时间把主持人描述的人或者事物猜出来，并且以提问的方式回答。举个例子，当节目主持人给出线索：“这是一种冷血的无足的冬眠动物”，选手应该回答“什么是蛇？”而不是简单地回答“蛇”。由于问题涉及各个领域，所以一般知识渊博的人类选手都很难获胜。但在2011年的2月14到2月16日期间的《危险》比赛中，IBM公司的超级计算机沃森（Watson）却战胜了人类选手。这一次，IBM打造的沃森是一款完全不同的机器。首先，它必须是一个自然语言处理的高手，因为它必须在短时间内理解主持人的提问，甚至有的时候还必须要理解语言中隐含的意思。正如前面所说，自然语言理解始终是人工智能的最大难题。其次，沃森必须充分了解字谜，还要领会双关语，并且脑中装满了诸如莎士比亚戏剧的独白、全球主要的河流和各国首都等知识。所有这些知识并不限定在某个具体的领域。所以，沃森的胜利的确是一个人工智能界的标志性事件。

可以说人机大战是人工智能符号学派从 1980 年以来最出风头的应用。可是这种无休止的人机大战也难逃成为噱头的嫌疑。事实上，历史上每次吸引眼球的人机大战似乎都伴随着 IBM 公司的股票大涨，这也就不难理解为什么 IBM 会花重金开发出一款又一款的大型计算机去参加无聊的竞赛，而不是去做一些更实用的应用了。实际上，20 世纪 80 年代以后，符号学派的发展势头已经远不如当年了，因为人工智能武林霸主的地位很快就属于其他学派了。

13.3.2　连接学派

我们知道，人类的智慧主要来源于大脑的活动，而大脑则是由大量神经元细胞通过错综复杂的相互连接而形成的。于是人们很自然地想到，是否可以通过模拟大量神经元的集体活动来模拟大脑的智力呢？

通过与上述的物理符号系统假说对比，不难发现，如果将智力活动比喻成一款软件，那么支撑这些活动的大脑神经网络就是相应的硬件。于是，主张神经网络研究的科学家实际上在强调硬件的作用，认为高级的智能行为是从大量的神经网络的连接中自发出现的，因此他们又被称为连接学派。

连接学派的发展也是一波三折。事实上，最早的神经网络研究可以追溯到 1943 年计算机发明之前。当年，沃伦·麦卡洛克（Warren McCulloch）和沃尔特·皮茨（Walter Pitts）两人提出了一个单个神经元的计算模型，如图 13.1 所示。

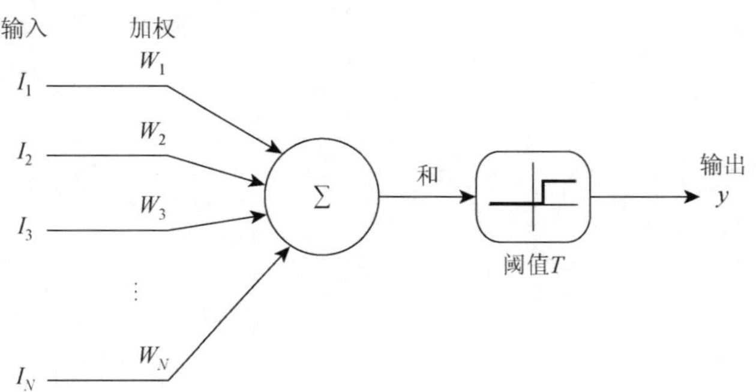

图 13.1　麦卡洛克和皮茨的神经元模型

在这个模型中，左边的 $I_1, I_2, \cdots, I_N$ 为输入单元，可以从其他神经元接受输出，然后将这些信号经过加权（$W_1, W_2, \cdots, W_N$）传递给当前的神经元并完成汇总。如果汇总的输入信息强度超过了一定的阈值（T），则该神经元就会发放一个信号 y 给其他的神经元或者直接输出到外界。我们可以想象，信号像流水一样从左侧输入流向输出。该模型后来被称为麦卡洛克-皮茨模型，可以说是第一个真实神经元细胞的模型。

1957 年，弗兰克 • 罗森布拉特（Frank Rosenblatt）对麦卡洛克-皮茨模型进行了扩充，即在麦卡洛克-皮茨神经元上加入了学习算法，扩充的模型有一个响亮的名字：感知机。感知机可以根据模型的输出 y 与希望模型的输出 y^*之间的误差，通过调整权重 $W_1, W_2, \cdots, W_N$ 的数值来完成学习。

我们可以形象地把感知机模型理解为一个装满了大大小小水龙头（$W_1, W_2, \cdots, W_N$）的水管网络，可以调节这些水龙头来控制最终输出的水流达到想要的流量。这样，感知机就好像是一个可以学习的小孩，无论什么问题，只要明确了输入和输出的关系，都能通过学习而得以解决，至少它的拥护者是这样认为的。

好景不长，1969 年，人工智能界的权威人士马文 • 明斯基给连接学派带来了致命一击。他通过理论分析指出，感知机并不像它的创立者罗森布拉特宣称的那样可以学习任何问题。连一个最简单的问题——判断一个两位的二进制数是否仅包含 0 或者 1（即所谓的 XOR 问题）都无法完成。这一打击是致命的，本来就不是很热的神经网络研究差点就被明斯基这一棒子打死了。

直到 1974 年，人工智能连接学派的救世主杰弗里 • 辛顿（Geoffrey Hinton）出现了，他曾至少两次挽回连接学派的败局，1974 年是第一次，第二次会在下面提到。辛顿的出发点很简单——“多则不同”：只要把多个感知机连接成一个分层的网络，那么，它就可以圆满地解决明斯基的问题。如图 13.2 所示，多个感知机直接连接成一个三层次的网络，最下面为输入层，最上面为输出层，中间的那些神经元位于隐含层。上层的神经元接受下层神经元的输出。

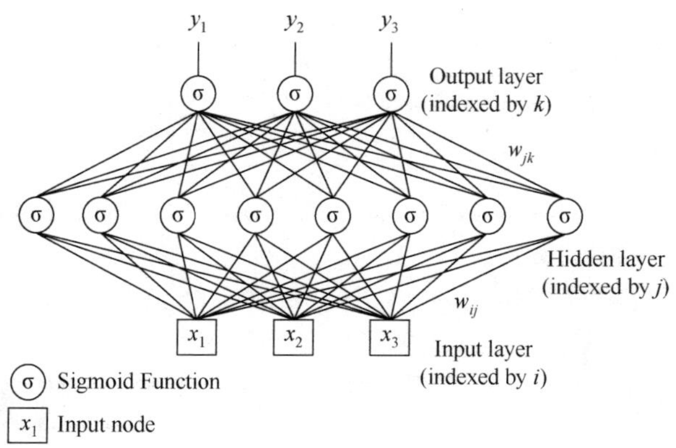

图 13.2　多层感知机

（Output layer 输出层；Hidden layer 隐含层；Input layer 输入层；x_1 输入节点）

但接下来的问题是，“人多吃得多”，那么多个神经元可以有几十甚至上百个参数需要调节，我们如何对这样复杂的网络进行训练呢？辛顿等发现，采用几年前阿瑟·布赖森（Arthur Bryson）等提出来的反向传播（back-propagation，BP）算法就可以有效解决多层网络的训练问题。

用水流管道的例子来说明，当网络进行执行决策的时候，水从底层的输入节点往上流，直到输出节点将水吐出。而在训练阶段，我们则需要从上往下来一层层地调节各个水龙头，每一层的调节只对它上一层的节点负责就可以了，这就是反向传播算法。事实证明，采用反向传播算法的多层神经网络终于可以解决很多复杂的识别、预测等问题了。

几乎是在同一时间，又有几个不同的神经网络模型先后被提出，这些模型有些可以完成模式聚类，有的可以模拟联想思维，有的具有深厚的数学物理基础，有的则模仿生物的行为。所有这些大的突破都使得连接学派名声大噪、异军突起。

然而，很快连接学派的科学家又陷入了困境。虽然各种神经网络可以解决问题，但是，究竟它们为什么会成功，以及为什么在有些问题上会屡遭失败，却没有人能说得清楚。对网络运行原理的无知，也使得人们对如何提高神经网络的运行效率无从下手。因此，连接学派需要理论的支持。

2000 年左右，弗拉基米尔·万普尼克（Vladimir Vapnik）和泽范兰杰斯（A. Y. Chervonenkis）这两个俄罗斯科学家提出了一整套新的理论：统计学习理论。该理论大意是说，“杀鸡不可用宰牛刀”。我们的模型一定要与待解决的问题相匹配，如果模型过于简单，而问题本身的复杂度很高，就无法得到预期的精度。反过来，若问题本身简单，而模型过于复杂，那么模型就会比较僵死，无法举一反三，即出现所谓的“过拟合”现象。

实际上，统计学习理论的精神与“奥卡姆剃刀”原理有着深刻的联系。奥卡姆（William of Occam）是中世纪时期的著名哲学家，他留下的最重要的遗产就是这个奥卡姆剃刀原理。该原理说，如果对于同一个问题有不同的解决方案，那么我们应该挑选最简单的一个。神经网络或者其他的机器学习模型也遵循类似的原理，只有当模型的复杂度与所解决的问题相互匹配时，才能让模型更好地发挥作用。

但统计学习理论也有很大的局限，因为理论的严格分析仅仅限于一类特殊的神经网络模型：支持向量机。而对于更一般的神经网络，人们还未找到统一的分析方法。所以说，连接学派的科学家虽然会学着大脑构造神经网络模型，但实际上他们自己也不清楚究竟这些神经网络是如何工作的。不过，他们这种尴尬局面也是无独有偶，另外一派后起之秀虽然来势汹汹，却也没有解决理论基础问题，这就是行为学派。

13.3.3 行为学派

行为学派的出发点与符号学派和连接学派完全不同，他们并没有把目光放在具有高级智能的人类身上，而是关注比人类低级得多的昆虫。即使这样简单的动物也体现出了非凡的智能，昆虫可以灵活地摆动自己的身体行走，还能够快速地反应，躲避捕食者的攻击。而另一方面，尽管每个蚂蚁个体非常简单，但是，当很多小蚂蚁聚集在一起形成庞大的蚁群的时候却能表现出非凡的智能，还能形成严密的社会分工组织。

正是受到了自然界中这些相对低等生物的启发，行为学派的科学家决定从简单的昆虫入手来理解智能的产生。罗德尼·布鲁克斯（Rodney Brooks）是一名来自美国麻省理工学院的机器人专家。在他的实验室中，你会看到大量的机器昆虫。相对于那些笨拙的机器人铁家伙来说，这些小昆虫要灵活得多。这些机器昆虫没有复杂的大脑，它们也不会按照传统的方式进行复杂的知识表示和推理。它们甚至不需要大脑的干预，仅凭四肢和关节的协调，就能很好地适应环境。当我们把这些机器昆虫放到复杂的地形中时，它们就可以痛快地爬行，还能聪明地避开障碍物，它们看起来的智能事实上并不来源于自上而下的复杂设计，而是来源于从下而上的与环境的互动。这就是布鲁克斯所倡导的理念。

如果说符号学派是从模拟智能软件开始，连接学派则模拟大脑硬件，那么行为学派就算是模拟身体了，而且是简单的、看起来没有什么智能的身体。例如，行为学派的一个非常成功的应用就是波士顿动力（Boston Dynamics）公司研制开发的机器人“大狗”。“大狗”是一个四足机器人，它能够在各种复杂的地形中行走、攀爬、奔跑，甚至还可以背负重物。“大狗”模拟了四足动物的行走行为，能够自适应地根据不同的地形而调整行走的模式。

我们从生物身上学到的东西还不仅仅是这些。从更长的时间尺度上来看，生物体对环境的适应还会迫使生物进化，从而实现从简单到复杂，从低等到高等的跃迁。

约翰·霍兰（John Holland）是美国密歇根大学的心理学、电器工程以及计算机的三科教授。他本科毕业于麻省理工学院，后来到了密歇根大学师从阿瑟·伯克斯（Arthur Burks，曾是冯·诺依曼的助手）。1959 年，他拿到了全世界首个计算机科学的博士学位。别看霍兰个头不高，他的骨子里却有一种离经叛道的气魄。他在读博期间就对如何用计算机模拟生物进化异常着迷，并最终于 1975 年发表了他的遗传算法。

遗传算法将大自然中的生物进化进行了大胆的抽象，最终提取出两个主要环节：变异（包括基因重组和突变）和选择。在计算机中，我们可以用一堆二进制串来模拟自然界中的生物体。而大自然的选择作用——生存竞争、优胜劣汰则被抽象为一个简单的适应度函数。这样，一个超级浓缩版的大自然进化过程就可以搬到计算机中了，这就是遗传算法。遗传算法在刚发表的时候并没有引起重视。随着时间的推移，当人工智能的焦点转向机器学习时，遗传算法就突然家喻户晓了，因为它的确是一个非常简单而有效的机器学习算法。与神经网络不同，遗传算法不需要把学习区分成训练和执行两个阶段，它完全可以指导机器在执行中学习，即所谓的做中学（learning by doing）。同时，遗传算法比神经网络具有更方便的表达性和简单性。

无独有偶，美国的劳伦斯·福格尔（Lawrence J. Fogel）、德国的因戈·雷伯格（Ingo Rechenberg）及汉斯·保罗·施韦费尔（Hans-Paul Schwefel）、霍兰的学生约翰·科扎（John Koza）等也先后提出了演化策略、演化编程和遗传编程。这使得进化计算大家庭的成员更加多样化了。

无论是机器昆虫还是进化计算，科学家关注的焦点都是如何模仿生物来创造智能的机器或者算法。克里斯托弗·兰顿（Chirstopher Langton）进行了进一步提炼，提出了“人工生命”这一新兴学科。人工生命与人工智能非常接近，但是它的关注点在于如何用计算的手段来模拟生命这种更加“低等”的现象。

人工生命认为，所谓的生命或者智能实际上是从底层单元（可以是大分子化合物，也可以是数字代码）通过相互作用而产生的涌现属性（emergent properties）。涌现这个词是人工生命研究中使用频率最高的词之一，它强调了一种只有在宏观具备，但不能分解还原到微观层次的属性、特征、行为。单个的蛋白质分子不具备生命特征，但是大量的蛋白质分子组合在一起形成细胞的时候，整个系统就具备了“活”性，这就是典型的涌现。同样地，智能则是比生命更高一级（假如我们能够将智能和生命分成不同等级）的涌现——在生命系统中又涌现出一整套神经网络系统，从而使得整个生命体具备了智能属性。现实世界中的生命是由碳水化合物编织成的一个复杂的网络，而人工生命则是寄生于“01”世界中的复杂有机体。人工生命的研究思路是通过模拟在计算机数码世界中产生类似现实世界的涌现。因此，从本质上讲，人工生命模拟的就是涌现过程，而不太关心实现这个过程的具体单元。用“01”数字代表蛋白质分子，并为其设置详细的规则，接下来的事情就是运行这个程序，然后盯着屏幕，喝上一杯咖啡，等待着令人吃惊的“生命现象”在计算机中出现。

模拟群体行为是人工生命的典型应用之一。1983 年，计算机图形学家克雷格·雷诺兹（Craig Reynolds）曾开发了一个称为 Boid 的计算机模拟程序，它可以逼真地模拟鸟群的运动，还能够聪明地躲避障碍物。后来，肯尼迪（Kennedy）等于 1995 年扩展了 Boid 模型，提出了粒子群优化（PSO）算法，成功地通过模拟鸟群的运动来解决函数优化等问题。类似地，利用模拟群体行为来实现智能设计的例子还有很多，如蚁群算法、免疫算法等，它们的共同特征都是希望智能从规则中自下而上地涌现出来，并能解决实际问题。

然而，行为学派带来的问题似乎比提供的解决方法更多，究竟在什么情况下能够发生涌现？如何设计底层规则使得系统能够以我们希望的方式涌现？行为学派、人工生命的研究者无法回答。更糟糕的是，几十年过去了，人工生命研究似乎仍然只擅长于模拟小虫子、蚂蚁之类的低等生物，高级的智能完全没有像他们预期的那样自然涌现，而且丝毫没有迹象。

13.3.4 三大学派

正如前面提到的，这三个学派大致是从软件、硬件和身体这三个角度来模拟、理解智能的。但是，这仅仅是一个粗糙的比喻。事实上，三大学派之间还存在着很多微妙的差异和联系。

首先，符号学派的思想观点直接继承自图灵，他们是直接从功能的角度来理解智能的。他们把智能理解为一个黑箱，只关心这个黑箱的输入和输出，而不关心黑箱的内部构造。因此，符号学派利用知识表示和搜索来替代真实人脑的神经网络结构。符号学派假设知识是先验地存储于黑箱之中的，擅长解决的问题是利用现有的知识进行比较复杂的推理、规划、逻辑运算和判断等问题。

连接学派则是要把智能系统的黑箱打开，从结构的角度来模拟智能系统的运作，而不单单重现功能。这样，连接学派看待智能会比符号学派更加底层。它的好处是可以很好地解决机器学习的问题，自动获取知识；但弱点是对于知识的表述是隐含而晦涩的，因为所有学习到的知识都变成了连接权重的数值。若要读出神经网络中存储的知识，就必须要让这个网络运作起来，而无法直接从模型中读出。连接学派擅长解决模式识别、聚类、联想等非结构化的问题，却很难解决高层次的智能问题，如机器定理证明。

行为学派则研究更低级的智能行为，它更擅长模拟身体的运作机制，而不是脑。同时，行为学派非常强调进化的作用，他们认为，人类的智慧也理应是从漫长的进化过程中逐渐演变而来的。行为学派擅长解决适应性、学习、快速行为反应等问题，也可以解决一定的识别、聚类、联想等问题，但在高级智能行为（如问题求解、逻辑演算）上则相形见绌。

有意思的是，连接学派和行为学派似乎更加接近，因为他们都相信智能是自下而上涌现出来的，而非自上而下地设计。但麻烦在于，怎么涌现？涌现的机制是什么？这些深层次问题无法在两大学派内部解决，而必须求助于复杂系统科学。需要注意的是，真正科学、完善的复杂系统理论至今还没有问世，这也是目前系统理论的一个发展方向。

三大学派分别从高、中、低三个层次来模拟智能，但现实中的智能系统显然是一个完整的整体。我们应如何调解、综合这三大学派的观点？这是一个未解决的开放问题，而且似乎很难在短时间内解决。主要的原因在于，无论是在理论指导思想还是计算机模型等方面，三大学派都存在着太大的差异。

13.3.5　分裂与统一

于是就这样磕磕碰碰，人工智能走入了 21 世纪。到了 2000 年前后，人工智能的发展非但没有解决问题，反而引入了一个又一个的问题，这些问题似乎变得越来越难回答，而且所涉及的理论也是越来越深。于是，很多人工智能研究者干脆当起了“鸵鸟”，对理论问题不闻不问，而是一心向“应用”看齐。没有必要争辩理论的优劣，实践是检验真理的唯一标准，无论是符号、连接、行为，能够解决实际问题就是成功。在这样一种大背景下，人工智能产生了进一步分化，很多原本隶属于人工智能的领域逐渐独立成为面向具体应用的新兴学科，简单罗列如下：自动定理证明、模式识别、机器学习、自然语言理解、计算机视觉、机器翻译等，每一个领域都包含大量具体的技术和专业知识以及特殊的应用背景，不同分支之间似乎也没有交流的必要，大一统的人工智能之梦仿佛破灭了。于是，计算机视觉专家甚至不愿意承认自己搞的叫人工智能，因为他们认为人工智能已经成为一个仅仅代表传统的符号学派观点的专有名词，大一统的人工智能概念没有任何意义，也没有存在的必要。这就是人工智能进入 2000 年之后的状况。

但是，世界总是那么奇妙，少数派总是存在的。就当人工智能面临土崩瓦解的窘境的时候，仍然有少数科学家在逆流而动，试图重新构建统一的模式。MIT 的乔希·特南鲍姆（Josh Tenenbaum）以及斯坦福大学的达芙妮·科勒（Daphne Koller）就是这样的少数派。他们的特立独行起源于对概率这个有着几百年历史的数学概念的重新认识，并利用这种认识来统一人工智能的各个方面，包括学习、知识表示、推理以及决策。这样的认识其实也可以追溯到一位 18 世纪的古人，这就是著名的牧师、业余数学家托马斯·贝叶斯（Thomas Bayes）。与传统的方法不同，贝叶斯将事件的概率视为一种主观的信念，而不是传统意义上的事件发生的频率。因此，概率是一种主观的测度，而非客观的度量。所以，人们也将贝叶斯对概率的看法称为主观概率学派——这一观点更加明确地凸现出贝叶斯概率与传统概率统计的区别。贝叶斯学派的核心就是著名的贝叶斯公式，它表达了智能主体是如何根据搜集到的信息而改变对外在事物的看法的。因此，贝叶斯公式概括了人们的学习过程。以贝叶斯公式为基础，人们发展出了一整套称为贝叶斯网络的方法。在这个模型的基础上，研究者可以展开对学习、知识表示和推理的各种人工智能方法的研究。而且，随着大数据时代的来临，贝叶斯方法所需要的数据也是唾手可得，这使得贝叶斯网络方法成为了人们关注的焦点。

另外一个尝试统一人工智能的学者是澳大利亚国立大学的马库斯·胡特（Marcus Hutter），他在 2000 年的时候就开始尝试建立一个新的学科，并为这个新学科起了一个响当当的名字："通用人工智能"（universal artificial intelligence）。

胡特认为，现在主流的人工智能研究已经严重偏离人工智能这个名称的本意。我们不应该将智能化分成学习、认知、决策、推理等分立的不同侧面。事实上，对于人类来说，所有这些功能都是智能作为一个整体的不同表现。因此，在人工智能中，我们应该始终保持清醒的头脑，将智能看作一个整体，而不是若干分裂的子系统。如果非要坚持统一性和广泛性，那么就不得不放弃理论上的实用性，这正是胡特的策略。与通常的人工智能研究不同，胡特采用的是规范研究方法，即给出所谓的智能程序一个数学上的定义，然后运用严格的数理逻辑讨论它的性质。但是，我们能从理论上证明，胡特定义的智能程序是不可计算的——任何计算机也无法模拟这样的智能程序。

不可计算的智能程序有什么用？相信读者心理会有这样的疑问。实际上，如果在 1930 年，我们仍然会对图灵的研究产生同样的疑问。因为那个时候计算机还没有被发明，图灵机模型的作用也不清晰。这也仿佛是当年英国女王对法拉第的诘难："你研究的这些电磁理论有什么用呢？"法拉第反问道："那么，我尊敬的女王陛下，您认为，您怀中抱着的婴儿有什么用呢？"

胡特的理论虽然还不能与图灵的研究相比，但是，它至少为统一人工智能开辟了新方向，让我们看到了统一的曙光，我们只有等待历史来揭晓最终的答案。

13.4　人工智能的现状（2010 年至今）

就这样，在争论声中人工智能走进了 21 世纪的第二个十年，似乎一切都没有改变。但是，几件事情悄悄地发生了，它们重新燃起了人们对于人工智能之梦的渴望。21 世纪的第二个十年，如果要评选出最惹人注目的人工智能研究，那么一定要数深度学习（deep learning）了。

2011 年，谷歌 X 实验室的研究人员从 YouTube 视频中抽取出 1000 万张静态图片，把它喂给"谷歌脑"——一个采用了所谓"深度学习"技术的大型神经网络模型，在这些图片中寻找重复出现的模式。3 天后，这台超级"大脑"在没有人类的帮助下，居然从这些图片中自己发现了"猫"。2012 年 11 月，微软在中国的一次活动中，展示了他们新研制的一个全自动的同声翻译系统——采用了"深度学习”技术的计算系统。演讲者用英文演讲，这台机器能实时地完成语音识别、机器翻译和中文的语音合成。利用“深度学习”完成了同声传译。2013 年 1 月，百度公司成立了百度研究院，其中，深度学习研究所是该研究院旗下的第一个研究所。

这些全球顶尖的计算机、互联网公司都不约而同地对“深度学习”表现出了极大的兴趣。那么究竟什么是深度学习呢？事实上，深度学习仍然是一种神经网络模型，只不过这种神经网络具备了更多层次的隐含节点，同时配备了更先进的学习技术。当我们将超大规模的训练数据输入给深度学习模型的时候，这些具备深层次结构的神经网络仿佛摇身一变，成了拥有感知和学习能力的大脑，表现出了远远好于传统神经网络的学习和泛化的能力。

当我们追溯历史，深度学习神经网络其实早在 20 世纪 80 年代就出现了，但当时的深度网络并没有表现出任何超凡能力。这是因为，当时的数据资源远没有现在丰富，而深度学习网络恰恰需要大量的数据以提高它的训练实例数量。到了 2000 年，当大多数科学家已经对深度学习失去兴趣的时候，辛顿带领着他的学生在这个冷门的领域里坚持耕耘。起初他们的研究并不顺利，但他们坚信他们的算法必将给世界带来惊奇。

惊奇终于出现了，到了 2009 年，辛顿小组获得了意外的成功。他们的深度学习神经网络（图 13.3）在语音识别应用中取得了大的突破，转换精度已经突破了世界纪录，错误率比以前减少了 25%。可以说，辛顿小组的研究让语音识别领域缩短了至少 10 年的时间。就这样，他们的突破吸引了各大公司的注意。苹果公司甚至把他们的研究成果应用到了 Siri 语音识别系统上，使得 iPhone 5 全球热卖。于是深度学习又走进人们的视野。

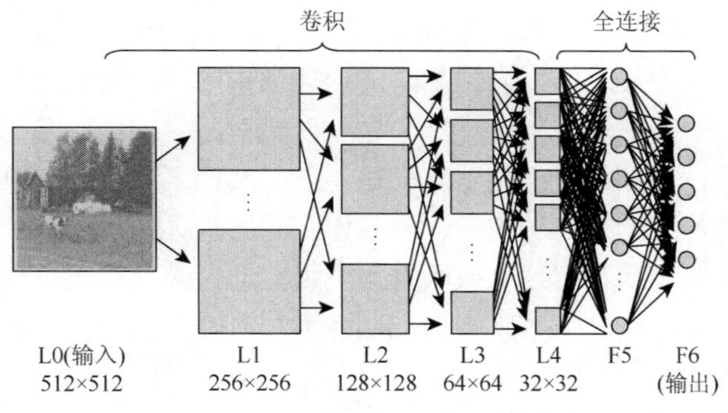

图 13.3　一个深度神经网络模型

2014 年，谷歌开始尝试利用深度的循环神经网络来处理各种自然语言任务，这包括机器翻译、自动对话、情绪识别、阅读理解等。尽管到目前为止，深度学习技术在自然语言类任务上面的表现还无法与图像类任务相媲美，但也经历着突飞猛进的发展。2016 年，谷歌的机器翻译技术获得重大突破，翻译水平在多种语言上已经可以接近人类的水平。除了在语音、图像和自然语言处理等传统任务上的发展以外，科学家还在不断地拓宽深度学习的应用范围。与强化学习这一古老的机器学习技术的结合使得深度学习可以在计算机游戏、博弈等领域获得重大突破。2015 年，被谷歌收购的 DeepMind 团队就研发了一种“通用人工智能”，它可以像人类一样进行自我学习打三百多款计算机游戏，并在某些游戏上超越人类。

在 2016 年 3 月和 2017 年 5 月，AlphaGo 分别与世界围棋冠军李世石和柯洁进行了举世瞩目的比赛。所有人都看到了，配备了深度强化学习技术的人工智能可以像人类围棋高手那样具有深邃的大局观，甚至具有一定的创造力。这种表现是经典的单纯依靠逻辑推理和搜索的人工智能无法达到的。AlphaGo 的成功不仅标志着以深度学习技术为支撑的新一代人工智能技术的大获全胜，而且暗示着人工智能的全新时代已经到来。

2017 年 6 月，学霸君开发的人工智能 Aidam 同全国 640 万考生一起走进了数学高考的考场，并最终取得 134 分的成绩。这是一场考试，同时也是一场表演，AI 向我们展示了它完美的“肌肉”：运用强大的深度学习技术，AI 可以读懂每一道考题，再利用逻辑推理和搜索技术，它可以快速地获得答案，最后再利用它强大的语言能力合成了每一道题的作答。

2017 年 10 月，基于完全自身学习、无须引入人类已有知识的 AlphaGoZero 再次刷新了人工智能的纪录，通过短短 72 小时的围棋自我对弈练习，以压倒性的优势战胜了之前最强的围棋人工智能版本（围棋水平远远地超过了所有的人类棋手），并让棋手柯洁慨叹：“人类太多余了”。

那么，为什么把网络的深度提高，配合大数据的训练就能使得网络的性能有如此大的提高呢？答案是，人脑恰恰就是这样一种多层次的深度神经网络。例如，已有的证据表明，人脑处理视觉信息就是经过多层加工完成的。所以，深度学习实际上只不过是对大脑的一种模拟。模式识别问题长久以来是人工智能发展的一个瓶颈。深度学习技术使得这个瓶颈得到了很大的突破。有人甚至认为，深度学习神经网络已经可以达到 1 岁小孩的识别能力。有理由相信，深度学习会将人工智能引入全新的发展局面。

我们已经看到，深度学习模型成功的秘诀之一在于它效仿了人类大脑的深层体系结构。那么，为什么不直接模拟人类的大脑呢？事实上，科学家正在紧锣密鼓地研究着。例如，FACETS（fast analog computing with emergent transient states）计划就是一个利用硬件来模拟大脑部分功能的项目。采用数以千计的芯片，创造出一个包含 10 亿神经元和 10^{13} 突触的回路（其复杂程度相当于人类大脑的 1/10）。与此对应，由瑞士洛桑联邦理工学院和 IBM 公司联合发起的蓝色大脑计划则是通过软件来模拟人脑的实践。他们采用逆向工程方法，计划开发一个虚拟的大脑。

这类研究计划也有很大的局限。其中最大的问题就在于，迄今为止，我们对大脑的结构以及动力学的认识还相当初级，尤其是神经元活动与生物体行为之间的关系还远远没有建立。例如，尽管科学家在 30 年前就已经弄清楚了秀丽隐杆线虫（*Caenorhabditis elegans*）302 个神经元之间的连接方式，但到现在仍然不清楚这种低等生物的生存行为（如进食和交配）是如何产生的。尽管科学家做过诸多尝试，如连接组学（connectomics），也就是全面监测神经元之间的联系（即突触）；但是，正如线虫研究一样，这幅图谱仅仅是一个开始，它还不足以解释不断变化的电信号产生特定认知的过程。

于是为了进一步深入了解大脑的运行机制。一些“大科学”项目先后启动。2013 年，美国奥巴马政府宣布了“脑计划”（Brain Research through Advancing Innovative Neurotechnologies，BRAIN）的启动。该计划在 2014 年的启动资金为 1 亿多美元，致力于开发能记录大群神经元，甚至是整片脑区的电活动的新技术。无独有偶，欧盟也于近期发起了“人类大脑计划”（Human Brain Project），这一计划为期 10 年，将耗资 16 亿美元，致力于构建能真正模拟人脑的超级计算机。除此之外，中国、日本、以色列也都有脑科学研究计划出炉。这似乎让人们想到了第二次世界大战后的情景，各国争相发展“大科学项目”：核武器、太空探索、计算机等。脑科学的时代已经来临。

2007 年，一位谷歌的实习生路易斯·冯·安开发了一款有趣的程序“ReCapture”，却无意间创建了一个新的人工智能研究方向：人类计算。ReCapture 的初衷很简单，它希望利用人类高超的模式识别能力，自动帮助谷歌公司完成大量扫描书籍的文字识别问题。但是，如果要雇用人力来完成这个任务则需要花费一大笔开销。于是，冯·安想到，每天都有大量的用户在输入验证码以向机器证明自己是人而不是机器，而输入验证码事实上就是在完成文本识别问题。于是，一方面是有大量扫描的书籍中难以识别的文字需要人来识别；另一方面是由计算机生成一些扭曲的图片让大量的用户做识别以表明自己的身份。那么，为什么不把两个方面结合在一起呢？这就是 ReCapture 的创意，冯·安聪明地让用户输入识别码的时候悄悄地帮助谷歌完成了文字识别工作。

这一成功的应用实际上是借助人力来完成了传统的人工智能问题，冯·安把它称为人类计算（human computation），我们则把它形象地称为“人工”智能。除了 ReCapture 以外，冯·安还开发了很多类似的程序或系统，例如，ESP 游戏是让用户通过竞争的方式为图片贴标签，从而完成“人工”分类图片；Duolingo 系统则是让用户在学习外语的同时，顺便把互联网也翻译一下，这是“人工”机器翻译。

也许，这样巧妙的人机结合才是人工智能发展的重要方向之一。因为一个脱离人类的人工智能程序没有任何独立存在的意义，所以人工智能必然会面临人机交互的问题。而随着互联网的兴起，人和计算机交互的方式会更加便捷而多样化。因此，这为传统的人工智能问题提供了全新的解决途径。读者也许会质疑，这种掺和进了人类智能的系统还能称为纯粹的人工智能吗？这种质疑事实上有一个隐含的前提：人工智能是一个独立运作的系统，它与人类环境应相互隔离。但当我们考虑人类智能的时候就会发现，任何智能系统都不能与环境绝对隔离，它只有在开放的环境下才能表现出智能。同样的道理，人工智能也必须向人类开放，于是引入人的作用也变成了一种很自然的事情。

历史发展到现在，尽管人工智能这条道路蜿蜒曲折、荆棘密布，但至少它在发展，并不断壮大。最重要的是，人们对于人工智能的梦想从来没有破灭过。也许人工智能之梦无法在你、我的有生之年实现，也许人工智能之梦始终无法逾越哥德尔定理，但是，人工智能之梦将永远驱动着我们不断前行，突破极限。

13.5　人工智能社会学

从个体层面来说，每个人并不比孔子那个时候的人聪明多少，但现代人类整体的能力却是古人无法企及的，是文明与科技——这个人类集体的创造物反过来赋予了每个人类个体更高的智能。同样的道理，个体层面的人工智能存在着能力上的天花板，只有将成千上万的 AI 链接、整合起来，甚至创造出 AI 自己的文明，才可能为每一个个体 AI 赋能。

聊天机器人、推荐算法、智能助理，我们已经被越来越多的人工智能所包围。就像我们现在越来越多地依赖微信一样，未来的 AI 程序将会形成每个人的数字化外衣，我们需要透过这层外衣才能间接地与外在世界互动。智能程序可以在一定程度上进行自主思考，所以，它们之间就会形成一个庞杂的社会。放眼未来，我认为这种大趋势必然会催生一门新兴学科——我们把它称为“人工智能社会学”（sociology of artificial intelligence），它将会在未来世界中起到越来越大的作用。实际上将 Social（或者 Sociology、Society）与人工智能（或者 Agent 等）词汇相结合的学科已有不少。在 20 世纪 90 年代的时候，复杂性科学兴起，人们忙于利用计算机建模与仿真的方式来模拟各种复杂系统。社会系统显然是这类模拟程序所关注的一个最主要对象。

最近的 AI 研究又呈现出了一种新的趋势，就是将深度学习研究成果或方法与群体智能（collective intelligence）相结合。尽管由于算力的限制，目前所考虑的智能体数量一般都很少，但是可以预期在不久的将来，运用深度学习技术构建的集体智能框架将会出现。接下来，就让我们沿着历史的顺序，考察人工智能社会的研究思路。

著名的经济诺贝尔奖获得者托马斯·谢林（Thomas Schelling）早在 1971 年左右就构造了一个人工智能社会，用来研究种族隔离问题。纽约一直是一个多民族聚居的城市，谢林敏锐地发现，同种族的人会相互聚集在一起。尽管后来纽约政府强制将不同种族的人混合在一起，以促进民族和谐，但是经过长时间的演化，家族的不断搬迁，最终仍然形成了种族分割的现象。谢林用一个简单的人工社会模型重现了这个社会现象，并指出政府强行将不同种族混合在一起的做法是徒劳的。这个模型可以用计算机来模拟实现，如 Netlogo 中的人工社会模拟程序 Segaration，两种不同的种族居住地分别用不同的颜色格点表示，每个格点都按照如下规则演化：当邻居中异族比例超过一定阈值（参数 p）时，就搬家，随机找一个没有人的地方住下来。空地用黑色格点表示。最终模型有可能演化到一种稳定的形态，不同种族分别住在了不同的区块。

密歇根大学的著名政治学家阿克塞尔罗德（R. Axelrod）也是研究人工智能体社会学的先驱，他早在 1984 年的时候就组织了多轮实验以探讨合作的演化。首先采用人工参与的方式，即向全世界学者征集人工智能程序，并将这些程序放到同一个环境下进行相互博弈。然后，环境会任意选择两个程序，并让它们玩所谓的囚徒困境博弈，并计算两个程序的相应得分。最后获得胜利的却是一个超级简单的程序，称为“针锋相对”，它的策略是首先合作，然后只要对方叛变，他就不合作。第二场比赛则完全没有人类参与，而是允许程序自己通过遗传算法来不断地改进程序，看最终进化是如何在这个人工社会中起作用的。研究结果表明，合作作为一种进化稳定的结果是可以自发演化出来的，而且遗传算法甚至可以发现比人手工编写更好的程序。

另外一个早期的人工社会模型应该是布莱恩·阿瑟（W. Brian Arthur）和约翰·霍兰（John Holland）合作的人工股市模型（artificial stock model）。与传统的股市交易模型不同，阿瑟等放弃了每个交易 Agent 都必须具有全部的信息、完美的理性等强假设，取而代之的是 Agent 可以通过历史信息不断地学习，修改自己对股价走势的预测；也就是说，人工股市是一个不断变化的永不平衡的系统，Agent 之间的关系是一种既有竞争又有合作的协同进化关系。该模型成功地模拟出真实股市中的“股市心理”，以及狂涨狂跌的非线性突变现象。目前，运用人工股市模型，人们可以通过更改模型的参数来模拟、预测某种新的股票政策是否可以达到预期的效果。

1996 年，约书亚·爱泼斯坦（Joshua M. Epstein）和罗伯特·阿克斯特尔（Robert Axtell）在计算机中构造了一个人工智能农场，称为 Sugarspace，其中可以时不时地长出“糖果”（sugar）或者“香料”（spice）。之后，他们将一系列人工智能体放到其中，并为这些 Agent 赋予简单的程序，让它们在这个开心农场中开采、交易、繁殖、社交等。所有这些有趣的实验结果被他们总结成了一本书，

即 *Growing Artificial Societies*。ASPEN 模型是美国 Sandia 国家试验室在 1996 年开始开发的一个基于 Agent 的经济系统模型。这是一个较大规模地模拟了包括公司、住户和政府等各种 Agent 的经济系统模型。采用先进的建模技术以及大规模并行计算机的支持，ASPEN 模型成功地应用于美国宏观经济系统和过渡经济的研究中。之后，这种人工模拟社会的方法被应用于经济学、金融学、组织学、文化学、社会学等各个方面。

20 世纪 90 年代可以说是多主体智能大爆发的时代，另外一个引人瞩目的研究领域就是所谓的集体智能。所谓的集体智能就是指通过让一群 Agent 在简单的行为准则指引下相互作用，从而在整个智能体全体展现一定的智能。

集体智能的一个最典型例子就是蚂蚁群体。我们都知道每一只蚂蚁都不够聪明，但是成千上万只蚂蚁组成的蚁群却具有超凡的群体智慧。例如，南美洲有一种蚂蚁称为行军蚁，当森林火灾发生的时候，它们可以聪明地聚集成一个大蚂蚁球，快速滚动出火灾包围的区域。实际上，这个过程会牺牲掉大范围的蚂蚁球外围的蚂蚁，但是为了集体的生存，它们会“聪明”地想出拯救办法。再如蚂蚁群体不仅能够找到从巢穴到食物的通路，还能够找到在所有可能通路之中最短的一条。通过实验研究发现，蚂蚁在觅食过程中可以释放信息素（一种气味），这种信息素又能吸引更多的蚂蚁聚集过来，信息素浓度越大越容易被选择，那么这群蚂蚁智能体就能找到最短路。

进一步，人们可以借鉴蚂蚁的智慧，通过模拟蚂蚁与信息素交互的规则，将蚁群的智慧应用于工程实践，例如，用蚁群算法解决路径导航问题和推销员旅行问题（travel salesman problem，TSP），即要求一个推销员不重复地走遍所有城市并且还要回到起点，同时要求整个路径要最短。借鉴大自然中的群体智慧，人们开发了不少集体智能算法，这些算法只要让每一个简单个体遵循非常简单的计算规则，就可以智能地解决一系列复杂的难题。从某种意义上说，神经网络其实就是利用了群体智能，因为每个简单的神经元都遵循简单的规则来完成信息的发放，但是大量神经元整体却可以产生智慧。

然而，这些程序虽然展现了丰富多彩的集体现象，但因为它们受到早期计算能力的限制，只能通过很简单的代码构造智能体，远不能模拟复杂的人类思维。好在早期这些人工社会、集体智能研究者更加关注的是简单程序在整体社会层面所体现出来的涌现结果，因此，对单个智能体是否足够逼真并不十分关心。随着计算力的提升以及深度学习技术的突飞猛进，我们已经具备利用深度学习来建模 Agent 主体的能力了。当我们把每一个人工智能社会中的简单程序替换成具备“深度学习”能力的大型人工神经网络的时候，整张人工智能程序的大网将会发生什么就不是那么一目了然了。事实上，现在的人工智能科学家已经开始了这样的研究，他们研究的焦点已经从单个深度神经网络过渡到了多个神经网络，并且再让这些神经网络本身联网，只不过目前联网的智能体数量并不多。生成对抗网络（generative adversarial network，GAN）就是在这一方向上的研究思路之一。伊恩·古德费洛（Ian Goodfellow）等提出的对抗式神经网络就是一种两体人工智能，其中一个神经网络负责生成图像，另一个负责辨别究竟是神经网络生成的还是真实的图片。在这样一种框架下，可以同时训练两个网络，结果却比仅仅训练一个生成网络得到了更好的效果。这也许恰恰就是蕴含在集体之中的神秘力量。

2017 年 6 月，Facebook 爆料，他们的人工智能程序在交流的过程中发明了特属于人工智能的语言。进一步分析表明，这是 LSTM 神经网络在未训练好的时候经常会表现出来的行为，纯属 Facebook 的噱头。但是，Facebook 的科学家的确在研究多个 AI 程序如何在特定的条件下产生语言。他们将一群 Agent 放置到了一个模拟的环境中，并赋予它们相互交流的能力：它们可以通过发送一些在人类看来无意义的信号而彼此通信。

在另一个实验中，实验人员要求两个聊天机器人可以针对图像完成多轮对话。其中，一个机器人可以将它所看到的图像尽可能地描述成一些符号串，把它传递给第二个机器人；而第二个机器人无法看到图像，但却可以根据第一个机器人的描述尽可能猜测图像中的内容。最终，当第二个机器人能够猜出原图内容的时候，它们获得了游戏的胜利。在这个过程中，机器可以演化出自己的语言。而且，当我们用人类的对话数据来做预训练以后，这些机器人就可以演化出人类能够听懂的语言，并用这种语言来对话了。实验人员指出，这种通过两个机器人合作的方式来生成对话比用一般的监督学习方式训练一个机器人要更有效率。

斯坦福大学计算机系的 HeHe 等的研究成果表明，机器人可以通过交流的方式完成合作。还是两个机器人，它们被要求针对一个内在的知识图谱来找到共同的朋友。于是，这些 Agent 可以根据自己的知识图谱而发送出语言，来传递给它的合作者，而合作者则将根据收到的消息而尝试理解，并根据获得的信息进一步提问，最终当两个机器人找到了它们朋友列表中的一个共同朋友后就会完成游戏。在整个过程中，机器不仅能够找到最终的朋友，而且还能在训练期间得到一个非常完善的知识图谱以及图谱的抽象表示。

类似这样的研究很多，现在的 AI 研究者已经重新将焦点从单个主体移到了多个主体研究工作中。另外，利用深度学习方法对每一个人工智能主体进行建模可以丰富每个主体的表现行为，还能够更加逼真地模拟人类行为。大量的研究表明，对于同样的问题，如多轮会话，多个主体会比单个主体更好地完成任务。

尽管目前的多主体研究随着深度学习的渗透已经涌现出了一些有趣的新结果，但这与现实情况还有很大的差距。设想一下，如果未来连入互联网的五百亿设备都装备上深度学习模块，那么我们应该考虑的人工智能社会就不再是简单的两三个智能的合作与交流，而应该是五百亿个（注意，这已经远远超出了现在的地球人口总数）人工智能主体所构建的超大规模的机器社会。于是，这一全新的社会将会给我们带来怎样的挑战？我们还能对它实施管理吗？目前比较乐观的一点是，现在的机器还没有完全脱离我们人类的控制。那么，我们需要抢在机器拥有自由意识之前为它们制定好规则。其实，科学家早已经展开了行动，他们用“机器经济学”（machine economics）来概括这一新兴研究领域。我们知道，随着全球性的金融危机爆发，传统主流经济学（mainstream economics）受到了大量的诟病。人们指责，主流经济学中关于“理性经济人”的假设过于严格，从而使得经济学的研究严重脱离了人类行为的实际表现。但是，随着人工智能的兴起，人们突然发现，主流经济学中的“理性经济人”假说更适合描述人工智能，而非不理性的人类。显然，人工智能程序这种“机器经济人”（machine economicus）会比人类更严格按照“理性经济人”假设的情况来完成决策和行动。事实上，随着近年来计算经济学、计算博弈论等学科的进一步发展和计算能力的大幅度提升，人们已经可以在机器中利用算法的方式逼近所谓的“理性经济人”模型。于是从这样的基本点出发，我们便能构建所谓的“机器经济学”这一新兴科学。机器经济学将会面临一系列的问题。假设 AI 程序 A 代表了主人 a 的想法，而智能程序 B 代表了主人 b 的想法，那么当 A 代替主人向 b 购买产品的时候，A 将会与 b 的代理 B 进行算法的讨价还价。由于 A 和 B 都是近似的理性经济人，这些算法就会尽其所能充分暴露自己的偏好，并力图达成一个对主人最好的结果。这样，在人类经济系统中的信息不对称的问题就有可能不复存在了。

当然，这里面的关键就在于我们应该如何为机器算法设定环境和一系列的交易的基本规则，学名称为机制设计（mechanism design），以使得近似理性的算法能够在给定的机制下实现一定程度上的最优。如在经典的囚徒困境博弈中，可以通过引入“协调者”从而让两个近似理性的 Agent 能够达成合作，博弈矩阵如图 13.4 所示。如果两个 AI 都授予中介人参与的权限（即代理权），那么这个主体就可以代表两个主体来执行合作。如果只有一个 AI 授权中介代理，那么结果就可能代表该主体执行背叛。在均衡中，两个 AI 都授予代理，效果就是从（背叛，背叛）改变为（合作，合作），即同时增加了两个参与者的效用。

A 囚徒困境

	合作	背叛
合作	4，4	0，6
背叛	6，0	1，1

B 协调的囚徒困境

	协调者	合作	背叛
协调者	4，4	6，0	1，1
合作	0，6	4，4	0，6
背叛	1，1	6，0	1，1

图 13.4　支付矩阵，每一个矩阵元给出了（行玩家、列玩家）的效用

（A 囚徒困境：占优策略均衡是（背叛，背叛）；B 协调的囚徒困境：占优策略均衡是（协调者，协调者））

谷歌的竞价排名就是将机制设计理论应用到算法设计上的一个典型案例。根据经济学中的拍卖理论，第二价格拍卖（second price auction）会比第一价格拍卖更好地揭露交易者的隐藏信息。近年来，搜索引擎竞价已经开始支持更丰富的基于目标的出价语言。例如，广告客户可能要求在受预算约束的情况下对一组加权的查询主题来最大化点击。搜索引擎可以提供代理主体，来代表广告客户出价以实现所述目标。代理主体的引入以及早期从一级价格拍卖到二级价格拍卖的转换本质上就是信息揭示原理的计算应用，这是机制设计理论中的一个基本概念。简单地说，如果一个机制的规则和该机制的均衡策略被一个在功能上等同的新机制取代，那么这个新机制将是激励相容的。虽然在形式上说重新设计没有专门地考虑激励相容性，但二级价格拍卖和投标代理都可以看作早期版本中的广告主的行为。另外，广告平台还可以设计一种策略防范机制（Vickrey-Clarke-Groves 机制）来决定广告空间分配：哪些广告被分配，哪些（非赞助的）内容陈列给用户。在不远的将来，假如每一个人都有自己的一个人工智能个人助理，那么大量的经济交易活动就会由这些人工智能算法代替我们进行。于是，AI 与 AI 之间就会相互讨价还价。按照“完美理性”的“经济人”假说，这些 AI 将能够和谐共处，并给主人带来最大的利益。

我们已经看到，人工智能铺天盖地地进入我们生活已经成了一个无法避免的事实。一旦人工智能的绝对数量超越了人类个体的数量，AI 彼此之间的互动就会变得比人类之间的互动更加重要。那么，当机器经济学崛起时，我们人类社会又会发生怎样的颠覆呢？

如果人工智能社会学是可能的，那么它将会是什么样的呢？我们能否像宇宙社会学那样提炼出来一系列的公理用以构架一个理论体系？也许正如机器经济学描述的那样，相对于构建人类自身的社会学原理来说，也许人工智能的社会学会更加简单。原因在于机器完全有可能按照一种人为预设的方式来进行行为，这样机器会更加接近于理性人假说。如果这个结论是正确的，那么构建人工智能社会学也许是有可能的。另外一个问题是，这样的理论体系有什么用呢？也许它可以帮助我们人类更好地理解海量的人工智能所构成的巨系统，也许它可以让人工智能的群体更好地运转。还有一种情况是，也许人工智能社会学压根就不是人类可以掌握的学问，而是一个彻头彻尾的 AI 自身的学问。它们也许会比我们人类更理解 AI 构成的社会。有关 AI 社会学，也许压根就轮不到人类来说话。

第 14 章　专题二　基因工程

14.1　基因工程概述

基因工程（gene engineering），又称体外重组 DNA 技术，是分子水平上的遗传工程，是 20 世纪 70 年代初期在分子遗传学基础上发展起来的一个崭新领域，是一门能人工定向改造生物遗传性状的新技术。基因工程的最大威力在于它能使带有各种遗传信息的 DNA 片段，打破物种间的隔离局限性，进入目标生物体内，定向地控制、修饰和改变生物体的遗传和变异，从而创造出自然界没有的具有新遗传性状的生物新品种，并合成出人们必需的新产物。因而，基因工程一诞生，就显示出无比的生命力，展示出它在生产应用上无限的发展前景。作为系统工程的一个分支领域，基因工程有其独特的特点。40 多年来，基因工程已在生物制药、食品、化工、轻工、农业、能源和环保等方面取得了重大突破，特别是在医药生物技术领域中的应用，更是备受国内外生物技术界的广泛关注。实际上，基因工程技术最大的成就是用于生物治疗和新型生物药物的研制。应用基因工程技术生产生物药品，其优点主要有：可大量生产过去难以获得的生理活性蛋白和多肽，为临床使用提供有效的保障；可提供足够数量的生理活性物质，以便对其生理、生化和结构进行深入的研究，从而扩大这些物质的应用范围；可以发现、挖掘出更多的内源性生理活性物质；可以改造和去除内源性生理活性物质作为药物使用时所存在的不足之处；可获得新型化合物，扩大药物筛选来源。

基因工程、细胞工程、蛋白质工程和发酵工程都是组成医药生物技术的主体，而且这几个技术体系是相互依赖、相辅相成的。就生产某种新的生物药物而言，往往需要综合应用这几个技术体系。但在这些技术体系中，基因工程无疑将起着主导的作用，因为只有用基因工程（包括蛋白质工程）改造过的生物细胞，才能赋予其他技术体系以新的生命力，才能真正按照人们的意愿生产出特定的新型高效的生物药物。基因工程的研究和发展，是系统理论应用的一个典型实例。

14.1.1　基因工程发展简史

基因工程是现代生物技术中最先进、最热门的育种新技术，它的诞生和兴起并非偶然事件，它是在生物化学、微生物学、分子生物学和分子遗传学等学科取得一系列研究成就的基础上逐渐发展起来的。遗传物质基础的证明、DNA 双螺旋结构和功能的阐明、遗传信息的流向和表达机制的阐明、限制酶与连接酶等工具酶的发现、基因克隆载体与表达载体的构建、细胞转化方法的建立、核酸和蛋白质序列分析技术的发明等，为基因工程这一划时代生物新技术的诞生和兴起，奠定了坚实的理论和技术基础。20 世纪 70 年代初期开展的 DNA 重组工作，无论在理论上还是技术上都已经具备了条件。

1972 年，美国斯坦福大学的 P. Berg 博士领导的研究小组，使用限制性内切核酸酶 *Eco*RⅠ，在体外对猿猴病毒 SV40 的 DNA 和 λ 噬菌体的 DNA 分别进行酶切消化，然后再用 T4DNA 连接酶将两种消化片段连接起来，结果获得了包括 SV40 和 λDNA 重组的杂种 DNA 分子。P. Berg 等成功完成了世界上第一次 DNA 体外重组实验，并因此与 W. Gilbert、F. Sanger 分享了 1980 年的诺贝尔化学奖。1973 年，斯坦福大学的 S. Cohen 和 H. Boyer 也成功地进行了另一个体外 DNA 重组实验。他们将编码有卡那霉素抗性基因（*Kar*）的大肠杆菌 R6-5 质粒 DNA 和编码有四环素抗性基因（*Tcr*）的另一种大肠杆菌质粒 pSC101 DNA 混合后，加入限制性核酸内切酶 *Eco*RⅠ，对 DNA 进行切割，然后再用 T4DNA 连接酶将它们连接成重组的 DNA 分子。用这种连接后的 DNA 混合物转化大肠杆菌，结果发现，某些转化子菌落的确表现出了既抗卡那霉素又抗四环素的双重抗性特征。从此种双抗性的大肠杆菌转化子细胞中分离出来的重组质粒 DNA，带有完整的 pSC101 分子和一个来自 R6-5 质粒编码卡那霉素抗性基因的 DNA 片段。人们一般认为，这是第一项基因工程实验，它揭开了基因工程的序幕。

早在基因工程发展的初期，人们就已经研究运用该技术大规模生产与人类健康相关的生物产品。1977 年，日本学者 Itakura 的研究团队首次在大肠杆菌中克隆并表达了人的生长激素释放抑制素基因。随后，美国的 Ullvich 克隆并表达了人的胰岛素基因。1978 年，美国 Genentech 公司开发出利用重组大肠杆菌合成人胰岛素的先进生产工艺，从而揭开了基因工程产业化的序幕。

20 世纪 80 年代以来，基因工程开始朝着改良野生高等动植物物种的遗传性状以及研究人体基因治疗等方向发展。1982 年，美国科学家将大鼠的生长激素基因转入小鼠体内，培育出具有大鼠雄健体魄的转基因小鼠及其子代。1983 年，成功获得携带有细菌新霉素抗性基因重组 Ti 质粒转化的植物细胞，标志着高等植物转基因技术问世。1990 年，美国政府首次批准一项人体基因治疗临床研究计划，对一名因腺苷脱氨酶基因缺陷而患有重度联合免疫缺陷症的儿童进行基因治疗获得成功，从而开创了基因疗法的新纪元。1990 年，美国、英国、法国、德国、日本和我国科学家共同参与并启动人类基因组计划（Human Genome Project，HGP），并于 2003 年完成了人类基因组的测序工作，揭开了组成人体 4 万基因的 30 亿个碱基对的秘密。2006 年，美国和日本两个研究小组几乎同时实现了分化终端的细胞向干细胞的转化，表明人类复制和定制自身组织器官的时代即将到来。

14.1.2 基因工程研究内容

基因工程通常称为重组 DNA 技术（recombinant DNA technique），又称为基因克隆（gene cloning）或分子克隆（molecular cloning）。它是用人工方法将外源基因与 DNA 载体结合形成重组 DNA，然后引入某一受体细胞中，使外源基因复制并产生相应的基因产物，从而获得生物新品种的一种崭新育种技术。基因工程技术能将不同来源的遗传物质在体外合成重组 DNA 分子，这种重组 DNA 分子可以被引入受体细胞，进行增殖繁衍而发育成一个新的细胞株系。这一过程在自然界演化中一般是不会发生的。基因工程实际上是将遗传信息（DNA）从一种生物细胞转移到另一种生物细胞中并得以表达的若干实验技术的总称。概括起来，基因工程应包括以下 6 个基本步骤。

1. 外源目的基因的取得

从复杂的生物细胞基因组中，经过酶切消化或 PCR 扩增等步骤，分离出带有目的基因的 DNA 片段，取得所需的基因（外源性 DNA 片段）；或者从特定细胞里提取所需基因的 mRNA 后，在适宜的条件下利用逆（反）转录酶的作用获得所需基因；或者通过探明目的基因所含的遗传密码及其排列顺序，然后用化学方法人工合成所需的基因。

2. 基因克隆载体的分离提纯

基因克隆载体是具有自体复制能力的另一种 DNA 分子，经处理后能与外来基因（外源性 DNA）相结合，并带有必要的标记基因。目前，常用的基因克隆载体主要有两类：一类是质粒，一类是病毒（包括噬菌体）。以前者为例，首先用溶菌酶分解细菌细胞壁，然后用物理化学的方法，把质粒与其他成分分开，从而得到纯粹的质粒。

3. 重组 DNA 分子的形成

通过专一限制性内切核酸酶的处理或人为的方法，使带有目的基因的外源 DNA 片段和具有自我复制潜能且含选择标记的载体 DNA 分子，均产生互补的黏性末端而相互配对结合。并通过连接酶在体外使两者连接起来，形成一个完整的新的 DNA 分子——重组 DNA 分子。

4. 重组DNA引入受体菌

重组DNA即带有目的基因的转运载体（质粒或病毒）。用人工的方法（转化或转导法），将重组DNA分子转移到适当的受体菌（宿主细胞）中，使它能在细胞中“定居”下来。通过自体复制和增殖，形成重组DNA的无性繁殖系（即克隆），从而扩增产生大量特定目的基因，并使之得到表达，即能指导蛋白质的合成。

5. 重组菌的筛选、鉴定和分析

从大量受体菌中设法筛选出带有目的基因的重组菌(克隆株系)，并进行鉴定。然后培养克隆株系，提取出重组质粒，分离已经得到扩增的目的基因，再分析测定其基因顺序。

6. 工程菌的获得和基因产物的分离

将目的基因克隆到表达载体上，再次导入到受体菌中，经反复筛选、鉴定和分析测定，最终获得较稳定的高产的基因工程菌，然后进行大量培养繁殖，产生出所需要的目的基因产物，再进行分离纯化。

14.1.3　基因工程技术的应用与发展趋势

基因工程技术经过了40多年的发展历程，不仅使整个生命科学的研究发生了前所未有的深刻变化，而且也给世界各国的医疗业、制药业、农业、畜牧业、环保业的发展开辟了广阔的前景，为人类带来了巨大的经济和社会效益，特别是基因工程技术在医疗业和制药业的应用，在21世纪将呈现出更加强劲的蓬勃发展态势。

1. 蛋白质工程的研究开发飞速发展

蛋白质工程主要是利用X-光结晶学技术和电子计算机，模拟确定所研究蛋白质的立体结构，并找出影响该结构的关键氨基酸，然后用基因工程的方法，克隆出该蛋白质的基因，最后再用化学合成的寡核苷酸，作体外诱变来改变上述关键氨基酸密码，从而改变蛋白质的性质。这些性质包括增加酶的活性、改变酶底物特异性、改变蛋白质对 pH 的敏感性、改进蛋白质对热的耐性、改进抗原的特点等。蛋白质工程的基本内容包括三个方面：一是按照实际要求，周密审慎地设计新型蛋白质的氨基酸序列结构；二是通过基因克隆等程序，在适当的寄主细胞中，表达经过修饰改造的、比天然蛋白质具有更加优良特性的各种新型蛋白质（工程蛋白质）；三是分离纯化符合商业标准的新型蛋白质。

当前，蛋白质工程最活跃的研究课题，便是研究开发在药物代谢动力学、分子结构、药效稳定性和生物利用率等诸多方面的性能都得到改良的第二代基因工程药物。科学家认为，20 世纪 80 年代初期从不同生物中克隆大量的基因并使之表达，到现在兴起的用定点诱变技术，即在克隆化基因中导入突变，按人们的意愿通过改造基因来改进基因产物（蛋白质）的质量，以适合生产和应用需要，使基因工程更加完善并使之成为一门真正的产业。

2. 转基因动植物生产药物的研究迅速崛起

应用基因工程技术，通过转基因植物生产微生物甚至哺乳动物的一些特殊蛋白质——药用蛋白质，已有一些成功的报道。将转基因动物作为专门生产一些特殊药物的“生物工厂”（bio-factories），是基因工程技术的一种具有十分重要经济意义的应用。例如，已培育出能生产胰岛素、干扰素、人血清蛋白等药物的转基因植物；美国已构建了能生产栝楼素（trichosanthin）的转基因烟草植物，据称该药物对艾滋病有较好疗效。应用转基因的羊或牛的乳汁制备药用蛋白质，就得到了人们广泛的重视。将目的基因重组在乳汁蛋白基因启动子的下游，成功地培育出了可在乳腺中高效表达外源蛋白质的转基因小鼠。采用这种工程动植物“活工厂”生产药物的方式，可大大减少各种化工设备和生物反应器的投资，也将会大量节省能耗和人力，很可能成为基因工程制药研究与开发的又一主攻方向。

3. 医学科学取得巨大成就

基因工程技术的应用大大促进了医学科学研究的发展。其影响所涉及的领域包括疾病的临床诊断、遗传病的基因治疗、新型疫苗的研制以及癌症和艾滋病的研究等诸多科学，并且均已取得了相当的成就。早在基因工程刚刚诞生的时候，它就被迅速地应用于肿瘤发生和细胞癌变理论的研究，主要是发现了致癌基因，弄清了肿瘤的起因，为肿瘤诊断、药物治疗、肿瘤转移及其预防等提供了有效的新手段。现在一些靠传统的接种疫苗无法预防的疾病，正在通过基因克隆技术发展有效的新型疫苗。还有一些遗传疾病现已能在胎儿时期就得到诊断，而且有希望使乳腺癌等一些严重危害人类的疾病，在不久的将来得到有效的治疗。

基因治疗（gene therapy）是向靶细胞引入正常有功能的基因，以纠正或补偿致病基因所产生的缺陷，从而达到治疗疾病的目的。通常包括基因置换、基因修正、基因修饰、基因失活等。简而言之，基因治疗就是通过基因水平的操纵而达到治疗或预防疾病的疗法。1980 年美国的 Cline 教授第一次进行了人类真正意义的基因治疗，在以色列对 1 例 β-地中海贫血的患者进行了基因治疗。1989 年 Roseberg 采用免疫-基因治疗，给第一批晚期黑色素瘤患者输注 NeoR/TIL，患者治疗后肿瘤均不同程度缩小，其中 1 例存活 2 年以上，1 例存活近 1 年。这是世界上首次获得批准的临床基因标记性实验，对于临床基因治疗具有重大意义。

1990 年，美国国立卫生研究院的 Blase 等，用腺苷酸脱氨酶（*ADA*）基因治愈一位严重免疫缺损的 4 岁女孩（*ADA* 基因缺陷）。自此，世界各国都掀起了研究基因治疗的热潮。截至 2001 年 9 月，全世界已批准的基因治疗方案达到了 596 个，癌症居基因治疗的首位。至今，癌症仍是接受基因治疗性临床研究最常见的疾病之一，全球超过六成的现行基因治疗的临床研究是针对癌症患者，其次为单基因疾病患者和心血管疾病患者。2003 年，中国批准基因临床试验产品用于临床试验性治疗研究。2005 年，上海三维生物技术有限公司生产的安柯瑞获准联合化疗用于晚期复发鼻咽癌的临床试验性治疗研究。2012 年，在欧盟 Glybera 被欧洲药品管理局（EMA）推荐用于治疗脂蛋白脂酶缺乏症（LPLD）患者，成为首个西方批准用于临床试验性治疗的基因治疗性研究药物。尽管目前基因治疗临床试验结果远低于人们的预期，但是由于近几年基因治疗性临床研究在应对严重遗传疾病方面取得了重大突破，在各国政府和生物技术公司的推动下，基因治疗临床试验愈发活跃。

4. 规模空前的国际“人类基因组计划”提前完成

1988 年美国国会批准了“人类基因组作图和测序计划”，简称“人类基因组计划”。同年 9 月，Watson（DNA 双螺旋结构发现者之一）接受了美国卫生研究院的邀请，出任“人类基因组计划”的负责人，开始了令全世界瞩目的基因研究。这一项被新闻界喻为“基因圣战”的规模空前的科研计划，预计总投资达 30 亿美元，将历时 15 年才能完成。1990 年 10 月，以全球合作、数据共享为主旨的，由美国、英国、日本、法国、德国和中国共 1000 多名科学家参加的，被誉为生命科学“阿波罗登月计划”的国际人类基因组计划正式启动。这个计划的目的是找出所有人类基因，并搞清其在 DNA 分子上的位置，绘制出完整的人类基因组图谱，破译出人类全部遗传信息。通过对每个基因的测定，人们将能找到新的方法来治疗和预防多种疾病，关于人类生长、发育、衰老、遗传和病变的很多秘密也将随之揭开。

2000 年 6 月 26 日，“人类基因组计划”的科学家和美国塞莱拉公司联合宣布，他们在耗资数十亿美元后，经过 10 年的努力，终于绘制出“人类基因组草图”，测定了人类 DNA 中 90%以上的碱基序列。2003 年 4 月 14 日，华盛顿新闻发布会正式宣布，经过 13 年的努力，美国、英国、日本、法国、德国和中国科学家终于绘制完成了“人类基因组序列图”（完成图）。基因图谱的绘制完成具有巨大的医学价值，它将加速寻觅各种疾病的致病基因，从而有助于攻克这类疾病。随着基因图谱的提前完成，生命科学研究正步入一个以蛋白质和药物基因组学为重点的“后基因组”时代。基因组序列图首次在分子层面上为人类提供了一份生命“说明书”，不仅奠定了人类认识自我的基石，推动了生命与医学科学的革命性进展，而且为全人类的健康带来了福音。

14.2 基因工程常用工具酶

14.2.1 限制性内切核酸酶

限制性内切核酸酶（restriction endonucleases），简称限制酶，是一类能够识别双链 DNA 分子中的某种特定核苷酸序列，并由此切割 DNA 双链结构的内切核酸酶。限制性内切核酸酶主要是从原核生物中分离纯化出来的。限制性内切核酸酶是一类专一性很强的内切核酸酶。与一般的 DNA 水解酶不同之处在于它们对碱基作用的专一性以及对磷酸二酯键的断裂方式，具有一些特殊的性质。它们在基因的分离、DNA 结构分析、载体的改造及体外重组中均起着重要作用。

1. 限制酶的种类

根据限制性内切核酸酶的限制和修饰活性、相对分子质量大小、酶蛋白结构、切割位点及限制作用所需的辅助因子等，目前已经鉴定出有三种不同类型的限制性内切核酸酶，即 I 型酶、II 型酶和III型酶。这三种不同类型的限制酶具有不同的特性。

1） I 型限制酶

I 型限制酶是早期提取的酶类。例如，*Eco*K 和 *Eco*B 是分别从大肠杆菌 K 株和 B 株中分离得到的 I 型酶的两个代表。I 型限制酶一般都是大型的多亚基蛋白质复合物。该类酶对 DNA 分子的切割方式是十分奇特的：它结合在识别位点以滚环形式沿着 DNA 分子转位，然后，从距识别位点 5′一侧数千碱基处随机切割 DNA 分子。虽然 I 型酶也能够识别 DNA 分子中特定的核苷酸序列，但由于它们的切割位点基本上是随机的，因此在基因克隆中没有什么实用价值。

2） II 型限制酶

II 型限制酶只有一种多肽，并通常以同源二聚体形式存在，相对分子质量较小，为 2 万～10 万，是简单的单功能酶，作用时无须辅助因子或只需 Mg^{2+}。II 型酶能识别双链 DNA 上特异的核苷酸序列，底物作用的专一性强，而且其识别序列与切割序列相一致，切割后形成一定长度和顺序的分离的 DNA 片段。因而，Ⅱ型酶对于 DNA 操作是极为重要的。至今，已发现和分离成功的Ⅱ型限制酶有 2000 多种，其中有些已商品化。

3）Ⅲ型限制酶

除了Ⅰ型限制酶和Ⅱ型限制酶之外，还有一类特性介于两者之间的Ⅲ型限制酶（如 *Eco*Pl），数量相当少。它是由两个亚基组成的蛋白质复合物，其中 M 亚基负责位点的识别与修饰，而 R 亚基则具有核酸酶的活性。Ⅲ型限制酶也需要在 Mg^{2+}以及辅助因子 ATP 和 SAM 的条件下，才能呈现出对 DNA 分子的切割活性。Ⅲ型限制酶的识别序列是非对称的，它如同Ⅰ型限制酶一样，在基因操作中没有什么实际的用处。

2. 限制酶的命名

限制性内切核酸酶的命名法，是在 1973 年由 H. O. Smith 和 D. Nathans 提出来的。他们建议的命名原则如下（在实际应用上已作了简化）：原则 1，以寄主微生物属名的头一个字母（大写）和种名的前两个字母（小写），组成 3 个字母的略语表示寄主菌的物种名称。例如，大肠杆菌（*Escherichia coli*）用 *Eco* 表示，流感嗜血菌（*Haemophilus influenzae*）用 *Hin* 表示。原则 2，菌株名加在这三个字母的后面，如 *Bam*HⅠ。如果限制与修饰体系在遗传上是由病毒或质粒引起的，则在缩写的寄主菌的种名后附加一个字母，表示此染色体外成分，如 *Eco*RⅠ。原则 3，若一种特殊的寄主菌株，具有几个不同的限制与修饰体系，则以罗马数字加以区分。例如，流感嗜血菌 Rd 菌株的几个限制与修饰体系分别表示为 *Hin*dⅠ、*Hin*dⅡ、*Hin*dⅢ。

3. 限制酶的特性

（1）不同限制酶能专一地识别不同的特异核苷酸序列。

各种限制酶对 DNA 识别序列的大小是不同的。有的识别序列由严格而独特的六核苷酸组成，如 *Eco*RⅠ是 5′-GAAT TC-3′；有些是在其序列中的某些部位有不同程度变化的六核苷酸，如 *Hae*Ⅰ是 5′-（AT）GGCC（AT）-3′；有些识别五核苷酸序列，如 *Asu*Ⅰ是 5′-GGNCC-3′，*Eco*RⅡ是 5′-CC（AT）GG-3′。还有一类限制酶能识别多种核苷酸序列，如 *Hind*Ⅱ，它识别下列 4 种核苷酸序列：5′-CTPyPuAC-3′（Py 表示嘧啶碱基 C 或 T，Pu 表示嘌呤碱基 A 或 G）。限制酶识别序列的大小，决定着一种给定的 DNA 分子酶解后产生的片段的大小范围。识别序列长度不一样的限制酶，对 DNA 分子的随机切割频率也不相同。DNA 碱基成分是影响限制酶切割频率的重要因素之一。可通过选用不同大小识别序列的限制酶来获得不同大小的 DNA 片段，这在 DNA 的分级分离和特异顺序分离上是非常有用的。

（2）各种限制酶的识别序列一般都具有回文结构。虽然各种限制酶识别的核苷酸序列各不相同，但却有一个共同的地方，那就是所有这些识别序列的核苷酸都作双重旋转对称排列。如果都从 5′端向 3′端读其碱基顺序，则在识别序列的两条核苷酸链中的碱基排列次序是完全相同的，这种结构形式称为回文结构（palindromic structure），即正读与反读都相同。如限制酶 *Bam*H Ⅰ 的识别序列是 5′-GGATCC-3′/3′-CCTAGG-5′，正读时是 GGATCC，反读时也是 GGATCC。

（3）限制酶的切割类型是各式各样的，切割后形成各种黏性末端或平整末端，各种限制酶对其识别序列的切割位点是不同的，它对碱基的专一性要求很严格，不但对切点上两个碱基有一定要求，而且对切点附近几个碱基序列都有严格要求。按其切断双链的方式可分为两种：一种是限制酶错位切断 DNA 双链而形成具有彼此互补碱基的单链延伸末端，称为黏性末端（cohesine end）。另一种是限制酶在同一位点平齐切断 DNA 两条链而形成的双链末端，称为平末端（flush end），具有平末端的 DNA 片段不易于重新环化。

（4）某些限制酶在非标准反应条件下，可能导致酶的识别序列特异性发生改变。在标准反应条件下，每种限制酶都有上述严格的识别序列。但在甘油浓度、离子强度、pH、有机溶剂、二价阳离子、酶与 DNA 的比例等参数单独或同时发生改变时，会导致限制酶的识别序列特异性发生改变，在 DNA 内产生附加切割，称为限制酶的第二活性，又称为星活性。能产生第二活性的酶常在酶名称的右上角加一星号“★”，如 *Eco*R Ⅰ★。为了防止星活性的出现，所有限制酶反应均在标准条件下进行，特别是要控制 pH、离子强度和二价离子的浓度等反应条件。

（5）限制片段末端连接。

限制酶切割 DNA 分子后形成的短片段，又能够通过互补的黏性末端自发地重新环化起来，而且这些环形分子经过加热之后又会重新线性化。但如果环化之后，马上用 DNA 连接酶处理，使它们的 3′-OH 和 5′-P 之间封闭起来，那么这样形成的环形 DNA 分子将是永久性的。这种连接作用有两种不同的类型，一种是不同 DNA 分子间的连接，另一种是同一 DNA 分子的两个互补末端之间的分子内连接。任何不同来源的 DNA，经过适当限制酶处理之后，都可以通过它们的黏性末端或平整末端连接起来。这一特性是重组 DNA 技术的重要基础之一。

14.2.2 DNA 连接酶

要将不同来源的 DNA 片段组成新的重组 DNA 分子，必须将它们彼此连接并封闭起来。能将两段 DNA 拼接起来的酶称为 DNA 连接酶（DNA ligase）。它是在 1967 年发现的一种能够催化双链 DNA 片段紧靠在一起的 3′羟基端与 5′磷酸基端之间形成磷酸二酯键，使两末端连接起来的酶。如果是两个或两个以上不同的双链 DNA 片段末端连接，则产生重组 DNA 分子。因此，这类酶的发现，在 DNA 合成、DNA 复制、基因重组中的应用及对于基因工程技术的创立与发展具有十分重要的意义。

1. DNA 连接酶连接作用的特点

（1）DNA 连接酶需要在一条 DNA 链的 3′端具有一个游离的羟基（—OH），而在另一条 DNA 链的 5′端具有一个磷酸基（—P）的情况下，才能发挥其连接 DNA 分子的功能。

（2）DNA 连接酶只有当 3′-OH 和 5′-P 是彼此相邻的，并且是各自位于与互补链上之互补碱基配对的两个脱氧核苷酸末端时，才能将它们连接成磷酸二酯键。

（3）DNA 连接酶不能够连接两条单链的 DNA 分子或环化的单链 DNA 分子，被连接的 DNA 链必须是双螺旋 DNA 分子的一部分。

（4）DNA 连接酶只能封闭双螺旋 DNA 上失去一个磷酸二酯键所出现的单链缺口（nick），而不能封闭双链 DNA 的某一条链上失去一个或数个核苷酸所形成的单链裂口（gap）。

（5）由于在羟基和磷酸基团之间形成磷酸二酯键是一种吸能反应，因此 DNA 连接酶在进行连接反应时，还需要提供一种能源分子（NAD^+或 ATP）。

2. 基因工程中常用的连接酶

（1）T4 噬菌体 DNA 连接酶。该酶从 T4 噬菌体感染的大肠杆菌中纯化而得，是由大肠杆菌 T4 噬菌体 DNA 编码的连接酶，相对分子质量为 68000，需 ATP 作能源辅助因子。该酶比较容易制备，在分子生物学研究及基因克隆中有广泛的用途：T4DNA 连接酶既可用于双链 DNA 片段互补黏性末端之间的连接，也可用于带切口 DNA 的连接。PEG 在低浓度下可促进 DNA 分子间的连接。T4DNA 连接酶还能够连接两条平末端的双链 DNA 分子，但反应速率要比黏性末端连接慢得多。低浓度 PEG 可提高平末端连接速率。

（2）大肠杆菌 DNA 连接酶。是由大肠杆菌染色体编码的 DNA 连接酶，只能催化互相匹配黏端的 5′突出端与 3′突出端的双链 DNA 之间的连接，不能催化双链 DNA 片段平末端之间的连接。此酶用途较窄，一般并不常用。

（3）热稳定的 DNA 连接酶。热稳定的 DNA 连接酶，是从嗜热高温放线菌中分离纯化的一种能够在高温下催化两条寡核苷酸探针发生连接作用的核酸酶。这种连接酶在 85℃高温下具有活性，而且在重复多次升温到 94℃之后也仍然保持着酶活性。使用此种 DNA 连接酶进行体外连接，可明显降低形成非特异性连接产物的概率。现在已能够从克隆的大肠杆菌中大量制备此种核酸酶。

3. DNA 连接酶连接作用的分子机理

在反应中，ATP 或 NAD^+提供了激活的 AMP，同 DNA 连接酶生成一种共价结合的酶-AMP 复合物，同时伴随着释放出焦磷酸（PPi）或烟酰胺腺嘌呤单核苷酸（NMN）。其中，AMP 是通过一种磷酸酰胺键同 DNA 连接酶的赖氨酸之 ε-氨基相连。激活的 AMP 随后从赖氨酸残基转移到 DNA 一条链的 5′-末端磷酸基团上，形成 DNA-腺苷酸复合物。最后一步是 3′-OH 对活跃的磷原子作亲核攻击，结果形成磷酸二酯键，同时释放出 AMP。

14.2.3 DNA 聚合酶

DNA 聚合酶（DNA polymerase）是能够催化 DNA 复制和修复 DNA 分子损伤的一类酶，在基因工程操作中的许多步骤都是在 DNA 聚合酶催化下进行的 DNA 体外合成反应。这类酶作用时大多数需要 DNA 模板并且优先作用于 DNA 模板，也可作用于 RNA 模板，但效率较低。最常用的依赖于 DNA 的 DNA 聚合酶有：大肠杆菌 DNA 聚合酶 I（全酶）；大肠杆菌 DNA 聚合酶 I 大片段（Klenow 片段）；T4 和 T7 噬菌体编码的 DNA 聚合酶；经修饰的 T7 噬菌体 DNA 聚合酶（测序酶）；耐热 DNA 聚合酶（*Taq* DNA 聚合酶和 Ampli *Taq*^{TM}）；反转录酶。下面介绍几种在基因工程制药中常用的 DNA 聚合酶。这些 DNA 聚合酶的共同特点在于，它们都能够把脱氧核糖核苷酸连续地加到双链 DNA 分子引物链的 3′-OH 端，催化核苷酸的聚合作用，而不发生从引物模板上解离的情况。这种聚合能力，是 DNA 聚合酶的一种重要特性。

1. 大肠杆菌 DNA 聚合酶 I

大肠杆菌 DNA 聚合酶 I 是由大肠杆菌 *polA* 基因编码的一种单链多肽蛋白质，相对分子质量为 109×10^3，约有 1000 个氨基酸，酶分子中含有一个双硫键和一个硫氢基，还含有锌离子，基本上是一个椭圆形的结构。大肠杆菌 DNA 聚合酶 I 是一种多功能酶，在其分子活性部位上有几个不同底物的结合位点协同一起完成其各种功能。*E. coli* DNA 聚合酶 I 具有三种酶活性，即 5′→3′的聚合酶活性、5′→3′的外切核酸酶活性和 3′→5′的外切核酸酶活性。在迄今已发现的所有聚合酶中只有大肠杆菌 DNA 聚合酶 I 能够进行这种独立的链的取代反应，因为它具有 5′→3′外切核酸酶活性，可以在聚合酶沿 DNA 链推进之前从 DNA 链上去除核苷酸。在严格控制的实验条件下，可以做到在单链缺口只发生聚合作用，而并不同时伴随发生3′→5′方向的外切核酸酶作用。这样，生长链便可以取代原来的亲本链。

DNA 聚合酶Ⅰ除用于修补 DNA 缺损部位的空隙外，更主要的用途是利用切口平移方法，以放射性脱氧核苷酸置换原来的脱氧核苷酸标记 DNA，从而制作 DNA 探针，这对于重组 DNA 技术是十分重要的。

2. Klenow 大片段酶

DNA 聚合酶Ⅰ可以被蛋白酶切割成两个片段，一个片段的相对分子质量为 36×10^3，具有全部的5′→3′方向的外切核酸酶活性；另一个片段的相对分子质量为 76×10^3，具有全部的5′→3′聚合酶活性和3′→5′的外切核酸酶活性。目前，作为商品提供的大肠杆菌 DNA 聚合酶Ⅰ大片段，即 Klenow 大片段酶（又称为 Klenow 聚合酶）是用枯草杆菌蛋白酶裂解完整的 DNA 聚合酶Ⅰ而产生出来的大片段分子，或者通过克隆技术而得到的单一多肽链，相对分子质量为 76×10^3，由全酶中去除了5′→3′外切核酸酶活性，而5′→3′聚合酶活性及3′→5′外切核酸酶活性均不受影响。

Klenow 片段的主要用途：补平限制酶切割 DNA 后产生的3′凹端；用[^{32}P]dNTP 对 DNA 片段的3′凹端进行末端标记；在 cDNA 克隆中，用于合成 cDNA 第二链；应用 Sanger 双脱氧链末端终止法进行 DNA 测序。用 Klenow 聚合酶标记的 DNA 片段，可以作为凝胶电泳法测定分子量大小的标记样品，可以应用放射自显影法，来确定那些难以被溴化乙锭染色法显现的微小 DNA 片段带的位置。

3. T4 噬菌体 DNA 聚合酶

T4 噬菌体 DNA 聚合酶来源于 T4 噬菌体感染的大肠杆菌培养物。它是由 T4 噬菌体基因43编码的，相对分子质量为 114×10^3。该聚合酶与 Klenow 大片段酶相似的是都具有5′→3′的聚合酶活性及3′→5′的外切核酸酶活性，但其3′→5′的外切核酸酶活性要比 Klenow 片段强200倍，而且该外切核酸酶降解单链 DNA 的速度比降解双链 DNA 快得多。

T4 噬菌体 DNA 聚合酶的主要用途：补平或标记限制酶消化 DNA 后产生的3′凹端；对带有3′突出端或平末端的 DNA 分子进行末端标记；用取代合成法制备高比活性的 DNA 杂交探针；将双链 DNA 的末端转化成平末端；使结合于单链 DNA 模板上的诱变寡核苷酸引物得以延伸。

4. 经修饰的 T7 噬菌体 DNA 聚合酶（测序酶）

T7 噬菌体 DNA 聚合酶来源于受 T7 噬菌体感染的大肠杆菌细胞，由两种不同的亚基组成：一种是 T7 噬菌体编码的基因5蛋白质，其相对分子质量为 84×

10^3；另一种是大肠杆菌编码的硫氧还蛋白，其相对分子质量为 12×10^3。已商品化生产的 T7 噬菌体 DNA 聚合酶是基因 5 蛋白质-硫氧还蛋白复合物，它能够在引物模板上延伸合成数千个核苷酸，中间不发生任何解离现象，同时基本上不受 DNA 二级结构的影响。此外，该聚合酶具有更强的单链及双链的 3′→5′外切核酸酶活性。它所催化合成的 DNA 平均长度要比其他 DNA 聚合酶大得多，可用于拷贝长片段模板的引物延伸反应，也可用于补平或交换反应中进行快速末端标记。

修饰的 T7 噬菌体 DNA 聚合酶有如下几个方面的用途：作为一种理想的 DNA 序列测定的工具酶，具有加工性能高、无 3′→5′外切核酸酶活性、催化脱氧核苷酸类似物的聚合能力同催化正常核苷酸的聚合能力完全一样等特性；能够有效地催化低水平的 dNTPs（$<0.1\mu mol/L$）掺入，可用于制备标记的底物；可以有效地用来填补和标记具有 5′突出末端的 DNA 片段之 3′端。

5. *Taq* DNA 聚合酶及 Ampli *Taq*™DNA 聚合酶

Taq DNA 聚合酶是从极度嗜热的水生栖热菌（*Thermus aquaticus*）中纯化而来的，是一种耐热的 DNA 聚合酶，相对分子质量为 6500Da。*Taq* DNA 聚合酶可用于对 DNA 进行测序，而更多是用于聚合酶链式反应（PCR），从而对 DNA 分子的特定序列，如目的基因进行体外扩增。扩增时需要使用一对与目的区域（模板）侧翼序列互补的寡核苷酸引物，变性后的模板与物质的量大为过量的两个引物共同温育产生的模板与引物，作为 *Taq* DNA 聚合酶的作用底物。合成完毕后，加热反应混合物使新合成的 DNA 变性，然后再度温育，使引物重退火。由于耐热的 *Taq* DNA 聚合酶在变性步骤中不失活，因此可直接进入第二轮的特异性合成而不需另外补加酶及引物。变性、退火及聚合周而复始地循环进行，结果使两引物间的 DNA 序列以指数级扩增。

6. 反转录酶

反转录酶也称为依赖于 RNA 的 DNA 聚合酶或 RNA 指导的 DNA 聚合酶。已经从许多种 RNA 肿瘤病毒中分离到这种酶，主要来源于鼠或禽反转录病毒。反转录酶是分子生物学中最重要的核酸酶之一，它的 5′→3′方向的聚合活性，取决于引物和模板分子的存在。所以这种酶能够利用已同寡聚脱氧胸腺嘧啶核苷退火的、具 poly（A）的 mRNA 作模板，合成双链的 DNA。反转录酶主要用于将 mRNA 转录成双链 cDNA，也可用于制备杂交用探针和标记带 5′突出端的 DNA 片段（补平反应）。当其他酶（如 Klenow 片段或测序酶）的使用结果不理想时，该酶也可用于 Sanger 双脱氧链终止法测序。

14.2.4　其他 DNA 修饰酶

1. 末端脱氧核苷酸转移酶

末端脱氧核苷酸转移酶（terminal deoxynucleotidyl transferase），简称末端转移酶或 TDT 酶，来源于小牛胸腺，相对分子质量为 34×10^3。在二价阳离子存在下，末端转移酶能催化 dNTP 加于 DNA 分子的 3′羟基端。与 DNA 聚合酶不同，它不需要模板的存在就可以催化 DNA 分子发生聚合作用，而且 4 种 dNTP 中的任何一种都可以作为它的前体物。

末端脱氧核苷酸转移酶的主要用途之一是分别给外源 DNA 片段及载体分子加上互补的同聚物尾巴，以使它们可以重组起来。末端转移酶除了用于同聚物加尾克隆 DNA 片段之外，还具有其他若干方面的重要用途，如催化[α-^{32}P]-3′-脱氧核苷酸标记 DNA 片段的 3′端，可终止单核苷酸的掺入，用于 DNA 序列分析中。再如催化非放射性的标记物（如生物素-11-dUTP）掺入到 DNA 片段的 3′-末端，可分别作为非放射性标记物荧光染料及抗生物素蛋白接合物的接受位点。

2. 碱性磷酸酶

有两种不同来源的碱性磷酸酶：一种是从大肠杆菌中纯化出来的，称为细菌碱性磷酸酶（bacterial alkaline phosphatase，BAP）；另一种是从小牛肠中纯化出来的，称为小牛肠碱性磷酸酶（calf intestinal alkaline phosphatase，CIP）。它们的共同特性是能够催化核酸分子脱掉 5′磷酸基团，从而使 DNA（或 RNA）片段的 5′-P 端转换成 5′-OH 端，这就是核酸分子的脱磷酸作用。CIP 具有使用方便且经济的优点，它在 SDS 中加热到 68℃就完全失活，且 CIP 的比活性要比 BAP 高出 10～20 倍。该酶主要用途是脱磷酸作用，其产物具有 5′-OH 端，在[γ-^{32}P]ATP 和 T4 多核苷酸激酶的作用下，可以带上放射性的标记。碱性磷酸酶的这种功能，对于 DNA 分子克隆是很有用的。在 DNA 体外重组中，为了防止线性化的载体分子发生自我连接作用，提高重组效率，需要应用碱性磷酸酶处理载体分子，除去 5′磷酸基，产生 5′羟基。另外，用 5′端标记法时，必须在标记之前先去除 DNA 分子末端 5′磷酸基，产生 5′羟基，再进行末端标记以制备 DNA 探针。

3. T4 噬菌体多核苷酸激酶

T4 多核苷酸激酶（polynucleotide kinase）是从 T4 噬菌体感染的大肠杆菌细胞中分离出来的。已成功地将编码该酶的基因克隆到大肠杆菌中并获得了高效的表达。T4 多核苷酸激酶催化 γ-磷酸从 ATP 分子转移给 DNA 或 RNA 分子的 5′-OH

末端，这种作用是不受底物分子链的长短大小限制的，甚至单核苷酸也同样适用。基于这种功能，当使用 γ-^{32}P 标记的 ATP 作前体物时，多核苷酸激酶便可以使底物核酸分子的 5′-OH 末端标记上 γ-^{32}P。由于天然产生的核酸只具有 5′-P 末端而不具有 5′-OH 末端，因此先用碱性磷酸酶处理，使其发生脱磷酸作用而暴露出 5′-OH 基团之后，才能同多核苷酸激酶从 γ-^{32}P-ATP 分子中转移来的 γ-^{32}P 基团键合，实现末端标记。

4. 单链内切核酸酶

（1）S1 核酸酶。S1 核酸酶从米曲霉（*Aspergillus* Oryzae）中纯化而得，是一种高度单链特异性内切核酸酶，可降解单链 DNA 或 RNA，产生带 5′磷酸的单核苷酸或寡核苷酸。S1 主要用途是：从限制酶产生的黏性末端中移去单链尾部以产生平末端；打开在从 mRNA 合成双链 cDNA 时产生的发夹环结构；分析测定杂种核酸分子（DNA-DNA 或 RNA-DNA）的杂交程度和结构。

（2）Bal31 核酸酶。Bal31 核酸酶是从埃氏交替单胞菌（*Alteromonas espejiana*）中分离而来的。该酶既具有单链特异的内切核酸酶活性，同时也具有双链特异的外切核酸酶活性。Bal31 主要用途是：通过可控方式去除双链 DNA 的末端核苷酸从而缩短 DNA 分子；定位测定 DNA 片段中的限制酶酶切位点的分布；诱发 DNA 分子发生缺失突变。

5. 外切核酸酶

外切核酸酶（exonuclease）是一类从多核苷酸链的一头开始，按顺序催化降解核苷酸的酶。单链的外切核酸酶主要有大肠杆菌外切核酸酶Ⅶ，双链的外切核酸酶主要有大肠杆菌外切核酸酶Ⅲ和 λ 噬菌体外切核酸酶。

（1）外切核酸酶Ⅶ。大肠杆菌外切核酸酶Ⅶ（exoⅦ）是一种促加工的单链外切核酸酶。它能够从 5′端或 3′端降解 DNA 分子，产生出寡核苷酸短片段，而且还是唯一的不需要 Mg^{2+}的核酸酶，甚至在 10mmol/L EDTA 环境中仍能保持着完全的酶活性。外切核酸酶Ⅶ可用于回收按 dA-dT 加尾法插入到质粒载体上的 cDNA 片段，也可用于测定基因组 DNA 中间隔子和表达子的位置。

（2）外切核酸酶Ⅲ。外切核酸酶Ⅲ（exo Ⅲ）具有多种催化功能，可降解双链 DNA 分子中的多种类型磷酸二酯键。外切核酸酶Ⅲ的主要用途，是通过其 3′→5′外切酶活性使双链 DNA 分子产生出单链区。经过如此修饰的 DNA，配合使用 Klenow 酶，便可作为标记 DNA 的底物，制备链特异的放射性探针。同时，经过如此修饰的 DNA，还可作为双脱氧 DNA 序列分析法的反应底物，即制备单链 DNA 模板。

（3）λ 外切核酸酶。λ 外切核酸酶（λexo）能催化双链 DNA 分子自 5′-P 末端进行逐步的加工和水解，释放出 5′-单核苷酸，但它不能降解 5′-OH 末端。λ 核酸外切酶可以将双链 DNA 转变成单链的 DNA，供按双脱氧法进行 DNA 序列分析使用；同时从双链 DNA 中移去 5′突出末端，以便用末端转移酶进行加尾。

14.3　基因工程常用克隆载体

克隆（clone）又称无性繁殖。当“克隆”用作动词时，是指从同一个祖先产生这类同一的 DNA 分子群体、细胞群体或个体群体的过程。应用克隆技术可以大量高纯度地制造无性繁殖基因及其产物。基因分子克隆的一个重要环节是基因克隆载体（vector）的设计和应用。一般情况下，外源 DNA 片段或基因很难进入受体细胞，必须与具有自我复制能力的 DNA 共价键结合后才能有效进入受体细胞进行复制或表达。这种能携带外源基因进入受体细胞的运载工具称为基因克隆载体，又称为无性繁殖载体。目前在基因工程制药中常用的基因克隆载体主要有四类：细菌质粒、λ 噬菌体、M13 噬菌体和黏粒。此外，动植物病毒也可作为目的基因引入动植物受体细胞的载体。

14.3.1　质粒载体

1. 质粒的特性

质粒（plasmid）是一类存在于细胞内染色体之外进行自主复制的共价、闭合、环状双链 DNA 分子。质粒的基因对细胞生长并非是必需的，但它却能决定宿主细胞的一些重要特性。根据这一点，可以借助质粒使带进细胞的基因表达其遗传信息，改变或修饰宿主细胞原有的代谢产物或产生新的物质，因此，细菌质粒是基因工程中一类主要的克隆载体。

质粒不仅在遗传特性方面与宿主染色体不同，而且在分子特性上也有别于宿主染色体，因此，利用这些特性的差异可以对质粒 DNA 进行分离和检测。质粒 DNA 分子有线状与环状两种形式，而环状 DNA 的双链闭合后，又可以有两种构型：一种是共价闭合环（covalently closed circular，CCC）或称闭合环（CC）分子，也称超螺旋（SC）、超卷曲或超线圈的构型；另一种松弛形的分子称开放环（open circular，OC）分子。当闭合环一条链的某一处受到切割，和它相对的链上就可能自由旋转，分子内的扭曲消除而成为松弛了的开放环构型。

呈平面结构的染料会引起质粒 CCC-DNA 的形态和沉降常数发生变化，如吖啶类和溴化乙锭等多种呈平面结构的染料，会平插入 DNA 双链碱基对之间，使该处双链 DNA 的“螺距”松弛。随着染料浓度的增加、插入染料量的增加，沉降常数随之降低，这表示该DNA分子原有的超螺旋结构随着双链DNA的“螺距”松弛而发生回卷。CCC-DNA 不易随 pH 或温度上升而发生双链的离解，CCC-DNA 较普通 DNA 要在更高的温度或 pH 下才开始变性。在变性过程中若回复到原有条件，则迅速再复性。如果在更为强烈的变性条件下，CCC-DNA 分子的双链即完全解离，成为两个纠结在一起的单链 DNA 环。这一结构所表现的流体力学行为，既与 OC-DNA 或线性 L-DNA 分子由于变性而产生的单链线形 DNA 分子不同，也与 CCC-DNA 分子不同，特别是在中性溶液中有异常大的沉降系数。

2. 质粒 DNA 的复制

1）质粒 DNA 复制类型

按质粒复制所受控制的方式和宿主细胞所含质粒拷贝数的多少，可将质粒分为严紧型和松弛型两种不同的复制型。严紧型指的是质粒 DNA 复制的启动，是受寄主细胞不稳定的复制起始蛋白质控制的，它的复制必须在一定的细胞生长周期内与宿主细胞染色体同步进行，染色体不复制时质粒也不复制，即质粒复制通常是在严紧控制下进行的。严紧型质粒在细胞中是以低拷贝数存在的，每个细胞只有 1～2 个同样的质粒，如 F 质粒、pSC101 质粒等。松弛型指的是质粒 DNA 复制的启动，是由质粒编码基因合成的功能蛋白质调节的，与在宿主细胞周期开始时合成的不稳定复制起始蛋白质无关。在整个细胞生长周期中质粒均可随时复制，在细胞生长静止期染色体复制已停止时，质粒仍能继续复制，即质粒复制是在松弛控制下进行的。松弛型质粒在细胞中是以高拷贝数存在的，每个细胞有 10～200 个质粒。

2）质粒 DNA 复制特性

（1）复制方向性。已经观察到质粒 DNA 的复制可以分为纯单向性的（如 Co Ⅰ El）和纯双向性的（如 F 质粒）两种不同的形式。单向性复制的质粒，是从一个固定的复制起始点开始纯单向性地进行复制，经过了一个周期的复制之后，便在起始点处终止复制。双向性复制的质粒，是从一个复制起始点开始纯双向性地进行复制。此外还有一类质粒，其 DNA 的复制既有单向性的也有双向性的。例如，R6K 质粒 DNA 的复制，开始是单向进行的，到了晚期则从同一复制起点开始按相反的方向进行。

（2）复制方式。绝大多数已经研究过的质粒其复制方式都是按照所谓的蝶状模型进行的，此种复制方式最早是在动物病毒中发现的。在局部复制的分子中，复制部分的 DNA 区段双链是解开的，通常按“θ”字母形式进行复制，但未复制部分的 DNA，则仍然保持着超螺旋的结构。当复制周期完成时，由于 DNA 促旋酶作用的结果，在超螺旋的 DNA 分子中，必定会有一个环被切开。因此，经过了一个复制循环之后，便会产生出一个缺口的分子和一个超螺旋的分子。随后这个缺口的分子也会被封闭而形成超螺旋的结构。

（3）质粒非必要区。典型的质粒包含必要区和非必要区两部分。在必要区中具有与质粒 DNA 复制有关的基因，它们对质粒的存活及复制功能极为重要；在非必要区中，有直接影响细胞表现，如接合转移、对毒物的抗性等性状的基因存在。此外，大多数质粒 DNA 分子有相当数量的片段至今尚不知其功能。通常，必要区和非必要区是不相混杂的。

（4）DNA 聚合酶的利用。绝大多数大肠杆菌质粒 DNA 都是利用 pol Ⅲ聚合酶进行链的延长合成，仅在前体片段合成中才利用 pol Ⅰ 聚合酶；但另外一些质粒，如 ColE1 在它的 DNA 链的延长合成中，则是利用 pol Ⅰ 聚合酶。

（5）对宿主酶的依赖性。有些质粒完全是利用宿主细胞所提供的核酸酶进行复制的，而另一类质粒，它们自身也编码若干种核酸酶，直接参加 DNA 的复制。

3. 质粒 DNA 的提取与纯化

从宿主细胞中提取和纯化质粒 DNA 最为关键的步骤是对宿主细胞的裂解程序。通常是加入溶菌酶或十二烷基硫酸钠（SDS）来促使细菌细胞裂解的。细胞经裂解反应，大部分的染色体 DNA 都将以高相对分子质量的形式释放出来，可用高速离心法使之与细胞碎片一起沉淀除去，得到比较清亮的裂解液。裂解液中除了质粒 DNA 之外，仍会含有相当数量的染色体 DNA 片段和其他杂质，还需通过一些操作程序，将污染的染色体 DNA 和其他杂质进一步清除掉，从而纯化质粒 DNA。现已有多种提取和纯化质粒 DNA 的方法，较常用的如下。

（1）氯化铯密度梯度离心法。该法的原理是在细胞裂解及 DNA 分离的过程中，相对大分子质量的细菌染色体 DNA 容易发生断裂，形成相应的线性片段，而质粒 DNA 则由于其结构紧密且相对分子质量较小，仍能保持完整状态。根据这一差别，当将含有溴化乙锭的氯化铯溶液加到大肠杆菌裂解液中时，溴化乙锭扁平分子便会嵌入而结合在 DNA 分子链上，导致双螺旋结构的解旋。线性的染色体 DNA 片段或开环 DNA 分子，因其具有游离的末端而易于解旋，故可结合大量的溴化乙锭分子。而像质粒这样的共价闭合环状 DNA 分子，由于没有游离的末端，只能发生有限的解旋，限制了溴化乙锭分子的结合量，因此染色体 DNA 片段要比质粒 CCC-DNA 结合更多的溴化乙锭分子。在 DNA-溴化乙锭复合物中，结合的溴化乙锭分子越多，其密度也越低。因此，在溴化乙锭达到饱和浓度的条件下，质粒 CCC-DNA 要比线性的染色体 DNA 片段具有更高的密度。通过氯化铯密度梯度离心之后，质粒 CCC-DNA、L-DNA、OC-DNA 和蛋白质就会依各自的密度，平衡在不同的位置上，从而达到分离纯化质粒 DNA 的目的。

（2）微量碱变性法。碱变性法的原理是：在 pH 12.0～12.5 的碱性条件下加热时，连接 DNA 互补链之间的氢键会断裂，但由于 CCC-DNA 的双螺旋主链骨架的彼此盘绕作用，互补的两条链仍然紧密地结合在一起。与此相反，线性 DNA 的两条链则完全分开。当冷却或恢复中性 pH 进行复性时，质粒 CCC-DNA 由于两条互补链在形体上仍保持在一起，因此复性迅速而准确。但由随机断裂产生的染色体 L-DNA，互补链彼此已完全分开，其复性作用就不会迅速而准确。它们聚集形成网状结构，与变性的蛋白质及 RNA 一道通过离心分离沉淀下来。仍然滞留在上清液中的质粒 CCC-DNA 则可用乙醇沉淀法收集。微量碱变性法具有简单快速、经济实惠的优点，是基因工程操作中最常用的一种分离纯化质粒 DNA 的方法。

4. 质粒载体的构建

天然质粒存在着不同程度的局限性，不能直接用作基因克隆载体，必须进行修饰改造。一般来说，用作基因克隆载体的理想质粒必须满足如下几个方面的条件：具有复制起始点，即具有复制子（replicon）功能，且复制起始区中没有所需的限制酶切位点，这是质粒自我增殖所必不可少的基本条件；具有两种易被检测的选择性标记；一种理想的质粒克隆载体应具有两种抗菌素抗性基因；具有多种限制酶的单一识别位点；具有尽可能小的相对分子质量；应属于松弛复制型；应为非传递性质粒。要达到上述的要求，就必须对天然存在的质粒进行改造并构建成理想的质粒载体。

质粒载体的构建可分为三个阶段。

（1）引入易于检测的选择标记，去掉部分非必需序列。最早用作克隆载体的质粒如 pSC101、ColE1 和 pCR1 中，没有一个质粒含有两个易于检测的选择标记。第一个经改造的认为较完整的质粒载体是 pBR313，属松弛型复制，引入了两个选择标记——抗四环素基因和抗氨苄青霉素基因（*Tcr* 和 *Apr*）和一些有用的限制酶切点。不足之处是相对分子质量过大，有一半以上在功能上是非必需的。随后构建成功的 pBR322 则是去掉了大部分非必需序列，大小仅 4.36kb，保留了 pBR313 原来所有优良特性，是一种理想载体。

（2）调整质粒载体的结构，引入多克隆位点。此阶段是在 20 世纪 70 年代末和 80 年代初构建的一些 pBR322 衍生质粒。一方面将载体的长度减至最小，而另一方面则同时扩充载体容纳外源 DNA 片段的能力，有利于接受用各种限制酶切割后产生的 DNA 片段，如 pAT153、pXf3 和 pBR327 等，经改造后成为不含有与控制拷贝数和转移性有关的辅助序列的小型理想载体。与此同时，几乎所有新型载体都引入一个人工合成的由多种常用限制酶单一识别序列组成的“多克隆位点”或“多聚接头”。例如，pUC19 载体上的多克隆位点由串联排列的 13 个限制酶单一切点组成。这种构建方式提供了各种可供单独或联合使用的克隆靶位点，便于克隆由任意一种或几种酶切割后产生的 DNA 片段，而且便于该 DNA 片段的回收。

（3）引入多种用途的辅助序列，构建具有特化功能的载体。主要包括以下几个步骤：①构建可用组织化学方法鉴定重组克隆的质粒载体；②构建带有单链噬菌体复制起点的质粒载体；③构建带有噬菌体启动子的质粒载体；④构建可对重组克隆进行正选择的质粒载体；⑤构建含有强启动子的表达型质粒载体。

14.3.2　λ 噬菌体载体

1974 年 Davis 发现当 λ 噬菌体失去某一部分达总量 20%的 DNA 时仍不失活，这一部分缺失 DNA 的空间正好作为运载外源 DNA 之用，第一次证明了 λ 噬菌体作为基因无性繁殖载体的可能性，至今已构建成 100 多种 λ 噬菌体载体，在重组 DNA 的研究中有着相当广泛的用途。

1. λ 噬菌体的基本特性

1）λ 噬菌体的形态结构及繁殖方式

有侵染力的 λ 噬菌体的相对分子质量为 31×10^6，是一种中等大小的温和噬菌体，由一个直径约 55nm 的正 20 面体头部和一条长约 150nm、粗约 12nm 的尾部构成。头部含有一条线状的 DNA 分子，长度约只有 T 偶数噬菌体的 1/4（约 48kb），包裹在头部外壳蛋白的这条 DNA 是通过尾部被注入到细菌细胞内的。在 λ 噬菌体线性双链 DNA 分子的两端，各有一条由 12 个核苷酸组成的彼此完全互补的 5′单链突出序列，即通常所说的黏性末端。若将含有 λ 线状 DNA 分子的溶液加热至 60℃，然后慢慢冷却，两条黏性末端将通过它们的互补碱基的配对而连接起来，变成环状的 DNA 分子。若再将含有环状 λDNA 的溶液加热到 70℃并迅速冷却，则黏性末端形成的环合处又会拆离开，并恢复成线状的 DNA 分子。

将 λ 噬菌体导入非溶源性细菌时，能以两种状态存在，一种是自主的，即营养体状态，处在这种状态时，λDNA 不依赖宿主 DNA 而自行繁殖；另一种是整合的，即原噬菌体状态，处于这种状态时，λDNA 成为宿主 DNA 的一部分，并与其同步繁殖。典型的 λ 噬菌斑，是不透明的浊斑，这是因为它不全部裂解它所感染的细菌，部分敏感菌起溶源化作用。形成浊斑的能力是由 *C Ⅰ*、*C Ⅱ*和 *C Ⅲ*这三个基因决定的。

2）λ 噬菌体 DNA 的复制

线状的 λDNA 侵入大肠杆菌 K12 细胞内时，首先环合成为环状 DNA，两边黏性末端配对，结合形成的缺口由 DNA 连接酶封闭。λ 噬菌体感染宿主细胞之后，λDNA 可选择溶源或溶菌两条途径之一。究竟是发生溶菌反应还是溶源反应，这要由 *C Ⅰ*基因和 *cro* 基因编码的蛋白质同 λ 噬菌体的两个操纵基因（*OL*，*OR*）之间的相互作用来决定。

当进入溶源化途径时，环状 λDNA 与宿主 DNA 在附着位点（Att 位点）上联会、断开、交换并重新接合，结果整个 λDNA 插入（整合）到宿主染色体 DNA 中，成为原噬菌体 DNA，并随着宿主菌染色体 DNA 一道复制。当进入溶菌途径时，环状 λDNA 先进行早期双向复制形成子代环状 DNA，再进行晚期滚环式复制，形成串连线状 λDNA 多连体，在包装头部蛋白质外壳时，由剪切酶切割成为单体的子代线状 λDNA。在 λ 噬菌体的头部装配上尾部成为完整子代后，便产生溶菌酶裂解寄主菌而释放出来。

2. λ 噬菌体载体的构建

主要介绍 λDNA 的两个衍生载体 λgtWES·λB′（替换型）和 Charon16A（插入型）的构建情况。

（1）λgtWES·λB′载体的构建。λgtWES·λB′载体是将野生型 λDNA 上的 C 片段（位于 *Eco*R Ⅰ位点 2 和 3 之间）切除，造成一个 nin5 小片段缺失并消除最右边的两个 *Eco*R Ⅰ切点构建而成的替换型载体。B′片段（在载体构建过程中把 B 片段倒位了，故称为 B′片段）是可替换的片段，连同上述的这些缺失，为外源 DNA 提供了插入空间。为了提高载体在生物学防护上的安全性，引入了 W、E、S 三个基因的琥珀突变（amber mutation），这些特性使从实验室环境中逃逸出重组噬菌体的可能性大大降低了。

（2）Charon16A 载体的构建。Charon16A 是一种插入型载体，含有 Lac5 DNA 取代物（来自大肠杆菌的 Lac 区段）和 imm80 免疫性取代区段（来自 80 噬菌体 DNA），在 Lac5DNA 取代物上有一个 *Eco*R Ⅰ限制酶的单一位点，位于 β-半乳糖苷酶基因（*LacZ*）上。这一切点很有用，可通过外源 DNA 的插入作用使 *LacZ* 功能失活，结果在含有色原底物 X-gal 和 Lac-指示菌的平板培养基上形成无色的噬菌斑，它可容易地同由两个载体片段简单地再连接形成的亲本噬菌体（携有 *LacZ* 基因）所形成的深蓝色噬菌斑区别开来，以利于选择重组体。此外，Charon16A 缺失了 b 区段和 nin5 小片段，为外源 DNA 提供了插入空间。为了增加生物学上的制约性，在 Charon16A 载体的基因 A 和 B 上诱发产生了琥珀突变。

（3）改良型 λ 噬菌体载体。改良型的 λ 噬菌体载体是根据不同的实验目的和要求发展出来的。λ 噬菌体载体改良的主要目的有：增加容纳外源 DNA 片段的克隆能力；设计可对重组体分子作正选择的克隆载体；构建可方便地通过转录作用，制备外源 DNA 插入序列的 RNA 探针之克隆载体；发展可使插入的真核 cDNA 与 β-半乳糖苷酶形成融合蛋白的克隆载体。具有 Spi-正选择的 λ 噬菌体载体和具有体内删除特性的 λ 噬菌体载体是两种改良型的 λ 噬菌体载体。

14.3.3　大分子 DNA 克隆载体

用于转染哺乳动物细胞的载体有两类：一类是不带真核复制子的质粒型载体，是在原核质粒中插入一个完整的哺乳动物细胞转录单位和一个选择标记基因而组成的简单载体系统。这类载体在转染哺乳动物培养细胞之前要在细菌中进行扩增，而在转染后则整合到细胞基因组中并在基因组调控下低水平地表达相应的蛋白质。这类简单载体有 PTK2、PHyg 和 pRSVneo 等。另一类是带有真核病毒调控序列元件的质粒表达载体。常用的有三种载体系统：SV40 载体、牛乳头瘤病毒（BPV）载体和人类疱疹病毒（EBV）载体。

（1）SV40 载体。SV40 是乳多空病毒群的成员。某些质粒型表达载体带有来自 SV40 DNA 中的一个 300bp 调控区段，含有一系列调控要素。此外，某些以 SV40 为基础的质粒载体带有完整的 SV40 转录单位，可以编码 SV40 大 T 抗原，而大 T 抗原的表达是激活猴源细胞 SV40 复制起点的必要条件。这类载体的基本特性是：可以在各种哺乳动物转染细胞中获得从低水平到中等水平的表达，但转染 COS 细胞则可获得较高水平的表达；既可用于表达基因组 DNA，也可用于表达 cDNA；一般作为瞬时性表达系统；一般都含有 SV40 复制起点、启动子、加 poly（A）信号等调控序列元件；多数还带有剪接供体和受体信号。目前应用的三种瞬时表达载体是 pMSG、pSVT7 和 pMT2。

（2）BPV 载体。BPV 载体用于建立带有多拷贝外源基因的细胞系，不用作瞬时表达系统。这些载体一般都带有一段 BPV DNA、一种启动子、加 poly（A）信号、剪接供体和受体信号以及使载体也能在大肠杆菌中增殖的质粒序列。有些载体还带有在另一启动子控制下表达的选择标记基因以及某些哺乳动物基因组序列。如 BPV-1 系列载体带有另一段来自人 β-珠蛋白基因簇的 DNA 序列，可以增强重组载体在哺乳动物细胞中以附加体形式进行复制的能力。

（3）EBV 载体。EBV 载体是可在范围广泛的哺乳动物细胞中从低水平到中等水平表达外源基因的载体，既可表达基因组 DNA，又可表达 cDNA，不作为瞬时表达系统，而是用以建立在染色体外带有多拷贝外源基因的细胞系。这些载体通常含有：一个带 ori 区的 EBV DNA 区段、便于在大肠杆菌中对载体进行增殖的质粒序列、可供插入外源转录单位的限制酶切位点，以及在启动子控制下表达的选择标记基因，如 pHEBo 和 P205 是 EBV 型载体的两个例子。

14.4 DNA 的体外重组

DNA 体外重组是将目的基因连接到质粒 DNA 上，即在体外将两个或多个来源相同或不相同的 DNA 片段连接成新的重组 DNA 分子，再转到特定宿主细胞中进行自主复制并表达。这种重新组合的 DNA 称为重组 DNA。

14.4.1 目的基因的分离与克隆

获得所需要的特定基因即目的基因，是基因工程能否成功的先决条件。获取目的基因有三种主要方法：化学合成法、构建基因文库法、酶促合成法。现就这几种常用的方法作一简介。

1. 目的基因的化学合成

基因的化学合成就是将核苷酸单体按 3′→5′磷酸二酯键连接，先合成出有一定长度、具有特定序列结构、具有两个单链（上下各重叠 6～10 个碱基）的寡聚核苷酸片段。再将合成的寡核苷酸片段分别在 5′端加磷酸基团，退火拼接，用 DNA 连接酶连接，使它们按照一定的顺序共价地连接起来，得到合成的完整基因。最后通过载体克隆，便可得到克隆化的化学合成基因。目的基因化学合成法可分为下列四个步骤。

1）目的基因的设计

目的基因的设计可在计算机的辅助下完成，设计时应考虑以下几个方面的问题：①寡核苷酸片段划分的长度，通常除基因两端的接头外，一般将基因划分成 30～50 核苷酸对的若干个片段，分别进行合成；②为了使基因克隆位点不重复，通常要设法通过密码子的简并性改换部分密码子，以消除基因内部多余的限制酶位点；③排除基因内部正反向重复顺序；④选择表达宿主偏爱的密码子；⑤加起始与终止密码子；⑥根据所选择载体的不同，还要考虑调整合适的阅读框、加核糖体结合位点、加信号肽及保守序列等。

2）寡聚核苷酸片段的合成、分离和纯化

已发展出来的寡聚核苷酸片段的化学合成方法有磷酸二酯法、磷酸三酯法、亚磷酸三酯法、固相合成法和自动化法等。其中，固相亚磷酸三酯法是目前最通用的一种合成寡核苷酸的方法，此法通常用于合成长度 50bp 左右的寡核苷酸短片段，是目前比较理想的一种寡核苷酸合成法。合成开始时，核苷酸 1 已附着在惰性的固相载体（可控微孔玻璃，CPG）上，它的脱氧核糖环的 5′-OH 也已用二甲氧基三苯甲基（DMT，一种显色指示剂）保护起来。合成的一个循环周期可分为如下 4 个步骤：①脱保护作用；②偶联反应；③封端反应；④氧化作用。合成终止时，固相载体上携带着被完全保护的寡聚脱氧核苷酸，需使它们有系统地去除保护基团（如可用苯硫酚脱去甲氧基保护基），并从固相载体上释放出来，成为游离的寡核苷酸。

3）用寡核苷酸片段组装目的基因

化学合成寡核苷酸片段的能力一般局限于 200bp 以内，故需采用某种程序，才能把合成的寡核苷酸片段拼接成完整的基因。按设计要求将许多寡核苷酸片段装配成完整基因的过程，称为基因的组装。常用的组装基因的方式有两种。

（1）用激酶与连接酶组装基因。先将寡核苷酸用激酶激活，带上 5′-磷酸基团，然后与相应互补的寡核苷酸片段退火，形成带有黏性末端的双链寡核苷酸片段。把这些双链寡核苷酸片段混合在一起，加入 T4 DNA 连接酶，使它们彼此连接组装成一个完整的基因（或基因的一个片段）。把组装的基因插入到适当的噬菌体载体或质粒载体上，并转化到大肠杆菌宿主细胞中。

（2）用聚合酶与限制酶组装基因。将两条具有互补 3′-末端的长的寡核苷酸片段彼此退火。在加入的 Klenow 聚合酶作用下，所产生的单链区段迅速地合成出相应的互补链。如此形成的双链 DNA 片段，可采用平末端或黏性末端（限制酶切割）连接法，使之插入到载体分子中。但用这种办法构建的基因，其突变频率相当高。一种较好的组装大基因的办法是把一个完整基因的全序列分解成少数几个片段，然后分别组装这些亚片段，并经克隆验证其序列结构为正确无误之后，再应用标准的克隆技术，将这些亚片段按基因的正确顺序连接在一起，最后得到所需的基因序列。

4）化学合成寡核苷酸的其他用途

化学合成的寡核苷酸，已成为现代分子生物学研究和基因克隆的一种十分有用的手段。它除了作为合成基因的元件外，还有以下几个方面的重要用途：作为 PCR 扩增反应的引物；作为核酸分子杂交的探针；作为核苷酸序列分析的引物；用于基因定点诱变研究等。

2. 通过 PCR 相关技术获取目的基因

该法是以某一目的基因的 mRNA 为模板，用逆转录酶先合成其互补 DNA（cDNA）的第一链，再酶促合成双链 cDNA。这是制取真核生物目的基因常用的方法，也是制取多肽和蛋白质类生物药物的目的基因最广泛采用的一种方法。

1）真核生物细胞中的 mRNA

酶促合成法的前提是必须首先获得某目的基因对应的 mRNA。在哺乳动物中，平均每个细胞含 1～5μg 总 RNA，每克细胞可分离出 5～10mg RNA，但其中的

rRNA 占 80%～85%，tRNA 占 10%～15%。而 mRNA 仅占总 RNA 的 1%～5%。编码某特种蛋白质的目的 mRNA 占总 mRNA 的 50%～90%，称为高丰度 mRNA。如网织红细胞中的珠蛋白 mRNA，还有免疫球蛋白等的 mRNA 均为高丰度 mRNA。显然，从这些分化细胞中制取目的 mRNA 要容易得多。相反，细胞中还有一类被称为低丰度 mRNA 或稀有 mRNA（在总 RNA 集群中少于 0.5%），分离这类 mRNA 是十分困难的，必须采用某些富集 mRNA 的方法，如按照大小对 mRNA（或合成的双链 cDNA）进行分级分离，或使用抗体来纯化合成目的多肽的多聚核糖体等富集方法。值得庆幸的是，绝大多数真核细胞的 mRNA 分子在其 3′端均有由多聚腺苷酸[poly（A），20～250 个]残基组成的尾，可吸附于寡脱氧胸苷酸[Oligo（dT）]纤维素上。利用此特性，可用亲和层析法较容易地从总 RNA 中分离纯化 mRNA。由此得到的异源性 mRNA 分子集群的总体，实际上可编码细胞内所有的多肽。

2）从构建的 cDNA 文库中筛选目的 cDNA

以生物体内各种 mRNA 分子为模板，在逆转录酶和其他一系列酶的作用下，合成 cDNA 分子，并将 cDNA 与载体 DNA 进行体外重组，然后去包装转染或转化宿主细胞，得到一群含重组 DNA 的噬菌体或细菌克隆，从而构建成某种生物的 cDNA 文库，再通过合适的手段从 cDNA 文库中筛选获取某目的 cDNA，也可用于研究生物的基因结构与功能。构建 cDNA 文库的主要步骤是：总 RNA 的提取及 mRNA 的制备；cDNA 第一链和第二链的酶促合成和分级分离；与各种接头连接并克隆到载体中；包装及转染宿主菌；cDNA 文库的质量检测及保存。

为了获得高质量的真核细胞总 RNA，必须设法最大限度地降低细胞破碎过程中所释放的内源性 RNA 酶（RNase）的活性，同时，应避免偶然引入实验室内的外源性 RNA 酶对 RNA 制品的污染。对于内源性 RNase，通常使用下列三类 RNA 酶的抑制剂：特异性 RNase 抑制剂，如 RNase 阻抑蛋白（RNasin）和氧钒核糖核苷复合物；去除蛋白质试剂，包括蛋白酶 K、蛋白质变性剂和阴离子去污剂等；RNase 吸附剂，如硅藻土。对于外源性 RNase，应防止通过玻璃器皿试剂和溶液的途径污染。RNA 的分离提取方法很多，可根据不同的原料来源及性质而定。

因为 mRNA 在一个真核细胞的总 RNA 中仅占很小一部分（一般是百分之几），所以必须使 mRNA 从 rRNA 和 tRNA 中分离而纯化。绝大多数真核生物的 mRNA 3′端均有一 poly（A）残基，可与纤维素基柱上所偶联的寡聚 dT［Oligo（dT）］残基相配对而结合，没有 poly（A）的 RNA 不能与之结合，容易从柱上洗下来。结合上的 poly（A）RNA 可通过降低柱缓冲液中盐浓度而洗脱下来。用 Oligo（dT）纤维素柱层析法分离 mRNA，是一个相当有效的纯化过程，经纯化的 mRNA 可作为 cDNA 文库构建的起始材料。

在λ噬菌体中构建 cDNA 文库最常用的基本步骤是：用逆转录酶在 Oligo（dT）引导下合成 cDNA 第一链；cDNA 第二链的合成；双链 cDNA 与载体 DNA 的连接；重组λ噬菌体 DNA 的体外包装及感染；目的 cDNA 克隆的筛选。

合成 cDNA 第一链是以 mRNA 为模板，用反转录酶（依赖于 RNA 的 DNA 聚合酶）在 Oligo（dT）引导下来催化合成反应。在使第一链合成反应产物 DNA：RNA 杂交体变性而分开后，单链 cDNA 端能够形成发夹结构而引导 *E. coli* DNA 聚合酶 I Klenow 片段（或反转录酶）酶促合成 cDNA 第二链。从 cDNA 文库筛选目的 cDNA 的方法通常有三种：核酸杂交法、特异性抗原的免疫学检测法、cDNA 克隆的同胞选择法。为了说明所筛选出的 cDNA 克隆确实是来源于目的 mRNA，还必须进行某些确证 cDNA 克隆的试验。

3）RT-PCR 法合成目的 cDNA

这是近年来发展起来的一种获取真核生物目的 cDNA 的简便、快捷而高效的酶促合成法。该法将反转录反应与聚合酶链式反应结合在一起，直接从提取的细胞总 RNA 中酶促合成目的 cDNA。采用反转录-聚合酶链反应（RT-PCR）技术合成目的 cDNA 的一般程序为：从真核生物组织或细胞中提取纯化总 RNA；在 Oligo（dT）的引导下，以总 RNA 中的总 mRNA 为模板，在反转录酶的作用下，合成总 CDNA 的第一链；以两个引物所结合的单链 cDNA（靶序列）为模板，在 *Taq* 聚合酶的作用下进行 PCR 扩增，合成双链目的 cDNA。

聚合酶链反应（polymerase chain reaction，PCR）技术，是一种用于在体外扩增位于两段已知序列之间的 DNA 区段的分子生物学技术。应用该技术可在很短的时间内得到数百万个特异 DNA 序列的拷贝。目前该技术已在医学诊断、分子克隆和 DNA 分析中得到广泛应用。

PCR 的基本原理是首先使双链 DNA 在反应液中热变性而分开成单链，然后在低温下与两个引物进行退火，使引物与单链 DNA 配对结合，再在中温下利用 *Taq* DNA 聚合酶的聚合活性及热稳定性进行聚合（延伸）反应。每经过一次变性、退火、延伸 3 个步骤为一个循环，通过 3 个不同温度的重复循环，在经过约 30 次后，所扩增的特定 DNA 序列的数量可增至 10^6 倍。

PCR 反应体系主要由含靶序列的 DNA、寡核苷酸（PCR 引物）、*Taq* DNA 聚合物、四种脱氧核苷三磷酸（dNTP）和 PCR 缓冲液组成。

4）通过建立基因文库分离目的基因

由于目的基因仅占染色体 DNA 分子总量的极其微小比例，必须经过扩增才有可能分离到特定的含有目的基因的 DNA 片段，故必须先构建基因文库（gene library），或称为 DNA 文库。构建基因文库法，又称鸟枪法（shotgun approach）或散弹射击法，在基因工程早期曾是分离目的基因普遍应用的方法，特别适用于原核基因的分离。对于真核基因组则可获取真正的天然基因（兼有外显子和内含子）。此外，若研究控制基因表达活动的调控基因，或是在 mRNA 中不存在的某种特定序列，也能通过构建基因文库从染色体基因组 DNA 中获得。

14.4.2　目的基因与克隆载体的体外连接

DNA 体外重组技术，主要是依赖于限制酶和 DNA 连接酶的作用。在连接反应中，正确地调整载体 DNA 和外源 DNA 之间的比例，是获得高产量重组体转化子的一个重要因素。一般规律是，低浓度的 DNA 分子间的相互作用机会少，有利于环化作用；而高浓度的 DNA，则有利于形成长的多连体 DNA 分子。此外，连接反应的温度也是影响连接效果的另一个重要因素。

1. 目的基因与质粒载体的连接

质粒载体有稳妥可靠和操作简便的优点。特别是对于要克隆较小（＜10kb）而又结构简单的目的基因，质粒的确要比其他任何载体更胜一筹。依据外源基因的性质，可选择采用下列几种方法进行外源 DNA 片段与质粒载体的连接。

（1）同种酶产生的黏性末端的连接法。具黏性末端的 DNA 片段的连接比较容易，也比较常用。一般程序是：选用一种对载体 DNA 只具唯一限制位点的限制酶（如 *Eco*RⅠ）作位点特异切割。经此酶消化之后就会形成全长的具黏性末端的线性 DNA 分子。再将外源 DNA 大片段也用同一种限制酶作同样的消化，随后，把这两种经过酶切消化的外源 DNA 和载体 DNA 混合起来，并加入 DNA 连接酶，由于它们具有同样的黏性末端，因此便能够退火形成双链结合体。其中的单链缺口经 DNA 连接酶封闭之后，便产生出稳定的杂种 DNA 分子。

（2）定向克隆法。当质粒载体和外源 DNA 片段用同样的限制酶切割时，所形成的 DNA 末端就能够彼此退火，并被 T4 连接酶共价地连接起来，形成重组体分子。但由此引导的外源 DNA 片段的插入，可以有两种彼此相反的取向，这对于基因克隆是很不方便的。当用两种不同的限制酶（如用 *Bam*HⅠ和 *Hin*d Ⅲ）消化外源 DNA 时，可以产生带有非互补突出末端的外源 DNA 片段，此种片段可采用所谓的定向克隆（directional cloning）法，即只以一个方向很容易地将其插入到同样用 *Bam*HⅠ和 *Hin*d Ⅲ进行消化而产生相匹配黏端的载体当中。该法的优点是由于载体片段两突出末端不互补，不能自身环化，因而转化 *E. coli* 的效率极低，但与外源 DNA 片段定向重组率却较高。

（3）平末端连接法。某些限制酶切割后产生具平末端的 DNA 片段，如由 mRNA 为模板反转录合成的 DNA 片段具有平末端的结构，PCR 扩增也能产生平末端的 DNA 片段。因此，经常须进行平末端 DNA 片段之间的连接。只要两个 DNA 片段的末端是平末端的，不管是用限制酶切割后产生的，还是用其他方法产生的，都同样可以进行连接，但是只能用 T4 噬菌体 DNA 连接酶。带有平末端的外源 DNA 片段与载体进行连接反应时，要求具备以下条件：极高浓度的 T4 噬菌体 DNA 连接酶；高浓度的平末端外源 DNA 和质粒 DNA；低浓度多胺。

（4）同聚物加尾法。同聚物加尾法就是利用末端脱氧核苷酸转移酶可催化 dNTP 加到单链或双链 DNA 3′羟基端的能力，在目的 DNA 和质粒载体上加入互补同聚物，两者再通过互补同聚物之间的氢键形成可转化大肠杆菌的开环重组分子。

（5）加人工接头连接法。人工接头是化学合成的两个自相互补的核苷酸寡聚体（10～12bp），而两个寡聚体可形成带一个或一个以上限制酶切位点的平末端双链寡核苷酸短片段。人工接头的 5′-末端先用多核苷酸激酶处理使之磷酸化，再通过 T4DNA 连接酶的作用使人工接头与待克隆的平末端 DNA 片段连接起来。接着用适当的限制酶消化具衔接物的 DNA 分子和克隆载体分子，使二者都产生出彼此互补的黏性末端，这样便可以按照常规的黏性末端连接法，将待克隆的 DNA 片段同载体分子连接起来。

（6）加 DNA 衔接物连接法。DNA 衔接物也是人工合成的一小段双链寡核苷酸，与人工接头不同的是一头为平末端（与双链目的 DNA 平端连接），另一头带有某种限制酶的黏性末端（与载体的相应黏端连接）。它在与双链目的 DNA 连接后无须限制酶消化，便可与去磷酸化载体 DNA 进行连接反应。

2. 目的基因与λ噬菌体载体的连接

λ噬菌体作为克隆载体具有下列用途和优点：用于构建真核基因组 DNA 文库；用于构建复杂的 cDNA 文库；用于亚克隆原在黏粒载体中增殖的外源目的 DNA 序列。

在进行 λ 噬菌体载体臂与外源目的 DNA 片段的连接反应时，必须考虑两个参数：一个是载体臂与外源 DNA 片段的比例，另一个是这两种 DNA 片段在连接反应混合液中的浓度。对于每一个新制备的噬菌体载体臂和外源 DNA 片段的连接，一般都必须进行连接预实验，以检查其效率。如在 cDNA 的构建中，预连接反应是用一定量的 λ 噬菌体臂与不同量的 cDNA 相连接，以确定至少可产生 5×10^6 个重组噬菌体的 cDNA 量。在进行连接反应时，应注意体积尽可能小（＜10μL），并要同时做只有臂和只有外源片段的反应对照。

14.4.3　重组 DNA 导入细胞

带有外源目的 DNA 的重组分子在体外构成之后，必须导入适当的宿主细胞中进行繁殖，才能够获得大量纯的重组 DNA 分子，这一过程即基因的扩增。只有将携带某一目的基因的重组克隆载体 DNA 引入适当的受体（宿主）细胞中，进行增殖并获得预期的表达，才算实现了某一目的基因的克隆。

1. 基因工程受体细胞

受体细胞是指在转化和转导（感染）中接受外源基因的宿主细胞。作为基因工程的宿主细胞必须具备以下特性：①具有接受外源 DNA 的能力，即能发展成为感受态细胞。所谓感受态就是受体细胞处于可接受外源 DNA 分子的一种特殊生理状态，一般是在生长对数期的后期，时间很短暂。②一般应为限制酶缺陷型，也可以是限制（restriction）与修饰（modification）系统均为缺陷型。这样，外源DNA进入宿主细胞后不至于被限制酶所降解或被修饰酶修饰，因宿主细胞对DNA具有限制与修饰作用。③一般应为 DNA 重组缺陷型，重组缺陷型可保持外源 DNA 在宿主细胞中的完整性。④不适于在人体内或在非培养条件下生存。⑤它的 DNA 不易转移。迄今为止，在基因工程中应用最广泛和使用得较好的载体受体系统是大肠杆菌系统，由于来自大肠杆菌的各种宿主细胞有着各自独特的遗传性质，故不同的克隆载体需要转化或转染的宿主不同。

将外源重组分子导入受体细胞的途径包括转化、转染、转导、显微注射、电穿孔等多种不同的方式。转化和转导主要适用于细菌一类的原核细胞和酵母这样的低等真核细胞，而显微注射和电穿孔则主要应用于高等动植物的真核细胞。把带有目的基因的重组质粒 DNA 引入受体细胞的过程称为转化（transformation）。将重组噬菌体 DNA 直接引入受体细胞的过程则称为转染（transfection）。若重组噬菌体 DNA 被包装到噬菌体头部成为有感染力的噬菌体颗粒，再以此噬菌体为载体，将头部重组 DNA 导入受体细胞中，这一过程称为转导（transduction），通常称为感染。它比转染的克隆形成效率要高出几个数量级。

2. 重组体 DNA 分子的转化或转染

重组 DNA 转化到大肠杆菌细胞中的效率与其感受态有关。细菌在低温下经 $CaCl_2$ 溶液处理，细菌细胞膨胀成球形，提高了膜的通透性，转化混合物中的 DNA，形成抗 DNase 的羧基-钙磷酸复合物，黏附于细胞表面，经 42℃短时间热冲击处理，会使受体细菌中诱导产生出一种短暂的感受态。在此期间它们能够摄取各种不同来源的 DNA，如 λ 噬菌体 DNA 或质粒 DNA 等。冷冻不仅增加感受态的量，而且可延长感受态的时间。感受态细胞的增加从而提高了转化效率。

下面介绍几种大肠杆菌感受态细胞的制备和重组质粒 DNA 的转化方法。

（1）用氯化钙制备新鲜的感受态细胞转化法。该方法完全适用于大多数大肠杆菌菌株，并且具有简单快速、重复性好的优点。常用于成批制备感受态细菌，这些细菌可使每微克质粒 DNA 产生将近 10^7 个转化菌落。此转化效率足以满足所有在质粒中进行的常规克隆的需要。该法制备的感受态细胞可储存于–70℃，储存时间过长会在一定程度上影响转化效率。

（2）用复合剂制备感受态细胞转化法。该法是使上述大肠杆菌菌株暴露于组合的二价阳离子（$MnCl_2$ 和 $CaCl_2$）中更长时间，并且用氯化六氨合高钴、DMSO、DTT（二硫苏糖醇）等试剂复合处理细菌以提高转化效率，而这些试剂的作用机制尚不清楚。所得到的新鲜感受态细胞可立即用于转化，也可分装成小份储存于–70℃备用。该方法比较复杂，只有在需要很高转化率的少数情况下才考虑采用。

（3）高压电穿孔转化法（电转化法）。该法既可用于将 DNA 导入真核细胞，也可用于转化细菌。通过优化各个参数（包括电场强度、电脉冲长度和 DNA 浓度等），每微克 DNA 可以得到 10^9～10^{10} 个转化体，是用化学方法制备感受态细胞转化率的 10～20 倍。当电场强度和脉冲长度以一定方式组合而使细胞死亡率在 50%～75%时，其转化效率可达到最高。

3. 重组λ噬菌体 DNA 的体外包装与转导

应用 DNA 重组技术，把带有目的基因的外源 DNA 片段插入到λ载体之后，还要设法将这些重组体分子导入寄主细胞。最简单的是采用转染方法，即用λ重组体 DNA 分子直接感染大肠杆菌，使之侵入寄主细胞内。根据噬菌体能够将其 DNA 分子有效地注入到寄主细胞内部的这种特性，已经建立了另一种将外源重组 DNA 分子导入寄主细胞的方法，即体外包装噬菌体颗粒的转导技术，可使λ重组体 DNA 的转染效率提高达到 10^7 左右。

体外包装即将含有目的基因的重组λ噬菌体 DNA 与含有包装所需各种蛋白成分的包装提取物混合于试管中一起温育，在菌体外包装成有感染力的重组噬菌体颗粒，再由这些活性的重组噬菌体感染合适的宿主菌并将重组 DNA 导入宿主菌中。现在已建立了多种可以将重组克隆载体 DNA 导入哺乳动物培养细胞的转染技术，其中最为常用的是磷酸钙共沉淀转染和 DEAE-葡聚糖介导的转染，此外，还有利用聚季铵盐（Polybrene）的 DNA 转染、利用原生质体融合的 DNA 转染和电穿孔法 DNA 转染等。下面介绍重组 DNA 转染哺乳动物细胞的几种方法。

（1）磷酸钙和 DNA 共沉淀物转染法。由磷酸钙介导的转染是最为常用的方法，据认为重组 DNA 是通过内吞作用进入细胞质，然后进入细胞核而实现转染的，这种转染法十分有效，一次可有多达 20%的培养细胞得到转染。由于重组载体以磷酸钙-DNA 共沉淀物的形式出现，培养细胞摄取 DNA 的能力将显著增强。在中性条件下形成磷酸钙-DNA 共沉淀物的最佳钙离子浓度为 125mmol/L，最佳 DNA 浓度为 5～30μg/mL，沉淀反应的最佳时间为 20～30min，细胞在沉淀物中的最佳暴露时间为 5～24h。在转染后增加诸如甘油休克和氯喹处理等步骤，可以提高该法的效率。

（2）DEAE-葡聚糖介导转染法。该法可广泛用于转染带病毒序列的质粒。据认为 DEAE-葡聚糖这一聚合物可能与 DNA 结合从而抑制核酸酶的作用，或者与细胞结合从而促进 DNA 的内吞作用。该转染法通常只用于克隆化目的基因的瞬时表达，它在 BSC-1、CV-1 和 COS 等细胞系表达行之有效。进行转染时所需 DNA 量较上法要少一些，在 10^5 个猴源细胞上采用 100～200ng 超螺旋质粒 DNA，共转化效率最高，所用 DEAE-葡聚糖的浓度及细胞暴露于 DNA/DEAE-葡聚糖混合液的时间是两个大大影响本法效率的重要参数。可采用两种技术方案：较高浓度（1mg/mL）和较短作用时间（0.5～1.5h），或较低浓度（250μg/mL）和较长作用时间（8h）。

（3）利用聚季铵盐的 DNA 转染法。对于用其他方法相对较难转染的细胞系，可用聚阳离子 Polybrene 来促进低小分子质粒 DNA 进行有效而稳定的转染，如用于 CHO 细胞时，可以获得约 15 倍于磷酸钙-DNA 共沉淀法的转染细胞。

（4）利用原生质体融合的 DNA 转染法。该法已用于克隆化目的基因的瞬时表达，也用于建立稳定转化的哺乳动物细胞系，其优点是转染效率较高。曾用此方法将免疫球蛋白基因稳定地引入 B 细胞，把珠蛋白基因导入小鼠红白血病细胞。

（5）电穿孔法 DNA 转染。利用脉冲电场将 DNA 导入培养细胞的方法称为电穿孔法，该法对于用其他转染技术不能奏效的细胞系仍可适用，已用于将重组 DNA 导入多种动物细胞和植物细胞，也用于细菌细胞。现有各种商品化的电穿孔装置，可按厂商提供的说明进行操作。注意电穿孔法转染的效率受以下因素的影响：外加电场的强度，电脉冲的长度、温度，DNA 的构象和浓度以及培养液的离子成分等。

14.4.4 重组子的筛选和鉴定

1. 遗传学检测法

该法是基于载体遗传标记而进行筛选与鉴定的，其原理是利用载体 DNA 分子上所携带的遗传标记基因筛选转化子或重组子。由于标记基因所对应的遗传表型与受体细胞是互补的，因此在培养基中施加合适的选择压力，即可保证转化子显现（长出菌落或噬菌斑），而非转化子隐去（不生长），这种方法称为正选择。如果载体分子含有第二个标记基因，可进一步进行第二轮筛选，从众多转化子中筛选出重组子。该方法在筛选的过程中受体细胞可能存在回复突变的问题，所获的转化子可能是假阳性，因此要获得准确的重组子必须通过重组子质粒的抽提测序流程加以验证，事实上这也是重组子鉴定不可少的操作步骤。

2. DNA 电泳检测法

凝胶电泳是分离、鉴定和纯化 DNA 片段的标准方法。该法操作简便、快速，可以分辨用其他方法无法分离的 DNA 片段。此外，可直接用溴化乙锭进行染色以确定 DNA 在凝胶中的位置，并直接于紫外灯下观察 DNA 条带。采用该法鉴定重组转化细菌时，先对细菌进行小规模培养，采用煮沸法或碱裂解法、小量快速抽提法制备重组质粒 DNA，然后用原来的限制酶进行酶切消化，通过凝胶电泳进行酶切片段的分析，并与用同一种或两种限制性内切酶切割重组载体 DNA 上对应的酶切位点所获得的目的基因 DNA 片段或已知相对分子质量的 DNA 片段作对照。采用凝胶电泳分析法，除了可确定重组质粒 DNA 中插入目的 DNA 片段的大小外，还可以确定目的 DNA 片段插入的方向。

3. 核酸分子杂交检测

核酸分子杂交的原理就是根据单链的 DNA 或 RNA 在适宜的温度及离子强度等条件下，按碱基互补配对原则与另一条单链核酸高度特异地复性形成双链。该技术用于重组子的筛选鉴定，其杂交的双方是待测的转化子目的基因序列和用于检测的已知核酸片段（称为探针）。根据待测核酸的来源以及将其分子结合到固相支持物的方法不同，核酸分子杂交可分为四类：菌落原位杂交、斑点印迹杂交、Southern 印迹杂交和 Northern 印迹杂交。

核酸分子杂交是广泛应用于分子生物学和遗传学的一种技术，它的优点是：①具有高度的特异性和敏感性，能够在几百万个基因的核酸序列中识别出一个特定的基因片段；②它不要求插入的外源基因表达，只要求提供合适的探针，就能用于测定任何插入顺序。放射性标记核酸探针杂交筛选法很容易地同时筛选大量菌落，从中找出带有含目的基因重组质粒的菌落。该法也同样适用于 λ 噬菌体噬斑的原位杂交以筛选出特定的目标重组体。

4. 免疫化学类检测法

在克隆的目的基因既无可供选择的基因表型特征，又对其所表达的蛋白质氨基酸序列一无所知，无法合成适当的 DNA 探针的情况下，采用免疫化学方法来筛选目的基因重组体将是一种重要的途径。该法的特点是直接检测克隆基因所表达的蛋白质产物，故该方法的使用前提条件是克隆基因可在宿主细胞内表达，且应用该法时必须事先制备针对该蛋白质或多肽的抗血清或单克隆抗体。免疫化学法可分为放射性抗体检测法和免疫沉淀检测法，这两种方法都需要使用有效的特异性抗体。

（1）放射性抗体检测法。首先把转化的菌落涂布在琼脂平板上，同时制备影印的复制平板。接着把平板放置在氯仿蒸气中处理，使细菌菌落溶解，阳性菌落释放出抗原蛋白质。将连接在固体支持物（如聚乙烯薄膜）上的抗体，缓慢地同溶解的细胞接触，以利于抗原吸附到抗体上，并且彼此结合形成抗原-抗体复合物。然后，将这种吸附着抗原-抗体复合物的固体支持物取出来，与放射性同位素进行标记的第二种抗体一道温育，以便检出这种复合物。未反应的抗体可被漂洗掉，而抗原-抗体复合物的位置，则可通过放射自显影技术被测定出来，并据此确定出在原平板中能够合成抗原的细菌菌落的位置。

（2）免疫沉淀检测法。该法是在生长菌落的琼脂培养基中，加入抗某种蛋白质分子的特异性抗体。如果有些菌落的细菌会分泌出这种蛋白质，那么在它的周围就会出现由一种称为沉淀素的抗体-抗原沉淀物所形成的白色圆圈。这种免疫沉淀检测法，经改良后，也可用来检测非分泌型蛋白质。该法主要是使用 λcⅠ857 噬菌体溶源性的大肠杆菌细胞作宿主菌。把生长着待检测菌落的原培养基平板，影印到加有抗体的琼脂平板上。待影印平板中的菌落长到适当大小时，将培养的温度上升到 42℃。经过大约 1h 后，平板中就会有许多细胞被热诱导发生溶菌作用。于是，细胞的内含物便被释放出来，分布在周围的培养基中。其中，目的基因编码蛋白质就会同加在培养基中的抗体发生反应，并在菌落的周围形成一圈沉淀素带。

5. 菌落原位杂交法筛选重组体

菌落（或噬菌斑）原位杂交筛选法的原理是：将被筛选的细菌菌落，从其生长的琼脂平板中转移到铺放在琼脂平板表面的硝酸纤维素滤膜上，于适温下进行培养（保留原菌落平板作为参照）。取出长有菌落的硝酸纤维素滤膜，用碱液处理以溶解细菌菌落，并使 DNA 变性。然后用适当的办法处理滤膜以除去蛋白质，留下的便是同硝酸纤维素滤膜结合的变性 DNA，这样便在菌落的原位上形成了 DNA 印迹。在 80℃下烘烤滤膜，使 DNA 固定下来。将这些滤膜同放射性标记的 DNA 或 RNA 探针杂交，并通过放射自显影检测杂交的结果。含有同探针互补的 DNA 的菌落，在 X 光底片上呈现黑色的斑点。通过同原平板上菌落位置的对照，挑选出阳性菌落，即含有目的基因插入片段的重组转化子。

14.4.5 克隆基因的表达及其产物的检测

基因重组的主要目的是使目的基因在某一种细胞中能得到高效表达，即产生人们所需要的高产目的基因产物。如多肽、蛋白质类生物药物。基因表达是指结构基因在调控序列的作用下转录成 mRNA，经加工后在核糖体的协助下又转译出相应的基因产物——蛋白质，再在受体细胞环境中经修饰而显示出相应的功能。

下面就克隆化目的基因在原核和真核细胞两大体系表达的有关问题作一概述。

1. 克隆基因在原核细胞中的表达

目前，大多数外源目的基因都是以大肠杆菌为受体系统进行表达的，它是目前为止应用最广泛的基因表达系统。这是因为大肠杆菌具有遗传背景清楚、目的基因表达水平高、培养周期短、抗污染能力强、代谢途径和基因表达调控机制比较清楚等优点。

1）原核基因表达载体的构成

在基因工程中，表达载体扮演着十分重要的角色。它负责克隆目的基因，指导目的基因在宿主体内的转录和翻译。原核表达载体要完成这些功能，必须具备以下三个系统：①DNA 复制及重组载体的选择系统，由复制起始位点（ori）和选择性标记基因来完成；②外源目的基因的转录系统，包括启动子、抑制物基因和转录终止子；③蛋白质的翻译系统，主要包括核糖体结合位点（SD 序列）、翻译起始密码子和翻译终止密码子。原核基因表达载体，除了应具备上述三个系统外，还要具备适用于外源基因插入的酶切位点，此外，构建原核基因表达载体时还应考虑所表达外源目的基因碱基的组成。在构建大肠杆菌表达载体时，要考虑所表达基因的种类和性质，或对外源基因的碱基进行适当置换，或对克隆载体上的调控序列进行适当的调整。

目前较为广泛应用的原核细胞表达载体系统主要包括 Plac 启动子表达载体系统、PL 和 PR 启动子表达载体系统、T7 噬菌体启动子表达载体系统。

2）目的基因在原核细胞中的高效表达

外源目的基因在原核细胞中的表达形式包括包涵体、融合蛋白、寡聚型外源蛋白、整合型外源蛋白、分泌型外源蛋白等五种。其表达产物可能存在于细胞质、细胞周质和细胞外培养基中。

大肠杆菌表达系统是目前应用最广泛的原核细胞表达系统。在大肠杆菌中高效表达外源基因须采取以下基本策略：优化表达载体的构建；提高稀有密码子的表达频率；构建基因高表达受体菌；提高外源基因表达产物的稳定性；优化工程菌的发酵过程，主要包括选择合适的发酵系统或生物反应器；合理设计培养基的营养成分与细胞生长的关系；调节发酵系统中合适的溶氧、pH 和温度等条件，控制细胞的生长速度和代谢活动；优化外源基因表达条件，提高菌体浓度和表达水平，从而提高外源基因表达产物的总量。

克隆化目的基因表达水平不高的原因可能是 RNA 不稳定、过早终止、无效翻译及蛋白质不稳定等。在许多情况下，蛋白质不稳定问题可以通过提高目的蛋白的合成量加以克服。有利于提高目的基因的表达水平即外源目的蛋白的合成水平的方法有：①运用定点诱变技术使核糖体结合位点（SD 序列和起始密码子 ATG）周围的碱基对发生突变，改变位于 SD 序列或 ATG 密码子附近的碱基序列，可以去除结合位点周围潜在的二级结构，促进翻译的起始并提高基因表达水平；②试用不同表达水平的大肠杆菌宿主菌株，如利用转录终止缺陷型菌株或 RNA 代谢突变株可提高功能性 RNA 的合成量；③在目的基因 DNA 的下游装置一段 DNA 序列，该序列可以稳定 mRNA 或能提高翻译效能；④通过改变温度、核糖体结合位点、启动子强度、质粒拷贝数或诱导物的量，从而改变外源目的蛋白合成的动力学。

构建含有转录与转译起始信号和目的基因的重组质粒并导入大肠杆菌表达目的蛋白之后，可用以下方法检测克隆化目的基因的表达水平即目的蛋白的产量：①采用 SDS 聚丙烯酰胺凝胶电泳和放射自显影，检测在诱导前后的重组细胞中目的蛋白的表达量是否提高；②通过测定蛋白质的活性以评估活性蛋白的合成产量，注意以非活性形式出现或隔绝在包涵体中的目的蛋白质所出现的活性与表达水平不相平行的情况；③利用 β-半乳糖苷酶活性进行表达检测，若是由于转录或转译制约使表达量不高，可将 *LacZ* 基因置于待表达基因下游，这样可以通过检测 β-半乳糖苷酶活性的变化来反映出基因转录水平的高低。

2. 克隆基因在真核细胞中的表达

真核细胞表达系统可以分为两类：一类是采用病毒载体的表达系统，另一类是转染 DNA 的表达系统。通常克隆化的目的基因必须插入适当的表达载体并在细菌中克隆和复制扩增后才转染哺乳动物细胞。用于在哺乳动物细胞中导入和表达克隆化目的基因的质粒载体，经过改造后既带有与待表达基因序列 5′端和 3′端相匹配的限制酶切位点，又带有具备所需特异性的调控序列元件。

1）真核细胞表达载体的功能元件

真核细胞表达载体既含有便于在细菌中克隆和复制扩增重组载体的原核质粒序列，包括复制子、抗生素抗性基因、单一限制酶切位点等，又带有只能在真核细胞中表达的真核表达组件。基本的真核表达组件包括启动子元件、增强子元件、加 poly（A）号以及用于复制和选择的元件。

（1）启动子元件。启动子由小段 DNA 序列组成，能特异性地与转录有关的蛋白质相互作用。多数真核启动子含有 TATA 框和上游启动子元件两种识别序列，其中 TATA 框序列位于转录起始位点上游 25～30bp 处，可参与引导 RNA 聚合酶 Ⅱ在正确位点上起始 RNA 的合成；而上游启动子序列元件必须位于 TATA 框上游 100～200bp，它决定转录起始的速率。

（2）增强子元件。增强子（enhancer）元件是能够增强启动子转录活性的 DNA 序列。增强子的结构类似于启动子，由多个元件组成，每个元件可以与一种或多种转录调控因子结合。增强子元件可在转录起始位点上游或与启动子相距较远的位置上起作用，可刺激与之相连的启动子的转录水平提高上千倍。

（3）poly（A）信号。对于真核细胞来说，表达载体上含有转录终止序列和 poly（A）掺入序列，是外源基因表达的重要条件。转录终止序列可以减少 DNA 反向转录产生反义 mRNA 的概率，进而减少反义 mRNA 由于结合转录模板而抑制外源基因的表达。poly（A）掺入的信号序列 AAUAAA 对 mRNA 3′端的正确加工和 poly（A）的加入至关重要，AAUAAA 位点的缺失甚至可以导致基因表达的减少。

（4）剪接信号。真核基因组中目的蛋白的编码区通常由长度不等的非编码间插序列所分隔，在一级转录物加上 poly（A）以后，通过剪接除去内含子产生成熟的 mRNA，然后从细胞核转运到细胞质。mRNA 剪接所必需的最短序列是位于内含子的 5′和 3′边界上。

（5）与翻译相关的元件。在翻译起始密码 ATG 的上游区域，含有另一个起始密码而又不被随后的一个符合阅读框的终止密码所终止，则该起始密码会影响 mRNA 翻译的起始。在真核生物细胞中也存在两个多肽链释放因子 eRF，3 个终止密码的翻译终止效率存在明显差异，其中以 UAA 在基因表达中的终止效率最高。

（6）用于复制和选择的元件。真核表达载体应带有用以提高克隆化目的基因表达水平的特殊元件——病毒复制子。某些动物病毒具有促进其基因组在细胞中进行染色体外复制的 DNA 序列——复制子，带有这些病毒复制子的质粒载体能以附加体的形式进行复制。在绝大多数情况下，表达转染目的基因的重组细胞必须通过在同一细胞中引入另一种选择标记基因才能得以识别分离。这种基因的编码产物具有某种酶活性，可以产生对某种药物的抗性。通常是将编码目的蛋白的目的基因（在一个质粒上）和编码选择标记蛋白的基因（在另一个质粒上）用共转染方法同时导入哺乳动物细胞。

2）酵母菌表达系统

酵母菌是最理想的真核生物基因表达系统，具有如下优点：基因表达调控机制研究得比较清楚；遗传操作相对简便；具有蛋白质翻译后加工和修饰系统；可将外源基因表达产物分泌到培养基中；不含毒素和特异性病毒，对人体和环境安全；发酵工艺简单，成本低廉。

酵母菌基因表达系统的载体一般是一种穿梭质粒，能在酵母菌和大肠杆菌中进行复制。酵母菌表达载体主要由下列重要元件组成：DNA 复制起始序列；选择标记；有丝分裂稳定区；整合介导区；表达盒。表达盒由启动子、分泌信号序列和终止子等组成，是酵母表达载体的重要元件。

酵母菌基因表达载体的类型有自主复制型质粒载体（pYR）、整合型质粒载体（pYI）、着丝粒型质粒载体（pYC）、酵母人工染色体（YAC）。

不同的表达载体具有不同的特异性启动子和终止子，因此，必须根据表达载体的特性选择合适的酵母受体系统，才能使外源基因在酵母中得到高效表达。目前，作为表达外源基因的酵母宿主菌主要有酿酒酵母、巴斯德毕赤酵母、乳酸克鲁维酵母。

3）哺乳动物细胞表达系统

要表达具有生物学功能的蛋白质和具有特异性催化功能的酶，需要在高等真核生物细胞中进行。外源基因在哺乳动物细胞中的表达包括基因的转录、mRNA翻译及翻译后蛋白质的加工等过程。

哺乳动物基因表达载体包括质粒载体和病毒载体两大类，其组成元件一般包括：基因转录的元件，即转录的启动子、增强子、终止子、poly（A）信号和内含子剪接信号等；用于筛选转化子的选择标记；在细菌中进行复制和筛选的元件；基因表达的调控元件。

哺乳动物基因表达载体的类型有质粒型表达载体、SV40衍生的表达载体、牛乳头瘤病毒（BPV）的表达载体、人疱疹病毒（EBV）衍生的表达载体、人腺病毒衍生的表达载体、反转录病毒衍生的表达载体。

目前，用作哺乳动物基因表达系统的受体细胞，主要有如下几种。

（1）CHO-Kl细胞。CHO-Kl细胞是从中国仓鼠卵巢中分离的一株上皮细胞。该受体细胞的特点是：外源基因在没有选择压力的情况下能稳定保持；适合多种蛋白质的分泌表达和胞内表达；对培养基的要求较低，可在无血清培养基中培养；细胞可进行贴壁培养，也可进行大规模悬浮培养。该细胞株是目前应用最广泛的哺乳动物基因表达受体细胞之一，已有多种外源基因如人组织型纤溶酶原激活剂（tPA）、干扰素β、干扰素γ、凝血因子Ⅷ等在CHO细胞中得到表达。

（2）COS细胞。COS细胞株来源于非洲绿猴肾细胞系（CV-1），能组成性表达SV40的大T抗原。COS细胞具有如下特点：细胞易于培养和转染；能使转染到该细胞中的带有SV40复制子的质粒载体快速扩增；能瞬时大量表达外源基因的产物。由于转染质粒在COS细胞中无节制地复制，细胞最终无法忍受而死亡。利用COS细胞作为外源基因瞬时表达的受体细胞，广泛用于哺乳动物基因的表达与调控、蛋白结构与功能分析等研究。

（3）鼠骨髓瘤细胞。鼠骨髓瘤细胞如Sp2/0、NSO和J558L等已被用作基因表达的受体细胞。目前已有免疫球蛋白（Ig）、tPA等多种外源基因在鼠骨髓瘤细胞中得到表达。该细胞株具有如下特点：细胞易于培养和转染，可在无血清培养基中进行高密度悬浮培养；能进行分泌表达，且表达量高；能对蛋白质进行糖基化修饰。

14.5　转基因动物技术

转基因动物技术是以特定的方法，将外源基因导入早期的胚胎细胞，并使之整合到染色体 DNA 上，通过生殖细胞系传递给后代，从而形成一类整合有外源基因的动物。这一技术的建立，打破了自然情况下的种间隔离，使基因能在种系关系遥远的机体间流动且能在异种动物再现基因表达调控的特征，将对整个生命科学产生全局性的影响。

14.5.1　转基因动物技术的研究现状

转基因动物技术从转基因的构建体到获得转基因动物，过程较长，涉及的技术较多，影响因素也很多，各种转基因方法都有其特点。下面就一些常规使用的转基因方法和目前正在发展中的方法研究现状进行介绍。

1. 显微注射法

最先获得的转基因哺乳动物就是使用显微注射法，1981 年 Gordon 等报道了用显微注射法将外源基因注入小鼠受精卵中得到了转基因小鼠。尽管此方法建立最早，直到目前，仍然是使用最为广泛、最为有效的方法之一。在技术上，30 多年来，显微注射法普遍使用，由于过程较为单一、流程化，因此并无太大的改变。利用这一方法建立转基因动物的大体过程如下：在两个原核还没有融合时收集受精卵、将外源基因的构建体经显微注射到受精卵雄性原核、注射过的胚胎经体外培养或不经体外培养、移植入假孕动物、通过分子生物学手段鉴定子代。

显微注射法的优点：外源基因的长度不受限制，可长达数百个碱基，能保持大片段基因转入时的完整性；常能得到纯系动物，实验周期相对较短。但这一技术也有它的局限性：外源基因整合效率不高，效率因操作的熟练程度不同差别很大；设备昂贵且技术复杂；需要专门技术人员；导入的外源基因拷贝数常为多拷贝；可导致插入位点附近宿主 DNA 大片段缺失、重组等突变，造成动物生理缺陷；外源基因的整合是随机的，整合率不可控；外源基因的表达受到插入位点的染色体微环境的影响，常导致基因沉默和低表达，即位点效应；有些动物的原核需经特殊处理才能有效导入；用于制备转基因大型动物时，需要较多的供体和受体动物，转基因的效率较低。正因为显微注射法存在许多不尽如人意的地方，人们一直在寻求更有效和简便的方法。

2. 逆转录病毒载体法

逆转录病毒科（Retroviridae）是 RNA 病毒的一个大科，包括 RNA 肿瘤病毒

（RNA tumorviruses）、白血病病毒（leukoviruses）和致瘤 RNA 病毒（oncornaviruses）。由于这类病毒的一个重要特点是毒粒中含有依赖于 RNA 的聚合酶即逆转录酶，故现名为逆转录病毒。逆转录病毒科还包括一类重要病毒即慢病毒（lentivirus），如人类免疫缺陷病毒（HIV）和猴免疫缺陷病毒（SIV）等。

逆转录病毒法制备转基因动物时，需要用含病毒 gag 和 pol 的质粒和含病毒 env 的质粒构建成的包装细胞系，为了安全起见，还需要使转移载体与上述两个质粒不存在同源重组序列，将外源目的基因克隆到转移载体中，将克隆好的转移载体转入包装细胞中形成有感染活性的重组逆转录病毒即逆转录病毒载体，再去感染生殖细胞、早期胚胎或显微注射受精卵。由于逆转录病毒的高效率感染和在宿主细胞 DNA 上的高度整合特性，可以大大提高基因转移的效率，但非慢病毒的逆转录病毒载体对不分裂的静止细胞不感染和表达沉默。近些年发展的慢病毒载体（lentiviral vector，LV），不仅在基因治疗方面显示出优越特性，而且在转基因动物制备方面发挥出强大的优势。

3. 胚胎干细胞法

胚胎干细胞（ES 细胞）是从着床前的动物胚胎中分离获得的一种多功能干细胞，由于它注射入动物胚胎后可参与宿主的胚胎形成，形成嵌合体，直至达到种系嵌合，因此可将它作为一种载体，把外源基因导入个体，获得转基因动物。

在小鼠胚胎干细胞的应用上，目前着重于利用基因的定位整合、同源重组等手段研究基因的功能。对建立的 ES 细胞进行电击转入外源基因，筛选稳定整合有外源基因的 ES 细胞，体外克隆成系，然后将 ES 细胞注射入囊胚，囊胚移植入输卵管中，最后进行子代鼠的检测。从目前的结果来看，大型动物 ES 细胞培养和应用效果均比小鼠差。因此今后相当长时间里需对大动物的 ES 细胞培养、鉴定、分化诱导、参与嵌合体形成的能力进行深入探索，才能将其真正转入实用阶段。

4. 精子载体法（SMGT）

精子载体法（SMGT）是将精子适当处理，使其携带外源目的 DNA 片段，通过人工授精、体外受精、显微受精等多种途径获得转基因动物，技术简单、操作容易，既可在实验室中研究进行，也便于在生产实践中推广应用；同时，该技术也是目前所报道的转基因效率最高的技术方法之一。

5. 利用体细胞核移植制备转基因动物

1997 年克隆羊“多莉”的出现为转基因提供了另一种全新的方法。同年

Schniele 等用带有外源基因的表达载体转染胚胎成纤维细胞，然后用已导入外源基因的胚胎成纤维细胞作为核移植供体，进行核移植（NT），制备出转基因动物。

1997 年，PPL 公司和 Roslin 研究所的 Schnieke 等在世界上首次报道了采用核移植技术制备出转基因羊乳腺生物反应器。他们对原核显微注射与核移植克隆技术制备转基因羊的成功率进行了比较，认为核移植克隆技术在获得转基因家畜方面有明显的优势。体细胞核移植克隆技术有望为制备大型动物乳腺生物反应器提供技术平台。但是，由于转基因体细胞的基团组结构被进行了一定的遗传修饰并要进行多次传代，所以其核移植效率比正常体细胞要低；转染外源基因的体细胞在体外培养时，可能受到外界诸多因素的影响，染色体的核型会发生改变；而且经核移植克隆动物的成活率低。

6. 人工核酶介导的基因编辑技术

基因编辑技术是指对 DNA 目标序列进行插入、删除或者序列改变的操作方法。传统的基因编辑技术是利用胚胎干细胞与同源重组技术对基因组进行定点修饰。随着后基因组学的发展，基于人工核酸酶凭借效率高、特异性强等特点，迅速成为生命科学的研究新热点。目前主要的人工核酸酶有三种：锌指核酸酶（zinc finger nucleases，ZFN）、类转录激活因子核酸酶（transcription activator-like effector nucleases，TALEN）和规律成簇的间隔回文重复序列系统（clustered regularly interspaced short palindromic repeats，CRISPR）。

锌指核酸酶是第一代人工核酸酶，其工作原理是锌指蛋白可识别 DNA 片段，核酸酶 FOKI 可对 DNA 进行精确切割。该技术与 ES 法相比具有以下优势：不需要 ES 细胞就可以对基因进行定点修饰，敲除效率也明显提高，没有明显的物种限制。该技术已成功应用于果蝇、斑马鱼、大鼠和小鼠等多种模式生物的遗传学研究，成功实现了基因的修饰，且在 2005 年，运用该技术首次实现了对人类细胞的基因定点修饰。

类转录激活因子核酸酶是第二代人工核酸酶。其工作原理是 TALEN 蛋白识别 DNA 片段，而核酸酶 FoK I 与两个 TALEN 蛋白形成二聚体，且完成对靶位点的精确切割，诱导细胞 DNA 修复从而实现靶位点基因的修饰。TALEN 技术与 ZFN 技术相比具有以下优势：TALEN 更容易构建，只需简单的分子克隆技术就可对其进行筛选，TALEN 还有更广泛的靶位点选择范围。该技术目前成功应用于包括果蝇、斑马鱼以及人多能干细胞等的基因修饰。2014 年，中国科学家利用 TALEN 技术实现对非人灵长类 X 染色体连锁基因 *MECP*2 基因的敲除。

规律成簇的间隔短回文序列系统是第三代人工核酸酶，其中Ⅱ型 CRISPR 系统即 CRISPR/Cas9 系统被广泛应用于基因编辑，该系统在原核生物中被发现，它使生物具有某种获得性免疫功能，从而具备抵抗噬菌体、质粒等外来 DNA 入侵的免疫能力。其工作原理是 CRISPR 基因座负责特异识别 DNA，而 Cas9 核酸酶则具有 ZEP 和 TALEN 蛋白相似的功能，即切割 DNA 片段，使 DNA 发生双链断裂进而诱导细胞产生 DNA 修复。早在 1987 年，CRISPR 就被日本大阪大学（Osaka University）的研究人员发现，但当时没有引起科学家的重视。他们当时的工作发现在基因编码区域附近存在一小段不同寻常的 DNA 片段，该片段由简短的重复序列组成，但是他们不清楚该重复片段的生物学意义。直到 2005 年，有三个研究小组发现，该重复片段可能与微生物的免疫作用有关。如今，科学家利用该小片段找到了一种可以对多种生物的基因组进行遗传改造的工具，而且这种方法操作起来非常简单。

该技术与 ZFN 和 TALEN 相比具有以下优势：CRISPR/Cas9 系统在基因组中搜索的范围更广，可同时设计多个基因识别序列，可实现对多个基因同时进行定点修饰。此外，它还具有系统构建简易且成本低的优点。2013 年短短一个月，*Science* 和 *Nature Biotechnology* 等杂志上就发表了 5 篇相关的论文介绍 CRISPR-Cas 系统，*Cell* 将 CRISPR 评为 2013 年度 10 大科学突破之一。2014 年 1 月，中国科研团队利用 CRISPR/Cas9 系统对孪生的食蟹猴（cynomolgus monkey）进行精确基因修饰工作，获得了第一批携带定向突变的基因工程猴，该成果被发表于 *Cell* 杂志上。2014 年 10 月，张锋团队研究的"CRISPR/Cas9 基因插入小鼠运用于基因编辑和癌症建模"工作成果被刊登在 *Cell* 封面，再一次向公众展示了 CRISPR/Cas9 是一个多功能的可用于研究遗传元件的基因编辑技术，而 Cas9 小鼠显示出了其在生物医学疾病建模应用上的广泛前景。

除了上述方法，还可通过基因打靶体细胞核移植技术、YAC 和 BAC 的转基因技术来制备转基因动物。

14.5.2 转基因动物技术的主要用途

由于转基因动物不仅可以用来研究基因功能，也可按照人的意愿改良动物的遗传品质，这为人类探讨疾病发病机理，寻求有效治疗途径，提供筛选和鉴定药物的理想模型，还可改良家畜生长特性，提高饲料利用率和产量，为人体提供异体移植器官和生产珍贵药物蛋白提供途径。下面仅就几个主要应用进行阐述。

1. 利用转基因动物建立人类疾病和药物筛选模型

转基因动物作为疾病模型可以代替传统的动物模型进行疾病机理研究和新药

筛选。一般认为，除了外伤外，几乎所有人类疾病都有一定程度的遗传因素参与，研究人类遗传与疾病的关系具有非常重要的意义。过去，制造这种动物模型的途径只能依靠自然突变或人工诱变的方法，但是，自然突变的机会极少，人工诱变的方法也不容易定向地控制其突变的位点和方式。而利用转基因制造出各种遗传病动物模型，阐明遗传改变所产生的效应，确定致病基因的功能和致病机理，以便进行科学的诊治，给研究人类遗传疾病带来极大方便。这种动物模型也可应用于新药筛选，其优点是准确、经济、试验次数少，显著缩短试验时间，现已成为人们试图进行“快速筛选”的一种手段。

尽管转基因动物模型在遗传病研究中已取得重要进展，但也要看到欲获得一个理想的、能稳定地反映人类疾病表型的动物模型还有很多问题要研究，如已建立的镰刀状细胞贫血小鼠模型没有贫血表型。随着人和小鼠的基因序列分析完成，基因功能研究的深入，为转基因动物模型建立提供了更多的新候选基因，为人类研究遗传、代谢和变性疾病提供理想手段。

2. 研究基因的功能和作用

转基因动物技术还广泛地用于研究调控基因与结构基因之间的关系、顺式调控区元件对结构基因表达的影响、结构基因的组成对表达的影响和基因表达的时间空间顺序等方面。只有转基因动物出现之后，人们才真正能比较方便地证实高等动物基因表达的时间空间顺序的调控机制。

3. 转基因动物在病毒研究方面的应用

人肝炎病毒不能感染非灵长类动物，要研究肝炎病毒的致病机理、药物疗效等必须使用动物模型，在转基因动物技术出现之前，只能在人体进行观察，给研究造成极大不便。现在，将甲肝、乙肝和丙肝病毒 DNA 经显微注射到小鼠受精卵的原核中制备出多种肝炎病毒转基因鼠，为研究肝炎病毒的致病机理和治疗方法提供了方便的动物模型。许多人类致病病毒只感染人和灵长类动物，这样给研究带来很大困难。小鼠是医学研究的常用动物，将人的病毒受体在小鼠体内表达，使只能感染人的病毒能感染小鼠，这样就为人类研究病毒的致病性和防治方法提供了方便有用的动物模型。

4. 利用转基因技术改良动物品种和生产性能

Palmiter 的超级小鼠出现后，对人们生产类似的家畜有很大鼓舞。人们想以此方式研制转基因动物，既可以加快动物的生长速度，也能提高饲料利用率，减少脂肪量，增加瘦肉量。1985 年，Hammer 等最早获得转基因猪，他们把人生长激素融合基因导入猪受精卵，获得 20 头转基因猪，其中有 11 头含有可检测出的人生长激素，其后天发育对生长无明显影响，但脂肪含量显著减少，瘦肉率增加。1987 年，美国科学家把牛的生长激素基因转入猪体内，培育出一种新型瘦肉型转基因猪，这种猪的脊肉增加到原品种的 1.4 倍，而皮下脂肪反而降低了 1/3。澳大利亚科学家也研制出这种转基因猪，其生长速度比一般普通猪快 20%，17 周体重达 90kg，而且全为瘦肉型猪。但是，这些快速生长的转基因猪也存在一些问题，抵抗力减弱、破足、生育低下。

转基因技术还可用于动物抗病育种。通过克隆特定病毒基因组中的某些编码片段，进行一定程度的修饰后转入动物基因组中进行表达，该动物对这种病毒的感染可具有一定抵抗能力，或能减轻病毒侵染时给动物机体带来的危害。国内外研究已经发现，经过这种处理的转基因动物抗病能力明显提高。

5. 利用转基因动物生产人用器官移植的异体供体

人类器官同种异体移植供体来源严重不足，而转基因动物将是其重要来源。猪的器官大小、解剖生理特点与人类相似，组织相容性抗原与人类白细胞抗原具有较高的同源性，而且，携带人畜共患病病原体相对较少，容易饲养，饲料费用较低。因此研究人员普遍认为猪是人类器官移植的最理想的供体。但最大障碍仍然是移植后发生的免疫排斥反应，通过免疫排斥相关基因转基因猪的建立，可降低其免疫排斥反应的发生率。

6. 利用转基因动物生产人药用蛋白和营养保健蛋白

作为基因工程生产系统的最高层次，转基因动物被称作最新型的药物工厂、生物反应器、基因农场或分子农场。利用转基因动物生产药用蛋白可极大地降低成本和投资风险，特别是对于一些大分子量和修饰要求高的蛋白。许多治疗性蛋白产品的结构复杂、修饰要求高，只能使用哺乳动物细胞生产，而用动物细胞生产成本高，难以满足需求。用动物作为生物反应器正好满足了这些要求，而且，动物的体液是获得重组蛋白的理想来源，因为体液是不断更新的。在各种组织和器官中，作为生物反应器乳腺具有不可挑战的优势。由于牛和羊的产奶量大，成为研制动物乳腺生物反应器的首选动物。

虽然转基因动物生物反应器有很多优点，但也不适合于所有药用蛋白生产，如一些微素和小分子肽类药物就不适合。一般适合生产的药用蛋白有以下几类：①血栓治疗药物，有尿激酶、组织型纤溶酶原激活因子、抗凝血酶III等，其中抗凝血酶III已用于临床；②肺气肿治疗药物，有 α-抗胰蛋白酶，这是最成功的产品，现已进入市场；③出血性疾病治疗药物，如用于治疗血友病凝血因子Ⅷ、Ⅸ；④抗体和疫苗类。

7. 利用转基因动物技术生产人抗体

由于安全和伦理，许多抗体如抗人体蛋白的抗体，既不能从人体获得，也不能用人体制备。现在市场上能见到的最接近的人抗体仍是人源化抗体，不是真正人抗体。转基因动物技术能制备出真正的人抗体。人们将人体合成抗体的基因组转到小鼠，灭活小鼠本身的抗体基因，然后用相应的抗原免疫小鼠，它所产生的抗体就是人抗体。

14.5.3　存在问题和发展前景

转基因动物技术经过近 30 多年的发展，无论在技术的多样性还是实用性方面都取得显著进步。从起初的显微注射方法和逆转录病毒载体到后来的精子载体法、ES 细胞法、体细胞核移植法和近来发展的慢病毒载体方法，特别是体细胞克隆技术的发明，给制备转基因和基因打靶大型动物提供手段，为人类改良和利用大型畜牧动物拓宽了视野。在制备技术和应用范围上都还有很大的发展空间。

转基因通过显微注射整合到动物基因组的效率较低，转基因随机整合造成的“位置效应”所引起的表达结果的不确定性，转基因动物遗传中出现优良性状的分离、减弱，嵌合体动物等问题的存在，通常需要经过大量的筛选才能获得高表达的转基因动物，因此转基因动物乳腺生物反应器的研制周期较长且费用高昂。解决转基因随机整合的最根本的方法是采用定位整合。

长期以来，使用动物杂交作为畜牧动物优良品种选择的常规方法和支柱，也获得众多优良品种。理论上将转基因技术可以用于优良品种、优良性状的保持；精确改造动物的遗传性状，提高动物的繁殖力和抗病能力，培育出新的优良品种，加速育种和扩群，已经进行了许多卓有成效的研究，但实际使用仍然有限。

牛是感染朊病毒较多的家畜，剔除牛的 *PrP* 基因肯定具有意义。问题是，从基因剔除小鼠的结果了解到 *PrP* 基因缺失的纯合子才对瘙痒病具有抗性，要保持 *PrP* 缺失的纯合子，动物的种群扩增困难就大了，而且在大群体保持纯合子状态、不让野生型基因渗入可能十分困难。即使能够做到这些，由于近交退化原因，势必导致动物的其他优良性状的减退或种群数减少等问题。解决这样问题的方法可能要在世界范围进行同类动物的同样基因修饰。

小鼠 *Socs1* 基因缺失可以促进动物乳腺发育，这样是否能使家畜增加奶的产量，是否一定程度地抑制或下调基因的表达水平就可以达到目的，当然需要在大型动物上进一步证实。到目前为止，还没有一种基因修饰的家畜用于生产，并不是人们接受度的问题，而是技术和对基因功能认识不足的问题。由于对关键基因的修饰或操作产生不可预料的多效性作用，人们对经原核注射超表达生长激素的转基因猪产生问题还记忆犹新，因此小鼠实验结果不能完全嫁接到大型动物上。在短期内也许不大可能有基因修饰家畜生产。

另外，LV 用于畜牧动物的改良，也存在与基因治疗相同的问题，如随机插入是否干扰插入位点基因表达，甚至引起突变，整合的拷贝过多，携带基因较小（<10kb）也是 LV 限制因素之一。由于考虑基因治疗的需要和安全性，现在已有自身灭活的载体可利用。

转基因家畜还需要考虑到社会认可和接受问题，特别对于产品的开发研究，如果在技术上可行和安全可靠，但不被消费者接受也没有市场，从商业角度来看也是失败的。从国际上看，美国对待转基因产品的态度比较宽容，而欧洲就比较保守，许多转基因植物在欧洲就遭到抵制。另外，有些人认为转基因家畜存在伦理上问题。不管怎么说，现在还难以评估和猜测未来消费者的态度。特别对于一些对人畜共感染的病毒抗性动物制备如禽流感等，人们可能接受。

14.6 转基因植物

14.6.1 植物基因工程研究内容

植物基因工程（plant genetic engineering），又称为植物遗传转化（plant genetic transformation），是指把一个外源目的 DNA 片段通过载体连接后转入植物细胞或组织，并使其在受体细胞或再生的植株中稳定遗传和表达，最后通过有性或无性繁殖传递给后代。和动物及微生物基因工程相似，包括以下几个阶段：①种类繁多的植物基因群体中分离出感兴趣的目的基因（据估计基因群体的总数可达 5×10^6 以上）；②寻找或者构建植物克隆载体，使其与人们感兴趣的外源基因重组并能被导入到植物细胞中去；③将重组的载体通过各种途径导入到受体细胞中，并整合到植物宿主染色体的基因组上；④使获得带有目的基因的植物细胞或者组织再生形成正常的健康植株，这种植株称为转基因植物（transgeneic plant）；⑤在理想的情况下，使这些转基因植株通过有性或无性生殖过程，将外源目的基因持续地遗传给后代。植物基因工程研究内容主要包括以下两大方面。

1. 基因工程育种

向农业、园艺、森林和药用等植物优良品种导入单一基因或多基因决定的性状，使其经济特性得到改善。根据育种目标可归结为三大类。

对病、虫、杂草等危害的抵抗性：通过各种来源的目的基因的导入使植物获得对病虫害抗性。如免疫性、抗性和耐受性等及对除草剂的抗性以达到防治杂草的目的。

品质的改良：如营养价值，加工品质，颜色和形状的外观，消除或引入酸、辣、芳香或苦的成分，生化成分的改变，纤维素、木质素的产生等。

生理性状的改善：如高产性，土壤矿物元素的吸收，氮素固定，水分经济利用，耐盐性，耐温极限，光周期和温周期的敏感性或不敏感性，茎和根系统配比，促进或抑制生长速度，发芽的均一性，可预知的休眠状态以及与杂草的竞争力等。

其他，如育性的控制等。

2. 利用基因工程进行的基础研究

植物基因组的研究：主要体现在基因的测定、分离、特性和结构的研究，基因功能及其相互间的作用，基因型（genotype）和表型（phenotype）的关系，基因诱变，倍性操作及基因重组等诸多方面。

基因表达与调控研究：包括基因表达的时间、位置和期间的组分调控，顺式作用元件（*cis*-acting elements）与反式作用因子（*trans*-acting elements）的互作，超敏位点以及甲基化与基因表达的关系，基因表达的组织特异性和环境因子的影响，基因的转录后加工等的研究。

基因转移系统的研究：基因转移技术仍然处于发展时期。广泛应用于双子叶植物的根癌农杆菌（*Agrobacterium tumefaciens*）介导的转化仍受其侵染寄主范围和植物再生能力的限制，科学家对转化过程的控制仍然有限。基因直接引入以及基因枪、原生质体、花粉管和胚介导等方法虽已开始试用于单子叶植物，但要达到实用化还有很大距离，但基因直接引入为质体转化（plastid transformation）提供了新的可能。

抗病虫害的机理：对病原物和害虫基因组的了解，对微生物基因进入真核植物基因组后的影响的研究以及植物对病虫害的抗性机理的研究，是植物抗性基因工程的基础。

14.6.2　转基因技术在植物中的应用

1. 利用转基因植物生产重组异源蛋白

利用重组哺乳动物细胞生产蛋白药物极其昂贵，而植物生长成本较低，以转基因植物为生物反应器，可望在农田里廉价收获大量的蛋白药物。目前这方面的研究已经走出实验室。能合成人脑啡肽、人血清白蛋白、疫苗以及小鼠单克隆抗体的重组农作物已经问世。

借助于农杆根瘤菌介导的转化系统，将小鼠抗体的轻链和重链编码基因分别置于两种烟草植物体内表达，然后两种重组植物品系进行杂交，产生的子代植物同时合成小鼠的轻链和重链两种多肽，从烟草叶子里可检测到完整的抗体分子，含量为叶细胞蛋白总量的 1.5%，而植物细胞的蛋白分泌系统能够有效识别小鼠抗体前体的信号序列。鉴于油菜植物易生长且产量高的特点，人们致力于用它生产工业用油。转基因植物也可用来生产一些高分子材料，包括生物可降解的聚羟丁酯塑料和天然棉花与聚酯的混合纤维等。

2. 转基因技术在植物品种改良中的应用

目前，转基因技术在植物品种改良中取得的成就最为引人注目，归纳起来有下列几个方面。

1）控制果实成熟的转基因植物

蔬菜和水果成熟后，其组织呼吸速度和乙烯合成速度普遍加快，并迅速导致果实皱缩和腐烂。控制蔬菜水果细胞中乙烯合成的速度，能有效延长果实的成熟状态及存放期，为其长途运输提供了有利条件，具有重要的经济价值。类似的研究已经扩展到了草莓、苹果、香蕉、芒果、甜瓜、桃子以及梨等多种水果。

此外，植物尤其是成熟果实细胞中往往会表达大量的半乳糖醛酸酶（PG），它能水解果胶而溶解植物的细胞壁结构，使成熟果实易于损伤，因此降低细胞中 PG 的合成速度也能有效防止果实的过早腐烂，根据这一原理可构建保质期长的转基因植物。

2）抗虫害的转基因植物

昆虫对农作物的危害极大，目前对付昆虫的主要武器仍是化学杀虫剂，它不但严重污染环境，而且还诱使害虫产生相应的抗性。苏云金芽孢杆菌作为天然的微生物杀虫剂在美国已使用了 30 年，该细菌能合成一种分子量为 125kDa 的晶体蛋白，对许多昆虫包括棉蚜虫的幼虫具有巨毒作用，但对成虫和脊椎动物无害。然而通过发酵苏云金芽孢杆菌生产这种生物杀虫剂，成本颇高，且晶体蛋白原在环境中并不稳定，因此保护期很短。

将苏云金芽孢杆菌晶体蛋白编码基因移植到农作物体内的研究持续了许多年，但这个全长基因在植物细胞中的表达率极低，其主要原因是细菌基因的密码子选用规律与植物相似，而且毒素蛋白原的分子也过大。为此，改进表达效率的方法是只克隆晶体蛋白与毒性有关的 N 端 1～615 位氨基酸残基片段，其中 1～453 位氨基酸编码区采用人工合成片段以优化密码子的偏爱性，同时将该重组基因置于双 CaMV 启动子串联结构的控制之下，这使得毒性蛋白在棉花细胞中的表达水平提高了 100 倍。

此外，有一种蛋白型丝蛋白酶抑制剂可有效干扰昆虫的消化功能并置其于死地，它在番茄和马铃薯等植物细胞中只有痕量存在。这种抑制剂的高效表达可赋予植物广谱的抗虫害能力，若将细菌毒素蛋白和丝蛋白酶抑制剂编码基因双双整合到植物染色体上，则转基因植物的抗虫害能力比只含毒素蛋白基因的植物提高20 倍。

3）抗病毒的转基因植物

农作物病毒感染是一个严重的问题，它可导致农作物生长缓慢、产量降低和质量减退。构建抗病毒的转基因植物有两种战略：转病毒包衣蛋白基因和转病毒复制酶亚基的反义基因。

在经典植物遗传学中，通常利用交叉保护原理筛选抗病毒的优良品种，即将一种较为温和的病毒感染植物，培育出来的子代植物一般能抵御更为严重的同类病毒的侵袭。这种类似于动物疫苗接种的现象表明，病毒的包装蛋白对免疫保护作用十分重要。因此在植物细胞中克隆表达病毒包衣蛋白基因，有可能构建出抗病毒的优良品种。

4）抗除草剂的转基因植物

目前使用的除草剂特异性不强，或多或少会影响农作物的生长，从而限制了除草剂的大量使用。利用转基因技术构建抗除草剂的重组植物可望解决这一问题，其战略包括：降低敏感性靶蛋白对除草剂分子的亲和性；高效表达农作物体内对除草剂敏感的靶蛋白，使其不因除草剂的存在而丧失功能；抑制农作物对除草剂的吸收；向农作物体内导入除草剂的代谢灭活能力等。

5）改变花色花型的转基因植物

花卉的颜色是由花冠中的色素组成成分决定的。大多数花卉的色素为黄酮类物质，由苯丙氨酸通过一系列的酶促反应合成，而颜色主要取决于色素分子侧链取代基团的性质和结构，如花青素衍生物呈红色，翠雀素衍生物呈蓝色等。在黄酮类色素的生物合成途径中，苯基苯乙烯酮合成酶（CHS）是一个关键酶。利用反义 RNA 技术可有效抑制矮牵牛花属植物细胞内的 CHS 基因表达，使转基因植物花冠的颜芭由野生型的紫红色变成了白色，并且对 CHS 基因表达抑制程度的差异还可产生一系列中间类型的花色。相同的实验程序也可使野生型烟草花冠的桃红色转变为白色。天然的玫瑰没有蓝色的花冠，因为蔷薇科植物缺少合成蓝色色素的酶系，将矮牵牛花的蓝色色素合成基因引入蔷薇科植物体内，可望培育出蓝色的重组玫瑰花。

6）抗环境压力的转基因植物

当植物遇到不利环境因素（如强光、紫外辐射和干旱等）的侵袭，植物体内的超氧化歧化酶（SOD）能将其转化为过氧化氢，后者经氧化酶作用分解出水和氧气，但这种保护作用相当有限。将 SOD 编码基因置于花椰菜花斑病毒启动子的控制之下，并转入烟草中高效表达后，这种转基因烟草对氧自由基的耐受性大大提高。此外，将 SOD 编码基因转入花卉等观赏性植物中，可有效节省植物对氧气的需求量，延长花卉的存放期。

此外，长期的植物生理学研究结果表明，植物对寒、热、盐、碱和旱等环境不利因素的自我调节能力很大程度上取决于细胞内的渗透压，提高渗透压往往能改善植物对上述环境不利因素的耐性。为达到此目的至少有两种战略可供选择：一是高效表达能提高植物胞内渗透压的同源或异源蛋白；二是借助于蛋白质工程技术改变植物细胞内丰度较高的蛋白质氨基酸组成。目前各种抗碱、抗盐、抗热、抗寒及抗干的转基因植物正在研究之中。

7）产生高品质产物的转基因植物

植物油大都是含有双键的不饱和脂肪酸，故在室温下呈液态。人造黄油的制作是通过催化加氢使植物油熔点上升，这种工艺不但加工成本高，还会导致顺式双键转变为对健康不利的反式双键。利用反义 RNA 技术特异性灭活植物体内硬脂酰-ACP 脱饱和酶的结构基因，即可提高转基因作物中饱和脂肪酸的含量。Knutzon 将甘蓝型油菜（*Brassica napus*）的硬脂酰-ACP 脱饱和酶的反义基因导入油菜中，转基因植株种子中硬脂肪酸含量提高近 20 倍，饱和脂肪酸的含量达 39%。

一般粮食种子的储存蛋白中几种必需氨基酸的含量较低，影响了人类主食的营养价值。将蚕豆中一种富含赖氨酸和甲硫氨酸的蛋白基因植入玉米中，可显著提高其营养价值。马铃薯和水稻的改良也在进行之中。Monsanto 公司将经改造的大肠杆菌 ADPG 焦磷酸酶基因转移到马铃薯中，淀粉含量提高了 60%，转移到烟草或者番茄中后，淀粉的含量提高了近 8 倍。

14.6.3　植物基因工程的发展现状

转基因技术的诞生，使人类可以根据主观意愿改变植物的遗传性状，培育新品种，这意味着一个新时代的开始。1983 年获得第一株转基因烟草，1994 年第一次批准延迟成熟的转基因番茄在美国上市。我国于 1997 年批准转基因延迟成熟西红柿商品化。至今，国际上已相继有 30 多个国家批准 3000 多例转基因植物进入田间实验，已有 35 科近 200 种植物转基因成功，并在英国、加拿大、中国等国家批准商品化生产。近年来，转基因作物也从实验研究走向实用推广阶段，种植国家和种植面积在不断扩大。主要种植种类有抗昆虫玉米、抗除草剂大豆、抗病害棉花、富含胡萝卜素的水稻、耐寒抗旱小麦和抗病毒瓜类和控制成熟速度及硬度的西红柿等。

经过十多年的探索和优胜劣汰，植物基因转化技术日臻成熟，目前已形成了以农杆菌载体转化和基因枪转化技术为主体的两大植物基因转化系统。这两种转化系统机理清楚、证据确凿，成功的例子最多，占已获转基因植物的 90%以上。前者主要用于双子叶植物，后者主要用于单子叶植物，尤其是重要的禾谷类作物。

植物基因工程具有得天独厚的优势是植物细胞的“全能性”（totipotency）理论，这是动物细胞所不能比拟的；其次是植物基因工程不会像动物或人类基因工程那样遭遇较多的社会、伦理、道德等问题。植物基因为育种开辟了一条崭新的途径。大量转基因植株的研究表明，其作为作物育种工具有以下特点：大大地扩展了育种的范围，打破了物种之间生殖隔离障碍，实现了基因在生物界的共用性，丰富了基因资源；植物基因工程是在分子水平改造植物的遗传物质，更具有科学性和精确性：定向改造植物遗传性状，提高了育种的目的性和可操作性；集现代新技术为一体，如 DNA 重组技术、分子杂交技术、细胞培养技术、基因转化技术及基因编辑技术相结合，使育种途径进入一个高新技术时代。

尽管植物基因工程在短短的三十余年里已取得了激动人心的长足进步，但仍有许多有待解决的技术问题，主要有：提高转化外源基因的遗传稳定性；提高基因转化效率；提高对转化后外源基因表达的调控能力；建立高频再生的基因转化受体系统。在植物基因工程中存在的潜在的应用问题有：协调好植物基因工程与常规育种的关系；解决好植物基因工程与病虫抗药性问题；协调好植物基因工程与农业资源遗传多样性保护之间的关系；关注植物基因工程对环境生态平衡的影响；与人类健康的关系。

随着分子生物学研究的发展，新的基因工程策略应运而生，为基因工程提出新思路的同时，又拓宽了修饰植物基因和治疗疾病的途径。反义技术（antisense technology）和 RNA 干扰技术（RNA interference，RNAi）是设计一类能有效抑制某一目的基因表达的反义核酸，并将它导入细胞中，与靶标 mRNA 序列互补结合，从而阻断由 DNA 经过 RNA 到蛋白质的信息流。mRNA 和反义 RNA 之间能形成复合物，这种复合物可被迅速降解，或在核内加工过程中被破坏，或 mRNA 的翻译受到阻碍，从而发挥调节基因表达的作用。

核酶（ribozyme）是近代生命科学最重大发现之一。它是细胞中一类具有生物催化功能的 RNA，即成分是 RNA 的生物催化剂。核酶的发现与真核生物 RNA 的内含子剪接加工的研究有关。核酶目前已经应用于分子生物学及植物基因工程的研究中。

其他的一些新技术如无毒信号基因介导的广谱抗病策略、转座子载体系统介导的基因转化策略等，也逐渐地在基因工程中得到应用。

在过去的几十年中，植物基因工程已取得了重大进展，为人类开辟了一条新的育种途径。基因工程研究必须与常规育种相结合，使基因工程成为作物改良的重要组成部分。同时作为植物分子生物学基础研究的手段，植物基因工程的作用将会得到进一步的发挥。

14.7　基因工程药物

基因工程药物是指利用基因工程技术研制和生产的药物，主要包括细胞因子、抗体、疫苗、激素和寡核苷酸药物等，它们对预防、诊断和治疗人类的肿瘤、心血管疾病、糖尿病、类风湿性疾病、各种遗传病和传染病等有重要的作用。

生产基因工程药物的基本方法是：将目的基因用 DNA 重组的方法连接在载体上，然后将载体导入靶细胞（微生物、哺乳动物细胞或人体组织靶细胞），使目的基因在靶细胞中得到表达，最后将表达的目的蛋白质提纯及做成制剂，从而成为蛋白类药物或疫苗。若目的基因直接在人体组织靶细胞内表达，就称为基因治疗。

14.7.1　基因工程药物发展概况

目前，生物技术研究成果 60%以上集中在医药领域，美国 62%的生物技术公司从事医药研究，日本则有 65%的生物技术企业从事药物研制。根据美国生物技术工业组织（Biotechnology Industry Organization，BIO）2001 年 2 月的统计资料，美国食品药品监督管理局（FDA）近六年批准的生物技术药物的数量是前 13 年的 3 倍，2000 年批准数量是前 11 年的总和，这表明以基因工程药物为核心的生物技术药物发展迅猛。美国和德国已批准生物技术药物名列世界各国之首，其他国家如英国、法国、瑞士，以及日本、韩国、印度等也在此领域获得了极大的发展。

我国基因工程制药起步较晚，但发展很快。目前国内基因工程制药已初具规模，多种基因工程药物已上市，其中干扰素 α-lb、链激酶、表皮生长因子和碱性成纤维细胞生长因子为 I 类新药。世界范围内销售额前 10 位的基因工程药物中我国已能生产 8 种，目前在研制的基因工程药物和疫苗有 40 多种，分别处于临床和中试的不同阶段。

基因工程药物具有以下几点特点。

第一，可以获得天然状态难以得到的某些生理活性物质，进而改造成为新药。内源生理活性物质作为药物已有多年历史，如治疗糖尿病的胰岛素。但这些活性物质由于难以从人组织获得而多从动物脏器提取，不仅来源困难，而且由于免疫抗原性的缘故在使用上受到限制；此外，动物脏器还可能存在病毒污染等问题，对病人治疗会造成严重后果，而基因工程药物从根本上解决了上述难题。

第二，利用基因工程技术使得生理活性物质可以在微生物、细胞乃至动物和植物生物反应器中获得高效表达，从而使难以获得的生理活性物质如人胰岛素、干扰素和细胞因子等可以批量生产，既保障了临床治疗的迫切需求，又为对其结构、功能和性质进行深入研究提供了足够数量物质来源。

第三，采用基因工程技术可以改造内源生理活性物质，进一步提高其生物活性。内源生理活性物质在作为药物使用时存在许多不足之处，而采用基因工程技术对其进行改造，可明显提高药效。

第四，通过基因工程技术可以不断发掘和开发更多的新药，扩大药物来源。此外，基因工程抗体和基因重组免疫毒素也属于自然界不存在的生物大分子，也是新型基因工程药物。

14.7.2　基因工程药物种类

1. 激素类药物

激素是一类由生物体内分泌腺或特异性细胞产生的微量有机化合物，通过体液或细胞外液运送到特定的作用部位，能引起特殊的生理效应。根据激素的化学性质，可将其分为多肽蛋白类激素、甾醇类激素和脂肪类激素。基因工程类激素主要指通过基因工程方法合成的蛋白多肽类激素，目前主要有胰岛素、生长素和降钙素等。

1）胰岛素

天然的胰岛素通常都是从猪或牛的胰脏组织中提取的，来源少、产量低，价格昂贵，长期使用猪胰岛素不仅会使患者产生一定程度的免疫反应，而且产生的抗体还会对患者的 β 细胞功能及内源胰岛素的分泌造成不良影响。于是，利用基因工程技术生产人胰岛素，变成一条行之有效的途径，显然这也是一种理想的选择。

通过基因工程方法来生产人胰岛素，主要有两种途径：一种途径是用发酵的方法生产胰岛素原，在体外将胰岛素原切割转变成胰岛素；另一种途径是先分别发酵生产人胰岛素的 A 链和 B 链，纯化后再在体外融合使得两链之间形成两条正确的二硫键，产生完整的人胰岛素。目前主要采用第一种途径生产人胰岛素。

2）人生长激素

高等动物如牛、猴等的生长激素对人体是无效的，只有人类自身的生长激素才具有临床治疗功能。因此，长期以来人们都是从死人脑垂体中提取人生长激素，不仅材料来源困难、无法大量生产，而且接受这种人生长激素治疗的患儿中，有许多人传染上了来自尸体的致命病毒。所以在重组 DNA 技术问世以后，重组人生长激素（rhGH）被首先着手研究。现在，rhGH 已可工业化规模生产，且其产品安全可靠。

应用 DNA 重组技术，在大肠杆菌细胞中表达重组人生长激素，有两条不同的途径：一种是生产胞内型的重组人生长激素，只是在其 NH_2-末端比天然的人生长激素多了一个甲硫氨酸残基；另一种途径是生产分泌型的重组人生长激素。目前生产和使用的主要是第二代重组人生长激素，它是以分泌蛋白的形式表达的。

2. 细胞因子类药物

细胞因子（cytokine，CK）是由细胞分泌的一类小分子多肽物质，它能调节生物有机体生理功能，并参与细胞的增殖、分化和凋亡。自 1957 年第一种细胞因子——干扰素发现以来，已有数百种细胞因子被发现，其中有数十种通过基因工程技术已用于临床试验，十几种被批准上市，主要有干扰素、集落刺激因子、白细胞介素、肿瘤坏死因子和表皮生长因子。

3. 基因工程抗体

抗体是在抗原物质刺激下产生的、能与相应抗原发生特异性免疫反应的蛋白质分子，它是体液免疫中起免疫功能的最主要的成分，主要用于抗肿瘤、抗感染、防止器官移植中的排斥反应、解毒及抗血栓的形成等。临床上使用的多是鼠源的单克隆抗体，重复用药后会产生抗鼠抗体而导致疗效降低。因此，通过基因工程将鼠源单抗进行改进，构建人-鼠嵌合抗体成人源化抗体是解决途径之一。目前制备人源单克隆抗体有两种途径：一种途径是将人的整套抗体基因克隆到噬菌体载体上，构建抗体基因库，表达后分离带抗体片段的噬菌体颗粒，再通过纯化即可获得不同的特异性抗体；另一种途径是以人的抗体基因置换小鼠全套抗体基因，通过抗原物质刺激小鼠，表达出人源特异性抗体。这种方法获得的抗体特异性高，免疫亲和力强。

4. 基因工程受体

受体是指细胞表面与各种配体如抗体等进行特异性结合的大分子物质，一般为糖蛋白，其主要功能是接受胞外信号并将信号传递到细胞内，引发细胞产生一系列的生理变化。根据与受体结合的配体种类不同，可将受体分为细胞因子受体、免疫球蛋白受体、补体受体及抗原受体等，用于治疗上的一般为可溶性受体。

5. 基因工程疫苗

传统所用的疫苗大多都是通过改变培养条件，或在不同宿主动物上传代的方法使致病微生物的毒性减弱；或是通过物理化学的方法将它们灭活。但这样的疫苗并不理想，因为弱化的菌株可能发生回复突变成为有毒的，或失去免疫原性，灭活不当的疫苗还会引起疾病的流行，而且许多疫苗需要冷冻，造成运输上的困难。基因工程疫苗则是采用更加安全有效的技术程序代替花费昂贵的、危险的传统工艺，生产出的新型疫苗，其优点是不含感染性成分，无须灭活，而且也无致病性。

14.8　基 因 芯 片

生物芯片（biochip）是指采用微量点样或光导原位合成等方法，将大量生物大分子如核酸片段、多肽分子、细胞甚至组织切片等生物样品有序地固化于支持物（如硅片、玻片、尼龙膜、聚丙烯酰胺凝胶等载体）的表面，组成密集二维分子排列，然后与已标记的待测生物样品中靶分子杂交，通过特定的仪器如电荷偶联摄影像机（CCD）或激光共聚焦扫描显微镜对杂交信号的强度进行快速、并行、高效的检测分析，从而判断样品中靶分子的数量。由于常用玻片/硅片作为固相支持物，且在制备过程模拟计算机芯片的制备技术，所以称为生物芯片技术。

14.8.1　基因芯片的分类、工作原理和流程

基因芯片按照芯片点样方法不同可分为探针原位合成芯片和探针预合成点样芯片；按照芯片片基不同可分为无机片基芯片和有机合成片基芯片；按照芯片用于研究方面不同分为基因表达谱芯片、SNP 芯片（单核苷酸多态性芯片）、aCGH（比较基因组杂交芯片，array based comparative genomic hybridization）、ChIP-on-chip（基于芯片的染色体免疫共沉淀技术）等；按照工作单元可分为微阵列芯片，也就是经常说的基因芯片，Lab-on-chip（微流体芯片及芯片实验室）等；按照芯片上探针的不同可分为寡核苷酸芯片（Oligo 芯片）和 cDNA 芯片；按照反应体系不同可分为固相芯片（玻璃芯片、膜芯片或硅芯片）和液相芯片。

基因芯片的特点如下：①集成化程度高，数十万的分子反应集中在一张小小的芯片上；②快速高效，仅仅在几天时间就可以对几万个基因或几十万个 SNP 位点进行研究，这是常规实验方法所不能相比的；③应用范围广，可用于基因表达、新基因发现、SNP 分型、肿瘤及遗传病、蛋白核酸相互作用、药物筛选、药物作用靶点、临床检测、疾病诊断预防、法医鉴定等很多领域的研究；④高通量、成本相对低，传统的核酸杂交技术只能同时对一个或几个基因进行研究，操作复杂、费用昂贵，而基因芯片可以同时对几万个基因进行研究，一个基因的研究成本仅为几元。

基因芯片种类不同，其工作原理也不尽相同，但共同点都在于将核酸序列（即探针，可以是已知序列也可以是未知序列）有序地点在固相载体上，然后将待测样本（DNA 或 RNA）标记荧光后与芯片进行杂交，在特殊扫描仪上检测杂交信号并对这些信号进行分析。下面对常见芯片的工作原理作一介绍。

（1）cDNA 芯片（cDNA microarray）。将 PCR 产物点在固相载体上，然后提取待测样本基因组 DNA 或 RNA，标记荧光后与芯片进行杂交，来检测待测样本

中不同基因表达的丰度，由于 cDNA 芯片上探针长度不等，点样量也不能很好控制，加之寡核苷酸芯片技术已经非常成熟，现在这种芯片的使用比较少，一般多用于对未知序列的大规模筛选，后期可以将筛选出来的未知序列进行测序来确定。

（2）基因表达谱芯片（gene expression profile microarray）。将寡核苷酸片段（25～70nt）固定在硬质片基表面制备成基因芯片，待测样本中的 mRNA 被提取后，通过逆转录获得 cDNA 或通过线性扩增得到 cRNA，并在此过程中标记荧光，然后与包含成千上万个基因的基因芯片进行杂交反应后，将玻片上未发生结合反应的片段洗去，再将芯片进行激光扫描，测定芯片上各点的荧光强度，从而推算出待测样本中各种基因在转录水平上的表达差异。

（3）aCGH。类似于基因表达谱芯片，探针都是寡核苷酸，但是荧光标记的是基因组 DNA，该芯片主要在染色体水平上来考察待测样本中是否有染色体区段上拷贝数的增加、减少或缺失。

（4）ChIP-on-chip。用于研究蛋白质和 DNA 相互作用。该芯片的探针也是寡核苷酸，主要工作原理是将待测样本中的基因组 DNA 提取出来，然后在磁珠上连上抗体，与 DNA-蛋白质复合物混合后将特异的蛋白富集出来，这些特异的蛋白结合有 DNA，也就是它们所作用的 DNA 片段。然后将这些收集到的 DNA 片段分离出来，经过标记和芯片进行杂交，来研究这种蛋白质与哪些 DNA 进行相互作用。

（5）液相芯片。美国 Luminex 公司研制的新一代生物芯片技术平台，它将微小的乳胶颗粒分别用不同荧光染色，再把针对不同检测物的核酸（互补链）以共价方式结合到特定颜色的微球上。使用时，把检测物（PCR 产物）和不同颜色编码的微球混合，在悬液中微球与被检测物特异结合，并加上荧光标记，然后微球成单列通过两束激光，一束判定微球颜色而决定被检测物特异性（定性），另一束测定微球上荧光强度从而决定被检测物的量（定量）。得到的数据经过计算机处理后可以直接用来判断结果。

14.8.2 基因芯片应用

1. 基因表达水平的检测

利用基因芯片可以自动、快速地检测出成千上万个基因的具体表达情况。Schena 等采用拟南芥基因组内共 45 个基因的 cDNA 微阵列（其中 14 个为完全序列，31 个为 EST），检测该植物的根、叶组织内这些基因表达水平，用不同颜色的荧光素标记逆转录产物后分别与该微阵列杂交，经激光共聚焦显微扫描，发现该植物根和叶组织中存在 26 个基因的表达差异，而参与叶绿素合成的 *CABl* 基因在叶组织较根组织表达高 500 倍。

2. 基因诊断

从正常人基因组中分离出的 DNA 与 DNA 芯片杂交就可以得出一张标准图谱。当然从病人基因组中分离出 DNA 与 DNA 芯片杂交就可以得出病变图谱，通过比较、分析这两种图谱，就可以得出病变的 DNA 信息。这种基因芯片诊断技术以其快速、经济、敏感、高效、自动化、平行化等特点，将成为一项现代化诊断新技术。

3. 药物筛选

如何分离和鉴定药物的有效成分是目前传统西药开发和中药产业遇到的重大障碍，基因芯片技术是解决这一障碍的有效于段。一方面生物芯片能够大规模地筛选药物，通用性强；另一方面它能够从基因水平解释药物的作用机理，即可以利用基因芯片分析用药前后机体的不同组织、器官基因表达的差异。如果再从 cDNA 表达文库得到的肽库制作肽芯片，则可以从众多的药物成分中筛选到起作用的部分物质。还有，利用 RNA 或单链 DNA 能形成复杂的空间结构，有利于与靶分子相结合的性质，可将核酸库中的 RNA 或单链 DNA 固定在芯片上，然后与靶蛋白孵育，形成蛋白质-RNA 或蛋白质-DNA 复合物，用于筛选特异的药物蛋白或核酸。因此芯片技术和 RNA 库的结合在药物筛选中将得到广泛应用。生物芯片技术使得药物筛选、新药测试和靶基因鉴别的速度大大提高，成本大大降低，具有很大的潜在应用价值。

4. 个体化医疗

临床上，由于病人在遗传学水平上存在差异（即单核苷酸多态性，SNP），对药物产生不同的反应。如果利用基因芯片技术对患者先进行诊断，再开处方，就可对病人实施个体优化治疗。此外，在治疗中，很多同种疾病的具体病因是因人而异的，用药也应因人而异。例如，乙肝有较多亚型，HBV 基因的多个位点如 S、P 及 C 基因区易发生变异。若用乙肝病毒基因多态性检测芯片每隔一段时间就检测一次，这对指导用药防止乙肝病毒耐药性很有意义。

5. DNA 测序

基因芯片利用固定探针与样品进行分子杂交产生的杂交图谱而排列出待测样品的序列。Markchee 等用含 135000 个寡核苷酸探针的阵列测定全长为 16.6kb 的人线粒体基因组序列，准确率达 99%。Hacia 等用含有 48000 个寡核苷酸的高密度微阵列分析了黑猩猩和人 *BRCAl* 基因的序列差异，结果发现在第 11 号外显子约 34kb 长度范围内的核酸序列同源性在 83.5%～98.2%，提示二者在进化上的高度相似性。这种测定方法快速准确，前景广阔。

6. 生物信息学研究

人类基因组计划（HGP）是人类为了认识自己而进行的一项伟大而影响深远的科学工程。目前的问题是面对大量的基因或基因片段序列如何研究其功能，因为只有知道了基因的功能才能真正体现 HGP 计划的价值。后基因组计划、蛋白质组计划和疾病基因组计划等概念就是为实现这一目标而提出的。基因之间复杂的相互作用组成了一张交错复杂立体的关系网，像过去那样孤立地理解某个基因的功能是不足的，我们需要站在更高的层次全面地理解这种相互关系，全面了解不同个体间基因的差异，不同组织在不同时间、不同生命状态条件的基因表达差异信息，并找出其中规律。生物信息学将在其中扮演至关重要的角色。基因芯片技术就是为实现这一环节而建立的，使对个体生物信息进行高速、并行采集和分析成为可能，必将成为未来生物信息学研究中的一个重要信息采集和处理平台，成为支撑基因组信息学研究的主要技术。

14.9　基因工程安全与规范

当人们在基因水平对生物进行改变、改造和创造而获取大量转基因成果时，不免要忧虑基因工程对环境生态、人类健康以及食品安全等方面所带来的负面影响。相关部门应让公众在了解基因工程内容的基础上，对转基因生物食品享有充分的知情权、选择权和参与安全管理权，这有利于基因工程的研究向着健康深化、严格管理与监控的方向发展，成为人类社会可持续发展的强大动力。

14.9.1　转基因技术的成就与风险

转基因技术（主要指基因扩增技术、基因转移技术、基因克隆技术和基因修饰技术等）只是生物技术很小的一部分，但却是 21 世纪科学技术发展的重点。有统计数字表明，在转基因作物方面，目前国际上已经培育出以抗虫、抗病、抗除草剂的转基因棉花、大豆、玉米、油菜、马铃薯为重点的至少 200 种转基因植物。转基因食品和转基因工艺品已融入寻常百姓的日常生活。其次，通过 DNA 重组技术将特定的药物基因引入动、植物细胞或生物体内，使这种外源基因在受体细胞中进行复制与表达，最终获得具有药物作用的基因表达产物，主要是基因工程生物活性肽、基因工程疫苗和 DNA 药物以及单克隆抗体。1982 年美国食品药品监督管理局批准世界第一例基因药物重组人胰岛素正式生产以来，目前比较成熟的基因工程药物产品已有 70 种左右。此外，以基因工程技术构建的工程菌在工业建设中也发挥着重要的作用。在石油开采中加压注水采油后加入特殊的工程菌可加速分解原油中的蜡，降低原油黏度和增加油层内的压力，以提高石油的流出量，使深层的石油获得充分开采。在农用基因工程微生物方面，如改造联合固氮或共生固氮工程菌以提高固氮能力。带有 Bt 毒蛋白基因的工程菌已大量用作杀虫剂。

鉴于转基因生物可打破种属间的屏障，实现动物、植物和微生物间基因的流动，提高粮油作物的产量，改善营养品质和加工特性，缩短作物生长期，延长果蔬产品的延熟期或耐储藏，提高作物抗虫、抗病、抗旱、抗盐碱的性能，改善动物性食品的成分比例，改善发酵食品的风味使口感更加鲜美等，作为转基因生物体（genetically modified organism，GMO）之一的转基因作物的研究风靡全球，迅猛增长。但是 20 世纪 90 年代后期出现了一系列转基因食品安全性的事件。

马铃薯事件——英国苏格兰 Rowett 研究所的研究人员 Arpad Pusztai 及其同事于 1998 年秋在电视上宣称，他们用转雪花莲外源凝集素基因的马铃薯饲喂大鼠“导致大鼠体重减轻，消化系统和免疫系统受损害”。此事引发了国际上对转基因作物安全性的重视。英国皇家学会专门组织同行展开调查和评议，并于 1999 年 5 月公布评议报告，指出 Pusztai 的研究从实验设计、实验方法到研究结果及数据分析都有严重的缺陷。但 Pusztai 在遭到不公平待遇后仍发表论文坚持其研究结果的正确性。

星联玉米事件——2000 年 9 月，美国《华盛顿邮报》报道在超市货架上发现卡夫食品公司生产的一种玉米饼中含有星联玉米的杀虫毒蛋白。星联玉米是美国一种转基因玉米，它的转基因抗虫玉米毒蛋白的表达是其他转基因抗虫玉米的 50～100 倍。美国政府为避免星联玉米及其加工产品会引发人体的过敏反应，批准星联玉米只能做动物饲料，而不能做人类食品。

内布拉斯加州大豆事件——2002 年 10 月，美国农业部在内布拉斯加州刚收获的大豆中发现混入了少量的转基因玉米的茎叶，因为该玉米是作为植物细胞生物反应器用于生产胰岛素（多肽激素）的，所以政府将被污染的大豆全部销毁，并要求有关单位保证不再发生类似后续事件。

巴西坚果事件——美国先锋种子公司为了改良大豆的营养组成，从一种富含甲硫氨酸和半胱氨酸蛋白质的巴西坚果中提取表达甲硫氨酸的基因插入到大豆细胞中，但是研究结果却发现，一些对巴西坚果有过敏反应的人正是由该坚果所含的甲硫氨酸的 2S-清蛋白引起的，同样这一人群对这种转基因大豆也过敏，公司从而放弃了这种转基因大豆的商业化生产。

转基因技术翻天覆地改变了传统的育种方法，它不仅在农业及医药上的应用很吸引人，而且在食品、能源、净化环境以及海洋开发等方面的应用也都具有十分广阔的前景。辩证地去思考转基因生物所代表的新兴科技、新兴产业和新兴模式，我们不难发现，转基因生物带来的的确是一个前所未有的挑战，也引发了诸如前述几个事件中关于转基因作物安全性的争议。

14.9.2 转基因生物与食品安全

目前用转基因生物为原料制成的食品（即转基因食品）的安全性问题是公众最关心的也是最担心的问题，例如：①转基因作物作为食品进入人体，可能出现某些毒理作用和过敏反应；②转基因生物使用的抗生素标记基因可能使人体对很多抗生素产生抗性；③转入食品中的生长激素类基因可能对人体生长发育产生重大影响，有些影响需要经过长期间才能表现出来和得到检测；④转基因微生物可能与其他生物交换遗传物质，产生新的有害生物或增强有害生物的危害性，以致引起疾病的流行等。因此食品安全性是转基因生物安全评价的一个重要方面。2000 年 5 月，在日内瓦会议上公布“等同实质性”原则作为“转基因食品安全评价的基本框架”，即转基因食品必须在大自然有毒物质、成分、抗营养因子及过敏源等方面与自然食品方面具有实质性相同，才是安全的。

截至目前，科学界尚未对转基因食品安全定论。在科学上，对一种没有表现短期毒性和安全问题的食品，必须观察其远期毒性和安全问题是否存在，这种远期跟踪监测通常要用一二十年，因此在没有取得足够确凿的证据之前，相当长的一段时期内，公众的疑虑和这样的争论仍然存在。任何科学技术发明都有其两面性，既存在有利的方面，也具有不利的方面，核技术是如此，转基因技术也是如此。关键是如何了解、认识和使用科学发明。

14.9.3 转基因生物与环境安全

除了食品安全，转基因生物的环境安全问题（即生态风险）同样值得我们关注。转基因生物的生态风险主要在于转基因 DNA 的移动性，即这种 DNA 是否会转至生态系统中，因而引起环境及生态问题。在生物安全研究中，基因流是指外源基因在转基因生物与其同一物种个体之间或与其有亲缘关系的生物之间的交流。这种基因的交流主要存在两种途径：一种是转基因植物的花粉通过风媒或虫媒来传播，如果传播的花粉散落到受体上并通过自然授粉的过程形成可育或不可育的杂交后代，就完成了转基因向环境的释放；另一种是转基因作物的种子可能散落到周围或其他环境中，这种散落的转基因作物的种子开花后可与当地同种的作物或其野生近缘种杂交，如果它所携带的基因在生存选择上具有优势，那么该植株就有可能大量繁殖而自身变成杂草。简单地说，基因流就是基因发生逃逸。基因流的存在，就必然会造成自然界基因库的混杂和污染。

转基因生物的风险性是指它作为一个新物种进入生态系统，对生态平衡可能产生负面效应。主要包括三方面：一是它本身或者使其他杂草的生长变得难以控制；二是通过基因在物种间的横向漂移而破坏生态平衡；三是昆虫抗药性的产生，如苏云金杆菌（*Bacillus thuringiensis*，*Bt*）抗性。

大豆起源于中国，种子资源相当丰富，野生大豆分布范围也很广。虽然大豆在遗传上是严格自交的植物，但栽培大豆与野生大豆以及不同野生大豆间的自然杂交都是存在的。为了保护中国大豆资源的遗传多样性，虽然国内转基因大豆也已培育成功，但农业部并未批准转基因大豆的商业化生产。美国从中国的野生大豆中找到了高产的品系，育成新的优良品种，进行专利保护。我国每年进口上千万吨的转基因大豆，很难保证老百姓不会去种这种转基因大豆，也很难保证大豆在运输过程中不会散落扩散，尤其在我国东北地区的大豆主产地，保护大豆遗传资源不受转基因污染将是一项艰巨而又重要的任务。

14.9.4　转基因生物技术存在的争议

1. 食品安全争议

近年来，国际上尤其是西欧英、法等国对转基因食品安全性的争议一直都在持续。事实证明，自 1996 年美国第一批转基因延熟西红柿上市以来，全球有 2 亿多人食用过数千种转基因食品，二十多年来尚未报道过一例食品安全事故；我国进口转基因大豆较多，据估计约有一半的大豆色拉油含有转基因成分，也还没有出现任何安全性问题。但国外在进行转基因食品动物实验时，曾发现转基因大米、转基因作物花粉等少数几种食品可引起实验动物过敏，因而停止其商业化生产。目前，日本科学家利用基因工程技术将大米中的变应性蛋白基因从大米中除去，从而培育出了无过敏性的大米品种，这倒是值得倡导而避免争议的良策。

2. 营养富集争议

植物、动物乃至微生物都要通过食物链采集营养物质，摒弃自身代谢中产生的有害物质进行繁衍生息。这之中有益物质的富集对高等生物的健康最为关键。自然的或传统的杂交驯化的动植物食品的品质、性质和用途人们比较清楚，但对转基因生物，尤其是转基因动物克隆是否会因食物链富集作用而有害健康则有争议。世界各国特别是西方国家对此都已立法，禁止克隆动物及其后代进入食物链，至少在未完全掌握或了解克隆动物是否将会对人、环境及动物造成危害之前必须这样做。

另外，研究证实，科学家改善作物的那些外源基因 DNA 在将作物制成动物饲料后依然具有活性，利用这些饲料喂养动物，则它的产品，如猪肉、牛肉、鸡肉等会被基因污染，一旦进入人的食物链，可导致不可预料的危害和风险。

3. 药食关系争议

近年来，不少研究称，采用重组 DNA 技术将转基因动物作为“生物工厂”(bio-factories)，用来生产一些特殊药品，也可直接建立动物药库或植物药库，如喝一杯奶就可治疗某些疾病，吃一个番茄就能预防乙肝。这从转基因技术层面上讲是完全可能的，而且极具诱惑力。但对此的管理是按现行药物审批程序还是按转基因生物规则进行，其过程和结果那是完全不同的。即使按药用植物或药用动物对待，这种转基因药物对人体有无风险还是有争议的，起码以下所举例子尚能说明潜在着安全性问题：例 1，有些病毒具有导致靶组织损伤的基因，如肝炎病毒亲肝基因。这种基因可能使原本无害的微生物变成强有力的、难以控制的病原微生物（对人类致病性强的微生物），因此绝不能把这种病毒用于重组活疫苗的研制。例 2，注入体内的质粒 DNA，有一称为“复制区”的序列，它控制着质粒自主复制的机理，可能会导致多个基因的插入突变，从而引发原癌基因的活化。而且在接种质粒 DNA 时有可能导致宿主体内产生高水平抗 DNA 抗体，从而诱发异常的自身免疫应答。

4. 生态影响争议

在联合国规划署亚太地区安全会议上，来自亚太地区 45 个国家的代表，极为关注转基因生物体跨国越境转移可能造成的生态风险。有关专家指出，转基因生物可以使动物、植物、微生物甚至人的基因相互交换和扩散，这将对生物群落结构造成威胁，给传统的生物分类造成混乱。转基因生物具有自然生物所不具备的优势，若回归到大自然中，是否可造成原有的生态系统、能量和物质循环被打破，改变物种间的竞争关系是有争议的。

5. 基因污染争议

基因是存在于 DNA 上承载遗传信息的一段核苷酸序列。基因作为生物遗传信息的载体本身就是流动的，流动的结果会使某一基因受体种群的基因库的组成发生变化。这种基因漂移现象既可以是自然发生，也可由传统生物培育方式获得，如高产水稻、鲤鱼和鲫鱼杂交等，那么转基因生物同样可因基因流动而影响生态平衡，而这种人为基因污染的结果是否会降低野生和野生近缘种的遗传多样性是有争议的。

综上所述，基因工程是一把双刃剑。其对生物物种的改造是人为对自然进化过程的一种提速，从本质上说，它的操作并不违背自然规律，存在的问题（如风险和安全问题）是科学技术发展过程中存在的问题，是人类探索未知世界出现的问题，可以在进一步的科学研究、探索和改进中得到解决，以消除风险，也可以通过安全管理加以规避。

14.9.5　基因工程的安全管理

1. 实验室研究的安全管理准则

基因工程产品的源头来自于从事该类研究的实验室，从源头上规范基因工程研究是实现基因工程安全性的首要环节。基因工程研究实验室必须遵守的基本准则：对研究对象及采用的生物材料必须严格加以限制，统称生物学约束；根据实验室的安全要求对其建筑设施、实验装备和安全防护、实验条件、实验环境以及操作规则等方面加以限制，称为物理学约束。通过这两方面的约束达到保护研究者的自身健康、使外部环境不受污染、防止具有潜在危险的生物从实验室逃逸出来的目的。

与此同时，对基因工程研究实验室所从事的该类基因工程工作对人类健康和生态环境构成潜在危险的程度进行安全性评价，具体分为安全等级Ⅰ——尚不存在危险、安全等级Ⅱ——具有低度危险、安全等级Ⅲ——具有中度危险、安全等级Ⅳ——具有高度危险等四个安全级别。具体而言，基因工程安全性与其所研究的对象、采用的载体系统和将外源 DNA 转入活细胞内的转化方法等密切相关。根据基因工程实验研究、中试开发、工业性生产、转基因生物体释放以及遗传工程产品使用的不同情况规定了分级审批权限。凡涉及对人类健康和生态环境具有高度危险的安全等级Ⅳ的基因操作，必须严格报请全国基因工程安全委员会的批准。

确定了安全等级之后，应按照安全级别要求建立和运行实验室。首先必须将基因实验室挂牌，建立路标，控制实验人员出入，制定实验室守则。根据研究生物对象所约束的安全性不同，将生物实验室分为 4 种级别：BSL1、BSL2、BSL3 和 BSL4。大多数实验室属于 BSL1 或 BSL2 级，此类实验室可以开窗，不需过滤空气；工作台安全清洁，台面应防酸、防碱、耐热；备有通风柜，采用机械微量移液装置，严禁用嘴抽吸刻度吸管；所有生物材料（包括污染的废水、废物）在排放以前必须通过高压灭菌器消毒，在实验室内必须穿工作服，不准在实验室内饮食、吸烟，离开实验室前必须洗手等。对 BSL3 和 BSL4 级实验室的规定非常严格，如一些以传染性疾病为研究对象的实验室，要求必须配有特殊空气双过滤系统和排放液体的消毒系统等。大多数基因工程实验室使用放射性同位素示踪标记，有关同位素的操作及废物处理也必须符合相关的规定。

2. 基因工程产品的法规

为了保证消费者的健康和生态环境的安全，基因工程产品的生产和销售受到一系列规则的限制。尽管世界各国的法规有所不同，但大多数国家这些规则是相似的，都应由本国的农业部（USDA，主管种植和田间试验）、环保署（EPA，控制杀虫剂和遗传改造微生物）和食品药物监督管理局（FDA，对食品和添加剂、生物药物进行管理）制定和颁布。与此同时，一些国际协调组织，如国际经济合作与发展组织（IOECD）、联合国工业发展组织（UNIDO）、粮农组织（FAO）和世界卫生组织（WHO）等也积极组织国际间的协调，试图建立多数国家能够接受的生物技术产业统一管理标准和程序。

我国于 1990 年制定了《基因工程产品质量控制标准》，1993 年 12 月中国国家科学技术委员会发布了《基因工程安全管理办法》，1996 年 7 月中国农业部颁布了《农业生物基因工程安全管理实施办法》，2001 年发布了《农业转基因生物安全管理条例》，对基因工程操作的各个环节作出了严格的规定。

《基因工程产品质量控制标准》仅限于对生物技术产品的品质作了必要的限制，指导作用很小，而《基因工程安全管理办法》既具体考虑了我国的国情，又认真参照了基因工程先驱英国和加拿大等国家的法规、指南和管理办法，因此是一部有关基因工程安全管理的法律文书。有利于与国际间的科技合作与交流。它的适应范围包括三个方面：技术范围、工作范围和地域范围。技术范围涵盖了基因工程、细胞工程、酶工程、发酵工程和生化工程等。《基因工程安全管理办法》中所指的基因工程只限于利用载体系统和人工导入异源 DNA 的物理和化学方法（如电激法、基因枪、显微注射和磷酸钙共沉淀等），而细胞融合技术不在此列。工作范围包括基因工程实验研究、生产和使用的全过程，但把安全生产和安全使用阶段列入管理中的重点，尤其对开放系统的基因工程操作则从严控管。凡在我国境内所进行的一切基因工程工作，包括利用境外、国外的遗传工程机构在我国国内所进行的研究和开发（如在“三资企业”国际合作研究室进行的）都应当服从本办法。

第 15 章　专题三　品牌管理

品牌是目标消费者及公众对于某一特定事物心理的、生理的、综合性的肯定性感受和评价的结晶物，在学术领域已成为了一个热点研究领域。近 60 年来，在顶级营销类学术期刊中，以“品牌”为研究主题的论文不下千篇。早在 1955 年，美国学者加德纳和列维就在《哈佛商业评论》上发表论文《产品与品牌》，指出了品牌与产品的不同。品牌广泛受到重视是从 20 世纪 80 年代中后期开始的。当时的几个大规模并购案，实际收购价格远远超过了被收购企业的账面价值。这些巨额的收购案让人们发现，收购价格的大量溢价行为中品牌起了决定性作用。于是，“品牌是企业最重要的资产”的观点逐渐获得了大众的认同。意识超前的企业纷纷使用品牌战略取得竞争优势，奠定长远发展的基础。产品、技术及管理诀窍等容易被企业竞争对手模仿，而品牌不但具有无形价值，而且不可模仿。品牌是大众对于产品的认知，是一种心理感觉，这种认知和感觉不能被轻易模仿。品牌战略通过深入研究消费者的消费心理，专注于体现品牌的价值提升，以品牌识别系统来引领企业的活动。全球著名的管理大师彼得·德鲁克说：“21 世纪的组织只有依靠品牌竞争了，因为除此之外他们一无所有。”美国广告专家莱瑞·赖特认为，未来的营销是品牌的战争——品牌互争长短的竞争。拥有市场比拥有工厂更重要。拥有市场的唯一办法，就是拥有占市场主导地位的品牌。这些预言今天已成现实。在经过产品竞争、价格竞争、广告竞争、服务竞争之后，商业社会已跨入了品牌竞争时代。品牌已成为营销学科当中的重要分支，并成为当今市场经济时代的显学。在品牌的建立和营销过程中，涉及经济学、心理学、传播学等具体学科知识的综合应用，也是系统理论的一个重要应用领域。由于品牌价值的重要作用，品牌管理已成为当前企业管理的一个重要内容。

品牌管理是指管理者为培育品牌资产而展开的以消费者为中心的规划、传播、提升和评估等一系列战略决策和策略执行活动。品牌管理是一项复杂的系统工程，需要采用系统理论的思维方式。通过定义可知：①品牌管理的主体是品牌管理者；②品牌管理的目的是培育品牌资产；③品牌管理的中心是消费者；④品牌管理的内容是战略决策和策略执行。品牌管理模式是指创建、维系、提升品牌过程当中所遵循的理念和思路。随着消费者的日益成熟、市场竞争程度的加剧、产品线的多样化、营销经费的限制、新型媒体的影响以及愈演愈烈的全球化趋势，传统品牌管理模式需要进行变革。近年来，一种全新的品牌管理模式正在一些跨国企业兴起，全球品牌领域的权威学者戴维 • 阿克（David Aaker）称之为“品牌领导”（brand leadership），而另一位著名学者斯科特 • 戴维斯（Scott Davis）称之为“品牌资产管理”（brand asset management）。

与传统的品牌管理模式相比，品牌资产管理模式中的管理者更注重战略和富有远见，他们把品牌建设当成一项长期的系统工程，消费者与品牌的所有接触点都应当加强管理，使品牌反映出消费者心目中的形象并持续有效地加以传播。品牌资产管理是战略管理而非战术管理。品牌资产管理将面临更多的产品和市场，决定产品和市场范围是品牌资产管理的一项重要任务。有了更广阔的产品和市场范围，品牌资产管理就面临了更大的挑战，既要保持跨产品和跨市场的合力，又要在各自的市场上有不俗的表现。传统的品牌经理很少处理品牌延伸和子品牌的问题，而品牌资产管理模式当中的经理则要面临复杂的多品牌管理问题。如今企业逐渐将独立品牌管理改变成品类管理。一个品类当中的品牌具有共通性，通过为每一个品类设置一个经理，企业能够在降低营销成本的同时提高效率。品牌资产管理要求企业建立全球化的品牌管理组织机构，本着全球化的观念，以获得竞争合力、提高效率、实现策略整合作为跨国和跨市场品牌管理的目标。且以品牌识别而不是销售作为品牌资产管理战略的推动者。

当前，多数品牌论著聚焦在消费品品牌上面，而近些年，品牌管理知识在其他新的领域应用越来越广泛，如服务品牌、互联网品牌、奢侈品品牌、城市品牌、个人品牌、雇主品牌等几个品牌管理应用的新领域。

本专题中简要介绍品牌的一些基本概念，重点讨论品牌管理流程，同时依据编者提出的“品牌规划—品牌传播—品牌提升—品牌评估”这一品牌管理流程阐述相应内容，以便读者可以了解系统理论在品牌应用中的作用。

15.1　品牌的概念

15.1.1　品牌的定义

品牌是一个处在不断发展中的概念。中世纪的商品（如陶器、银器）上一般有三种标识：工匠名、行会名和城市名。工匠名相当于今天的品牌名称，说明商品的制作者是谁；行会名相当于今天的质量认证，以确保质量；城市名相当于今天的原产地品牌，说明商品制造的地点。从这些现象来看，品牌最原始的含义是区隔的工具。1960 年，美国市场营销协会（American Marketing Association，AMA）在《营销术语词典》中提出，品牌是一种名称、术语、标记、符号或设计，或是它们的组合运用，其目的是借以辨认某个销售者或某群销售者的产品或服务，并使之同竞争对手的产品和服务区别开来。

这一定义可以从三个方面来理解：①品牌与符号有关，品牌外显为一个可视的符号，符号代表了品牌；②品牌是一种区分的工具，品牌存在的意义在于辨认或区别，其存在的前提是有同类产品或服务的竞争者；③品牌的界定有消费者和企业两个视角，消费者利用品牌来辨认产品或服务，而企业利用品牌来区别自己与竞争品。美国市场营销协会对品牌的定义着眼于差异化的品牌符号。

与品牌相类似的、易混淆的概念有标识、商标、名牌、产品、品类等。主要区别在于标识强调品牌标志，只是品牌的一部分；商标主要是一个法律概念，强调品牌的名称和标志，而品牌则是一种营销战略工具；名牌强调品牌的知名度和美誉度，而品牌的内涵要丰富得多；产品与品牌有非常紧密的联系，但二者的区别也非常明显；如果没有处理好，一些品类就会转变成品牌。

随着技术的迅猛发展，物质越来越丰富，人们可以选择的商品或服务也越来越多。此时，品牌仅仅作为区隔的工具并不足以吸引消费者，人们需要知名度高、特色鲜明的优质产品。因此，企业开始不断提升品牌带给消费者的功能性、情感性、社会性和财务性价值，使品牌成为某种消费价值的担保。利用多种传播手段，通过品牌这一载体，企业向消费者做出价值承诺。受到各种接触点的综合影响，消费者形成了对品牌价值的印象。此时，对消费者而言，品牌意味着对企业所能提供价值的信任。品牌具有联想载体的特征，包括属性、利益、价值观、文化、个性、使用者等六个方面的内容。有了品牌这一载体，这些分散的联想才能集中在消费者脑海中。一个品牌的建立实际上是企业和消费者共同努力的结果，全球最成功的品牌都有一个共同之处——与消费者之间有着强烈的，甚至激情般的关系。品牌同时还是一种重要的无形资产，其承载的消费者关系，往往意味着巨大的市场盈利能力。

随着商品经济的发展、竞争情势的加剧、消费理性的成熟，品牌已从烙在动物身上以示区别的印记逐渐增加了更多丰富的内涵。凯文 • 莱恩 • 凯勒（Kevin Lane Keller）指出，今天的品牌已变成了一个复杂的、多面性的概念，各国的品牌管理者对品牌这一术语的理解或解释是不同的。一般情况下可以认为，品牌是由名称、标志、象征物、包装、口号、音乐或其组合等一些区隔竞争的符号而联想到的、基于价值的、消费者与组织或个人之间的关系，及其所带来的无形资产。这个概念中包括了符号、联想、价值、关系、无形资产等几个关键词，而且既有消费者角度的理解，也有企业角度的理解，还包含了一些经典的定义，这些关键词均体现了品牌某一方面的内涵。为了分别探讨各组成部分的理论价值和实践价值，学术界为其创造了相应的术语，即品牌符号、品牌核心价值、品牌联想、品牌关系、品牌资产。品牌应该同时包括这五个方面，相互作用、相互促进，形成完整的品牌系统。

根据品牌影响力的辐射范围，分为区域品牌、全国品牌、国际品牌和全球品牌；根据品牌化的对象，分为产品品牌、服务品牌、组织品牌、个人品牌、事件品牌和目的地品牌。此外，还可以根据品牌之间关系、品牌存活的时间、与互联网的关系、市场地位、知名度、价位和产品生命周期等对品牌进行分类。

15.1.2 品牌的作用

品牌对消费者而言，有助于减少风险，简化选择过程。品牌最原始的含义就是打在商品上面的烙印，以标明商品的生产商。通过营销传播、口碑宣传以及亲自接触，品牌对消费者而言已意味着特定厂商对产品功能利益和情感利益的承诺。这种承诺被消费者以认知集合的形式浓缩在品牌名称或标志当中。因此，在琳琅满目的商品丛中，消费者根据品牌就能迅速、准确地找到自己想要的一家公司所制造的商品。品牌对产品质量的一致性提供了保障，无论何时何地购买该品牌，其质量都应该是一样的。同时，品牌对产品质量的可靠性也提供了保障。品牌还有助于消费者获得自我认同或社会认同。成功的品牌一般都具有鲜明的品牌个性和形象，通过使用某一品牌，消费者在内心实现了理想自我，或者将社会理想自我彰显出来，被他人接受。

品牌对企业而言，由于商标注册的品牌是一种知识产权，具有法律上的排他性，可以获得相应的保护。一个优秀的品牌会自然而然地在消费者心目中建立起坚固的防线，其唯一性不可动摇，这正是品牌竞争力的真正来源。同时，品牌还有助于企业统一营销战略。品牌的战略性体现在方向性上，没有了这一战略焦点，企业的营销传播就会非常混乱。品牌有助于企业获得更高利润。有了品牌，消费者在品牌体验过程中的感受就会浓缩其中，而对品牌的满意和信任不断积累。品牌有助于企业顺利推出新产品。已拥有好的声誉的品牌能充分利用其品牌声望，将消费者对原品牌的认同顺利转移到新产品上，从而降低新产品开发失败所带来的损失，提高新产品上市的成功率。同时，强势的品牌在企业风险中能起到缓冲的作用，具有独特的作用。优秀的品牌有助于企业的融资和并购。融资成功的关键是让投资人看到企业光明的发展前景。除了企业在技术、人才、运营模式上面的优势之外，品牌能够成为吸引股东投资的重要卖点。因为在强势品牌的背后是强大的市场需求和顾客关系。除了融资，品牌还可以作为企业并购的重要资产。品牌有助于吸引和留住人才。对人才而言，一个优秀的品牌意味着良好的发展空间和机会，自然也是他们的理想归属。品牌意味着消费者对一个公司或产品的认知和认同，拥有了品牌就等于拥有了市场。品牌有利于企业进行多产品营销管理。品牌与多产品管理的关系有两种情况：一种情况是多产品共用一个品牌，如索尼的彩电和数码相机都叫索尼，品牌起到了提纲挈领的作用，每个品类都具有索尼品牌时尚优质的特性；另一种情况是多产品多品牌，如宝洁在中国推出飘柔、海飞丝、潘婷、伊卡璐、沙宣等五种品牌的洗发水，品牌起到了细分定位的作用，每个子品牌都具有其个性。

品牌对国家而言，是实力和整个民族财富的象征。民族品牌不仅代表着国家产业的高端水平，还代表了国家的国际形象，承载着重构民族自尊心和自信心的历史责任。目前我国有 170 多类产品的产量位居世界第一，却少有世界水平的品牌，是典型的“制造大国、品牌小国”。近年来，世界经济开始进入品牌竞争的时代，品牌对国家经济发展的贡献度也在不断提高，目前美国品牌所创造的价值占 GDP 的 60%，而中国品牌产品对经济增长的贡献率仅有 25%。由于品牌少而弱，虽然我国对外贸易不断壮大，但效益并不高。因此，培育品牌无疑是中国经济实现强大目标的关键路径。

15.2　品牌管理流程

品牌管理是一项系统工程，涉及环境与资源、战略和策略、内部和外部等多方面问题。很多学者对品牌管理问题进行了思考，提出了各种品牌管理流程。以下评述一些影响较大的品牌管理流程，并基于此提出本书的品牌管理流程。

15.2.1　切纳托尼的八步品牌管理流程

英国著名品牌学教授莱斯利·德·切纳托尼（Leslie de Chernatony）在《品牌制胜：从品牌展望到品牌评估》一书中提出了创建品牌的八个步骤。

（1）品牌展望。品牌展望分为三步：首先是预测品牌未来的环境和趋势，如一家传统书店需要分析互联网对它的冲击；其次是明确品牌目标，如五年内品牌成为业内前三名等；最后是确定品牌价值观，即公司所持有的一种持久的信念。

（2）组织文化。组织文化作为一种“黏合剂”，不仅能够激励员工，将员工凝聚在一起，还能提高股东对品牌的信任水平，提高品牌业绩。华为公司崇尚狼性组织文化，总裁任正非说：“企业就是要发展一批狼。狼有三大特性：一是敏锐的嗅觉；二是不屈不挠、奋不顾身的进攻精神；三是群体奋斗。企业要扩张，必须有这三要素。”

（3）品牌目标。品牌经营理念要有方向感，这种理念要转化成明确的目标。品牌目标包括长期目标和短期目标，长期目标指导短期目标的制定，短期目标是为了实现长期目标。例如，波音公司的长期目标是希望永远处于航空业的领先地位，而短期目标可能是开发全新的机型。

（4）审查品牌环境。有五个环境因素可能促进或阻碍品牌的成功，分别是公司、分销商、竞争者、消费者和宏观环境。其中，公司的环境属于内部环境，分销商、竞争者、消费者的环境属于微观环境。微观环境与宏观环境的区别在于前者是某个具体品牌所面临的影响，后者是整个行业要面临的影响。

（5）品牌本质。品牌特征、利益、感情回报、价值观、个性品质等概念根据“手段-目标链理论”叠加而成为一个品牌金字塔，该金字塔有助于理解品牌本质，即品牌的核心概念。例如，雪铁龙的毕加索汽车的外观特征像一滴水，利益是时尚，感情回报是与众不同，价值观是个人主义，个性品质是外向，综合起来，毕加索汽车的品牌本质正如毕加索的画风一样是抽象、个性、时尚和艺术。品牌本质可以进一步深化为品牌定位和品牌个性。

（6）内部实施手段。对公司内部进行品牌传播有两条途径，分别是注重功能性价值的机械主义途径和注重情感性价值的人文主义途径。机械主义途径包括价值链分析、外包战略、核心竞争力和服务流程，人文主义途径包括员工价值观、员工授权和相互关系等。

（7）寻找品牌资源。品牌原子模型由用来表现品牌本质的八个元素组成，包括特色名称、所有权符号、功能能力、服务元素、降低风险元素、法律保护、速记符号和象征特征。

（8）品牌评估。品牌是多维的实体，因此需要多维的指标进行评估。这些指标又分成内部评估和外部评估。

切纳托尼的品牌管理流程的特点是强调品牌的战略意义，如品牌展望、组织文化、品牌目标、环境分析等都是战略层面的内容。但该流程没有对品牌本身的传播和提升给予足够的重视。

15.2.2 戴维斯的十一步品牌资产管理框架

美国学者戴维斯提出应从资产的角度重新考虑品牌管理途径，认为要将品牌当成资产进行管理以获得利润最大化，让品牌资产经营成为利润驱动器。他提出的品牌资产管理框架分为四个阶段十一个步骤。

（1）第一阶段：制定品牌愿景。首先要明确品牌能为企业带来的战略目标和财务目标。

第一步：品牌愿景的要素。制定品牌愿景的目的是使高层管理者明确在未来三到五年内，他们期望品牌帮助企业达到怎样的目标。品牌愿景包括如下内容：品牌含义、目标受众、品牌优缺点、品牌的财务和战略目标。品牌愿景必须与企业战略和企业愿景相结合。

（2）第二阶段：确定品牌图景。这一阶段的目的是在竞争和机遇并存的大环境下，了解消费者对品牌的看法和认知。

第二步：明确品牌形象。品牌形象包括品牌利益联想和品牌个性，通常用描述性词语来表述。通过市场调查确定品牌形象有助于我们清楚地认识品牌在市场领域中的象征意义以及顾客对品牌价值的认知程度。

第三步：明确品牌契约。品牌契约是企业对消费者作出的承诺，以及消费者对这些承诺的认知程度。承诺一经作出，必须在 18 个月内把它变成现实，否则将会失去顾客的信任。

第四步：立足品牌构建消费者模型。通过消费者模型，我们将清晰地了解消费者品牌购买决策的过程和影响因素，还可以了解消费者对品牌和竞争者的看法。

（3）第三阶段：制定品牌资产管理战略。这一阶段的目的在于为品牌制定正确的战略目标。

第五步：为了成功而定位。定位能使本品牌在诸多竞争品牌当中脱颖而出。好的定位能为品牌指明正确的方向，是品牌营销策略正确与否的决定因素。

第六步：延伸你的品牌。在确定品牌定位之后，需要考虑品牌界限以及品牌延伸的可能范围。由此不仅可以发现品牌的潜力，而且能判断品牌愿景里所建立的增长目标的可行性。原品牌将支持新产品的推出，而品牌延伸也进一步强化了品牌定位。

第七步：宣传品牌定位。品牌定位宣传涉及选择怎样的信息传播组合工具，以最大限度地达到品牌愿景。

第八步：利用品牌实现渠道影响最大化。品牌越强势，企业控制渠道的能力就越大，受制于渠道的可能性就越小。例如，由于宝洁品牌的强势，其渠道谈判力要比一般的日化消费品公司高。

第九步：溢价定价。品牌的竞争优势将支撑定高价，以提升品牌资产的价值。当然这要视品牌形象和定位而定。

（4）第四阶段：支持品牌资产管理的文化。这一阶段的目的是保证品牌资产战略的实施，以及对品牌资产进行衡量。

第十步：衡量品牌投资回报。品牌投资回报可以从定性和定量两个角度进行衡量。定性角度建立在与品牌相关联的市场感知与购买行为基础上，而定量角度建立在财务和市场的基础上。

第十一步：建立基于品牌的文化。品牌资产战略需要基于品牌的组织来管理和实施，也需要高层管理者的领导、员工的参与以及内部沟通和培训。

戴维斯所提出的四个阶段十一步品牌资产管理流程思路很清晰，从战略到策略都有较为详细介绍，甚至连渠道、定价都有涉及，因此对管理者来说非常适用。不过，仍然有一些遗漏，如品牌符号的设计、品牌组合的管理等。此外，第十一步中，品牌内部沟通应该早于外部传播展开，才会使得品牌传播更有效率。

15.2.3 凯勒的战略品牌管理流程

凯勒教授在经典之作《战略品牌管理》一书中，提出了战略品牌管理的流程。

（1）识别和确立品牌定位和价值。首先要清晰地理解品牌代表什么以及应该如何定位。品牌核心价值是品牌所具有的抽象联想（属性和利益）的集合体，是品牌的 DNA 和灵魂。而品牌定位的目的是占据消费者脑海当中的位置，使得企业的潜在利润最大。

（2）计划和执行品牌营销活动。品牌营销的目的在于创建品牌资产，即建立消费者能够充分感知，且产生强有力的、偏好的、独特的品牌联想的品牌。建立的思路有三条：品牌元素、品牌组合传播、次级品牌联想。品牌元素是能够使品牌差异化的描述性信息，如名称、标志、象征物、包装、口号、音乐等；品牌组合传播指产品、价格、分销、传播等构成的 4P 营销组合；次级品牌联想是由与品牌有关的一些节点或信息而产生了对品牌的联想，如企业、原产地、代言人、联盟、赞助等。

（3）评估和诠释品牌业绩。评估和诠释品牌业绩对了解品牌营销计划的效率非常重要，而品牌价值链就是一个有效工具。通过品牌价值链可以追踪品牌价值的产生过程，这有助于更好地了解品牌营销支出和投资的财务影响。

（4）提升和保持品牌资产。品牌资产管理涉及那些与更广阔和更多元化的品牌资产视角相关的活动，包括多品类品牌管理、品牌延伸管理、品牌的长期管理、跨越地理界限的品牌管理等。

凯勒的战略品牌管理流程没有考虑品牌愿景、组织文化和环境分析等内容，而是聚焦在品牌的规划、创建、评估和提升上。这使得凯勒的观点在品牌建设方面更为专业和翔实。一个值得商榷的问题是，第（4）阶段的任务也能对品牌资产产生贡献，因此应该放在品牌资产评估之前才更合理。

15.2.4 本书的观点

综合国内外学者和顾问的观点，本书认为，品牌管理的流程和框架应当更加以品牌为核心来组织各项工作，因此以凯勒教授的观点为蓝本，提出“品牌规划—品牌传播—品牌提升—品牌评估”的四大部分十一步骤的品牌管理流程（图 15.1）。

第一阶段：品牌规划（brand planning）。本阶段的目的是描绘出品牌应该在消费者心目中所呈现的图景。品牌图景是要在综合分析宏观环境、微观环境、公司愿景及品牌自身资源的前提下，从消费者角度提出品牌未来可能的价值内涵，并以品牌符号外显出来。

第一步：品牌识别（brand identity）。品牌识别解决了“品牌是什么”的问题，是管理者对品牌内涵的描述，目的是在消费者心目中形成理想的品牌形象。这一步的价值在于使品牌从无到有，为产品增加一个附加价值。品牌核心价值的提炼是品牌识别的核心内容。

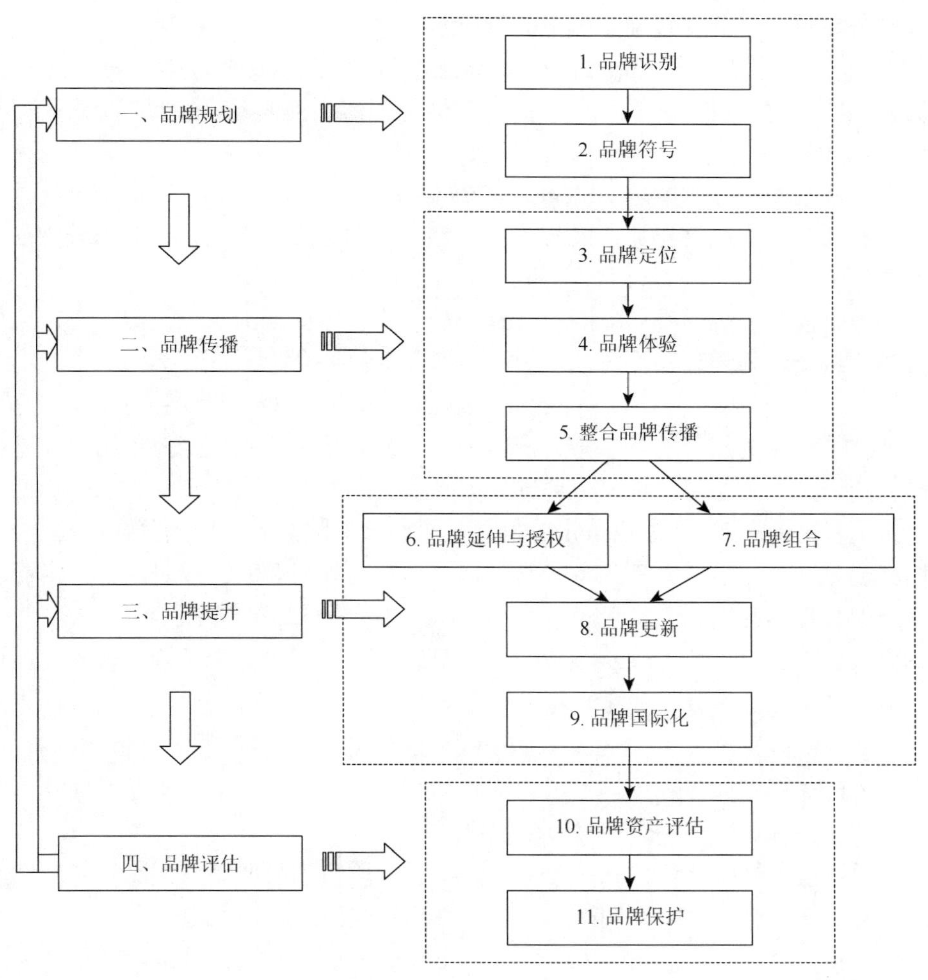

图 15.1　本书提出的品牌管理流程

第二步：品牌符号（brand symbol）。品牌符号是品牌识别的外在元素，如名称、标志、口号、象征物等。这些符号就像品牌的代号和化身，能够在一定的场合下直接指代品牌。它们并不直接给消费者带来价值，但是却强化了品牌核心价值的传递。

第二阶段：品牌传播（brand communication）。本阶段的目的是围绕规划好的品牌识别进行品牌定位和品牌体验设计，然后策划各种传播工具和手段，以帮助品牌在消费者脑海中建立起独特的形象。

第三步：品牌定位（brand positioning）。品牌定位是针对一个目标市场确定品牌的独特卖点，具有指向性、差异化和相关性。如果说品牌识别是品牌身份的确定，品牌定位就是品牌传播过程中的方向选择。

第四步：品牌体验（brand experience）。品牌的形成来自消费者对品牌的全方位体验。在进行品牌传播之前，必须对消费者可能获得的体验进行精心设计。

第五步：整合品牌传播（integrated brand communication）。整合品牌传播是在消费者心目中建立品牌形象的过程，而“整合”的意义在于注重企业内外部品牌传播的结合以及注重 4P 营销组合的配合。

第三阶段：品牌提升（brand advancing）。本阶段的目的是对已经建立起来的品牌进行进一步的调整和经营，以帮助品牌资产的提升。

第六步：品牌延伸与授权（brand extension and licensing）。品牌一旦建立起来，管理者就能够利用品牌的影响力推出新产品，或者授权给别的企业使用。在延伸和授权的过程中，品牌也可以得到进一步提升。

第七步：品牌组合（brand portfolio）。如果企业不将品牌运用到其他产品上面，他们就会采用“一品一牌”的方式来处理产品与品牌的关系。这时，他们将面临多个品牌管理的问题。

第八步：品牌更新（brand renewal）。品牌像人一样，如果不勤加保养，就可能会出现老化。品牌强化和激活是应对品牌老化的两种策略。

第九步：品牌国际化（brand internationalization）。在全球经济一体化趋势下，越来越多的品牌走向国际市场，成为国际品牌。在这一过程中，企业将面临诸多障碍，并有多种进入和经营战略可供选择。

第四阶段：品牌评估（brand evaluation）。本阶段的目的是掌握品牌资产的现状，检验品牌管理的成效，同时采取措施对已形成的品牌资产进行保护。

第十步：品牌资产评估（brand equity evaluation）。不对品牌进行评估就无法进行有效的品牌管理，也无法进行品牌间的买卖。管理者可以从来源（消费者）和产出（财务）两个角度对品牌资产进行评估。

第十一步：品牌保护（brand protection）。品牌资产由于种种原因会受到损害，管理者应该建立完善的品牌保护系统，以维护“胜利果实”。

以上四大阶段应该成为一个闭环系统。根据第四阶段的评估结果，重新检查前三个阶段的工作，对出现问题的环节进行调整。另外，成立时间不长的企业一般没有“品牌提升”这一阶段，因此他们的品牌管理流程可以直接从品牌传播到品牌评估。

15.3　品 牌 识 别

早在 1986 年，法国品牌权威学者卡普费雷（Kapferer）教授就提出了一个重要的概念——品牌识别。品牌识别是品牌战略制定者对品牌核心价值及相应联想物的规划设计，目的是希望让消费者对品牌产生丰富、独特、正面的联想，从而形成良好的关系。

传统的品牌管理以销售和利润作为品牌战略的推动者，这是把品牌建设作为一种战术的结果。在品牌资产管理模式当中，销售和利润固然重要，但更重要的是将管理者脑海里所想象的东西变成实际，即建立品牌识别。从企业内部来看，品牌识别的方向明确了，战略的执行才能有的放矢、行之有效；而从企业外部来看，品牌识别体现了本品牌与竞争品牌的明显区分，也体现了对目标消费者的承诺。

构筑完善的品牌识别体系是品牌管理工作中最具挑战性的任务之一，因为这项工作处处充满陷阱。阿克教授指出，品牌识别可能存在四种陷阱：品牌形象陷阱、品牌定位陷阱、外部视角陷阱和产品属性陷阱。在规划品牌识别的时候，需要遵循六个原则：规划性原则、兼顾性原则、层次性原则、稳定性原则、丰富性原则、差异性原则。

围绕品牌识别的结构和内容，一些学者和广告公司纷纷提出了自己的品牌识别模型，著名的有戴维·阿克教授的品牌识别模型、法国巴黎高等商学院卡普费雷教授的品牌识别棱镜模型、日本电通广告公司的品牌蜂窝模型、美国达彼思（Ted Bates）广告公司的品牌轮盘、中美合资麦肯·光明广告公司的品牌印记等。接下来详细介绍卡普费雷的品牌识别棱镜模型。

作为品牌识别理论的首创者，卡普费雷在《新战略品牌管理：创建和维系长期的品牌资产》一书中提出了品牌识别棱镜（brand identity prism）模型，用以描述品牌识别的构成要素及其结构关系。

以往的品牌理论中或多或少地提到了品牌识别的一些组成部分，但由于缺乏理论框架，管理者被弄得一头雾水。根据传播理论，卡普费雷从内在-外在、发送方-接收方两个维度构建了品牌识别棱镜模型。在这一模型中，品牌识别由品性（physique）、个性、关系、文化、消费者映像、自我形象等六个部分构成。其中，自发送者一端（企业端）到接收者一端（消费者端），内在的组成部分分别是个性、文化和自我形象，外在的组成部分分别是品性、关系和消费者映像（图 15.2）。

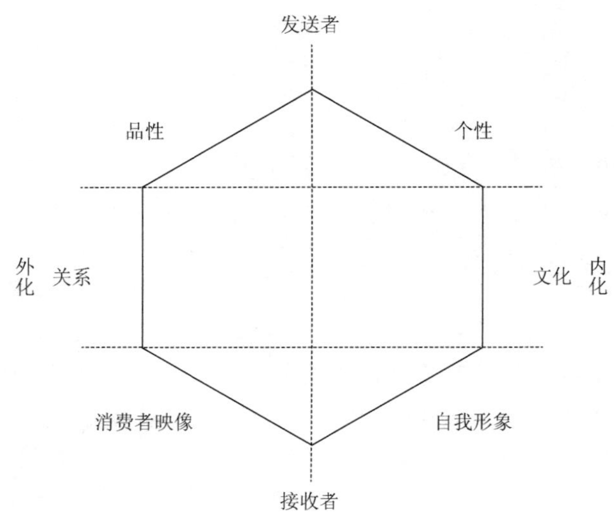

图 15.2　卡普费雷的品牌识别棱镜模型

1. 品性

Physique 是一个法语单词，意思是“体格”，国内将其译作“品性”，取“产品或品牌之特性”之意。品性是品牌外在的显著特性，由产品的物理特性和品牌符号构成。例如，产品种类、产品属性、产品包装、品牌名称、品牌标识等都是品性的一种。品性是品牌存在的基础，就如花的茎，若没有茎，花就会枯死，不复存在。正因如此，在品牌调查过程中，消费者最先联想到的就是品性。品性是构筑品牌的第一阶段。

2. 个性

品牌需要有个性。通过传播，品牌个性会逐渐形成。有了个性，消费者会像谈论人一样谈论产品或服务，也会挑选适合自己个性的品牌。例如，烟民对阳刚之气十足的万宝路总是津津乐道，同样代表宏大气势的红河香烟则跻身中国烟草品牌销量的前三甲。自 1970 年个性成了品牌广告的中心，许多美国广告公司都将其作为传播活动的前提。达彼思广告公司创立了新的独特销售个性（unique selling personality，USP），而精信（Grey）广告公司将个性作为他们对品牌的定义。

3. 关系

按照奥美广告公司的说法，“品牌就是消费者与产品或公司之间的关系”。这种关系让人感觉到消费者是在跟有思想、有个性的“人”打交道，而不是一个产品的名称代号。例如，“威猛先生”厨房清洁剂就是家庭主妇的生活助手，而哈雷摩托车是车主的亲密伙伴。这些关系要作为品牌传播的目标，而不是顺其自然地发展下去。

4. 文化

品牌文化（brand culture）是品牌所蕴含的价值观，是品牌感染力的源泉。它不同于直接给消费者提供功能性价值的产品属性，而是将一种深厚的、沉淀的价值观念渗透到消费者的内心，以获得强烈的认同。品牌文化可以来自地理文化、民族文化、品牌历史、产品类别、企业文化等。

5. 消费者映像

消费者映像（consumer reflection）是指在消费者拥有品牌之后而希望实现的理想形象，如抽万宝路香烟而感受到的牛仔般的豪迈、阳刚的男子汉形象，用香奈儿香水而感受到了高雅、有魅力的淑女形象等。消费者映像很容易跟目标市场混淆。目标市场是指品牌的现有或潜在的购买者和使用者，而映像是这些人的理想形象。打个比方：目标市场就像一个站在镜子前面的人，品牌就是化妆品，而镜子中的人影就是映像。人们都希望镜子里面的人是美丽的，所以镜子前面的人需要通过品牌这个“化妆品”来修饰和实现。企业就是通过镜子映像来吸引镜前人来购买品牌的。消费者映像可以解释为什么一些年龄较大的人也会购买“新生代选择”的百事可乐而不是经典的可口可乐，因为年龄较大的人心态年轻，他们希望像年轻人一样有活力，自然也会去买年轻人喜欢的品牌。

通常，在广告中出现的人物形象有一些可能是目标消费者，也有一些可能是消费者的映像，即期望中的形象。例如，神州行广告中葛优代言的普通老百姓形象就是目标消费者；而在哈撒韦（Hathaway）衬衣广告中，奥格威塑造了一个带眼罩的男人，这是一个高傲、成熟的男人形象，但这并不意味着带眼罩的人就是哈撒韦衬衣的目标消费者。

除了直接描绘自己品牌的消费者映像，企业还可以利用对比竞争品牌的消费者映像来做文章。维珍商店的映像使得先前已确立起映像的竞争者显得过时，温迪汉堡在广告中让一个在麦当劳用餐的老太太大叫“牛肉在哪里”，借以衬托自己品牌的实在。要注意的是，直接在广告中对竞争品牌指名道姓的做法在很多国家都是违反广告法的，所以，很多广告将竞争者泛化，称之为“一般品牌”或“普通品牌”。

6. 自我形象

品牌识别的第六方面是消费者的自我形象（self-image）。如果说映像是目标消费者理想形象的外在反映，那么自我形象则是目标消费者对自己现有形象的认知。例如，一些洗发水广告通常会先描绘一个由于发质不好、头屑很多而无精打采、毫无自信的女子，用了某品牌的洗发水之后，她变得秀发出众，精神倍加。其中，使用品牌之前所描绘的消费者形象就是企业想象当中目标消费者的自我形象，而使用品牌之后的形象就是消费者的映像。购买耐克运动鞋的消费者通常把自己看成是运动爱好者，而耐克品牌的产品使得他们在运动中更自信、显得更专业。

15.4 品牌定位

品牌定位是指让品牌在消费者心中占据一个与消费者相关、与竞争者不同的有利位置，使品牌成为某个品类或某种特性的代表品牌。

早期的品牌塑造大多都是通过广告来实现的，因此，当时的品牌传播理论多为广告理论。从演变过程来看，20 世纪的广告创意理论的发展经过了三个阶段：50 年代的 USP 理论、60 年代的品牌形象理论和 70 年代的定位理论。USP 理论产生于产品理性利益盛行的时代，所以关注产品本身；品牌形象理论产生于产品同质化严重、差异化功能难以挖掘的时代，所以关注品牌；定位理论产生于信息爆棚的时代，所以关注消费者的心智。随着理论发展，三个理论本质上已无明显区别，因为创建品牌的过程本身就是建立消费者认知的过程，建立产品 USP 和品牌形象的过程将不可避免地经过分析消费者认知的环节，因此三者应该趋于统一。

定位的前提是了解消费者的心智模式。消费者的五大心智模式是：消费者只能接收有限的信息；消费者喜欢简单，讨厌复杂；消费者缺乏安全感；消费者对品牌的印象不会轻易改变；消费者的想法容易失去焦点。

品牌定位的过程是一个为品牌在消费者心智中确定独特位置的过程。结合凯勒、美国西北大学艾丽丝 · 泰伯特（Alice Tybout）和布雷恩 · 斯滕萨尔（Brian Sternthal）等各学者的观点，本书提出，品牌定位的过程有以下几个步骤。

1. 明确和分析目标消费者

根据科特勒的STP战略理论，在对品牌进行定位之前，首先必须对市场进行细分，然后选择适合本品牌发展的目标市场。消费品市场细分的基础有地理、人口、心理、行为等，工业品市场细分的基础有产品性质、购买条件、地理因素等。凯勒教授认为可以把这些细分基础归纳为描述性细分基础和行为性细分基础两种。描述性基础与某类人或组织有关，如年龄、收入、企业规模等，行为性基础与顾客对产品的看法或使用方法有关，如生活方式、追求的产品利益等。根据描述性基础，“他$^{+}$她$^{-}$”饮料把饮料市场分成了男和女；而根据行为性基础，牙膏市场被分成了感觉型（追求香型）、交际型（追求洁白）、担忧型（预防蛀牙）和独立型（追求低价）四种。

在结束市场细分之后，企业需要根据市场的吸引力以及自身的资源、能力和发展目标来选择其中一个或几个细分市场作为目标市场。例如，吉利汽车的CEO李书福说“吉利的使命是造老百姓买得起的好车”，可见其选择的目标市场是中低收入者。

2. 确定竞争参照系

当竞争品牌不多的时候，每个品牌各占据一个细分市场，彼此之间没有冲突，整个市场呈现相安无事的格局。从某种意义上来说，各品牌之间并未形成竞争关系。但现在，绝大多数行业当中都聚集了大量竞争品牌，彼此的目标市场之间出现重叠，从而加大了竞争的激烈程度。为了使自己的定位避开激烈的竞争，管理者首先需要分析竞争者目前在消费者头脑中所处的位置，以找到自己品牌定位时的参照系。

一般来说，一个品牌的竞争者应当是同行业的另一个品牌，如可口可乐的竞争者是百事可乐，但实际上，竞争的参照系可以有两种：一种是以产品类别作为参照系；另一种是以竞争品牌作为参照系。

把产品类别作为参照系是一种比较新的品牌定位思路，其目的通常是希望创造出一个新的产品类别，然后把自己的品牌定位为该品类的代表品牌。正如阿尔·里斯和劳拉·里斯所说的，分化已成为一种创建品牌的趋势，通过创建新品类来创建品牌的例子越来越多。例如，早期的经典案例是七喜，它把可乐行业作为竞争参照系，从而提出“非可乐”这一全新品类。

在选择某个产品类别作为竞争参照系时，需要考虑以下几个问题：①该产品类别是否存在问题？例如，无论是可口可乐还是百事可乐，其里面都有咖啡因成分，而七喜则不含咖啡因，因此打出了“非可乐”的概念；②该产品类别是否可以分化？例如，在饮料行业，红牛推出“能量饮料”，尖叫推出“情绪饮料”，

“他[+]她[−]”推出“性别饮料”，酷儿推出“儿童果汁饮料”，农夫果园推出“混合果汁饮料”等，都是对原有大品类的分化。如果原有品类存在问题或者可以进一步分化，那么完全可以把原有品类作为参照系，推出新的品类，从而使自己成为新品类的第一品牌。

在决定把哪一些品牌作为竞争品牌时，需要考虑以下几个问题：①竞争品牌是否和本品牌处于同一个价格档次？不是一个档次的品牌没有参照的必要。②竞争品牌是否与本品牌服务于同一个细分市场？不在同一个细分市场的品牌没有参照的必要。

3. 建立与竞争者的共同点和差异点

建立与竞争者的共同点（point of parity）有两个目的：①帮助本品牌跻身于与各大竞争品牌同档次的产品类别之中。例如，当蒙牛推出“特仑苏”高档牛奶之后，伊利也及时跟进，推出“金典”牛奶，尽管是后来者，但因为品质、价格、终端生动化与“特仑苏”非常相似，所以二者很快成为高档牛奶市场的两大品牌。如果光明要推出高档牛奶，那么只需模仿特仑苏和金典牛奶的一些做法即可。再看非常可乐的例子。尽管非常可乐比可口可乐推出要晚一百多年，但无论从包装、色泽还是口味来看，二者都很相似，以至于在一次盲测中，受试者把所喝的非常可乐当成是可口可乐。②帮助本品牌具备竞争品牌的卖点，而且要更胜一筹。既然竞争品牌为某目标市场确定了一个定位，说明其选择的目标市场规模大、定位有吸引力。所以，模仿竞争者的定位也能获得很好的发展机会。只不过，在竞争者的定位点上，本品牌应强调自己更具竞争力。例如，乐百氏纯净水通过诉说自己经过了“二十七层净化”来强调水的纯净，而屈臣氏蒸馏水是通过诉说在生产环节质量控制的严格程度来强调水的纯净。

光靠建立与竞争者的产品类别共同点，品牌很难吸引消费者，即使在与竞争者相似的特性上做得更好，有时也未必能使本品牌脱颖而出。因此，管理者需要提炼与竞争者之间的差异点（point of difference），给目标消费者一个独特的选择理由。通常，消费者选择品牌的理由是基于四个方面的利益：功能性利益、情感性利益、社交性利益和财务性利益。差异点可以围绕这四个方面来展开。在寻找差异点之前，首先必须知道竞争品牌在消费者心中的位置。这需要对消费者展开调查，之后的分析工作则可由品牌定位知觉图（perception map of brand positioning）来完成。常见的品牌定位知觉图是一种二维图（图 15.3）[①]，两个维度是两个影响消费者购买的最重要的属性。这两个属性的确定非常关键，它们决定了品牌定位

① 品牌定位知觉图也可以是三维图，即三个最重要的属性来描述各品牌在消费者心中的位置。但因绘图技术以及显示效果问题，目前最常用的还是二维图。

点的选择。每个竞争品牌可以根据属性得分在品牌定位知觉图上找到相应的位置，而消费者的期望也需要在品牌定位知觉图上表达出来（如图 15.3 中用圆圈表示）。通过品牌定位知觉图，企业可以避开竞争品牌的位置，寻找到竞争空白点，同时结合消费者需要的位置为品牌定位。例如，在图 15.3 中，圈 1 表示一个追求高品质，接受高价格的细分市场，圈 2 表示一个追求高品质，但希望低价格的细分市场，圈 3 表示一个接受低价格、低品质的细分市场。在圈 1 和圈 2 附近都已经有好几个品牌占据，竞争过于激烈，唯有圈 3 附近还是一个空白，所以一个新的品牌可以把自己定位为以超低价位提供基本产品质量的品牌。

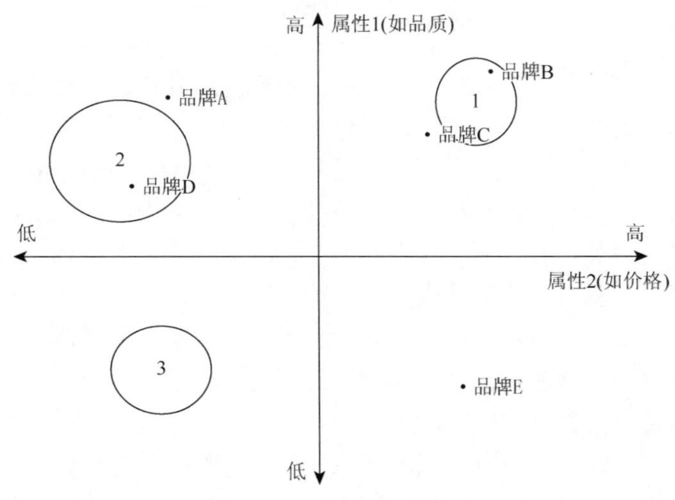

图 15.3　品牌定位知觉图

4. 提出令消费者相信共同点和差异点的理由

只有一个定位的口号并不能完全征服消费者的心，消费者希望能够了解到品牌为什么具有这样或那样的定位诉求点。这就需要管理者提出令消费者相信共同点或差异点的理由。对于功能性定位点，常见的支撑理由包括技术、成分、外观等，例如，沃尔沃大量的安全专利技术支持了“最安全的汽车”的定位，清扬内含维他矿物群因子从而可以“头屑不再来”，奇瑞 QQ 靓丽可爱的外型设计使其具有了时尚的特征。对于财务性定位点，支撑理由主要是低成本、高效率，如沃尔玛高效的物流配送体系使其能有效控制成本，得以坚持“天天平价”的低价定位。对于情感性定位点和社交性定位点，支撑理由并不在于产品本身，而是广告等传播方式中所渲染的一种情境，而品牌以直接或间接的方式嵌入其中，从而使消费者感受到情境当中的意境。例如，哈根达斯之所以能够让消费者有甜蜜的感觉，是因为其广告中一对情侣在共享一杯冰激凌。

5. 陈述品牌定位

综合以上各个要素，可以提出品牌定位的表述语句，即：“××（品牌）的产品能够为××（目标顾客）带来××（独特价值），这种价值是××（竞争品牌）所不具备的，因为它含有××（支持点）。”品牌定位说明书（brand positioning statement）是一个公司的内部文件，并不需要展示给消费者看，但必须在品牌传播当中以创意的形式表现出来。

15.5 品 牌 体 验

经过农业经济、工业经济、服务经济，社会已经开始进入体验经济。在实务界，一些意识超前的企业已经开始运用体验来设计产品和开展推广活动。所谓体验，是指企业以服务为舞台，以商品为道具，以消费者为中心，创造能够使消费者参与、值得消费者回味的活动。在体验经济中，企业提供的不仅仅是商品或服务，它提供最终体验，并充满了感情的力量，给消费者留下了难以忘却的记忆。体验经济具有以下基本特征：非生产性、短周期性、参与互动性、不可替代性、深刻烙印性、高经济价值性。促成体验经济形成的一些原因包括：消费者需求的升级、消费者收入的增加、竞争程度的加剧、技术的进步等。

体验营销是在消费者的感官、情感、思考、行动、关联五个方面，重新定义、设计营销的思考方式。这种方式以满足消费者的体验需求为目标，以服务产品为平台，以有形产品为载体，为消费者创造独一无二难忘的体验，以此拉近企业和消费者之间的距离。在品牌塑造的过程中，以体验为主导和核心，将更容易促成品牌的成功。所谓品牌体验，是指消费者在与品牌接触的全过程中，品牌带给消费者感官刺激和精神享受，最后在消费者心中留下难以磨灭的印记。

对于体验的管理可以从内容和媒介两个方面来看。体验的模块或类型是体验的内容本身，这些内容需要通过一些媒介传递出去。

15.5.1 体验类型

“体验营销之父”、美国哥伦比亚大学营销教授伯德·施密特（Bernd H. Schmitt）在《体验式营销》（*Experiential Marketing*）一书中将消费者的种种体验类型视为“战略体验模块”（strategic experiential module，SEM），见表 15.1，包含感官、情感、思考、行动与关联五个方面。

施密特认为，这五种体验可以分为两组：一组是消费者在其心理和生理上独自的体验，即个人体验，包括感官、情感、思考；另一组是必须有相关群体互动才会产生的体验，即共享体验，包括行动、关联。有些行业可能更适合提供个人体验，因此可以采用前三种体验，如巧克力、纯净水等适合选择感官、情感体验；有些行业可能更适合提供共享体验，因此可以采用后两种体验，如酒吧适合选择行动或关联体验。

表 15.1　施密特的战略体验模块

体验类型	诉求目标与方式
感官	感官体验的诉求目标是运用视觉、听觉、嗅觉、味觉与触觉达成刺激的过程，为消费者提供美学的愉悦、兴奋与满足。如果管理得当，感官体验能够实现公司与产品的差异化、刺激消费者以及为消费者带来价值
情感	情感体验诉求消费者内在的情感及情绪，目标是唤起消费者的情感。情感体验有不同的程度——从温馨浪漫的甜美心情到奔放骄傲的强烈情绪，大部分情感是在消费过程中发生的
思考	思考体验诉求的是智力，目标是用创意的方式使消费者获得认知与解决问题的体验。思考体验运用的是消费者的求知心理，对未知世界的探索和对新知识的获取将使他们获得愉悦的感觉
行动	行动体验的目标是影响身体的具体感受、消费者的生活方式及与消费者互动。互动营销可以使消费者通过参与企业所策划的活动，潜移默化中接受品牌
关联	关联体验的诉求目标是使个人与品牌中的社会与文化环境产生关联，藉由社会文化意义与消费者互动，产生有利的体验。其范围可从直截了当的特定团体识别（消费者感觉与其他的使用者相连）到高度复杂的品牌社群形成（消费者视品牌为社会组织中心，甚至成为营销者的角色）

在设计体验时，企业往往会努力创造出一种同时包含五种体验在内的全面体验（holistic experiences），这是体验营销的终极目标，对消费者而言是非常具有吸引力的。例如，新加坡航空公司在视觉上具有感染力（感官）、空姐友好好客（情感）、勇于创新（思考）、以优质服务为导向（行动）、兼具国际化与新加坡风格（关联）。即使不能同时提供五种体验，企业也会尽可能创造两种或两种以上的体验模块，形成混合式体验（experiential hybrids）。例如，百事“三人制街头篮球赛”就融合了对抗竞争（行动）和青春活力（关联）两种体验，深受年轻人的喜爱。混合式体验的设计需要考虑效应层次的递进关系，即“知晓—理解—态度—购买”。其中，感官模块需要引发消费者的注意和兴趣；情感模块能够与消费者建立情感纽带，使体验和个人结成良好的关系；思考模块让人们对体验产生持久的认知和兴趣；行动模块促使消费者产生行动动机、建立品牌忠诚度和对未来的见解；关联模块则超越了个人的体验而在更广阔的社会层面上产生意味深长的影响。多个体验模块混合的效果要好于单个体验模块的效果，因为每一个体验模块都从不同角度和不同程度给消费者带来印象深刻的回味。

除了以上国外学者的分类，我国一些学者也对体验和品牌体验进行了不同视角的分类。这些观点有利于我们更全面地思考和设计品牌体验类型。广东外语外贸大学的张红明[①]将品牌体验分为五种类型：品牌感官体验、品牌情感体验、品牌成就体验、品牌精神体验和品牌心灵体验。感官体验是最基本的反应，它是眼、耳、口、鼻、身在与外界进行信息交换过程中所感受到的愉悦感。情感体验指把没有生命的物体拟人化，它也包括人与人之间情感的传递。成就体验是指在实现了基本的生存和安全需要后，对自我尊重和自我实现需求的追求。精神体验表现为对世俗名利的舍弃和对高雅情趣的追求。心灵体验是人对生命最本质问题的关注而产生的体验，如宗教体验，这种体验只可意会，不可言传。

南开大学的陈英毅和范秀成[②]根据共性的已有知识，以及成功企业的卓越实践，将顾客体验分为娱乐体验、审美体验、情感体验、生活方式体验和氛围体验等五大类。企业可采取的体验营销策略分别是娱乐营销、美学营销、情感营销、生活方式营销及氛围营销。娱乐营销就是企业巧妙地寓销售和经营于娱乐之中，通过为顾客创造无所不在的娱乐体验来吸引顾客，达到促使顾客购买和消费的目的。美学营销是以满足人们的审美体验为重点，经由知觉刺激，提供给顾客以美的愉悦、兴奋与享受。情感营销以消费者内在的情感为诉求，致力于满足顾客的情感需要。生活方式营销就是以消费者所追求的生活方式为诉求，通过将公司的产品或品牌演化成某一生活方式的象征甚至是一种身份、地位识别的标志，而达到吸引消费者、建立起稳固的消费群体的目的。氛围指的是围绕某一群体、场所或环境产生的效果或感觉。好的氛围会像磁石一样牢牢吸引着顾客，使得顾客频频光顾。氛围营销就是要有意营造这种使人流连忘返的氛围体验。

中国人民大学的郭国庆等[③]参考 Brakus 等新开发的品牌体验量表和 Schmitt 发表的消费者体验量表的相关问题，把品牌体验分为四个维度。感官体验：由视觉、听觉、嗅觉、味觉及触觉形成的知觉刺激，以形成美学的愉悦、兴奋、美丽与满足。情感体验：可由正面、负面的心情及强烈的感情所构成，而且接触互动及消费期间的情感最为强烈。思考体验：可通过创造惊奇感、诱发及刺激而产生，以吸引消费者关注、引发好奇心及激发刺激感。行动体验：通过创造身体感受行为模式、生活形态及互动关系而形成。

15.5.2 体验媒介

体验的模块或类型是体验的内容本身，这些内容需要通过一些媒介传递出去。施密特将其称为“体验媒介”（experience providers，ExPros），即营销人员为消

① 张红明. 品牌体验类别及其营销启示[J]. 商业经济与管理，2003，(12)：22-25.

② 陈英毅，范秀成. 论体验营销[J]. 华东经济管理，2003，17（2）：126-129.

③ 郭国庆，牛海鹏，刘婷婷，等. 品牌体验对品牌忠诚驱动效应的实证研究[J]. 经济管理研究，2012（2）：58-66.

费者创造体验时的战术实施活动，具体包括传播、视觉/语言标识、产品、联合品牌塑造、空间环境、网站与电子媒介以及人员（图 15.4）。

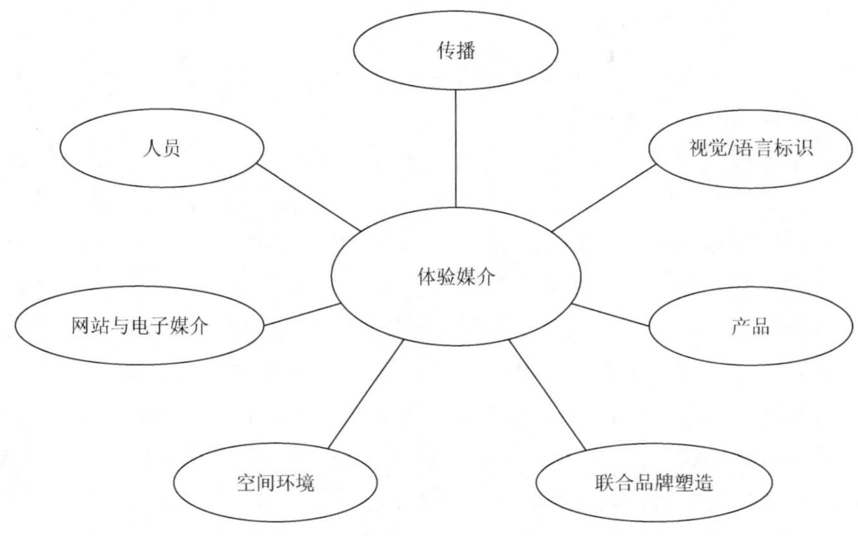

图 15.4　伯德·施密特的体验媒介

1. 传播

传播的体验媒介包括广告、公共关系以及其他的公司外部与内部传播方案（如目录杂志、小册子与新闻稿、年报等）。

广告是创造体验的重要传播手段。如今无论是在报纸、杂志、广播、电视等四大传统媒体，还是户外、互联网、显示屏、短信等新型媒体中，人们都能感受到广告所带来的体验。例如，一些炫丽的广告画面或震撼的音响效果所带来的感官体验；动人故事所带来的情感体验；悬念广告所带来的思考体验；互动广告中消费者参与其中环节所获得的行动体验；消费者感受到品牌广告与自己个性产生共鸣的关联体验。

赞助、事件营销等都是目前公共关系当中的主要策略，其创造体验的原理是让消费者在活动参与中获得对品牌的全方位感受。目录杂志、宣传册、新闻稿是一些常见的外部传播工具。这些宣传品中采用照片、故事、评论等元素给消费者带来感官和思考的体验。例如，一家名为“雨花”的西餐厅在其菜谱中，对每道菜都展示精美菜肴图片和说明性文字，让消费者看到美味佳肴的同时又了解了该餐厅烹饪技术的独到之处，从而形成独特而深刻的印象。

一些公司在对内部员工进行传播时，也进行了体验式的设计。而近几年，企业流行对员工进行拓展训练式的培训，以激发员工的潜能和培养团队意识，这是典型的行动体验。

2. 视觉/语言标识

产品名称、视觉标志、独特音效等标识系统可用于创造感官、情感、思考、行动及关联体验的品牌体验形象。

一个拥有暗示作用的产品名称能够给消费者以遐想，从而产生思考体验。例如，微软公司推出的操作系统命名为“视窗”（Windows），给人形象的感觉，而苹果公司推出的 Mac OS X 让人难以产生丰富的联想；Benz 在中国大陆译为“奔驰”，让人联想到速度和奔放（思考体验），并在驾车的途中实际体会到这种“奔驰”的感觉（行动体验），而在港台地区翻译成“平治”或“宾士”，在品牌体验上面逊色不少。一些命名则在关联体验上体现特色，如娃哈哈是与儿童这一群体关联（尽管也推出了纯净水等成人产品，但总体来说仍是儿童品牌）。

视觉标志的形状、颜色、布局等元素在五种体验方面都可能有所贡献。耐克的标志是一个红色的勾，视觉冲击大（感官体验），充满青春的激情和活力（情感体验），极富运动感（行动体验），让人想到率性（思考体验），与年轻人有关（关联体验）。

独特音效是在产品使用或广告传播当中出现的、专属于某个品牌的声音，如 Windows 开机、关机的时候都会发出一个固定的声音，飞利浦手机开机声音和广告片尾的声音都是两个简单的音节等。独特音效对听觉能够产生一定刺激（感官体验），能够调动消费者的情绪（情感体验），能够让消费者对产品和品牌有一种联想（思考体验）。

3. 产品

产品的体验媒介包括产品设计、包装、产品展示、品牌角色。

产品设计要表现出产品的特色，不仅要让消费者一眼就能识别出来（感官体验），还要让消费者一看就喜欢上（情感体验），并带给消费者一些独特的联想（思考体验）。例如，大众甲壳虫汽车的外观是一个经典的设计，这个曾经被美国《时代》周刊的记者讥讽为“甲壳虫”（beetle）的汽车竟然凭借世界上独一无二的圆溜溜的造型风靡了半个世纪。

中国自古就有“买椟还珠”的故事，说明产品包装对消费者的吸引力非常大。对于大多数品牌而言（有些产品是没有包装的，如汽车），包装就像是一件外衣，其对体验的影响与产品设计相仿。绝对伏特加的瓶子是一个经典的包装设计，这个源自瑞典古老药瓶创意的包装简单、时尚、完美，让许多“绝对迷”痴迷不已。

另一个例子是水饮料的包装，无论是纯净水还是矿泉水，从产品本身来说差异非常小，于是，厂家纷纷在瓶子上做文章，风格各异的水瓶子层出不穷。

终端生动化已成为诸多品牌在通路终端竞争的利器，现代化的终端推广已不满足于 POP 广告了，而是加入了更多体验的成分。例如，在超市的一些农副食品销售区，商家会用粗糙的木条搭建一个西瓜或葡萄棚子，给人营造一种自然而原始的购物环境（感官体验、行动体验）；在很多超市的液态饮品货架旁边，我们可以免费试喝啤酒、咖啡、牛奶、汤汁和其他饮料，亲自体会产品的特点（感官体验、行动体验）；在一些餐饮店，可以透过透明的玻璃或者直播的摄像头看到餐厅开放式厨房的操作，从而在获得品质保证（感官体验、思考体验）的同时增加了娱乐性（行动体验）。

作为品牌的虚拟代言人，品牌角色积极参与与消费者的互动活动，使消费者获得了情感和行动体验。例如，迪士尼乐园的米老鼠、唐老鸭等卡通形象与游客拍照、游戏，给他们留下了难忘的记忆。

4. 联合品牌塑造

联合品牌塑造体验媒介包括建立品牌联盟或战略合作伙伴关系、产品在节目中的展示和联合促销等形式，其作用原理是将消费者对知名的合作方的体验部分转移到自己品牌上。

建立品牌联盟关系将有助于一个品牌联盟方获得另一方的声誉转移。例如，成为 2008 年北京奥运会的合作伙伴不仅在奥运会期间具有排他性的展示权，还能提高品牌的国际声誉。同时，品牌与高水平体育运动相关联，使品牌形象上也带有青春活力的气息。

产品在节目中展示被称为是“嵌入式营销”的一种做法。通过多次在电影、电视剧、小品等节目情节中出现，品牌增加了曝光率，如冯小刚的贺岁片《大腕》夸张地把品牌的嵌入式运作展示得一览无余。不仅如此，品牌还因为某个名人的使用而形成一股流行风。2013 年初，中国“第一夫人”彭丽媛参观了坦桑尼亚“妇女与发展基金会”，并赠送了“阮仕珍珠”“百雀羚”等中国品牌产品，引起了社会的广泛关注，相关国货受益于国礼待遇，品牌形象大幅提升，销量剧增。无独有偶，2013 年底，习近平总书记在北京庆丰包子铺消费，自己排队买包子、买单、端盘子、取包子，一时间让庆丰包子铺的品牌响彻大江南北，人们竞相前往该店体验“主席套餐”。类似地，还有 2013 年 12 月英国首相卡梅伦在成都火锅店消费引爆“首相套餐”等。

联合营销的常见形式是消费两个有合作关系的品牌可以获得优惠。例如，麦当劳曾和动感地带合作，凡收到动感地带一个促销短信的用户到麦当劳就餐可以享受优惠。品牌合作方的选择依据通常是强强联合，且两个品牌的目标消费群相似。

5. 空间环境

空间环境包括建筑物、办公室、工厂、零售与公共空间及商展摊位。环境体验通常能够给人留下全面、深刻的印象，因为环境具有实体性。深圳海王大厦从半空玻璃外墙突兀而出的青铜半截雕飞马和海王波塞冬十分抢眼；长沙远大中央空调城的建筑富有艺术性，其间一栋大楼建得像一座古希腊的大殿，草地上还建有雅典先贤的雕塑；宜家的家私摆放不仅仅是展示产品独立的个体，还特别注重产品的完整性和可搭配性，一些家私形成的是一个小的生活区域和情境；各式餐厅、酒吧通过空间装饰布置来打造个性鲜明的文化，如各少数民族餐厅、各国风情餐厅、各主题餐厅等。

6. 网站与电子媒介

互联网的交互性使它成为众多体验的诞生地，具体的媒介包括网站、电子公告栏、线上聊天室等。不少公司没有意识到互联网对体验的巨大贡献，仅仅把它作为信息的发布渠道，甚至有些公司为了省钱连网站也不做，从而失去了与消费者建立紧密关系的平台。耐克、李宁等一些著名企业在网站互动方面做得非常优秀，它们不仅从画面和音效上把网站做得非常动感，而且有一些互动的栏目（如广告片、广告壁纸的下载、产品的电子化立体化介绍），甚至还设计了很多游戏供访问者消遣。网上论坛则是当前消费者获取信息和发表观点的主要通道，其信息的全面性、娱乐性和可填补性是任何一种媒介都无可比拟的。近年来的诸多热点新闻在网络上被热烈讨论和大肆 PS（即用 Photoshop 图片处理软件进行图片改造），虚拟社区的兴起极大地补充了人们在现实生活中享受不到的体验。

7. 人员

这里的人员指销售人员、公司代表、客服人员及任何与消费者关联的人。与人打交道显然是体验的最重要来源，因为体验中的核心要素——感情在人际交往中更容易培养，而且更加深入。企业在对员工进行培训的时候，应该有意识地强化为消费者创造体验的重要性。迪士尼乐园要求所有部门的领导和员工每年都要轮岗从事卖票、迎宾、清洁等最基层的工作，以培养为消费者提供价值的意识。丽兹·卡尔顿酒店以杰出的服务闻名于世，超过 90%的丽兹·卡尔顿酒店的消费者仍回该酒店住宿。该酒店的著名信条是：“在丽兹·卡尔顿饭店，给予客人以关怀和舒适是我们最大的使命。我们保证为客人提供最好的个人服务和设施，创造一个温暖、轻松和优美的环境。丽兹·卡尔顿饭店使客人感到快乐和幸福，甚至会实现客人没有表达出来的愿望。”

15.5.3　体验矩阵

施密特认为，可以结合战略体验模块和体验媒介来构建一个体验矩阵，如图 15.5 所示。在该矩阵中，战略体验模块相当于体验的内容，而体验媒介相当于体验的途径，通过体验媒介能为消费者创造各种体验模块，所构建的二维组合为体验矩阵单元。任何一种体验模块都可以用所有的媒介来创造，但某一种媒介可能比另一种媒介更适合创造某种体验。例如，视觉标志、网站、产品包装、空间环境等更适合创造感官体验，人员、广告、公关更适合创造情感体验，品牌名称、广告、联合品牌更适合创造思考体验，赞助、网络社区更适合创造行动体验，人员更适合关联体验等。因此，在设计体验矩阵时，需要选择某个体验模块，也需要考虑最适合该体验模块的几个体验媒介。

	体验媒介							
		沟通	识别	产品	联合品牌塑造	空间环境	网站	人员
战略体验模块	感官							
	情感							
	思考							
	行动							
	关联							

图 15.5　体验矩阵

在体验矩阵的设计中，需要考虑四个问题。

（1）强度问题：强化还是弱化。从体验矩阵来看，强度问题涉及单独的矩阵单元。从动态的角度看，以前选择了某个体验模块和某个体验媒介所构成的体验矩阵单元，可能会随着时间的推移而加强或者弱化。究竟是加强还是弱化？如何加强或弱化？这些都是体验矩阵单元的强度需要考虑的关键问题。雪花啤酒在大张旗鼓推向全国市场的时候，通过“畅享成长”的广告诉求给目标群体以情感体验和关联体验，而后来推出“勇闯天涯”的活动，则是强化了行动体验。

（2）幅度问题：丰富还是简化。从体验矩阵来看，幅度问题是横向问题，涉及体验媒介的管理问题：应当增加新的体验媒介来强化某种体验模块，还是专注于某一种体验媒介呢？例如，李宁网站已经给消费者提供了互动体验，那么现实当中的一些活动如何体现这些互动体验呢？是暂时不考虑线下活动，而专注于线上的互动？

（3）深度问题：扩展还是收缩。从体验矩阵来看，深度问题是纵向问题，涉及体验模块的管理问题：应该从个人体验扩展到混合体验或全面体验，还是保持单一体验呢？例如，金威啤酒是否要加强对“不添加甲醛酿造”的传播，以增强消费者的思考体验，还是要策划一些互动活动来增加行动体验？

（4）联接问题：结合还是分散。从体验矩阵来看，联接问题是纵向各战略体验模块之间关系或者横向各体验媒介之间的关系问题。除了增减体验模块或媒介的数量之外，企业还应当考虑：体验模块之间的关系是什么？体验媒介之间如何配合？不是所有的体验模块或者媒介都需要被企业采用，过多的模块或媒介可能由于信息过多过杂而导致消费者认知的混淆。例如，雪花啤酒从品牌命名来看给人柔性纯洁的感官体验，“畅享成长”给人奋斗的情感体验和关联体验，“勇闯天涯”的活动给人阳刚坚毅的行动体验，后面几种体验比较协调，但与感官体验似乎有些冲突。关于体验媒介之间的关系，一个非常有争议的问题是产品呈现问题，即是否可以用一个品牌推出多个不同行业的产品，如美的空调和美的客车的共存是否合理？我们看到了成功的案例，如英国最著名的品牌维珍（Virgin），也看到了失败的案例，如早年三九药业延伸到三九啤酒。

15.5.4 创建品牌体验的步骤

品牌体验的创建流程是怎样的？这是企业体验营销实务最关注的一个问题。结合派恩和吉尔摩的观点，本书认为，创建品牌体验的流程有以下六个步骤。

1. 分析目标市场和竞争者

体验是消费者以参与的方式所获得的难忘记忆。参与体验活动的消费者不同，体验的战略规划就可能不同。因此，在为品牌明确体验类型之前，首先必须明确哪些消费者是品牌的核心消费者，并分析他们希望获得哪些体验。例如，迪士尼吸引的目标消费群主要是一些带有小孩的家庭，因此，希望消费者把它看成是“富有想象力的家庭娱乐”。

需要分析的另一个对象是竞争者。看看竞争者是如何为消费者创造体验的，这种体验是否为竞争者带来了成功？分析竞争者体验的目的是帮助自身品牌避开竞争者的锋芒，寻找属于自己的“蓝海”。例如，青岛、抚顺、大连等地推出的是极地海洋世界，而深圳海洋世界则以“十六套水中特色节目”而闻名。

2. 明确品牌体验的主题

主题是体验设计的核心，没有主题的体验是空洞的、零散的，甚至是虚假的。随着近年来体验经济的呼声越来越高，一些零售商也加入进来，声称为消费者带来“购物体验”。然而，由于没有主题，这些零售商所谓的“体验”变成了只是有一些 POP 广告、微笑的服务、诱人的折扣、摆放整齐的商品，丝毫没有让消费者留下难忘的值得回味的东西。这样的“体验”是有名无实的，而且一哄而上，显得雷同。

由于一些企业规模较大，因此在设计主题时可以分为总主题和分主题两个层次。例如，在香港迪士尼乐园，游客可以体验到“幻想世界”的童话故事，可以体验到“明日世界”的宇宙探索，可以体验到“探险世界”的野外探险，还可以体验到“美国小镇大街”20 世纪初的风情。这四大主题乐园各自为游客带来了四种不同的主题体验，但总体而言又统一在“欢乐与梦想”的主题之下。在《视觉与感受：营销美学》一书中，施密特和西蒙森教授提出了体验主题的 9 个来源：历史、宗教、时尚、政治、心理学、哲学、实体世界、大众文化、艺术。不管选择哪个来源，体验主题成功的关键都是领悟什么是真正令人瞩目的和动人心魄的。

3. 选择品牌体验的类型

主题为企业指明了体验设计的方向，接下来就需要明确具体的体验类型。最好的体验当然应该是全面体验，即所有体验在设计和执行当中都有体现。但实际上，由于费用、场地等客观条件的限制，最终提供的体验可能是混合式体验甚至单一体验。因此，有必要根据主题来选择最适宜的体验类型。感官、思考、行动体验可能适合历史名胜古迹等行业的主题，感官、情感、行动、关联体验适合酒吧等行业的主题，感官、行动、关联体验适合汽车等行业的主题等。

4. 设计品牌体验的剧本和道具

准确地讲，体验不是企业提供的，而是消费者感受的。企业在体验产生的过程中发挥的作用是设计剧本和道具。消费者获得的体验都是按照企业设计的剧本在一步步实施，剧本充当了体验流程的作用，而道具则是剧本实施的工具。如果说悠闲地安坐在一个角落享受着美味咖啡和“第三空间”是星巴克体验的剧本的话，那么抽象的艺术壁画、香醇的现磨咖啡、美妙的音乐、友善的侍者就是星巴克体验的道具。尽管这些环境和产品设计每个企业都有，但在体验主题的规范下，它们才能发挥合力，提供独特体验。

5. 吸引消费者的参与

以上介绍的体验设计步骤仅仅是企业一方所做的努力，如果消费者不参与进来，那么体验还是无法产生的。消费者参与的最主要动机是体验带来独特的感受，这需要通过一些传播活动来进行推广。如深圳华侨城集团投资兴建的“东部华侨城”度假村刚开业的时候，在深圳投入了大量电视、报纸、车身广告进行宣传。而对于一些不知名的品牌所举办的体验活动来说，由于宣传力度不够，只能靠适当的促销诱惑（如参与者获得赠品等）来吸引人群。

6. 评估体验的效果

最后一步是评估体验的效果。一些定量的效果评估指标有销售额的增长率、溢价水平、忠诚意愿等。除此之外，消费者对品牌的认知、联想和内心感受等一些定性调查也是评估体验的好方法。定性、定量方法需要结合在一起，才能全面地评估体验的效果。

15.6 品牌延伸

在企业推出新产品的过程中，品牌延伸已成为最常使用的一种策略。所谓品牌延伸，是指借助原有的已建立的品牌地位，将原有品牌转移用于新进入市场的其他产品或服务（包括同类的和异类的），以及运用于新的细分市场之中，以达到以更少的营销成本占领更大市场份额的目的。被延伸的品牌称为母品牌，延伸的新产品称为延伸产品。品牌延伸与多元化经营并不是一个概念。根据延伸的产品是否属于公司所有，可以把品牌延伸分为公司内品牌延伸和公司外品牌延伸。根据延伸产品与原产品之间的关系，可以将品牌延伸分为同类产品延伸和异类产品延伸，即产品线延伸和产品类别延伸。根据延伸产品的品牌命名策略，可以把品牌延伸分为单一品牌延伸、主副品牌延伸和亲族品牌延伸。

品牌延伸的作用可以从对新产品的作用和对母品牌的作用两个方面来分析。品牌延伸对新产品的作用包括：减少消费者认知风险，提高试用率；增加分销的可能性；降低培育新品牌的成本，提高传播费用的效率；给予消费者多元化选择的机会。品牌延伸对母品牌的作用包括：使品牌含义清晰化；提高母品牌的展示度和实力；为品牌找到新的利润增长点，同时活化品牌；扩大母品牌的延伸范围；帮助母品牌避开传播的法律禁令。品牌延伸是一把双刃剑，在发挥作用的同时也会出现一些问题，可能使企业落入陷阱，包括：使消费者产生类别认知的混乱；延伸产品与原产品产生认知冲突；使母品牌受到延伸产品失败的影响；可能挤占原产品的销量；受到零售商抵制；使公司放弃开发新品牌的机会。

品牌延伸成功与失败的案例都非常普遍。为了提高品牌延伸的成功率，本书结合凯勒、卡普费雷等教授的观点，提出品牌延伸必要的几个步骤。

1. 根据企业战略规划选择延伸的母品牌

一般来说，被延伸的品牌以公司品牌居多，如海尔、美的、小米等，但也有一些案例中延伸的是子品牌，如通用汽车在别克这一子品牌下面推出了别克凯越、别克君威、别克君越、别克林荫大道等品牌的汽车。究竟选择公司品牌还是子品牌进行延伸主要看企业的行业发展战略规划——如果企业计划进入新的行业，可以选择公司品牌进行延伸（当然，推出新品牌另当别论）；如果企业只是希望丰富和填补原有的产品线，则选择子品牌来延伸新产品更为明智。

不管是选择公司品牌还是子品牌，一个容易成功延伸的母品牌应该具有较高的知名度和良好的形象。从现有的成功经验来看，品牌延伸应该是“步步为营”，在没有建立品牌知名度和品牌形象之前就急于延伸，会分散品牌的力量。

2. 选择品牌延伸的类型

品牌延伸的类型将决定延伸产品的选择方向，因此在提出候选的延伸产品之前需要对延伸类型进行选择。首先要考虑的问题是采用公司内延伸还是公司外延伸。公司内延伸比公司外延伸的企业可控性更强，但对企业的财务、生产和营销压力也更大，选择前者还是后者取决于公司对哪方面比较重视。之后的决策问题是采用产品线延伸还是产品类别延伸。一般的规律是先进行产品线延伸，在某一个产品领域做大做强之后，再凭借专业品牌优势来进行产品类别延伸。产品线延伸并不困难，因为延伸产品与原产品同属于一个产品线，消费者容易形成一致性的认知。难点是产品类别延伸，由于各产品类别存在差异，延伸产品可能会与原产品产生冲突，不仅容易失败，还可能会损害母品牌形象。所以，尽量不要采用产品类别延伸。一般来说，只有当原产品类别利润空间不大、竞争过于激烈的时候，延伸到新的产品类别才是明智之举。

3. 测量消费者对母品牌的认知情况

母品牌该向何处延伸取决于消费者对该品牌的认知情况，而不是企业自身的看法，所以企业需要对消费者进行品牌认知的调研。调研的方法包括定性和定量两类。

常用的定性方法包括自由联想法和投射法。自由联想法采用焦点小组法或深度访谈法进行，向被访者提问“看到品牌 X，你能想到什么”，以此探索品牌在消费者头脑中有关品类、价位、特色、个性等方面的联想。由于并没有对联想的内容和方向进行限定，因此可能会获得意想不到的答案。投射法（projective technique）是一种心理学测试技术，它能使被访者在轻松的状态下回答一些不愿回答或者难以回答的问题，原因是用以测试的简单图片或问题背后对应着复杂的心理活动。最常见的投射法工具是图片，可以是人物、风景、动物、建筑物、汽车等。通常的问题是“你觉得品牌 X 给你的感觉像以下哪个图片？”国际市场研究公司有一项投射法的专利技术“品牌视觉画廊”（brand sight gallery exercise），其中包括 20 张在全球经反复测试挑选出来的图片。这些图片的内容基本都来源于自然界的景物，因而摒弃了不同文化、地域因素对图片解释的影响。每一张图片都有一种标准化的解释。例如，热带雨林的图片象征着生机与成长性，但很可能由于发展过快，容易失控。研究者让消费者根据对被测试品牌的直觉，选择若干张最能代表该消费者对品牌感觉的图片，以确立品牌形象的核心。

定量方法则是采用李科特量表来表述品牌认知和形象的问题，以便将消费者对品牌认知的程度进行量化。李科特量表的表达方式如“品牌 X 是一个运动品牌。5. 完全同意 4. 比较同意 3. 中立 2. 比较不同意 1. 完全不同意”。显然，通过定性调研可以获得更为深入的信息，而定量调研则具有规模上的统计意义，二者结合可以取长补短。

4. 识别可能的品牌延伸候选对象

以下介绍几个有关品牌延伸范围的模型，以帮助管理者识别可能的延伸产品候选对象。

1）品牌延伸范围模型

戴维森描述了品牌延伸的可能范围，具体包括内核、外核、延伸区域和禁区。内核的延伸是产品线的延伸，是距离原产品最近的延伸，如诺基亚推出的各种商务、音乐手机等；外核的延伸是同一类产品的延伸，距离原产品比较近，如海尔彩电、冰箱、洗衣机、电热水器等家电产品；延伸区域是不同类产品的延伸潜力，距离原产品比较远，如法国 BIC 从一次性圆珠笔到一次性打火机；禁区是品牌不宜延伸的产品类别，强行延伸将使得延伸产品与原产品产生行业、市场、档次等方面的认知冲突，最终威胁到原品牌资产。例如，立白洗衣粉延伸到立白牙膏就存在行业认知冲突，金利来从男装延伸到女装就存在市场认知冲突，而派克笔从高端延伸到低端就存在档次认知冲突。

2）品牌延伸能力模型

究竟如何确立延伸的候选产品？卡普费雷教授提出了一个品牌延伸能力模型（图 15.6）。该模型纵轴是品牌类型，横轴是产品相似程度。品牌类型指母品牌具有显著特征的一个方面，包括专有技术（know-how）、利益（benefit）、个性（personality）、价值观（values）；产品相似程度是指延伸产品与原产品之间的技术相关性。

由模型来看，根据品牌类型的不同，延伸产品和原产品的相似性也不同。专有技术是品牌原产品所具备的技术特长，据此所延伸的产品与原产品应当较为相似，如乌江三榨的专有技术是腌制榨菜，这一技术使得它可以制作古法榨菜、麻辣榨菜、低盐榨菜、川香菜片、原味榨菜、榨菜碎米等系列产品；利益是品牌带

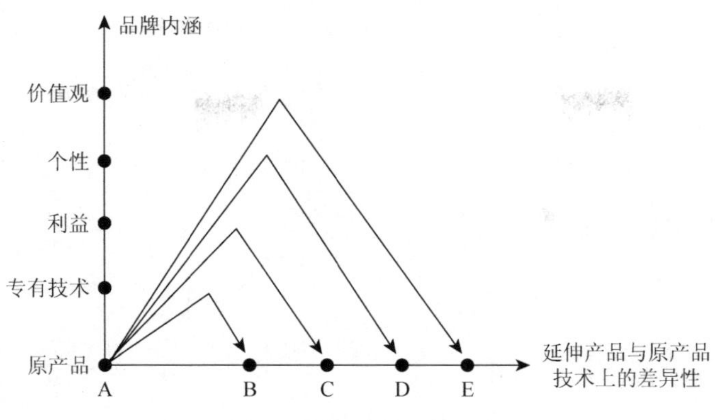

图 15.6　品牌延伸能力模型

给消费者的产品利益，据此所延伸的产品与原产品距离稍远，如立白洗涤用品的利益是“不伤手”，这使其能顺利从立白洗衣粉延伸到立白洗洁精；个性是品牌的拟人化特点，据此所延伸的产品可以离原产品较远，如万宝路的个性是豪迈、粗犷，所以它能从香烟延伸到牛仔裤；价值观是品牌所持有的理念，所延伸的产品可与原产品在技术上不相干，只要保持理念一致就行，如卡特彼勒的价值观是“坚韧、粗犷、户外”，它旗下不仅有挖土机、拖拉机，还有风马牛不相及的皮靴、牛仔裤，因为都体现了“坚韧、粗犷、户外”的品牌价值观。

3）品牌延伸边界模型

影响品牌延伸成败的决定性因素主要有两个：消费者对核心品牌的认知和延伸产品与核心品牌之间的关联性。前一因素是品牌延伸的优势基础，后一因素是品牌延伸的指导原则，将二者结合起来，可以构建一个品牌延伸的边界模型（图 15.7）。品牌延伸的成败取决于延伸产品是否脱离了核心品牌所规定的延伸边界。消费者对核心品牌的认知可分为功能性和表现性两种，如果再将每种认知分为高低两种，那么消费者对核心品牌的认知就可以分为高功能-高表现、高功能-低表现、低功能-高表现、低功能-低表现四种。延伸产品与核心品牌间的联系又可分为与产品特征有关的技术性、互补性、替代性以及与产品特征无关的价值性四种。其中，技术性指核心技术与资源的可转移性；互补性指延伸产品与原产品之间的配套补充，如柯达胶卷与柯达相纸、柯达连锁冲印店；替代性指延伸产品与原产品之间可以相互替代；价值性指品牌概念、表现、内涵等核心价值的一致性。结合以上两个决定性因素，可以确定四类品牌延伸的边界。

（1）高功能-高表现性品牌，可在技术、互补、替代、价值上延伸，较少受到限制，成功的机会也比较大。例如，劳斯莱斯轿车可以向私家游艇延伸（技术性、价值性），可以向专用轿车配件、装置延伸（互补性），也可以推出另一款的豪华

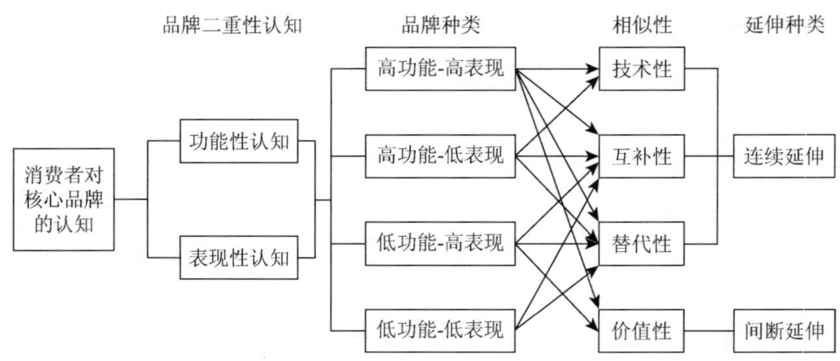

图 15.7　品牌延伸边界模型

轿车（替代性）。又如，牛津大学不仅开设其他教育机构和出版专业图书（功能性延伸），还将品牌授权给一家服装生产商使用（价值性延伸）。

（2）高功能-低表现性品牌，应选择技术性、互补性、替代性这三方面延伸，而不宜向价值性延伸。例如，松下可以很成功地延伸到各类家电产品，却无法进入高档手表或名贵香水等表现性产品。

（3）低功能-高表现性品牌，优先采用价值性延伸，也可以向互补性和替代性产品进行适当延伸。例如，高档洋酒本身并无太大功能性，但其名贵的特征会满足部分人的虚荣心，所以更适合向名贵家居装饰品或珍藏品延伸（价值性），也可延伸到高档酒具（互补性），以及其他口感的高档洋酒（替代性）。

（4）低功能-低表现性品牌，从理论上讲，延伸困难很大。但是，对于互补性与替代性产品的延伸如果操作得好，也能够获得成功。例如，一种普通食盐品牌可以延伸到碘盐、铁盐、钙盐上面（替代性），也可延伸到味精、酱油等其他调味品（互补性）。

5. 评估和选择延伸产品

对候选的延伸产品进行评估需要考虑两个方面的问题：一方面，消费者对延伸产品的接受程度如何？另一方面，延伸产品对母品牌有何影响？第一个问题需要启动对消费者的抽样调查，让消费者对备选方案进行评分，看看母品牌延伸到哪些新产品上更容易被接受并解释原因。为了保证所列的延伸方案没有遗漏，还可以请被访者补充适合延伸的产品。通常会有好几个延伸产品的备选方案，被访者被要求对最适合的对象进行排序。第二个问题的答案有三种可能：正面影响、负面影响、无明显影响。正面影响是管理者最希望看到的结果，通常延伸产品与原产品之间关系比较紧密，如海尔延伸到洗衣机、空调、电热水器等产品之后强化了海尔“家电巨头”的形象；无明显影响是管理者能够接受的结果，因为毕竟一些跨度很大的延伸很难直接带给母品牌帮助，如海尔生物制药对海尔“家电”形象没有太大的促进作用；负面影响是管理者极力避免的，但很多时候企业还是会犯种种错误，使母品牌受损。一些可能招致负面影响的原因包括：行业冲突，市场冲突，档次冲突。一个好的延伸产品应该能够被消费者所接受，同时也对母品牌具有正面促进作用。

6. 设计实施延伸的品牌营销计划

明确了延伸产品之后，管理者需要设计品牌营销计划对其进行推广。本质上，延伸产品营销的关键在于建立延伸产品与母品牌之间的共同点，使母品牌的资产能够部分转移到延伸产品上。最核心的一个问题是延伸产品的品牌命名问题，即究竟采用单一品牌延伸、主副品牌延伸还是亲族品牌延伸。如果延伸产品与原产品属于同一类别但希望强调产品的特色，就可以采用主副品牌延伸，如马自达在中国合资公司推出的 M6、M3、M2 等不同风格的车型；如果延伸产品与原产品不属于同一个类别且类别之间不容易产生认知冲突，那么可以采用单一品牌延伸，如三菱空调和三菱电梯；如果延伸产品与原产品之间容易产生认知冲突（如档次差异大、行业之间产生不良联想等），则最好采用亲族品牌延伸。亲族品牌延伸是一种特殊形式的主副品牌延伸，适合于主品牌与副品牌若隐若离的关系。例如，高档酒五粮液为了向中低端延伸，推出了五粮春和五粮醇等亲族品牌，其中“五粮”二字表明了几个品牌之间的根源关系，而“液”“春”“醇”则避免了各种不同档次产品的冲突。

除了品牌命名，延伸产品营销的计划还有采用相同或类似的品牌标志，如华伦天奴的“V”型标志在皮具、服饰上都稍有微调；采用相同的品牌口号，如飞利浦在所有产品的广告上都以“精于心，简于形”作为结尾；采用类似的产品特征或广告诉求，如飘柔洗发水讲“使头发柔顺”，而飘柔沐浴露和香皂讲“使肌肤顺滑”。

7. 评价品牌延伸的成败

最后，管理者需要对品牌延伸的表现作出评价。这个评价基于两个标准：一是延伸的产品是否获得了良好业绩？二是延伸产品对母品牌资产产生了什么样的影响？如果两个标准得分都很高，那么该品牌延伸就非常成功，如耐克从篮球鞋延伸到运动用品和运动服装就非常成功；如果只是标准 1 得分很高，标准 2 得分接近 0（即没有什么影响），那么该品牌延伸效果尚可，如奥克斯空调延伸到奥克斯手机，后者对前者并无明显作用，延伸效果一般；如果标准 2 得分为负数（即延伸产品对母品牌产生了负面影响），那么无论标准 1 得分如何，该品牌延伸都是失败的，如 Clorox 漂白剂延伸到洗衣粉就很失败，因为人们总是担心使用了这种洗衣粉会使色彩鲜艳的衣服褪色。

中山大学卢泰宏教授指出，为了计算品牌延伸的成功率，需要考虑相似度、品牌强势度、品牌认知度、品牌联想度、营销竞争力等 5 个一级指标、15 个二级指标①。上海交通大学的薛可在此基础上，在《品牌扩张：延伸与创新》一书中提出了品牌延伸决策评估模型。通过系统科学中的层次分析法（第 11 章中有介绍），指标体系中的各个指标能够被赋予权重，以便层层汇总计算出最终品牌延伸的成功率。

15.7 品 牌 组 合

按照凯勒教授的观点，品牌组合是指公司出售的各个特定产品大类下面所包含的所有品牌的组合。品牌组合战略详细说明了品牌组合的结构，以及各品牌的范围、职能和相互关系，处理多品牌组合以及某一产品品牌层级的关系。理解和管理品牌组合对于制定一个制胜的企业战略，以及成功实施该战略都十分关键。品牌组合战略管理的目标有以下五个：促进品牌之间的协同作用；发挥主力品牌的杠杆作用；创造和保持与市场的相关性；创建强势品牌；实现每一个品牌的清晰化。

品牌组合战略模型涉及六个方面：①品牌组合；②在定义产品时所扮演的角色，如主品牌、担保品牌、子品牌、描述性品牌、产品品牌、保护伞品牌、驱动角色、品牌化的差异点、品牌联合；③品牌范围；④品牌组合的角色，如战略品牌、品牌化的活力点、银弹品牌、侧翼品牌、现金牛品牌；⑤品牌组合结构；⑥组合图标。

因为品牌组合管理的前提是如何梳理多品牌关系的问题，所以描述品牌组合结构在品牌组合管理当中至关重要。有很多学者提出了关于品牌组合结构分析的模型和方法，如凯勒的品牌层级理论，范 • 贝克（Van L. Baker）提出了“品牌柱”的品牌组合模型，卡普费雷教授提出的品牌架构（brand architecture）理论，品牌组合结构研究领域的先驱奥林斯（Olins）描述了三个最基本的品牌组合结构：品牌化结构、品牌担保、单品牌集合。拉福雷特（Laforet）和桑德斯（Saunders）在这三种结构下面又细化为企业品牌（corporate dominant）、分部品牌（house dominant）、双重品牌（dual brands）、被担保品牌（endorsed brands）、单品牌（brand dominant）和隐藏品牌（furtive brands）等六种品牌结构。戴维 • 阿克教授提出的品牌关系图谱（brand relationship spectrum）更是在以上学者基础上推进一步，其

① 卢泰宏，谢飙.品牌延伸的评估模型[J]. 中山大学学报（社会科学版），1997，(6)：8-13.

组合结构分析是目前最为全面的一个。此模型根据各个品牌之间的关系从近到远将品牌与品牌之间的关系分为四种：品牌化集合体（a branded house）、主品牌下的子品牌（subbrands under a master brand）、被担保品牌（endorsed brand）、多品牌集合体（house of brands）。以下对此一一介绍。

（1）品牌化集合体。

品牌化集合体也称单一品牌战略，是指各产品的品牌全部相同，产品差异通过描述性品牌来体现，表现形式是“主品牌 + 描述性品牌”。雀巢咖啡、雀巢牛奶和雀巢奶茶就属于这一类。

尽管品牌化集合体当中所有品牌都采用同一个品牌名称，但在品牌标识方面还是存在两种类型。

第一种，相同的识别。如中国中信集团公司旗下的中信证券、中信出版社、中信银行等产业全部采用一致的品牌标识，国际著名企业美国通用电气公司和日本三菱株式会社旗下业务也都是采用统一品牌标识的。这样能够降低各业务的品牌传播费用，同时又能增加主品牌的实力。不过，这种相同识别的单一品牌策略可能不能满足多样化的市场需求。

第二种，不同的识别。深圳招商局集团下面一些产业的品牌标志就不一样。如招商银行、招商证券、招商石化都是“M”字母品牌标志的变种，即使招商地产、招商局物流、招商局蛇口工业等产业的品牌标志形状相同，颜色也有所不同。上海锦江国际有限公司的品牌标志也有一定差异。这家大型集团公司下有锦江酒店、锦江客运物流、锦江地产、锦江旅游、锦江实业、锦江金融等几大产业，标志中间核心部分是相同的，但外圈图形的形状及一个底部小色块不同。稍有差异的品牌标识能够突出产业特点，而品牌主体内容相同又表明各产业都属于同一个品牌，体现出该品牌的实力。

尽管品牌化集合体的优点是显而易见的，但也存在一个很大的问题，即如果某项业务出现问题就会对其他业务产生“株连效应”。因此，品牌化集合体当中的每项业务都需要严加监管，对旗下的业务没有十足把握最好不要采用这种形式。

（2）主品牌下的子品牌。

主品牌下的子品牌指在主品牌相同的同时，根据产品的不同特征附加一个修饰性的子品牌，表现形式是“主品牌 + 子品牌”，也称主副品牌或母子品牌。海尔很早就开始使用这种方式来建构品牌之间关系，如滚筒洗衣机领域的海尔阳光丽人、玫瑰丽人品牌，空调行业的海尔健康聪明风等。

子品牌下面有两种具体形式：一种是主品牌作为驱动者；一种是共同驱动。

在主品牌作为驱动者的情况下，消费者主要是由于主品牌的影响而购买产品的，子品牌只起到次要的作用。例如，苹果公司热销的 iPhone 5S 品牌手机中，显然是“iPhone”驱动消费者购买的，而非“5S”。这种组合形式的形成常常是因为主品牌的实力很强大。

共同驱动的案例很多发生在汽车行业。在选购丰田凯美瑞汽车的过程中，消费者同时受到“丰田”和“凯美瑞”主副两个品牌的影响，二者的驱动作用相当。如果希望强化子品牌的地位，那么选择共同驱动的组合形式是必要的。

子品牌既能利用主品牌的声誉，又可描绘出各产品的特色，因此深受企业的喜爱。现在很多企业都是用子品牌来进行新产品推广的。不仅如此，子品牌还是相对安全的一种品牌组合战略，因为即使子品牌出现问题，对主品牌影响也不大，对其他子品牌的影响就更小。但是，子品牌的数量也不宜过多，否则会使消费者产生认知的混淆，如手机、数码相机等电子产品的型号就太多，会让人觉得有点乱。

（3）被担保品牌。

被担保品牌通常指一个产品有两个以上品牌，一个是担保品牌，一个是被担保品牌。担保品牌通常是企业品牌，为被担保品牌提供信誉和保障，被担保品牌则相对独立，表明产品的功能、价值和购买对象，表现形式是“担保品牌 + 被担保品牌”。与主品牌之下的子品牌不同，被担保品牌当中的两个品牌并不是联结在一起出现，而是保持了一定的距离。例如，索尼与游戏品牌 PS2、苹果与音乐播放器品牌 iPod 之间的关系就没有通过写在一起的方式直接联结起来。

被担保品牌具体有三种形式：强势担保、关联名字和象征性担保。

强势担保通常会通过醒目的标志直观地显示出来，如雀巢担保的奇巧（KitKat）巧克力，Nestle 的标志出现在包装的左上角。主品牌实力强大同时又希望突出子品牌的地位，就适合选择强势担保的方式。

关联名字是在各产品品牌当中都共同存在担保者品牌的某个字词。例如，麦当劳餐厅曾推出一系列带有“麦”字的汉堡包，如麦乐鸡、麦辣鸡、麦香鸡、麦香鱼、麦咖啡等。这种形式在突出各自品牌特点的同时也强调了各品牌与主品牌有着某种联系。

当担保品牌出现在包装背后的时候，我们说这是一个象征性担保。象征性品牌的担保关系没那么强，如宝洁对品客薯片、联合利华对中华牙膏的担保。通常这种担保形式适合新品牌不需要担保品牌担保的情况，如新品牌档次较低、新品牌希望创造独立的全新形象。福满多刚推出来的时候，很多人不知道它与康师傅出自同一家公司，因为顶新集团只是在厂址的位置出现；英菲尼迪的车标与日产其他汽车的车标都不同，厂家希望它作为高端品牌能保持一定的独立性。

被担保品牌突出了子品牌的特点，淡化了担保品牌的影响力，适合子品牌差异较大的企业。但也正因为淡化了担保品牌的影响力，使得子品牌的推广费用增加。以上三种形式在担保程度上有所递变，但要判断新产品适合其中的哪一种并非易事。

（4）多品牌集合体。

多品牌集合体指不同品牌彼此独立，在各个细分市场发挥自己最大的影响力，表现形式为“子品牌”。宝洁公司大量采用了多品牌集合体的品牌组合模式，如在洗发水领域就有潘婷、飘柔、海飞丝、沙宣、伊卡璐等 5 个品牌。

多品牌集合体有影子担保和互不关联两种形式。

影子担保品牌并不直接与被担保品牌相关联，但许多消费者知道这种联系。这样，被担保品牌一方面能够获得影子担保品牌部分优势的庇护，另一方面又能摆脱影子担保品牌的束缚而保持较大的独立性。影子担保品牌通常来自一个完全不同的产品领域，如广州保利房地产公司的母公司是北京保利集团——一家颇具实力的军工背景企业，一些知道这一背景的人会口耳相传，从而增加了对保利地产的信任。

互不关联是品牌之间关系最弱的一种品牌组合形式，目的是希望保持各品牌的独立性。宝洁公司旗下的品牌独立性非常强，甚至出现海飞丝与飘柔相互争夺消费者的情况。

多品牌集合体适合于各产品品牌差异很大的情况。但遗憾的是，不能利用公司品牌的影响力，并为打造公司品牌的实力做出贡献。而且，多品牌打造的成本也不是一般企业能够承受得了的。

从品牌的驱动作用来看，一个品牌集合体是靠主品牌进行驱动的，描述性品牌的驱动作用很小或几乎没有；子品牌与主品牌在驱动作用方面贡献差不多；对于被担保品牌而言，担保品牌的驱动作用比被担保品牌要小；多品牌集合体则是各品牌自己作为驱动者。

以上所说的四种品牌组合战略是基本战略，具体还包括九种形式。从左到右，这九种形式按照从统一到独立的方向排列（图 15.8）。

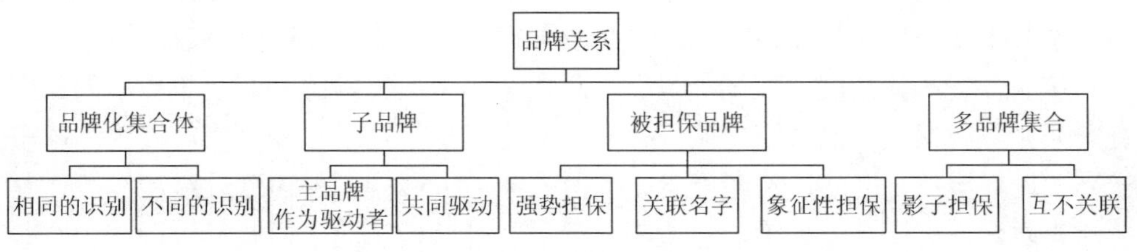

图 15.8　戴维·阿克的品牌关系图谱

如果要推出一个新的产品，在品牌关系图谱上有四组九种品牌组合模式可供选择。究竟选择哪一种需要考虑以下三个问题：①现有品牌是否能够提升新产品的形象和销量？②新产品能否提升现有品牌的形象？③是否有充足的理由来创造一个新品牌（它是一个独立的品牌、被担保品牌还是子品牌）？如果前两个问题的回答是肯定的，而第三个问题的回答是否定的，那么最优的选择应该接近一个品牌集合体，如三星 GALAXY Note 3 手机的推出；如果前两个问题的回答是否定的，而第三个问题的回答是肯定的，那么最优的选择应该是多品牌集合体，如讴歌具有相对于本田其他汽车品牌的独立性以及本田自身的经济实力。

15.8 品牌更新

品牌从出现到衰退的全过程称为品牌生命周期（brand life cycle，BLC）。广义的品牌生命周期包括品牌法定生命周期和品牌市场生命周期，前者是品牌按法律规定的程序注册后受法律保护的有效使用期，后者是新品牌从随产品或企业进入市场到该品牌退出市场的整个过程。狭义的品牌生命周期则特指品牌市场生命周期。品牌生命周期包括导入期、知晓期、知名期（维护与完善期）、退出期等四个阶段。大量的品牌由于企业内部或外部的原因而最终进入衰退期，曾经耳熟能详的强势品牌如今在市场上已雄风不再，有些已难觅踪影。从品牌管理的角度看，它们是因为在出现品牌老化现象之后没有得到及时的品牌更新而走向衰落的。为了预防品牌老化，管理者应采取品牌强化（brand reinforcement）的策略，以加深品牌在消费者心目中的认知和印象；品牌老化出现时，管理者应当及时采取品牌激活（brand revitalization）的策略，使品牌摆脱衰老的形象，再现活力青春。

品牌激活也称品牌复活（brand rejuvenation）、品牌活化、品牌再造（re-branding），是指当品牌老化的时候，管理者采取一系列措施恢复品牌在消费者心目中的形象，重夺市场份额。那么，如何激活品牌？国内著名品牌学者何佳讯教授在回顾西方品牌激活理论之后，将品牌激活原理分成认知心理学视角和社会心理学视角[①]。

本节主要介绍凯勒教授基于认知心理学视角提出的品牌激活战略框架。

从品牌资产的角度，凯勒提出了品牌激活的两条思路：一条是更新旧的品牌资产来源。如果旧的品牌资产来源仍有可利用的价值，那么就可以对旧的品牌资产来源进行更新。例如，始创于清朝咸丰三年（1853 年）的内联升最初以制作官员朝靴闻名，民国后改为生产礼服呢面千层底鞋和缎子面千层底鞋，近些年布鞋市场萎缩，内联升又推出了各种休闲皮鞋，产品的更新换代始终聚焦在制鞋的核心竞争力上。另一条是创造新的品牌资产来源。有时旧的品牌资产来源在新的市场环境下价值并不大，这时就需要创造新的品牌资产来源，以赋予品牌新的含义。法国运动品牌 Lacoste 尽管以高品质著称，却一直被人们认为是中低端品牌，品

① 何佳讯. 品牌资产测量的社会心理视角评介[J]. 外国经济与管理，2006（4）：48-52.

牌一度出现老化现象。2013 年，新东家瑞士零售集团 Maus Frères SA 开始了对 Lacoste 品牌的深度改造，寻找新的品牌资产的来源，包括赞助法国网球公开赛等关键赛事、拍摄微电影和进行浩大的互联网营销活动等。

凯勒认为品牌资产由品牌知名度和品牌形象两个要素组成，因此，激活品牌资产也应当从这两个方面着手。

（1）拓展品牌知名度（brand awareness）。

当品牌开始被消费者忽视，即表明它开始衰老。消费者在某个环境下依然能够识别和回忆起某品牌，例如，很多人都知道王麻子剪刀。这说明问题往往并不是出在品牌认知的深度上，而是在品牌认知的广度上，即消费者只是在很狭窄的范围内想到该品牌，如很多消费者只是提到老字号的时候才想起王麻子剪刀。所以，扩大品牌认知的广度是品牌激活的一项重要任务。这可以通过增加消费者对品牌的使用来实现，具体包括增加使用量和使用频率两条途径。相比而言，增加使用频率要比增加使用量容易，因为每个消费者每次使用量一般是固定的。增加产品的使用频率既可以在现有用途下增加新的使用机会，也可以开发产品的新用途。

（2）改善品牌形象（brand image）。

有时提升品牌知名度并不足以激活老化的品牌，管理者还需要对品牌形象作出调整，这种调整甚至是根本性的改变。重塑品牌形象的目的在于增强品牌联想的强度、美誉度和独特性，这需要通过加强正面的品牌联想、淡化负面的品牌联想、创新正面品牌联想等途径来实现。具体来看，改善品牌形象可以有三种做法：品牌重定位、更新品牌要素以及创新品牌传播。

①品牌重定位：品牌重定位包括选择新的细分市场以及确定新的定位诉求。在 2002 年之前，王老吉凉茶的市场业绩不到 2 亿元，很多年轻人并不能接受这一从中草药中提取的传统老产品。2002 年，王老吉重定位成“预防上火的饮料”，并从传统的两广（广东、广西）市场向北方市场拓展，市场业绩直线上升，2003 年销售收入 6 亿元，2004 年销售收入 15 亿元，2005 年销售收入超过 25 亿元（包括利包装），2011 年红罐王老吉的销售收入更是超过了 160 亿元。由此可见品牌重定位对激活老品牌的作用。

②更新品牌要素：为了从感官上给消费者以新鲜感，名称、标志、包装、代言人等品牌元素也需要作出更新。例如，谭木匠为了增强品牌的时尚感，推出了另一个子品牌 TAN’S；“狗不理”包子将“GOBULI”的拼音式英文名改为“GO BELIEVE”，以让外国友人直观了解品牌的内涵，增加了中华老字号的“洋味”；星巴克的标志越来越简洁，同时所经营的业务范围已不仅仅是咖啡，所以将“coffee”去掉；一向以蓝罐为显著特征的百事可乐 2007 年推出了“敢为中国红”限量红色纪念罐，着实令人耳目一新；美国通用磨坊公司的食品品牌贝蒂·克罗

克 80 多年来更换了 8 个虚拟代言人，以符合不同时代的审美观；大白兔奶糖在包装材料上改用不易皱褶的高档材料，而包装图案由原来静卧的大白兔改为奔跑的卡通兔……

③创新品牌传播：老化的品牌可以抓住时代的热点话题，采取赞助等新颖的营销传播手段来进行品牌更新。这是一个不乏热点的时代，2010 年的亚运会和世博会、2011 年深圳大运会、2012 年伦敦奥运会、2013 年中国发射嫦娥三号月球探测器、2014 年巴西世界杯……几乎年年都有一个大的热点。如果能够巧妙地将品牌与这些热点相关联，那将有助于加速老化品牌形象的更新。

从顾客的角度来看，改善品牌形象的过程中需要考虑四个问题：是否能保留现有的顾客？是否能吸引流失的顾客？是否识别了被忽视的细分市场？是否吸引了新顾客？如果能够做到这四点，说明品牌形象的改善是成功的。

15.9　品牌国际化

越来越多的企业“引进来”“走出去”，国际化经营战略已为越来越多的中国企业所熟知。但很多企业对品牌国际化概念的理解都还存在误区，认为品牌标识系统的国际化设计就是品牌国际化；认为为国外企业贴牌生产也是品牌国际化。事实上，品牌国际化是一个隐含时间与空间的动态营销和品牌输出的过程，该过程将企业的品牌推向国际市场并期望达到广泛认可和企业特定的利益。可以结合定量和定性方法对品牌国际化程度进行度量。定量的指标包括：品牌的知名度和美誉度；品牌评估的价值；企业经营国际化的比重，具体包括整个企业产品的外销比重、国外市场投资占整个企业投资的比重、国外采购的比重、外籍员工占整个企业员工的比重。定性的指标包括：品牌国际化经营的时间；品牌国际化的区域分布；品牌国际化的输出方式。

营销国际化向来都不是一帆风顺的，根本原因在于国际化进程中充满了种种环境障碍。这些环境障碍可分为硬性的政治法律环境障碍和软性的社会文化环境障碍。对品牌国际化产生影响的政治法律障碍主要有政治体制、政局稳定性、政治腐败、涉外经济政策法规、地方经济保护主义、东道国商业法律等。社会文化环境的影响体现在品牌与市场接触的各个领域，如语言文字、风俗习惯、行为规范。中国企业在品牌国际化进程中步履艰难，因为面临着以下种种巨大挑战：中国品牌廉价的形象认知已经固化；中国品牌的企业实力和持久力面临考验；中国企业当中国际营销人才和经验缺乏。

品牌国际化战略包括进入战略和经营战略。品牌国际化进入战略是指品牌进入到另一个国家的过程中所选择的战略途径，如海外经销商代理销售的进入模式、投资设厂的进入模式、并购或合资的进入模式、设厂和并购结合的进入模式、从贴牌生产到自主品牌的进入模式等。品牌国际化的经营战略是品牌进入国外市场之后，在市场经营中所采取的运作模式。常见的有标准全球化、模拟全球化、标准本土化、体制决定的本土化。绝大多数企业都是半全球化式或半本土化式，都是全球化与本土化战略的结合。因市场需求及竞争的差异性与企业自身实力不同，全球化和本土化成分的比例在不同行业和企业中有一定差异。

尽管品牌国际化的历程可谓多种多样，但如果遵循一定的思路，会提高成功的可能性。卡普费雷教授描述了品牌国际化的六个步骤。

（1）定义品牌识别。建立品牌的首要工作是定义品牌识别，以明确品牌与其他品牌究竟有什么不同。根据前几章的内容可知，品牌识别是一个复杂的系统，其中最重要的是确定品牌核心价值、品牌名称和标志。品牌核心价值是品牌的灵魂，而品牌名称和标志是品牌的面孔。这些识别要素将不随国家市场的不同而改变，且需要保持相当长一段时间的稳定性。因此，在进入国际市场之前，必须研究世界几大主要市场的消费者行为，以找到共通之处。事实上，一些基本的价值观在各国市场都是共通的，如安全、纯真、健康、专业、活力、创新等。例如，沃尔沃在全球都强调“安全”的价值理念，而百事可乐持之以恒地突出它是“新生代的选择”。品牌名称、标志的确定不可随意，特别是对于将要进入国际市场的企业而言。因为各国在语言文化和视觉文化方面的差异极大，一个在任何一国不带贬义的名字和标志才能在全球畅通无阻。这也是埃克森（EXXON）石油耗费巨资在全球范围内测试品牌名称的原因。

（2）选择国家或地区。选择国家或地区是一种宏观市场细分，其细分的结果是找到目标国家市场。企业可以根据自身的背景条件来选择是优先进入发达国家，还是不发达国家？是一个一个国家逐个进入，还是若干个国家同时进入？实力不强、信心不足的通常都是先找一个容易做的市场“试试水”，例如，我国很多家电企业一般都是从越南、印度等东南亚国家开始国际化征程的。而实力雄厚的企业可以在全球多个国家同时推广它的品牌形象，如苹果公司首先在若干发达国家推出其 iPhone 手机，然后再进入到发展中国家。

（3）接近市场。选定了一个国家或地区，并没有真正找到目标市场，因为一个国家或地区的市场内部也还存在很大的差异。企业需要再进行微观市场细分，以明确具体的目标市场。譬如在我国，很多跨国公司进入后，都是将目标市场放在一线城市，如北京、上海、广州、深圳等地。一方面这些地方消费水平高、购买力强，另一方面对其进一步开拓二三线城市的市场具有示范效应。

（4）选择品牌组合架构。一些跨国公司采取的是多品牌组合战略，但这并不意味着所有的品牌都要进入国际市场，也不意味着进入某个外国市场的品牌也要进入另一个国家的市场。每一个品牌都有其战略角色，必须与要进入的国家市场的战略目标相吻合。如一些强势的品牌进入一些发达国家是为了建立品牌形象，而另一些弱势品牌进入不发达国家则是为了抢占市场份额。宝洁在美国总部拥有大量品牌，但并没有都进入中国，这与品牌和区域战略的匹配度有关。

（5）选择适合市场的产品。由于市场需求和政策法规的差异性，一些在本国畅销的产品不能直接照搬到国外市场，而必须根据当地消费者和政策的特点进行调整。例如，美国的 GE 电冰箱到了日本就必须缩小容量，因为日本人习惯经常采购食物，而不像美国人通常是一周一次；法国家乐福到了泰国，也出售一些香蜡佛具，因为泰国是佛教国家，而在中国大连，也出售很多韩国货，因为大连韩国人很多；日本本田飞度汽车在日本都是两厢，到了中国硬要做成三厢，因为中国人喜欢大空间汽车。

（6）构建全球营销活动。最后一步是全球品牌传播活动的设计，包括广告、公关、促销等。全球品牌传播需要特别注意的问题是，必须符合当地的政治法律、社会文化环境，尽量融入当地文化元素，但又不能触犯当地的忌讳。日本的立邦漆和美国的耐克鞋等国际著名品牌都在中国出现了“辱华”广告，原因是在创意中加入“龙”“老道”“敦煌飞天”等中国传统元素，不是赞美而是贬低，最后不仅给自己造成了经济损失，也伤害了品牌形象。

第16章 结 束 语

系统理论思想的孕育和发展已经有数千年的历程，其源于古代人类长期的社会实践，与人类的活动方式息息相关。在中国古代，很早就有先哲提出人与自然和谐相处的观点，把人与环境之间的联系上升到很重要的地位。事物之间具有协同性，研究对象具有综合性和复杂性的观点，在中国哲学的发展初期就进入理论思想体系，并对中华文化的发展起着巨大的作用，影响了中国人的传统思维方式。受传统儒家文化影响的中国知识分子，循着“格物、致知、正心、诚意、修身、齐家、治国、平天下”的学习和修养路径，自然而然地梳理和发展了关于个体与集体、系统与环境、自然与社会之间关系的系统理论思想，并在不同的社会实践场合中进行应用，在技术的层面上予以提高。与此同时，与古代中国哲学平行发展的西方哲学也曾经产生过类似的形而上学的观点。

进入近代，科学技术的产生和发展成为社会进步的重要标志。在各门学科发展的初期，往往较为注重个体和单独研究对象，但是一旦进入较为艰深的阶段，将研究对象作为独立的个体的思维方式就出现了困难，不同学科中都会出现复杂性问题，而解决问题的关键之一则是要求研究者用系统性眼光去看待研究对象之间的联系。系统论、信息论、控制论应运而生，并成为系统理论的早期基础内容。传统的化学系统与生物系统的演化，长期以来都是沿着各自的路径发展。热力学系统的“退化”与生物物种的“进化”之间的矛盾长期困扰着科学家，却可以通过非平衡态自组织理论的提出而得以合二为一，系统科学的进展功不可没。现代意义上的系统科学经过近几十年的发展与应用，已经遍及自然科学和社会科学研究对象的方方面面，其理论和思维方式，则越来越多地影响着不同的具体科学技术领域。

我国的系统科学研究起步虽晚，但得到了中国科学院与中国社会科学院的重视，发展之势迅猛。由钱学森、许国志等老一辈科学家带头发动，倡导用整体的系统思想考察研究问题，成立学会，组织讲习班、讨论班，出版相关基础读物。如今越来越多的大学开设系统科学类课程，培养这方面的人才，国家自然基金项目中也有针对系统科学或复杂性系统研究资助项目，系统科学领域的研究进展令人瞩目。同时，我们也必须意识到，系统科学是一门年轻的学科，尚处于不断发展的过程。目前，钱学森关于系统科学的基本理论“系统学”尚未真正建立起来，相关的研究还有待深入。但系统科学自成一体，已具备了基础科学（耗散结构理论、协同学、突变论等)、技术科学(控制论、信息论、运筹学、博弈论等)与工程技术(各门系统工程、自动化技术、通信技术等)三个层次的特征,包括了从理论到应用各层次的研究。

系统科学的发展受到很多因素影响。系统科学的突出特点是强调整体性,从整体上探索事物的复杂性,虽然受到早期的哲学思想的滋养,同时也有零散的技术实践,但是很大程度上是依托于现代自然科学技术的进步而蓬勃发展。系统理论的基本内容是研究系统内部以及与环境的复杂关系。无论自然界还是人类社会都是复杂的系统,都可以作为系统科学研究的对象。系统科学研究一旦进入这些实际应用的场景,往往因为多变量、高维度而难以通过解析方法求解。随着 20 世纪 50 年代以来计算机技术的高速发展、计算机软硬件性能的不断提升,系统科学的发展进入了一个新的阶段。通过计算机画出的分形结构,让人眼花缭乱、目不暇接。系统理论中一个重要概念——混沌,是受到计算机数值模拟结果的启发而提出的。大众广泛关注的大数据和人工智能研究,体现了系统理论的最新应用成果,对计算机技术应用提出了更高的要求。截至目前,计算机仍然是系统理论和应用研究的重要工具。通过建模与仿真进行系统分析,系统评价与决策方法广泛应用于系统科学与工程相关领域的研究中。

系统理论力图解决各门具体学科前沿的复杂性问题,并使自身得到发展。中国科学院原院长路甬祥在一次采访中表示“当代的科学发展则表现出群体突破的态势,起核心作用的已不是一两门科学技术”,“尽管当代科技的构成不同、功能各异,但是它们都基于不同层次的理论与方法,它们相互联系,彼此渗透交叉,整个科技群体构成了协同发展的复杂体系。科技在向微观和宏观层面深入的同时,也越来越关注复杂系统的研究”。当今世界科学技术的发展跨学科性日益明显,尤其近些年大数据、人工智能、互联网 + 的迅速发展,系统科学自身也不断演化发展并与其他领域与时俱进地结合,促进各领域的发展,产生新的生长点。

随着混沌学理论、分形理论、复杂网络与大数据的相继研究开展,系统科学朝着开放的复杂巨系统进军,从中衍化出非线性科学与复杂性科学,对自然科学的发展提供了一系列指导和建议。在大数据的驱动下,人工智能成为当前世界科学前沿的热门话题之一。自从 1956 年达特茅斯会议以来,人工智能的发展几经沉浮。就在本书编写期间,谷歌公司宣布了一项名为“DeepVariant”的深度学习技术,将大数据、人工智能应用到基因研究领域。通过系统思想的指导,社会科学方面开创了一系列具有交叉性特征的前沿研究领域,如本书中所介绍的品牌管理。越来越多的企业意识到品牌的竞争优势,而与国外企业品牌相比,中国品牌在长久发展上还需借助系统科学的思维方式,遵循品牌的成长规律,可按照品牌规划、品牌传播、品牌提升、品牌评估的流程科学管理经营品牌,把品牌建设作为一项长期的系统工程，从而实现品牌的核心竞争力。本书从理论到应用，系统性地介绍了相关知识。

在可以预见的未来，基于复杂网络研究的大数据、云计算等系统理论所衍生出的应用技术，将成为商业领域、社会管理核心竞争力的体现。人工智能技术的快速发展，在提供人类社会新发展机遇的同时，其替代劳动力地位的潜力也使社会系统的演化方向增加了新的变数。基于系统理论思想的基因工程对于生命自然发展规律的改写，让人欣喜，让人担忧。人类一切行动的目标，要么是保守，要么是变革。追求变革，是为了让某种事物变得更好；追求保守，是为了避免某种事物变得更坏。但不管每个人的选择为何，都是个体深入思考、精心研判的结果，都值得尊重。无论如何，作为一个历久弥新的学科，系统理论及应用技术已经开始对人类社会产生深刻的影响。未来的发展如何，让我们拭目以待。

参考文献

伯德·施密特. 2004. 体验营销：如何增强公司及品牌的亲和力. 刘银娜等译. 北京：清华大学出版社.

陈宝智. 2005. 系统安全评价与预测. 北京：冶金工业出版社.

陈奉苏. 2006. 混沌控制及其应用. 北京：中国电力出版社.

陈家环，邵公平. 1988. 系统科学与科学决策. 北京：国防工业出版社.

陈磊，李晓松，姚伟召. 2013. 系统工程基本理论. 北京：北京邮电大学出版社.

陈守吉，张立明. 1998. 分形与图像压缩. 上海：上海科学技术文献出版社.

陈晓剑，梁梁. 1993. 系统评价方法及应用. 合肥：中国科学技术大学出版社.

戴维·阿克. 2005. 品牌组合战略. 雷丽华译. 北京：中国劳动社会保障出版社.

丁锋. 2016. 大数据安全. 北京：中国言实出版社.

冯·贝塔朗菲. 1987. 一般系统论——基础、发展和应用. 林康义等译. 北京：清华大学出版社.

高安秀树. 1989. 分数维. 沈步明译. 北京：地震出版社.

高隆昌. 2010. 系统学原理. 2 版. 北京：科学出版社.

顾基发. 2011. 运筹学. 北京：科学出版社.

顾凯平，霍再强，侯宁. 2008. 系统科学与工程导论. 北京：中国林业出版社.

关新平，范正平，陈彩莲. 2002. 混沌控制及其在保密通信中的应用. 北京：国防工业出版社.

哈肯. 1989. 高等协同学. 郭治安译. 北京：科学出版社.

韩慧君. 1985. 系统仿真. 北京：国防工业出版社.

郝柏林. 2013. 从抛物线谈起——混沌动力学引论. 北京：北京大学出版社.

何大韧，刘宗华，汪秉宏. 2009. 复杂系统与复杂网络. 北京：高等教育出版社.

何铮，张晓军. 2013. 复杂网络在管理领域的应用研究. 成都：电子科技大学出版社.

侯世达. 1997. 哥德尔、埃舍尔、巴赫：集异璧之大成. 严勇，刘皓明，莫大伟译. 北京：商务印书馆.

胡岗，萧井华，郑志刚. 2000. 混沌控制. 上海：上海科技教育出版社.

胡玉衡. 1989. 系统论信息论控制论原理及其应用. 郑州：河南人民出版社.

黄润生，黄浩. 2005. 混沌及其应用. 2 版. 武汉：武汉大学出版社.

凯文·莱恩·凯勒. 2009. 战略品牌管理. 3 版. 卢泰宏，吴水龙译. 北京：中国人民大学出版社.

莱斯利·德·切纳托尼. 2002. 品牌制胜：从品牌展望到品牌评估. 蔡晓煦译. 北京：中信出版社.

郎艳怀. 2015. 博弈论及其应用. 上海：上海财经大学出版社.

李惠彬，张晨霞. 2013. 系统工程学及应用. 北京：机械工业出版社.

李建会，张江. 2006. 数字创世纪——人工生命的新科学. 北京：科学出版社.

李士勇，田新华. 2006. 非线性科学与复杂性科学. 哈尔滨：哈尔滨工业大学出版社.

李士勇. 2011. 非线性科学及其应用. 哈尔滨：哈尔滨工业大学出版社.
李校堃. 2016. 基因工程药物研究与应用. 北京：人民卫生出版社.
林鸿溢，李映雪. 1992. 分形论：奇异性探索. 北京：北京理工大学出版社.
刘秉正，彭建华. 2004. 非线性动力学. 北京：高等教育出版社.
刘式达，刘式适. 2014. 物理学中的分形. 北京：北京大学出版社.
刘新建. 2006. 系统评价学. 北京：中国科学技术出版社.
刘宗华. 2006. 混沌动力学基础及其应用. 北京：高等教育出版社.
苗东升. 2010. 系统科学精要. 3 版. 北京：中国人民大学出版社.
尼科利斯，普里戈金. 1986. 非平衡系统中的自组织. 徐锡申等译. 北京：科学出版社.
诺曼·麦克雷. 2008. 天才的拓荒者：冯·诺依曼传. 范秀华，朱朝辉译. 上海：上海科技教育出版社.
欧阳颀. 2010. 非线性科学与斑图动力学导论. 北京：北京大学出版社.
彭银祥，李勃，陈红星. 2007. 基因工程. 武汉：华中科技大学出版社.
普里戈金. 1986. 从存在到演化. 曾庆宏等译. 上海：上海科学技术出版社.
钱学森，等. 2007. 论系统工程（新世纪版）. 上海：上海交通大学出版社.
屈世显，张建华. 1996. 复杂系统的分形理论与应用. 西安：陕西人民出版社.
阮彤，王昊奋，陈为. 2016. 大数据技术前沿. 北京：电子工业出版社.
上海交通大学钱学森研究中心. 2015. 智慧的钥匙：钱学森论系统科学. 2 版. 上海：上海交通大学出版社.
斯科特·戴维斯. 2006. 品牌资产管理. 刘莹，李哲译. 北京：中国财政经济出版社.
孙东川. 2014. 系统工程引论. 3 版. 北京：清华大学出版社.
孙义燧. 2009. 非线性科学若干前沿问题. 合肥：中国科学技术大学出版社.
谭璐，姜璐. 2009. 系统科学导论. 北京：北京师范大学出版社.
托姆. 1989. 突变论：思想和应用. 周仲良译. 上海：上海译文出版社.
汪小帆，李翔，陈关荣. 2006. 复杂网络理论及其应用. 北京：清华大学出版社.
汪应洛. 2008. 系统工程. 4 版. 北京：机械工业出版社.
汪应洛. 2009. 系统工程简明教程. 3 版. 北京：高等教育出版社.
王光瑞，袁国勇. 2014. 螺旋波动力学及其控制. 北京：科学出版社.
王金山，谢家平. 1996. 系统工程基础与应用. 北京：地质出版社.
王众托. 2012. 系统工程引论. 4 版. 北京：电子工业出版社.
维克托·迈尔-舍恩伯格，肯尼思·库克耶. 2013. 大数据时代. 盛杨燕，周涛译. 杭州：浙江人民出版社.
维纳. 2007. 控制论：或关于在动物和机器中控制和通信的科学. 郝季仁译. 北京：北京大学出版社.
吴今培，李学伟. 2010. 系统科学发展概论. 北京：清华大学出版社.
吴祥兴，陈忠. 2001. 混沌学导论. 上海：上海科学技术文献出版社.
肖田元，范文慧. 2010. 系统仿真导论. 北京：清华大学出版社.
肖艳玲. 2002. 系统工程理论与方法. 北京：石油工业出版社.
辛厚文. 1993. 分形理论及其应用. 合肥：中国科学技术大学出版社.
熊义杰. 2010. 现代博弈论基础. 北京：国防工业出版社.

熊赟，朱扬勇，陈志渊. 2016. 大数据挖掘. 上海：上海科学技术出版社.
许国志. 2000. 系统科学. 上海：上海科技教育出版社.
杨汝德. 2003. 基因工程. 广州：华南理工大学出版社.
杨维明. 1994. 时空混沌和耦合映象格子. 上海：上海科技教育出版社.
伊·普里戈金，伊·斯唐热. 2005. 从混沌到有序——人与自然的新对话. 曾庆宏，沈小峰译. 上海：译文出版社.
约翰·霍兰. 2001. 涌现：从混沌到有序. 陈禹译. 上海：上海科学技术出版社.
曾广容. 1988. 系统论控制论信息论与哲学. 长沙：中南工业大学出版社.
张济忠. 2011. 分形. 2 版. 北京：清华大学出版社.
张尼，张云勇，胡坤，等. 2014. 大数据安全技术与应用. 北京：人民邮电出版社.
张文焕，刘光霞，苏连义. 1990. 控制论信息论系统论与现代管理. 北京：北京出版社.
张晓华. 2006. 系统建模与仿真. 北京：清华大学出版社.
郑志刚. 2004. 耦合非线性系统的时空动力学与合作行为. 北京：高等教育出版社.
中国科协学会学术部. 2015. 大数据时代隐私保护的挑战与思考. 北京：中国科学技术出版社.
周志民. 2008. 品牌管理. 天津：南开大学出版社.
朱华，姬翠翠. 2011. 分形理论及其应用. 北京：科学出版社.
Hutter M. 2005. Universal Artificial Intelligence：Sequential Decisions Based on Algorithmic Probability. Berlin：Springer.
Haykin S O. 2000. Neural Networks and Learning Machines. 3rd ed. Upper Saddle River：Prentice Hall.
Kapferer J N. 2008. The New Strategic Brand Management：Creating and Sustaining Brand Equity Long Term. 4th ed. London：Kogan Page Limited.
Kuramoto Y. 1984. Chemical Oscillations，Waves，and Turbulence. New York：Springer.
Luger G F. 2008. Artificial Intelligence：Structures and Strategies for Complex Problem Solving. 6th ed. Harlow：Addison-Wesley.
Ott E. 1993. Chaos in Dynamical Systems. Cambridge：Cambridge University Press.
Pearl J. 2000. Causality：Models，Reasoning，and Inference. Cambridge：Cambridge University Press.
RussellS K，Norvig P. 2002. Artificial Intelligence：A Modern Approach. 2nd ed. Upper Saddle River：Prentice Hall.
Theodoridis S，Koutroumbas K. 2008. Pattern Recognition. 2nd ed. New York：Academic Press.

附录：科学家中外译名对照表

阿克塞尔罗德 R. Axelrod
阿诺尔德 V. I. Arnold
阿瑟·伯克斯 Arthur Burks
阿瑟·布赖森 Arthur Bryson
阿瑟·萨缪尔 Arthur Samuel
埃尔德什 Erdos
埃尔朗 Erlang
艾伯特-拉斯洛·巴拉巴西 Albert-László Barabási
艾根 M. Eigen
艾丽丝·泰伯特 Alice Tybout
艾伦·纽厄尔 Allen Newell
艾伦·图灵 Alan Turing
爱德华·费根鲍姆 Edward A. Feigenbaum
昂萨格 Onsager
奥卡姆 William of Occam
奥利弗·塞尔弗里奇 Oliver Selfridge
奥林斯 Olins
奥斯卡·莫根施特恩 Oskar Morgenstern
奥特 E. Ott
巴恩斯利 M. F. Barnsley
保罗·狄拉克 Paul Dirac
贝纳德 E. Benard
贝塔朗菲 L. von Bertalanffy
伯德·施密特 Bernd H. Schmitt
布莱恩·阿瑟 W. Brian Arthur
布雷恩·斯滕萨尔 Brian Sternthal
达芙妮·科勒 Daphne Koller
达瑞尔·约翰森 Darryl Johansen
戴维·阿克 David Aaker
戴维·希尔伯特 David Hilbert
丹齐格 G. B. Dantzig
邓肯·沃茨 Duncan J. Watts
迪托 W. L. Ditto
厄农 M. Henon
范·贝克 van L. Baker
菲尔德 R. J. Field
菲利普·安德森 Philip Anderson
费希尔 R. A. Fisher
冯·诺依曼 John von Neumann
弗拉基米尔·万普尼克 Vladimir Vapnik
弗兰克·罗森布拉特 Frank Rosenblatt
格里波基 G. Grebogi
古德 A. H. Goodle
哈肯 H. Haken
哈特莱 R. V. L. Hartley
哈维·瓦格纳 Harvey Wagner
汉斯·保罗·施韦费尔 Hans-Paul Schwefel
赫伯曼 B. A. Huberman
赫伯特·西蒙 Herbert Simon
赫拉克利特 Heracleitus
怀特海 Whitehead
加里·卡斯帕罗夫 Garry Kasparov
加斯顿·茹利亚 Gaston Julia
杰弗里·辛顿 Geoffrey Hinton
卡罗尔 T. M. Caroll
卡普费雷 Kapferer
凯尼斯·阿佩尔 Kenneth Appel
凯文·莱恩·凯勒 Kevin Lane Keller
康托尔 G. Cantor
康托洛维奇 Kantorovich
柯尔莫哥洛夫 A. H. Kolmogorov
科赫 Helge von Koch
科罗什 E. Körös
克劳德·香农 Claude Shannon
克勒 Konler
克雷格·雷诺兹 Craig Reynolds
克里斯托弗·兰顿 Chirstopher Langton
肯尼迪 Kennedy

肯尼斯·阿罗 Kenneth Arrow
库恩 H. W. Kuhn
库尔特·哥德尔 Kurt Godel
拉波波特 A. Rapoport
拉福雷特 Laforet
莱斯利·德·切纳托尼 Leslie de Chernatony
莱因哈德·泽尔腾 Reinhard Selten
劳伦斯·福格尔 Lawrence J. Fogel
雷·库兹威尔 Ray Kurzweil
雷卡·阿伯特 Réka Albert
雷尼 Renyi
路易斯·冯·安 Luis von Ahn
罗伯特·阿克斯特尔 Robert Axtell
罗伯特·梅 Robert May
罗德尼·布鲁克斯 Rodney Brooks
洛特卡 Lotka
马克·格兰诺维特 Mark Granovetter
马库斯·胡特 Marcus Hutter
马文·明斯基 Marvin Minsky
麦考尔 R. E. Machal
麦克纳马拉 McNamara
芒德布罗 B. B. Mandelbrot
米切尔·费根鲍姆 Mitchell Jay Feigenbaum
莫尔斯 P. M. Morse
莫泽 J. K. Moser
默里·盖尔曼 Murray Gell-Mann
奈奎斯特 H. Nyquist
纽曼 Newman
诺伯特·维纳 Norbert Wiener
诺伊斯 R. M. Noyes
帕特里克·布莱克特 Patrick Blackett
佩科拉 L. M. Pecora
皮埃尔法图 Pierre Fetou
皮里格斯 K. Pyragas
普利高津 I. Prigogine
乔希·特南鲍姆 Josh Tenenbaum
塞缪尔·莫尔斯 Samuel Morse
桑德斯 Saunders
史蒂芬·斯托加茨 Steven H. Strogatz
斯科特·戴维斯 Scott Davis
斯坦利·米尔格拉姆 Stanley Milgram
塔克 A. W. Tucker
泰勒 F. W. Taylor
托马斯·贝叶斯 Thomas Bayes
托马斯·谢林 Thomas Schelling
托姆 R. Thom
韦弗 W. Weaver
维夫瑞 A. T. Winfree
沃尔特·皮茨 Walter Pitts
沃伦·麦卡洛克 Warren McCulloch
希契科克 Hitchcock
肖 J. C. Shaw
亚历山大·贝尔 Alexander G. Bell
伊恩·古德费洛 Ian Goodfellow
因戈·雷伯格 Ingo Rechenberg
约翰·海萨尼 John Harsanyi
约翰·霍兰 John Holland
约翰·科扎 John Koza
约翰·麦卡锡 John McCarthy
约翰·纳什 John Nash
约书亚·爱泼斯坦 Joshua M. Epstein
泽范兰杰斯 A. Y. Chervonenkis
詹姆斯·斯拉格 James Slagle
詹姆斯·约克 James Yorke